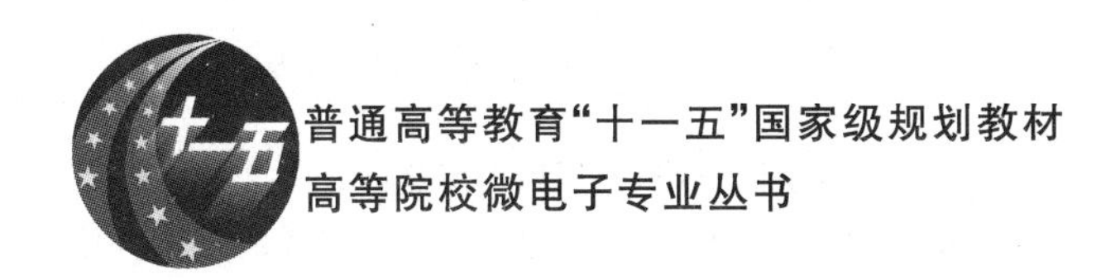

微电子学概论

（第三版）

张兴　黄如　刘晓彦　编著

内 容 简 介

本书是在2000年1月北京大学出版社出版的《微电子学概论》一书的基础上形成的。本书主要介绍了微电子技术的发展历史，半导体物理和器件物理基础知识，集成电路及SOC的制造、设计以及计算机辅助设计技术基础，光电子器件，微机电系统技术、半导体材料、封装技术知识，最后给出了微电子技术发展的一些规律和展望。本书的特点是让外行的人能够看懂，通过阅读这本书能够对微电子学能有一个总体的、全面的了解；同时让内行的人读完之后不觉得肤浅，体现出了微电子学发展极为迅速的特点，将微电子学领域中的一些最新观点、最新成果涵盖其中。

本书可以作为微电子专业以及电子科学与技术、计算机科学与技术等相关专业的本科生和研究生的教材或教学参考书，同时也可以作为从事微电子或电子信息技术领域工作的科研开发人员、项目管理人员全面了解微电子技术的参考资料。

图书在版编目(CIP)数据

微电子学概论/张兴，黄如，刘晓彦编著. —3版. —北京：北京大学出版社，2010.2
(高等院校微电子专业丛书)
ISBN 978-7-301-16879-0

Ⅰ. 微… Ⅱ. ①张…②黄…③刘… Ⅲ. 微电子技术—概论—高等学校—教材 Ⅳ. TN4

中国版本图书馆CIP数据核字(2010)第016213号

书　　名：微电子学概论(第三版)
著作责任者：张兴　黄如　刘晓彦　编著
责 任 编 辑：沈承凤
标 准 书 号：ISBN 978-7-301-16879-0/TP · 1080
出 版 发 行：北京大学出版社
地　　址：北京市海淀区成府路205号　100871
网　　址：http://www.pup.cn　电子信箱：zpup@pup.pku.edu.cn
电　　话：邮购部62752015　发行部62750672　编辑部62752038　出版部62754962
印 刷 者：三河市博文印刷有限公司
经 销 者：新华书店
787mm×980mm　16开本　23.5印张　583千字
2000年1月第1版　2005年6月第2版
2010年2月第3版　2024年1月第17次印刷
定　　价：59.00元

序　言

这本书的三位作者都是北京大学的青年教师，也都是我和韩汝琦教授的学生。为他们即将出版的书写序言，自然有一番格外的喜悦。江山代代自有人才出，这原是客观规律，只有后浪推前浪，才能形成“不尽长江滚滚来”。

微电子科学技术和产业发展的重要性，首先表现在当代的食物链上，即国内生产总产值(GDP)每增加 100～300 元，就必须有 10 元电子工业和 1 元集成电路产值的支持。而且据相关数据表明，发达国家或是走向发达的国家过程中，在经济增长方面都有这样一条规律：电子工业产值的增长速率是 GNP 增长速率的 3 倍，微电子产业的增长速率又是电子工业增长速率的 2 倍。因此可以毫不夸张地说，谁不掌握微电子技术，谁就不可能成为真正意义上的经济大国，对于像我们这样一个社会主义大国更是如此。

发展微电子产业和微电子科学技术的关键在于培养高素质的人才，因此让广大理工科特别是信息技术学科的大学生掌握微电子的相关知识是十分重要的，由张兴、黄如、刘晓彦三位年轻教授编著的《微电子学概论》正是出于此目的，为非微电子专业的学生讲授关于微电子的相关基础知识，这必将有助于培养出更多的微电子发展综合人才，促进我国微电子产业规模和科学技术水平的提高。

如何组织这些相关知识，还有待于在实践中探索研究。我个人认为还是要包含微电子科学技术的主要内容，包括半导体器件物理、系统行为级的设计考虑、制造过程、测试封装的关键技术以及发展方向，如目前发展潜力巨大的微机电系统技术等等，并且应当把“Top to Down”的设计方法学作为重点内容之一。

我相信，在他们三位的努力下，《微电子学概论》这本书的质量一定会越来越好。我期待着《微电子学概论》早日出版，尽快与广大读者见面，使更多的人从中受益。

王阳元

1999 年春于燕园

第三版前言

距1999年我们完成《微电子学概论》第一版的时间已经过去10年了，在这10年里，微电子科学技术也得到了突飞猛进的发展，集成电路制造工艺已经实现了45 nm工艺量产，微处理器技术也已进入了多核时代，同时随着系统集成芯片(SOC)技术和系统级封装(SiP)技术的迅速崛起，困扰集成电路产业的“摩尔定律”终结问题似乎也找到了新的突破方向。

过去的10年也是我国微电子产业迅速发展的10年。在2008年开始实施的国家重大科技专项中，与微电子密切相关有“核心电子器件、高端通用芯片及基础软件”、“极大规模集成电路制造装备与成套工艺”两项，在国务院2008年通过的“十大产业振兴计划”之一的电子信息产业振兴计划的六大工程中，集成电路产业技术水平和产能提升被列在第一位。随着我国国民经济的快速发展尤其是信息化过程的加快，对集成电路产品的需求持续快速增长。我国的微电子产业已经进入了黄金发展时期。

为了感谢广大读者对《微电子学概论》一书的厚爱，同时也为了适应微电子科学技术快速发展的特点和我国微电子科学技术及产业快速发展的现状，使广大读者能够对微电子技术的最新进展有一个更为全面的了解，我们组织人员编写了《微电子学概论》的第三版。

在编写第三版时，我们继续坚持了编写第一版时制定的两个原则：(1) 让外行的人能够看懂，通过阅读这本书能够对微电子学有一个总体的、全面的了解；(2) 让内行的人读完之后不觉着肤浅，要体现出微电子学发展极为迅速的特点，将微电子学领域中的一些最新观点、最新成果涵盖其中。除此之外，我们力求能够较为全面地反映近些年来微电子科学技术的最新科学成就，但由于我们的水平和篇幅所限，肯定还会有很多遗漏，加之时间的关系，只好等以后再逐步完善了。

在第三版中变化比较大的章节有：新增加了第五章半导体材料，本章介绍了半导体材料的物理基础和集成电路工艺中衬底、栅、源漏、存储电容、互连等几个方面对材料的要求；将原来封装技术从第二版的第四章中独立出来，扩充成为第十一章；重新改写了第三章，删除了双极和BiCMOS集成电路基础部分，增加了半导体存储器集成电路；删除了第十一章纳电子器件；同时对其他章节也一并进行了修改、补充和完善。

这样，第三版的《微电子学概论》一书共分为12章，第一章简述了微电子技术的发展历史，第二章讨论了半导体物理和器件物理基础，第三章介绍集成电路基础，第四章介绍了集成电路制造工艺，第五章讨论了半导体材料；第六章介绍集成电路设计，第七章阐述了集成电路计算机辅助设计技术，第八章介绍了SOC的相关知识，第九章简要介绍了光电子器件，第十章讨论了微机电系统技术，第十一章介绍了集成电路封装技术，最后，在第十二章给出了微电子技术发展的一些规律和展望。与第二版相比，新增的第五章由刘力锋副教授、康晋锋教授编写，第十一章由金玉丰教授编写，第三章由刘晓彦教授进行了改写，第四章由孙雷副教授进行了改写，第六章、第七章、第八章由黄如教授进行了改写，最后由张兴教授、王源副教授、甘学温教授对全书进行了审核和修改。

王阳元院士、韩汝琦教授、何进教授、傅云义教授、王漪教授、王新安教授、张盛东教授、贾嵩副教授、安辉耀博士等对本书的再版提出了许多建设性的意见，在此，谨向他们表示衷心的感谢。

张兴、黄如、刘晓彦
2009年秋于北京大学

第二版前言

微电子学科的生命力就体现在她是一个发展极为迅速的学科，现在距 1999 年我们完成《微电子学概论》第一版的时间已经过去 5 年了。在这五年里，微电子科学技术也得到了突飞猛进的发展，系统集成芯片(SOC)技术迅速崛起，光电子技术发展日新月异，纳电子技术也开始取得重要的突破性进展。

另外，近五年也是我国微电子科学技术及产业迅速崛起的 5 年。记得 5 年前还有很多人怀疑我国的微电子技术到底该如何发展，现在随着中芯国际 12 英寸大规模集成电路生产线等一批高水平集成电路制造企业的出现，我国的微电子产业进入了黄金发展时期。

为了感谢广大读者对《微电子学概论》一书的厚爱，同时也为了适应微电子科学技术快速发展的特点和我国微电子科学技术及产业快速发展的现状，使广大读者能够对微电子技术的最新进展有一个更为全面的了解，我们组织人员编写了《微电子学概论》的第二版。

在编写第二版时，我们继续坚持了编写第一版时制定的两个原则：(1) 让外行的人能够看懂，通过阅读这本书能够对微电子学能有一个总体的、全面的了解；(2) 让内行的人读完之后不觉着肤浅，要体现出微电子学发展极为迅速的特点，将微电子学领域中的一些最新观点、最新成果涵盖其中。除此之外，我们着重考虑了要力求能够较为全面地反映近 5 年来微电子科学技术的最新科学成就，但由于我们的水平和篇幅所限，肯定还会有很多遗漏，但由于时间的关系，只好等以后再逐步完善了。

在第二版中变化比较大的章节有：新增加了第十章纳电子器件，本章主要介绍了纳电子器件的基础知识和一些新型的纳电子器件；将原来的 SOC 部分从第一版中的第五章独立出来，扩充成为第七章；重新改写了原来的特种微电子器件一章，改造成为现在的第八章光电子器件；补充了微机电系统一章中的内容；同时对其他章节也都进行了修改、补充和完善。

这样，第二版的《微电子学概论》一书共分为 11 章，第一章简述了微电子技术的发展历史，第二章讨论了半导体物理和器件物理基础，第三章介绍集成电路基础，第四章介绍了集成电路制造工艺，第五章介绍集成电路设计，第六章阐述了集成电路计算机辅助设计技术，第七章介绍了 SOC 的相关知识，第八章简要介绍了光电子器件，第九章讨论了微机电系统技术，第十章介绍了目前极具发展潜力的纳电子器件，最后在第十一章将给出微电子技术发展的一些规律和展望。其中第七章由黄如教授、蒋安平博士编写；第八章由王金延博士编写，第十章由傅云义博士编写，第九章由吴文刚博士重新编写，第四章由关旭东教授进行了重新编写，第一、十一章由甘学温教授进行了修改补充，第五、六章由黄如教授进行了修改，第二、三章由刘晓彦教授进行了修改，最后由张兴教授对全书进行了审核。

王阳元院士对本书的再版提出了许多建设性的意见，我们三人及本书的主要人员大多都是王老师的学生，我们取得的任何成绩都是与王老师的亲切教诲分不开的，在此向王老师表示最诚挚的感谢。

韩汝琦教授、吉利久教授、康晋锋教授、郝一龙教授、张大成教授、赵宝瑛教授、张天义教授等审阅了部分手稿，并与作者进行了多次有益的讨论，提供了一些原始资料，使我们受益匪浅，在此，向他们表示衷心的感谢。

张兴、黄如、刘晓彦
2004 年秋于北京大学

前　　言

自本世纪50年代晶体管诞生以来，微电子技术发展异常迅速，目前已进入甚大规模集成电路和系统集成时代，微电子已经成了整个信息时代的标志和基础。可以毫不夸张地说，没有微电子就没有今天的信息社会。

各种电子系统都需要大量的集成电路和集成系统芯片，这样，除了从事微电子专业的人员之外，其他相关专业如计算机、电子学、自动控制、通信等领域的人员都非常需要和渴望了解微电子知识。正是在这种情况下，北京大学开设了《微电子学概论》这门新课。该课程的主要目的是使学生对微电子学的基本知识有一个比较系统、全面的了解和认识。这对于培养新型信息领域的人才是非常重要的。该课程的另一个目的是使刚入校不久的微电子专业的学生了解什么是微电子、微电子的研究领域是什么，通过该课程对微电子有一个总体的全面的了解，培养对微电子的兴趣。在北京大学，微电子学概论已经列入校级主干基础课。

目前国内有关微电子学概论方面的教材很少，很难找到一本合适的教材，为此，我们组织人员编写了《微电子学概论》教材。该书由张兴博士、黄如博士和刘晓彦博士共同编著。

在编写这本教材时，我们制定了两个原则：第一是让外行的人能够看懂，通过阅读这本书能够对微电子学能有一个总体的、全面的了解；第二是让内行的人读完之后不觉着肤浅，要体现出微电子学发展极为迅速的特点，将微电子学领域中的一些最新观点、最新成果涵盖其中。现在这本书写完了，再回过头来看这本书，似乎这两个要求并没有完全体现出来，特别是第一点，实现起来似乎更加困难。但由于时间的关系，只好等以后再逐步完善了。

全书共分为9章，第一章将简述微电子技术的发展历史，第二章讨论半导体物理和器件物理基础，第三章介绍集成电路基础，第四章介绍了集成电路制造工艺，第五章介绍集成电路设计，第六章阐述了集成电路计算机辅助设计技术，第七章简要介绍了几种重要的微电子器件，第八章讨论了目前极具发展潜力的微机电系统技术，最后在第九章将给出微电子技术发展的一些规律和展望。其中第一、四、七、八、九章由张兴博士执笔，第二、三章由刘晓彦博士执笔，第五、六章由黄如博士执笔，最后由张兴博士对全书进行了审核。

王阳元院士在百忙之中亲自为本书写了序言，并为本书提出了许多建设性的意见，我们三人都是王老师的学生，我们取得的任何成绩都是与王老师的亲切教诲分不开的，在此向王老师表示最诚挚的感谢。

韩汝琦教授、吉利久教授、倪学文教授、关旭东教授、李映雪教授、郝一龙副教授、张大成高级工程师、赵宝瑛副教授、甘学温副教授、张天义副教授、蒋安平博士、康晋峰博士、李志宏博士、万新恒博士等审阅了部分手稿，并与作者进行了多次有益的讨论，提供了一些原始资料，使我们受益匪浅，在此，向他们表示衷心的感谢。

张兴、黄如、刘晓彦
1999年春于北京大学

目　录

第一章　绪　　论

综观人类社会发展的文明史，一切生产方式的重大变革都是由新的科学发明而引发的，科学技术作为革命的力量，推动着社会向前发展．史前的摩擦生火、驯养动物、栽培植物、畜牧业的发展等，可以认为是农业社会中科学技术对生产力发生影响的最初例子．18世纪60年代到19世纪40年代，以伽利略自由落体定律、开普勒行星运动三大定律和牛顿在《自然哲学和数学原理》中建立的完整力学体系为科学准备，由纺织机改革引起的动力需求导致了1774年英国格拉斯哥大学的修理工瓦特发明蒸汽机，触发了第一次产业革命，产生了近代纺织业和机械制造业，使人类进入利用机器延伸和发展人类体力劳动的时代．19世纪70年代到20世纪20年代，以1820年奥斯特发现的电磁现象（电动机原理）、1831年法拉第发现的电磁感应定律（发电机原理）和1840年麦克斯韦发现的电磁波理论为理论准备，1866年德国科学家西门子利用电磁铁制成了实用的发电机并于1875年应用于工业，引发了以电气化为代表的第二次技术革命．

当前，我们正在经历着一场新的技术革命，虽然第三次技术革命包含了新材料、新能源、生物工程、海洋工程、航空航天技术和电子信息技术等，但影响最大、渗透性最强、最具有新技术革命代表性的乃是以微电子技术为基础的电子信息技术．微电子技术发展的理论基础是19世纪末到20世纪30年代期间建立起来的现代物理学．这期间的重要发现包括1895年德国科学家伦琴发现的X射线、1896年贝克勒尔发现放射性、1897年英国科学家汤姆逊发现电子、1898年居里夫人发现镭、1900年普朗克建立量子论、1905和1915年爱因斯坦提出狭义相对论和广义相对论等．正是这一系列发明和发现揭示了微观世界的基本规律，导致了海森堡、薛定锷等建立起量子力学的理论体系，为现代电子信息技术革命奠定了理论基础．

信息是客观事物状态和运动特征的一种普遍表现形式，是继材料和能源之后的第三大资源，是人类物质文明与精神文明赖以发展的三大支柱之一．目前我们正处在一场跨越时空的新的信息技术革命中，它将比历史上的任何一次技术革命对社会经济、政治、文化等带来的冲击都更为巨大，它将改变我们的生产方式、生活方式、工作方式以及治理国家的方式．

实现社会信息化的关键是各种计算机和通信设备，但是其基础都是微电子．1946年2月在美国莫尔学院诞生了第一台名为电子数值积分器和计算器（Electronic Numerical Integrator and Computer）的计算机，即ENIAC，如图1.1所示．当时的ENIAC由18000个电子管组成，占地150平方米，重30吨，耗电140 kW，足以发动一辆机车，然而这个庞然大物的运行速度只有每秒5000次，存储容量只有千位，平均稳定运行时间只有7分钟．设想一下，这样的计算机能够进入办公室、企业和家庭吗？所以当时曾有人认为，全世界只要有4台ENIAC就足够了．可是现在全世界的计算机拥有量已经多达数亿台．造成这个巨大变革的技术基础就是微电子，可以说没有微电子就没有今天的电子信息社会.现在，电子信息产业已经成为世界第一大产业，毫无疑义，21 世纪将是信息化的世纪，因此 21 世纪的微电子技术也必将得到高速发展.

图 1.1　世界上第一台电子计算机 ENIAC

微电子产业对国民经济的战略作用首先表现在当代食物链关系上，现代经济发展的数据表明，GDP 每增长 100 元，需要 10 元左右电子工业增加值的支撑，而其中就包含 2～3 元的集成电路产品.又据有关资料测算，集成电路对国民经济的贡献率远高于其他门类的产品，如以单位质量钢筋对 GDP 的贡献为 1 计算，则小汽车为 5，彩电为 30，计算机为 1 000，而集成电路的贡献率则高达 2 000.所以，一个日本经济学家认为谁控制了超大规模集成电路技术谁就控制了世界产业，英国人则认为如果这个国家不掌握半导体技术，他就会立刻加入不发达国家行列.

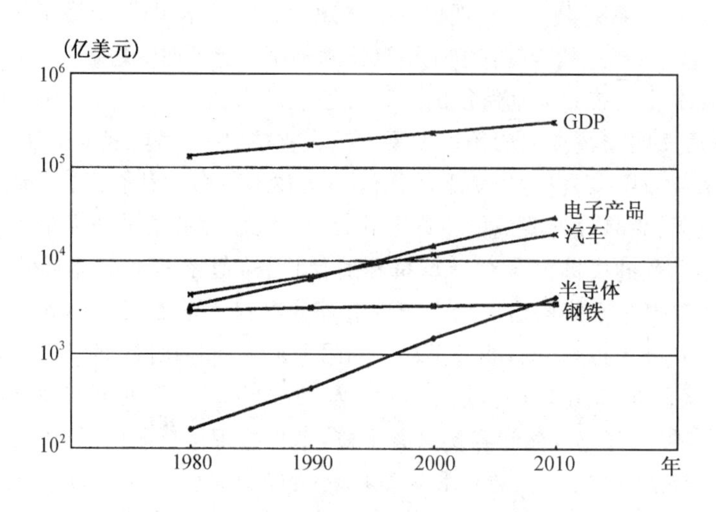

图 1.2　全世界 GDP 和一些主要产业的发展情况

在发达国家的发展过程中还体现出一条重要规律，即电子工业增长速率一般为GDP增长速率的3倍，而集成电路工业增长速率又是电子工业增长率的两倍. 照此估算，如果今后17年我国GDP增长速率保持在5%～6%，到2020年我国集成电路市场总额将达到2 000亿美元以上，约占当时世界集成电路总销售额的25%. 图1.2给出了GDP和一些主要产业的发展情况，可以看出，微电子产业的发展速度是最快的. 几十年来，世界集成电路业的产值以大于13%、集成度以46%的年增长率持续发展，世界上还没有一个产业能以这样高的速度持续增长.

微电子产业发展得如此之快，除了微电子工业本身对国民经济的巨大贡献之外，还与它极强的渗透性有关. 几乎所有的传统产业只要与微电子技术结合，用微电子芯片进行智能改造，就会使传统产业重新焕发青春. 例如火电厂的锅炉给水泵、送风机、引风机占了电厂全部耗能的72%，而全国各行业的风机、水泵的总耗电量占了全国发电量的36%，仅仅对风机、水泵采用变频调速等电子技术进行改造，每年即可节电659亿度，相当于三个葛洲坝电站的发电量；采用交流传动改造后，电力机车可节电20%～40%，内燃机车可节油12%～14%；对白炽灯进行高效节能改造，并假设推广应用6 000万只(约为全国白炽灯总产量的1/18)，所节省的电能相当于三座大亚湾核电站的发电量. 若全国一半中等以上城市的自来水公司不同程度地在管网自动检测和生产调度中使用计算机控制，可以使自来水流失率降低50%.

微电子技术不仅在节能、节材等方面能够使传统产业升级换代，而且还可以使传统产品结构、性能等方面发生革命性的质的变化. 例如当采用微机统一控制的轴—电机装置替代传统的蜗轮、蜗杆、齿轮传动时，汽车将不再是单纯的机械产品，汽车的电子化将导致汽车革命；另外数字化机械加工设备、数字通信技术以及今后的数字地球等都是以微电子产品作为基础的.

目前，电子信息技术已经广泛地应用于国民经济、国防建设乃至家庭生活的各个方面. 全世界的微机拥有率已经超过6%，在美国每年由计算机完成的工作量超过4 000亿人年的手工工作量. 在日本每个家庭平均拥有约100个芯片，集成电路芯片如同细胞组成人体一样，已成为现代工农业、国防装备和家庭耐用消费品的细胞.

由于集成电路的原材料主要是硅，因此有人认为，从20世纪中期，人类进入了继石器时代、青铜器时代、铁器时代之后的硅器时代(Silicon Age). 通过对全世界4 000多种学术刊物的统计，自1968年开始，发表的以硅技术为代表的信息技术领域的学术论文首次突破了以钢铁技术为代表的机械领域的学术论文，如图1.3所示，因此可以认为从1968年开始我们已经进入硅器时代.

目前，微电子技术已进入甚大规模集成电路和系统集成时代，微电子技术已经成了整个信息时代的标志和基础. 现在各种信息电子系统都需要大量的集成电路和系统集成芯片，这样，除了从事微电子专业的人员之外，其他相关专业如计算机、电子学、自动控制、通信等领域的人员都非常需要了解微电子知识. 正是在这种情况下，我们编著了《微电子学概论》一书. 本书既可以作为大学生和非微电子专业研究生的教材，又可以作为从事电子信息领域工

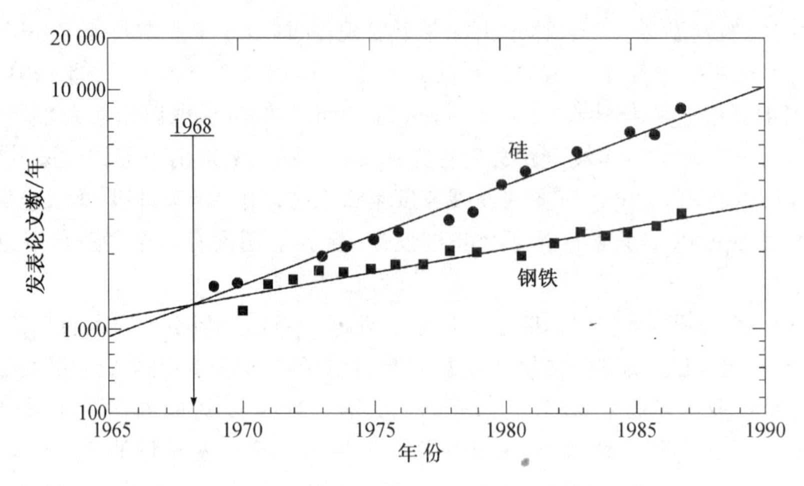

图 1.3　以硅技术为代表的信息技术领域和以钢铁技术为代表的机械领域学术论文数量的比较

作的科研人员比较全面系统地了解微电子学知识的窗口,这对于培养新型信息领域的综合人才是非常重要的.

本书主要介绍了微电子学领域的一些基本概念、集成电路制造工艺技术、集成电路和SOC设计技术等,努力使大家能够对微电子学有一个总体上的、比较完整的认识;同时还就微电子学发展的一些最新动态及其发展趋势进行了简要的分析和讨论,这样可以使大家能够对微电子学领域的最新发展情况有一些了解.

本书共分12章,其中第一章主要介绍微电子学发展的历史以及微电子学中的一些基本概念,第二章讨论了半导体物理和器件物理基础,第三章介绍集成电路基础,第四章介绍了集成电路制造工艺,第五章讨论了半导体材料,第六章介绍集成电路设计,第七章阐述了集成电路计算机辅助设计技术,第八章介绍了系统集成芯片(System On Chip,简称SOC)方面的知识,第九章简要介绍了光电子器件,第十章讨论了微机电系统技术,第十一章介绍了集成电路封装技术,最后在第十二章给出了微电子技术发展的一些规律和展望.

1.1　晶体管的发明

晶体管是在实际需求牵引和理论推动的共同作用下发明的.

半导体的发展最早可以追溯到19世纪30年代.1833年英国物理学家法拉第(Michael Faraday, 1791—1867)发现氧化银的电阻率随温度升高而增加,这应该是人们最早发现的半导体性质;之后一些物理学家又先后发现了同晶体管有关的半导体的三个物理效应,即1873年英国物理学家施密斯(W. Smith)发现的晶体硒在光照射下电阻变小的光电导效应、1877年英国物理学家亚当斯(W. G. Adams)发现的晶体硒和金属接触在光照射下产生电动势的半导体光生伏特效应、1906 年美国物理学家皮尔逊(George Washing Pierce)等人发现金属与硅晶体接触产生整流作用的半导体整流效应.

1931 年,英国物理学家威尔逊(H. A. Wilson)对固体提出了一个量子力学模型,即能带理论,该理论将半导体的许多性质联系在一起,较好地解释了半导体的电阻负温度系数和光电导现象.1939 年,前苏联物理学家达维多夫、英国物理学家莫特、德国物理学家肖特基各自提出并建立了解释金属-半导体接触整流作用的理论,同时达维多夫还认识到半导体中少数载流子的重要性.此时,普渡大学和康乃尔大学的科学家也发明了纯净晶体的生长技术和掺杂技术,为进一步开展半导体研究提供了良好的材料保证.

在需求方面,由于 20 世纪初电子管技术的迅速发展,曾经使晶体探测器失去优势.然而在第二次世界大战期间,雷达的出现使高频探测成为一个重要问题,电子管不仅无法满足这一要求,而且在移动式军用器械和设备上使用也极其不便和不可靠.这样,晶体管探测器的研究重新得到关注,又加上前面提到的半导体理论和技术方面的一系列重大突破,为晶体管发明提供了理论及实践上的准备.

正是在这种情况下,1946 年 1 月,基于多年利用量子力学对固体性质和晶体探测器的研究以及对纯净晶体生长和掺杂技术的掌握,Bell 实验室正式成立了固体物理研究小组及冶金研究小组,其中固体物理小组由肖克莱(William Schokley)领导,成员包括理论物理学家巴丁(John Bardeen)和实验物理学家布拉顿(Wailter Houser Brattain)等人.该研究小组的主要工作是组织固体物理研究项目,“寻找物理和化学方法控制构成固体的原子和电子的排列和行为,以产生新的有用的性质”.在系统的研究过程中,肖克莱发展了威尔逊的工作,预言通过场效应可以实现放大器;巴丁成功地提出了表面态理论,开辟了新的研究思路,兼之他对电子运动规律的不断探索,经过无数次实验,第一个点接触型晶体管终于在 1947 年 12 月诞生.世界上第一个晶体管诞生的具体过程如下:

首先,肖克莱提出了一个假说,认为半导体表面存在一个与表面俘获电荷相等而符号相反的空间电荷层,使半导体表面与内部体区形成一定的电势差,该电势差决定了半导体的整流功能;通过电场改变空间电荷层电荷会导致表面电流改变,产生放大作用.为了直接检验这一假说,布拉顿设计了一个类似光生伏特实验的装置,测量接触电势差在光照射下的变化.对 n 和 p 型硅以及 n 型锗的表面光照实验证实了肖克莱的半导体表面空间电荷假说以及电场效应的预言.

几天以后,巴丁提出了利用场效应作为放大器的几何结构,并与布拉顿一起设计了实验.把一片 p 型硅的表面处理成 n 型,滴上一滴水使之与表面接触,在水滴中插入一个涂有蜡膜的金属针,在水与硅之间施加 8 MHz 的电压,从硅中流到针尖的电流被改变,从而实现了功率放大.之后又发现利用 n 型锗进行实验的效果更好.经过若干改进,最后选用的结构是:在一个楔形的绝缘体上蒸金,然后用刀片将楔尖上的金划开一条小缝,即将金分割成间距很小的两个触点,将该楔形体与锗片接触,在锗片表面形成间距约为 0.005 cm 的两个接触点,它们分别作为发射极和集电极,衬底作为基极,其具体结构如图 1.4 所示.在 1947 年 12 月 23 日,观察到了该晶体管结构的放大特性,电压实现了100倍的放大.

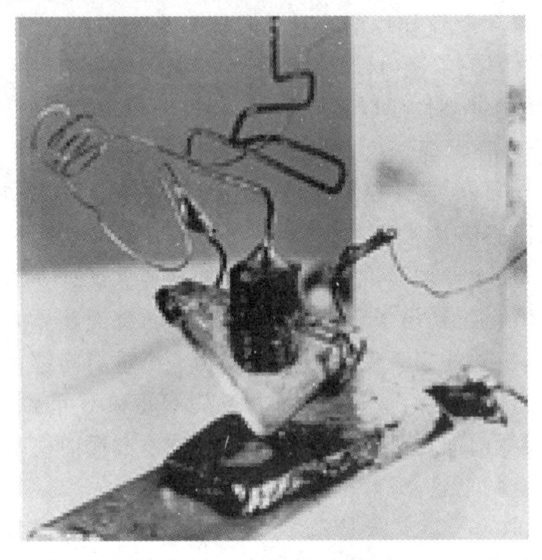

图1.4 世界上第一个晶体管的照片

翌年7月,巴丁和布拉顿以致编辑部信的方式在《物理评论》上报道了该结果.同年,肖克莱又提出了利用两个p型层中间夹一n型层作为半导体放大结构的设想,并于1950年与斯帕克斯(Morgan Sparks)和迪尔(Gordon Kidd Teal)一起发明了单晶锗npn结型晶体管.此后,结型晶体管基本上取代点接触型晶体管.为此,肖克莱、巴丁、布拉顿共同分享了1956年的诺贝尔物理学奖,图1.5为三位科学家在实验室中的合影.

[从左至右别为:巴丁(J. Bardeen)、肖克莱(W. Schokley)和布拉顿(W. H. Brattain)]

图1.5 发明晶体管的三位科学家在实验室中的合影

晶体管是20世纪最伟大的发明之一，晶体管拉开了人类社会步入电子时代的序幕.它对人类社会的所有领域，包括生活、生产甚至战争都产生了并且还正在产生着深刻的影响.

1.2　集成电路的发展历史

集成电路(Integrated Circuit，简称IC)是指通过一系列特定的加工工艺，将多个晶体管、二极管等有源器件和电阻、电容等无源器件，按照一定的电路连接集成在一块半导体单晶片(如硅或GaAs等)或陶瓷等基片上，作为一个不可分割的整体执行某一特定功能的电路组件.

晶体管发明以后不到五年，即1952年5月，英国皇家研究所的达默(G. W. A. Dummer)就在美国工程师协会举办的座谈会上发表的论文中第一次提出了集成电路的设想.文中说到："可以想象，随着晶体管和一般半导体工业的发展，电子设备可以在一个固体块上实现，而不需要外部的连接线.这块电路将由绝缘层、导体和具有整流放大作用的半导体等材料组成".之后，经过几年的实践和工艺技术水平的提高，1958年以得克萨斯仪器公司的科学家基尔比(Jack Kilby)为首的研究小组研制出了世界上第一块集成电路，如图1.6所示，并于1959年公布了该结果，该集成电路是在锗衬底上制作的相移振荡和触发器.器件之间的隔离采用的是介质隔离，即将制作器件的区域用黑腊保护起来，之后通过选择腐蚀在每个器件周围腐蚀出沟槽，即形成多个互不连通的小岛，在每个小岛上制作一个晶体管；器件之间互连线采用的是引线焊接方法.正是由于基尔比教授对人类社会的巨大贡献，他获得了2000年诺贝尔物理学奖.

图1.6　世界上第一块集成电路的照片

集成电路的迅速发展，除了物理原理之外还得益于许多新工艺的发明.重大的工艺发明主要包括：1950年美国人奥尔(R. Ohl)和肖克莱发明的离子注入工艺、1956年美国人富勒

(C. S. Fuller)发明的扩散工艺、1960年卢尔(H. H. Loor)和克里斯坦森(H. Christensen)发明的外延生长工艺、1970年斯皮勒(E. Spiller)和卡斯特兰尼(E. Castellani)发明的光刻工艺.这些关键工艺为晶体管从点接触结构向平面型结构过渡并使其集成化提供了基本的技术支持.

从此,电子工业进入了IC时代,经过40余年的发展,集成电路已经从最初的小规模发展到目前的甚大规模集成电路和系统芯片,单个电路芯片集成的元件数从当时的十几个发展到目前的几亿个甚至几十亿、上百亿个.

早期研制和生产的集成电路都是双极型的.1962年以后又出现了由金属-氧化物-半导体(MOS)场效应晶体管组成的MOS集成电路.实际上,远在1930年,德国科学家Lilienfield就提出了关于MOS场效应晶体管的概念、工作原理以及具体的实施方案,但由于当时材料和工艺水平的限制,直到1960年,Kang和Atalla才研制出第一个利用硅半导体材料制成的MOS晶体管,从此MOS集成电路得到了迅速发展.

双极和MOS集成电路一直处于相互竞争、相互促进、共同发展的状态.但由于MOS集成电路具有功耗低、适合于大规模集成等优点,MOS集成电路在整个集成电路领域中占的份额越来越大,现在已经成为集成电路领域的主流.虽然双极集成电路在总份额当中占的比例在减少,但它的绝对份额依然在增加,它在一些应用领域中的作用短期内也不会被MOS集成电路替代.图1.7给出了各种集成电路在总的微电子市场份额中所占的比例.

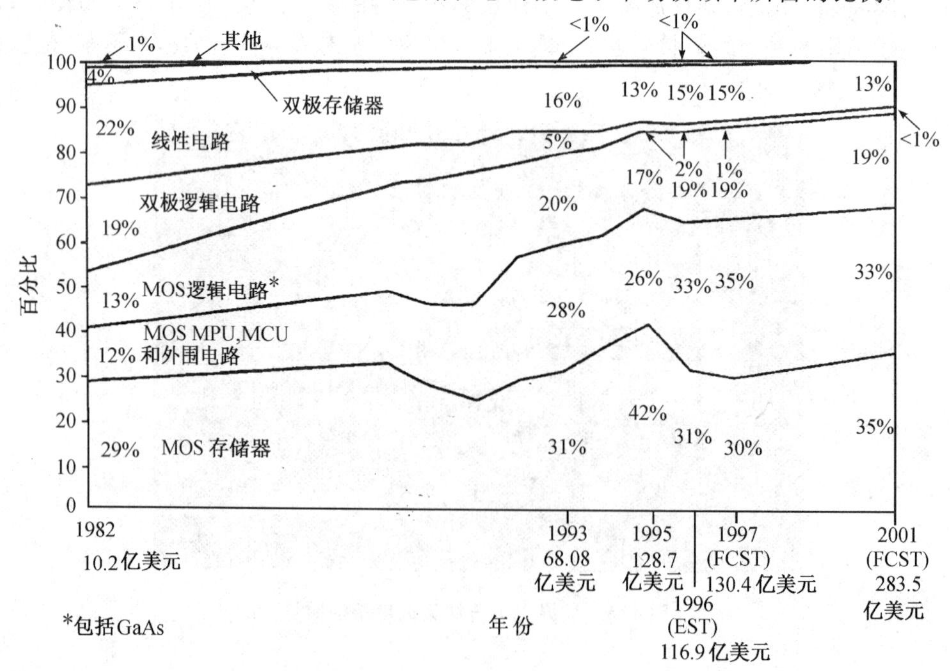

图1.7 各种集成电路在总的微电子市场份额中所占的比例

在早期的MOS技术中，铝栅p沟MOS晶体管是最主要的技术.20世纪60年代后期，多晶硅取代Al成为MOS晶体管的栅材料.20世纪70年代中期，利用LOCOS隔离的nMOS(全部n沟MOS晶体管)集成电路开始商品化.由于nMOS器件具有可靠性好、制造成本低等特点，nMOS技术成为20世纪70年代MOS技术发展的主要推动力.虽然早在1963年就提出了CMOS工艺，并研制成功了CMOS集成电路，但由于工艺技术的限制，直到20世纪80年代CMOS才迅速成为超大规模集成(VLSI)电路的主流技术.由于CMOS具有功耗低、可靠性好、集成密度高等特点，目前CMOS是集成电路的主流工艺.

集成电路的出现打破了电子技术中器件与线路分离的传统，使晶体管和电阻、电容等元器件以及它们之间的互连线都被集成在小小的半导体基片上，开辟了电子元器件与线路甚至整个系统向一体化发展的方向，为电子设备的性能提高、价格降低、体积缩小、能耗降低提供了新途径，也为电子设备迅速普及、走向平民大众奠定了基础.

1.3 集成电路的分类

集成电路的应用范围广泛，门类繁多，其分类方法也多种多样，其中常见的分类方法主要包括：按器件结构类型、集成电路规模、使用的基片材料、电路功能以及应用领域等进行分类.下面将简要介绍按以上几种常见的分类方法进行分类的结果.

1.3.1 按器件结构类型分类

根据集成电路中有源器件的结构类型和工艺技术可以将集成电路分为三类，它们分别为双极、MOS和双极-MOS混合型即BiMOS集成电路.

1. 双极集成电路

这种结构的集成电路是半导体集成电路中最早出现的电路形式.1958年制造出的世界上第一块集成电路就是双极集成电路.这种电路采用的有源器件是双极晶体管，这正是取名为双极集成电路的原因.而双极晶体管则是由于它的工作机制依赖于电子和空穴两种类型的载流子而得名.在双极集成电路中，又可以根据双极晶体管类型的不同而将它细分为npn和pnp型双极集成电路.

双极集成电路的特点是速度高、驱动能力强，缺点是功耗较大、集成度相对较低.

2. 金属-氧化物-半导体(MOS)集成电路

这种电路中所用的晶体管为MOS晶体管，故取名为MOS集成电路.MOS晶体管是由金属-氧化物-半导体结构组成的场效应晶体管，它主要靠半导体表面电场感应产生的导电沟道工作.在MOS晶体管中，起主导作用的只有一种载流子(电子或空穴)，因此有时为了与双极晶体管对应，也称它为单极晶体管.根据MOS晶体管类型的不同，MOS集成电路又可以分为nMOS、pMOS和CMOS(互补MOS)集成电路.

与双极集成电路相比，MOS集成电路的主要优点是：输入阻抗高、抗干扰能力强、功耗小(约为双极集成电路的 1/10～1/100)、集成度高(适合于大规模集成). 因此,进入超大规模集成电路时代以后,MOS,特别是 CMOS 集成电路已经成为集成电路的主流.

3. 双极-MOS(BiMOS)集成电路

同时包括双极和 MOS 晶体管的集成电路为 BiMOS 集成电路. 根据前面的分析,双极集成电路具有速度高、驱动能力强等优势,MOS 集成电路则具有功耗低、抗干扰能力强、集成度高等优势. BiCMOS 集成电路则综合了双极和 MOS 器件两者的优点,但这种电路具有制作工艺复杂的缺点. 同时,随着 CMOS 集成电路中器件特征尺寸的减小,CMOS 集成电路的速度越来越高,已经接近双极集成电路,因此,目前集成电路的主流技术仍然是 CMOS 技术.

1.3.2 按集成电路规模分类

每块集成电路芯片中包含的元器件数目叫做集成度. 根据集成电路规模的大小,通常将集成电路分为小规模集成电路(Small Scale IC,简称 SSI)、中规模集成电路(Medium Scale IC,简称 MSI)、大规模集成电路(Large Scale IC,简称 LSI)、超大规模集成电路(Very Large Scale IC,简称 VLSI)、特大规模集成电路(Ultra Large Scale IC,简称 ULSI)和巨大规模集成电路(Gigantic Scale IC,简称 GSI)等.

集成电路规模的划分主要是根据集成电路中的器件数目,即集成电路规模由集成度确定. 同时,具体的划分标准还与电路的类型有关. 目前,不同国家采用的标准并不一致,表 1.1 给出的是通常采用的标准.

表 1.1 划分集成电路规模的标准

类别	数字集成电路		模拟集成电路
	MOS IC	双极 IC	
SSI	$<10^2$	<100	<30
MSI	$10^2\sim10^3$	$100\sim500$	$30\sim100$
LSI	$10^3\sim10^5$	$500\sim2\,000$	$100\sim300$
VLSI	$10^5\sim10^7$	$>2\,000$	>300
ULSI	$10^7\sim10^9$		
GSI	$>10^9$		

1.3.3 按结构形式分类

按照集成电路的结构形式可以将它分为半导体单片集成电路及混合集成电路.

1. 单片集成电路

它是指电路中所有的元器件都制作在同一块半导体基片上的集成电路. 这是最常见的一种集成电路,通常,在不加任何修饰词的情况下提到的集成电路就是指这类集成电路. 在半导体集成电路中最常用的半导体材料是硅,除此之外,还有 GaAs 等半导体材料.

2. 混合集成电路

它是指将多个半导体集成电路芯片或半导体集成电路芯片与各种分立元器件通过一定的工艺进行二次集成，构成一个完整的、更加复杂的功能器件，该功能器件最后被封装在一个管壳中，作为一个整体使用. 因此，有时也称混合集成电路为二次集成 IC. 在混合集成电路中，主要由片式无源元件（电阻、电容、电感、电位器等）、半导体芯片（集成电路、晶体管等）、带有互连金属化层的绝缘基板（玻璃、陶瓷等）以及封装管壳组成.

根据制作混合集成电路时所采用的工艺，还可以将它分为厚膜和薄膜混合集成电路.

在厚膜集成电路中，需要采用厚膜工艺在陶瓷板上制作电阻和互连线. 厚膜工艺采用的主要材料是各种浆料，如氧化钯-银等电阻浆料、金或铜等金属浆料以及作为隔离介质的玻璃浆料等. 各种浆料通过丝网印刷的方法涂敷到基板上，形成电阻或互连线图形，图形的形状、尺寸和精度主要由丝网掩模决定. 每次完成浆料印刷后要进行干燥和烧结.

薄膜集成电路是指利用薄膜（薄膜的厚度一般小于 1 μm）工艺制作电阻、电容元件和金属互连线. 它采用的工艺主要有真空蒸发、溅射等，各种薄膜的图形通常采用光刻、腐蚀等工序实现.

1.3.4 按电路功能分类

根据集成电路的功能可以将其划分为数字集成电路、模拟集成电路和数模混合集成电路三类.

1. 数字集成电路(Digital IC)

它是指处理数字信号的集成电路，即采用二进制方式进行数字计算和逻辑函数运算的一类集成电路. 由于这些电路都具有某种特定的逻辑功能，因此也称它为逻辑电路.

根据它们与输入信号时序的关系，又可以将该类集成电路分为组合逻辑电路和时序逻辑电路. 前者的输出结果只与当前的输入信号有关，例如反相器、与非门、或非门等都属于组合逻辑电路；后者的输出结果则不仅与当前的输入信号有关，而且还与以前的逻辑状态有关，例如触发器、寄存器、计数器等就属于时序逻辑电路.

2. 模拟集成电路(Analog IC)

它是指处理模拟信号（连续变化的信号）的集成电路. 模拟电路的用途很广，例如在工业控制、测量、通信、家电等领域都有着很广泛的应用.

由于早期的模拟集成电路主要是指用于线性放大的放大器电路，因此这类电路长期以来被称为线性 IC，直到后来又出现了振荡器、定时器以及数据转换器等许多非线性集成电路以后，才将这类电路叫做模拟集成电路. 因此，模拟集成电路又可以分为线性和非线性集成电路. 线性集成电路又叫做放大集成电路，这是因为放大器的输出信号电压波形通常与输入信号的波形相似，只是被放大了许多倍，即它们两者之间成线性关系. 如运算放大器、电压比较器、跟随器等. 非线性集成电路则是指输出信号与输入信号成非线性关系的集成电路. 如振荡器、定时器等电路.

3. 数模混合集成电路(Digital-Analog IC)

随着电子系统的发展，迫切需要既包含数字电路、又包含模拟电路的新型电路，这种电路通常称为数模混合集成电路. 早期由于集成电路工艺和设计技术的限制，通常采用混合集成电路技术实现这种电路，直到 20 世纪 70 年代，随着半导体工艺技术的发展，才研制成功单片数模混合集成电路.

最先发展起来的数模混合电路是数据转换器，它主要用来连接电子系统中的数字部件和模拟部件，用以实现数字信号和模拟信号的互相转换. 因此它可以分为数模(D/A)转换器和模数(A/D)转换器两种. 目前它们已经成为数字技术和微处理机在信息处理、过程控制等领域推广应用的关键组件. 除此之外，数模混合电路还有电压-频率转换器和频率-电压转换器，等等.

1.3.5 集成电路的分类小结

前面简要介绍了几种常用的集成电路分类方法. 除此以外，集成电路还有很多分类方法. 例如根据应用领域可以分为民用、工业投资、军用、航空/航天用等集成电路，根据应用性质可以分为通用 IC、专用 IC(ASIC)，根据速度、功率进行的分类，等等，在此就不一一介绍了. 同时，集成电路是一种高速发展的技术，各种新型的集成电路层出不穷，这也是集成电路分类方法繁杂多样的一个原因. 为了使大家对这一节的内容有一个更清晰的总体认识，我们将前面讨论的几种集成电路分类方法概括成图 1.8 的形式.

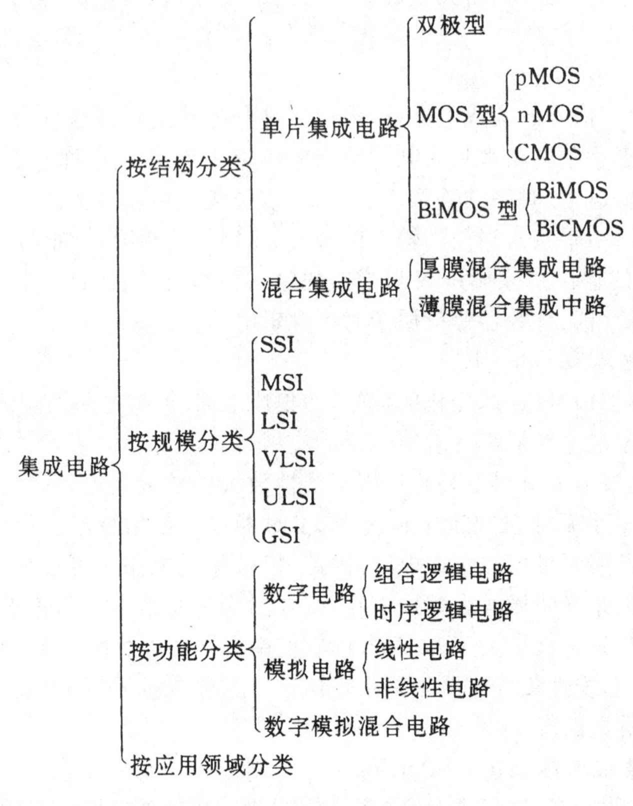

图 1.8 集成电路的分类

1.4 微电子学的特点

微电子学是研究在固体(主要是半导体)材料上构成的微小型化电路、子系统及系统的电子学分支.

微电子学作为电子学的一门分支学科,主要是研究电子或离子在固体材料中的运动规律及其应用,并利用它实现信号处理功能的科学.微电子学是以实现电路和系统的集成为目的的,故实用性极强.微电子学中所实现的电路和系统又称为集成电路和集成系统,是微小型化的;在微电子学中的空间尺度通常是以微米(μm, 1 μm $=10^{-6}$ m)和纳米(nm, 1 nm $=10^{-9}$ m)为单位的.

微电子学是信息领域的重要基础学科,在信息领域中,微电子学是研究并实现信息获取、传输、存储、处理和输出的科学,是研究信息载体的科学,构成了信息科学的基石.其发展水平直接影响着整个信息技术的发展.微电子科学技术是信息技术中的关键,其发展水平和产业规模是一个国家经济实力的重要标志.

微电子学是一门综合性很强的边缘学科,其中包括了半导体器件物理、集成电路工艺和集成电路及系统的设计、测试等多方面的内容;涉及了固体物理学、量子力学、热力学与统计物理学、材料科学、电子线路、信号处理、计算机辅助设计、测试与加工、图论、化学等多个学科.

微电子学是一门发展极为迅速的学科,高集成度、低功耗、高性能、高可靠性是微电子学发展的方向.信息技术发展的方向是多媒体(智能化)、网络化和个体化.要求系统获取和存储海量的多媒体信息、以极高速度精确可靠地处理和传输这些信息、并及时地把有用信息显示出来或用于控制.所有这些都只能依赖于微电子技术的支撑才能成为现实.超高容量、超小型、超高速、超高频、超低功耗是信息技术的无止境追求的目标,是微电子技术迅速发展的动力.

随着特征尺寸的不断减小,微电子学已进入纳米量级,固体电子学的理论、材料和加工技术等都面临新的挑战.A. Chiabrera 曾从理论上探讨了大规模集成电路中微电子元件的物理极限,从固体的最小尺寸(原子团)、电流或电压感应击穿、功耗、噪声和量子力学测不准原理等方面,提出纳米尺度元件的集成器件不再遵循传统的操作规律,具有显著的量子效应和统计涨落特性,将出现新的效应.当电路集成度达到 10^{12} bit/cm^2、单个元件的尺寸小于 10 nm 时,按传统理论,该尺度下的器件和电路运行将严重失真,电子波函数将扩展到邻近的元件,传统集成电路设计和分析方法不再适用,须对器件的运行行为作整体评估,有机/无机复合物为主的纳电子器件及其集成电路将有可能取代硅材料为主的集成器件和电路,从而进入纳电子器件时代.纳电子器件是当前纳米科技中最具挑战性的领域之一.

微电子学的渗透性极强,它可以与其他学科结合而诞生出一系列新的交叉学科,例如它与机械、光学等结合导致了微机电系统(MEMS)的出现,它与生物科学结合诞生了生物芯片. MEMS 和生物芯片都是近年来快速发展起来的具有极其广阔的应用前景的新技术.

参考文献

[1] 王阳元. 王阳元文集. 北京：北京大学出版社，1998.
[2] 王阳元主编. 集成电路工业全书. 北京：电子工业出版社，1993.
[3] 纪念晶体管发明 50 周年报告会文集. 北京. 1997 年 12 月 23 日.
[4] 王阳元，韩汝琦，刘晓彦，康晋锋. 硅微电子技术物理极限的挑战，世界科技研究与发展，1998. 20(3)：39～48.
[5] 王阳元，张兴. 电子科技导报. 1999 年第一期，pp. 2～6.
[6] 黄昆，谢希德. 半导体物理. 北京：科学出版社.
[7] W. Shockley, The path to the conception of the junction transistor, IEEE Transactions on Electron Devices, Vol. ED-23, No. 7, pp. 597～620, July 1976.
[8] Narain Arora, MOSFET Models for VLSI Circuit Simulation——Theory and Practice, Springer-Verlag, Wien New York, 1993.
[9] 孙俊人主编. 中国大百科全书——电子学与计算机. 北京：中国大百科全书出版社，1986.
[10] C. Y. Chang and S. M. Sze, ULSI Technology, The McGraw-Hill Companies, Inc., 1995.
[11] Shockley W. The Theory of p-n Junctions in Semiconductors and p-n Junction Transistor. Bell System Tech J, 1949, 28: 435～489.
[12] Nanavati R P. Semiconductor Devices. Intext Educational Publishers, 1975.
[13] 林昭炯，韩汝琦. 晶体管原理与设计. 北京：科学出版社，1979.
[14] Chen J Y. CMOS Devices and Technology for VLSI. Prentice-Hall International Editions, 1990.
[15] 徐葭生. MOS 数字大规模及超大规模集成电路. 北京：清华大学出版社，1990.

第二章　半导体物理和器件物理基础

本章主要介绍半导体材料的基本特性并在此基础上介绍最常用的半导体器件——pn结、双极晶体管和金属-氧化物-半导体场效应晶体管(MOSFET)的特性和基本工作原理.半导体物理和半导体器件物理有着很深的渊源,它们共同构成了微电子学理论基石的重要部分.本章的第一、二节将侧重于半导体物理方面的基础知识,第三、四、五节则分别介绍pn结、双极晶体管和金属-氧化物-半导体场效应晶体管的基本原理.

2.1　半导体及其基本特性

2.1.1　金属-半导体-绝缘体

我们知道,自然界中的物质大致可分为气体、液体、固体、等离子体四种基本形态.在固体材料中,根据其导电性能的差异,又可分为金属、半导体和绝缘体.通常金属的电导率为$10^6\sim10^4(\Omega\cdot cm)^{-1}$,绝缘体的电导率小于$10^{-10}(\Omega\cdot cm)^{-1}$,电导率在$10^4\sim10^{-10}(\Omega\cdot cm)^{-1}$之间的固体则称为半导体.

实际上,金属、半导体和绝缘体之间的界限并不是绝对的.通常,当半导体中的杂质含量很高时,电导率很高,呈现出一定的金属性,而纯净半导体在低温下的电阻率很低,呈现出绝缘性.一般半导体和金属的区别在于半导体中存在着禁带(参见2.2.1小节)而金属中不存在禁带;区分半导体和绝缘体则更加困难,通常根据它们的禁带宽度及其电导率的温度特性加以区分.

1. 半导体的主要特点

(1) 在纯净的半导体材料中,电导率随温度的上升而指数增加;

(2) 半导体中杂质的种类和数量决定着半导体的电导率,而且在掺入杂质的情况下,温度对电导率的影响较弱;

(3) 在半导体中可以实现非均匀掺杂;

(4) 光的辐照、高能电子等的注入可以影响半导体的电导率.

2. 常见的半导体材料

锗和硅是最常见的单一元素半导体.硅(Si)在化学元素周期表中位于Ⅳ族,在硅原子中有14个电子围绕原子核运动,每个电子带电量为$-q$,原子核带正电,电量为$+14q$,整个原子呈电中性.在14个电子中,有四个电子处于最外层,硅的物理和化学性质主要由最外层的这4个电子决定,它们被称为价电子.在硅晶体中,每个硅原子有4个近邻硅原子,每两个相邻原子之间有一对电子,它们与2个原子核都有吸引作用,称为共价键.正是靠共价键的作用，硅原子紧紧地结合在一起构成晶体. 图 2.1(a)是形象说明硅原子靠共价键结合成晶体的一个平面示意图. 硅晶体实际的立体结构——金刚石结构如图 2.1(b)所示. 在硅晶体中，共价键上的电子摆脱束缚所需要的能量约为 1.12 电子伏(eV)，(1 eV 相当于 1.602×10^{-19} J).

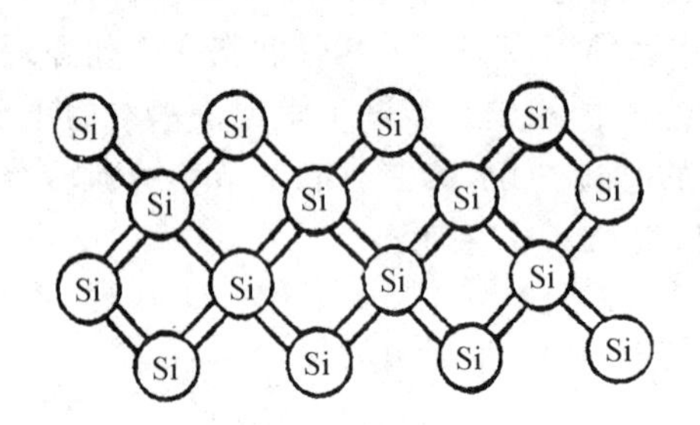

(a) 硅晶体的平面结构示意图

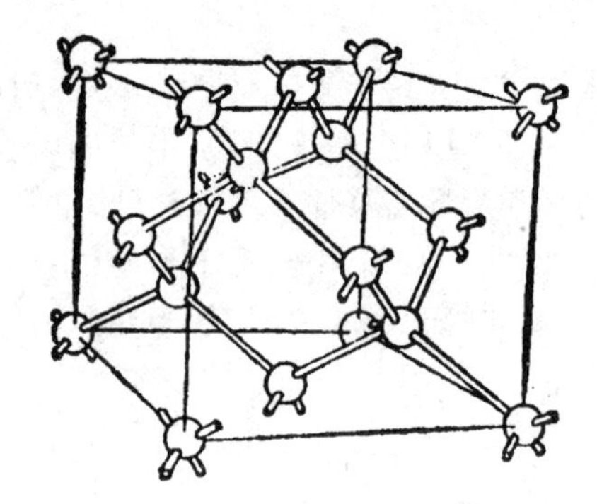

(b) 硅晶体的立体结构示意图

图 2.1　硅晶体的结构示意图

半导体锗(Ge)也是Ⅳ族元素，原子序数为 32，和硅一样，锗最外层也有 4 个价电子，锗晶体同样是靠锗原子之间共有的电子对形成共价键结合在一起，锗晶体同样具有金刚石结构. 由于锗比硅的原子序数大，锗对价电子的束缚能力弱，价键上的电子摆脱束缚所需要的能量较小，约为 0.78 eV.

最常见的化合物半导体是由Ⅲ族元素和Ⅴ族元素构成的Ⅲ-Ⅴ族化合物，如砷化镓(GaAs)、锑化铟(InSb)、磷化镓(GaP)、磷化铟(InP)等. 它们已被广泛用于发光二极管、激光管及微波器件等. Ⅲ-Ⅴ族化合物也主要是靠共价键结合的晶体，其结构和硅、锗等十分相似，每个Ⅲ族原子的近邻为 4 个Ⅴ族原子，每个Ⅴ族原子的近邻则为 4 个Ⅲ族原子. 每个Ⅴ族原子把一个电子转移给一个Ⅲ族原子，分别形成Ⅴ族的正离子 V^{+} 和Ⅲ族的负离子 III^{-}，这样它们最外层都具有 4 个价电子，可以在近邻的离子间共有电子对，形成共价键. 因为它们既是靠共价键结合，又具有一定的离子性，因此，与同一周期内的Ⅳ族元素半导体相比，结合强度更大，例如电子摆脱 GaAs 中的共价键需要的能量为 1.43 eV.

按照内部原子排列的方式不同，固体材料又可以分为晶体和非晶体. 材料中原子(离子或分子)规则排列的为晶体，而原子排列无规律的固体材料则为非晶体. 通常晶体又可分为单晶体和多晶体，单晶体的整个晶体结构中原子按周期性规则排列；多晶体中各个局部区域里的固体原子是周期性规则排列的，但不同区域之间原子的排列的方式不同. 值得注意的是，半导体并不一定都是单晶，多晶、非晶材料同样也有半导体特性. 常见的硅、锗等半导体大部分是晶体，单晶硅中硅原子周期性排列成金刚石结构，金刚石结构可等价看成是由两个面心立方套构而成的. 位于两个不同面心立方结构中的 Si 原子的性质并不等价，构成了复式格子(参见图 2.1(b)).

2.1.2　半导体的掺杂

前面已介绍了在半导体中掺入杂质可以控制半导体的导电性,以下将介绍杂质能够决定半导体导电特性的原因.

1. 电子和空穴

以硅为例,在硅晶体中,如果共价键中的电子获得足够的能量,能够摆脱共价键的束缚,成为可以自由运动的电子.这时在原来的共价键上留下一个缺位,由于相邻共价键上的电子随时可以跳过来填补这个缺位,从而使缺位转移到相邻共价键上,即可以认为缺位也是能够移动的.这种可以自由移动的缺位称为空穴.半导体就是靠电子和空穴移动而导电的.在半导体中电子和空穴统称为载流子.

2. n 型半导体和 p 型半导体

常温下硅的导电性能主要由杂质决定.在硅中掺入Ⅴ族元素杂质(如磷 P、砷 As、锑 Sb 等)后,这些Ⅴ族杂质替代了一部分硅原子的位置,但由于它们的外层有 5 个价电子,其中 4 个与周围硅原子形成共价键,多余的一个价电子便成了可以导电的自由电子.这样一个Ⅴ族杂质原子可以向半导体硅提供一个自由电子而本身成为带正电的离子,通常把这种杂质称为施主杂质.当硅中掺有施主杂质时,主要靠施主提供的电子导电,这种依靠电子导电的半导体被称为 n 型半导体.

若在硅中掺入Ⅲ族元素杂质(如硼 B、铝 Al、镓 Ga、铟 In),这些Ⅲ族杂质原子在晶体中替代了一部分硅原子的位置,由于它们的最外层只有 3 个价电子,在与周围硅原子形成共价键时产生一个空穴,这样一个Ⅲ族杂质原子可以向半导体硅提供一个空穴,而本身接受一个电子成为带负电的离子,通常把这种杂质称为受主杂质.当硅中掺有受主杂质时,主要靠受主提供的空穴导电,这种依靠空穴导电的半导体被称为 p 型半导体.

实际上,半导体中通常同时含有施主和受主杂质,当施主数量大于受主时,半导体是 n 型的;反之,当受主数量大于施主时,则是 p 型的.

2.2　半导体中的载流子

本节主要讨论载流子的统计规律,统计规律是大量载流子作微观运动时表现出来的宏观规律.

2.2.1　半导体中的能带

1. 量子态和能级

电子的微观运动遵循不同于一般经典力学的量子力学规律,其基本特点是包含以下两种运动形式:

(1) 电子作稳恒运动,具有完全确定的能量.这种稳恒运动状态称为量子态.而且同一个量子态上只能有一个电子.

(2) 在一定条件下,电子可以发生从一个量子态转移到另一个量子态的突变,这种突变称为量子跃迁.

量子态的能量通常用能级表示.量子态的一个最根本特点是只能取某些特定的值,而不能随意取值.以硅原子为例,其最里层的轨道就是量子态所能取的最低的能量,再高的能量就是第二层的轨道,不存在具有中间能量的量子态.

半导体中存在许多种类的量子态:硅、锗中构成共价键的电子属于一类量子态;它们摆脱共价键后在半导体中作自由运动的状态属于另一类量子态;另外,掺入半导体中的杂质原子可以把电子束缚在它四周运动,又是一类量子态.

2. 半导体中的能带

半导体是由大量原子组成的晶体.由于原子之间的距离很近,一个原子中的外层电子不仅受到这个原子的作用,还将受到相邻原子的作用;这样,它就与相邻原子中电子的量子态将发生一定程度的相互交叠.通过量子态的交叠,电子可以从一个原子转移到相邻的原子上去.当原子组合成晶体后,电子的量子态将发生质的变化,它不再是固定于个别原子上的运动,而是穿行于整个晶体的运动.电子运动的这种变化称为"共有化".

电子在原子之间的转移不是任意的,电子只能在能量相同的量子态之间发生转移.即共有化量子态与原子能级之间存在直接的对应关系.由于电子在晶体中共有化可以有各种速度,因此在同一个原子能级基础上产生的共有化运动也是多种多样的,从一个原子能级将演变出许许多多的共有化量子态,它们代表电子以各种不同的速度在晶体中运动.图 2.2 示出了共有化量子态的能级图及其与原子能级之间的关系.由图可见,晶体中量子态的能级分成由低到高的许多组,分别和各原子能级相对应,每一组内包含大量的、能量很接近的能级.这样密集的能级在能级图中看上去就像一条带子,因此通常称它为能带.能带之间的间隙称为"禁带".图中禁带宽度即为从一个能带到另一个能带之间的能量差.

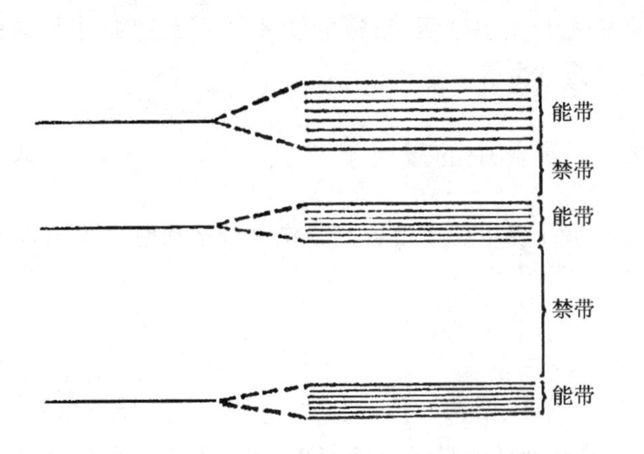

图 2.2　共有化量子态的能级图及其与原子能级之间的关系

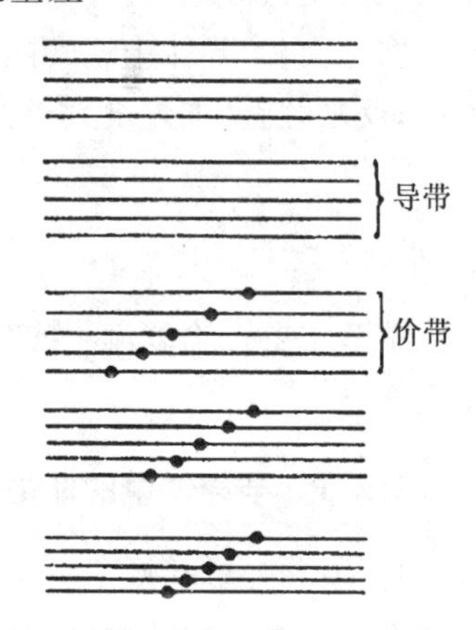

图 2.3　电子填充能带的基本情况

一般地，原子的内层能级都是被电子填满的．当原子组成晶体后，与这些内层能级对应的能带也都被电子所填满．在硅、锗、金刚石等共价键结合的晶体中，从其最内层的电子直到最外层的价电子都正好填满相应的能带．能量最高的是价电子所填充的能带，称为价带．价带以上的能带基本上是空的，其中最低的没有被电子填充的能带通常称为导带．图2.3表示出了电子填充能带的基本情况以及其中的价带和导带．需要注意的是能带图只是说明了电子的能量，并不说明电子的实际位置等其他问题．

在能带概念的基础上可以进一步分析电子和空穴的产生过程．实际上，构成共价键的电子也就是填充价带的电子；这是因为组成共价键的电子是硅或锗原子最外层的4个价电子，它们的能量最高，它们填充的也就是能量最高的能带——价带．电子摆脱共价键，就是指电子离开价带，从而在价带中留下空能级．距离价带最近的空能带为导带，电子摆脱束缚后一般都位于导带中．从能带的角度看，如图2.4所示，电子摆脱共价键而形成电子和空穴的过程，就是一个电子从价带到导带的量子跃迁过程．其结果是导带中增加了一个电子而价带中出现了一个空能级．半导体中导电的电子就是处于导带中的电子，而原来填满的价带中出现的空能级则代表导电的空穴．从实质上讲，空穴的导电性反映的仍是价带中电子的导电作用．

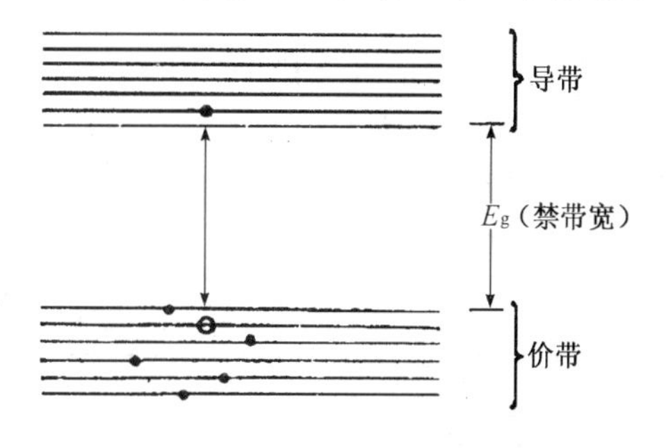

图2.4　电子摆脱共价键形成电子和空穴过程

3．杂质能级

半导体中的杂质原子可以使电子在其周围运动而形成量子态．通常，杂质量子态的能级处在禁带之中．

对于Ⅴ族施主杂质，当它取代晶格中硅或锗的位置后，它的四个价电子形成共价键，多余一个价电子成为自由电子，杂质本身则成为正电中心．正电中心可以束缚电子在其周围运动而形成量子态．原子对电子的束缚能力一般用电离能表示．电离能越大，表示原子对电子的束缚能力越强，电子要摆脱原子的束缚则需要更多的能量．氢原子的电离能是13.6 eV．硅中几种Ⅴ族施主杂质的电离能如表2.1所示．可以看出，Ⅴ族施主杂质的电离能很小，因此施主上的电子几乎都能全部电离，参与导电．

表2.1　硅中几种Ⅴ族施主杂质的电离能

施主	磷	砷	锑
电离能/eV	0.044	0.049	0.039

如前所述，导电的电子一般就是在导带中的电子，因此，施主的电离实质上就是原来在施主能级上的电子跃迁到导带中去，这个过程所需要的能量就是电离能．根据这个道理，可以确定施主能级在能带图中的位置，如图2.5所示．施主能级在导带的下面，与导带的距离

等于电离能,图中箭头表示电子从施主能级跃迁到导带的电离过程.

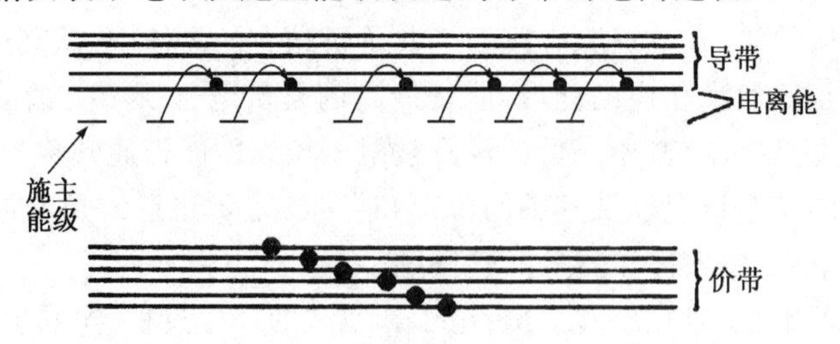

图 2.5 施主能级在能带图中的位置

Ⅲ族的受主杂质只有 3 个价电子,代替硅或锗形成 4 个共价键需要从其他共价键上夺取一个电子,这样将形成一个负电中心同时产生了一个空穴.带负电的中心可以吸引带正电的空穴在其周围运动,使空穴摆脱受主束缚所需要的能量就是受主的电离能,硅中Ⅲ族受主杂质的电离能如表 2.2 所示.

表 2.2 硅中几种Ⅲ族受主杂质的电离能

受主	硼	铝	镓	铟
电离能/eV	0.045	0.057	0.065	0.16

Ⅲ族受主的电离能也很小,受主杂质基本上也是全部电离,形成自由导电的空穴.自由导电的空穴实质上就是价带中的空能级.受主杂质电离是价带中的电子跃迁到受主能级的过程,跃迁所需要的能量就是受主的电离能.由此同样可以确定受主能级的位置,如图 2.6 所示.受主能级在价带的上面,与价带的距离等于电离能,该图中箭头表示电子从价带跃迁到受主能级的电离过程.被电子填充后的受主能级,相当于失去空穴的受主负电中心,即电离受主.

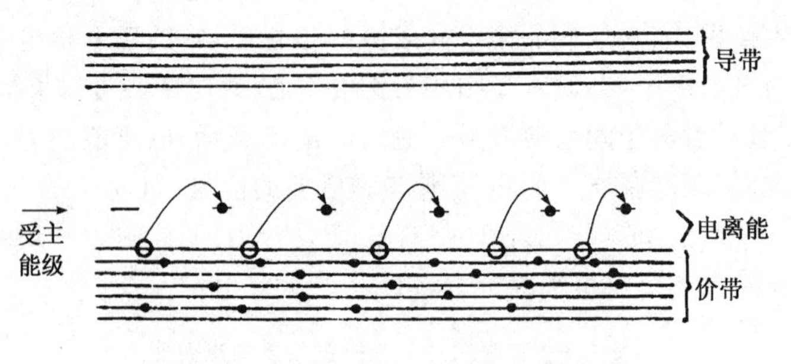

图 2.6 受主能级在能带图中的位置

许多杂质都可以在硅、锗的禁带中形成杂质能级,这些能级也可按照Ⅴ族和Ⅲ族的不同特点区分为施主和受主能级.如果能级在有电子占据时呈电中性,失去电子后成为正电中心的杂质能级则为施主能级;受主能级的情况正好相反,它在有电子占据时是负电中心,而没有电子占据时则呈电中性.

Ⅴ族施主能级和Ⅲ族受主能级分别距离导带和价带非常近，它们的电离能很小，通常称这种能级为浅能级. 其他许多杂质的能级离导带和价带较远的则称为深能级.

在硅或锗中如果同时存在施主和受主杂质时，将相互补偿. 这是因为导带和施主能级的能量比价带和受主能级要高得多，所以在导带或施主能级上的电子总是先去填充那些空的受主或价带能级. 若用 N_D 和 N_A 表示单位体积内施主和受主的数目(即杂质浓度). 在室温下 N_A 就是受主和价带中空能级的数目. 如果 $N_D > N_A$，则 N_D 个施主上的电子除了 N_A 个填充空能级外，只剩下 $N_D - N_A$ 个电子可以电离到导带，图 2.7(a)示出了这种 n 型补偿的情形. 如果 $N_D < N_A$，则全部 N_D 个施主电子都去填充空能级，于是 N_A 个受主能级只剩下 $N_A - N_D$ 个是空的，即只有 $N_A - N_D$ 个能级可以电离而提供 $N_A - N_D$ 个空穴，图 2.7(b)示出了这种 p 型补偿的情形.

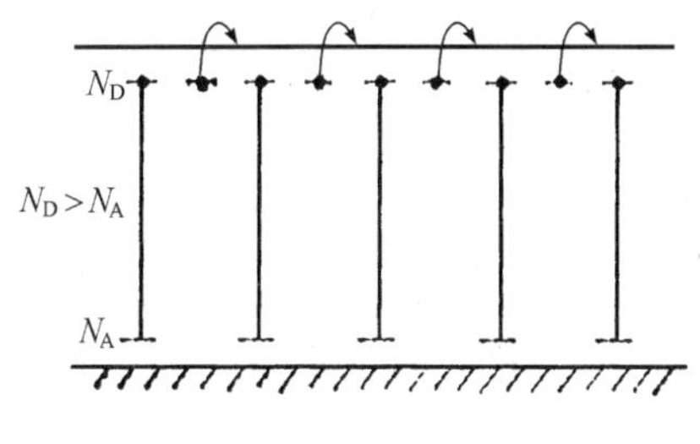

图 2.7(a)　n 型补偿的情形

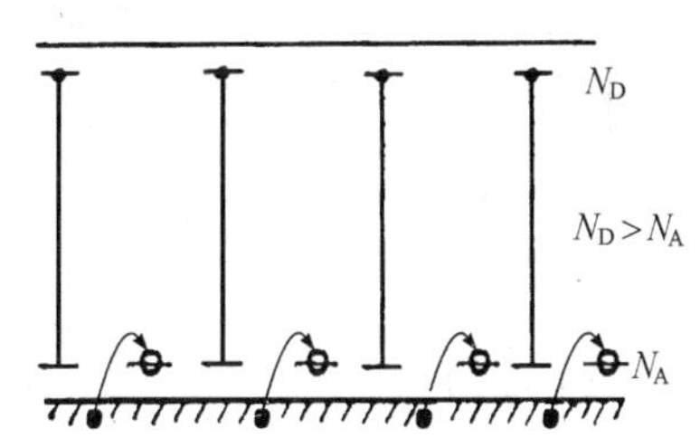

图 2.7(b)　p 型补偿的情形

2.2.2　多子和少子的热平衡

1. 多子、少子及其热运动

n 型半导体主要依靠电子导电，但同时还会存在少量的空穴. 在这种情况下，称电子为多数载流子(多子)，称空穴为少数载流子(少子). 在 p 型半导体中，则空穴是多子，电子是少子.

半导体中同时存在电子和空穴的根本原因是晶格的热振动使电子不断发生从价带到导带的热跃迁. 晶格热振动可以形象地看作是每个原子来回不断地撞击四周的原子. 原子撞击的能量如果超过半导体的禁带宽度 E_g，则可能有足够的能量供给共价键的电子，使其从价带跃迁到导带. 原子热运动的能量用 kT 来衡量，而 kT 往往远小于半导体的禁带宽度(如室温下的 kT 只有 0.026 eV)，但是热运动的特点是其无规则性，无论是运动的方向还是运动的强弱都是无规则的. kT 只是一个平均值，虽然大多数原子的能量与 kT 相差不远，然而总有少量原子的能量可以远远大于 kT. 热运动理论表明，大量原子极不规则的热运动表现出确定的统计规律性，具有各种不同热振动能量的原子之间保持确定的比例，超过某一能量 E 的原子所占的比例为 $e^{-E/kT}$. 以硅为例，$E_g = 1.1$ eV，在室温下 $k\mathrm{T} \approx 0.026$ eV，热运动能量超过 E_g 的原子所占比例为：

$$e^{-E_g/kT} \approx e^{-43} \approx 3 \times 10^{-19}$$

这个比例虽然极小，但因为原子总数很大(硅：$5 \times 10^{22}\ \mathrm{cm}^{-3}$)，每秒钟振动次数也很大(约

$10^{13}\ s^{-1}$)，实际上还是有由于大量的原子有足够的振动能量使电子不断从价带到跃迁导带.

2. 产生、复合及其热平衡

电子从价带跃迁到导带的结果是形成一对电子和空穴，因此电子从价带到导带的热跃迁被称为电子-空穴对的产生过程.电子-空穴对的产生过程是伴随原子热运动而发生的，是永不休止的.随着电子-空穴对的产生，电子-空穴的复合也同时无休止地进行.所以，半导体中电子和空穴的数目并不会越来越多.以 n 型半导体为例：当导带中的电子和价带中的空穴相遇时，电子可以从导带落入价带的这个空能级(多余的能量施放出来成为晶格振动)，这个过程称为电子-空穴的复合.复合是与产生相对立的变化过程，复合将使一对电子和空穴消失.在半导体中产生与复合总是同时存在，如果产生超过复合，电子和空穴将增加，如果复合超过产生，电子和空穴将减少.如果没有光照射或 pn 结注入等外界影响，温度又保持稳定，半导体中将在产生和复合的基础上形成热平衡.热平衡时产生和复合仍在持续不断地发生，只是这两个过程的速率相等，效果相反，从宏观上看热平衡时电子和空穴的浓度保持恒定不变.

3. 本征情况

“本征”是指半导体本身的性质，以区别于外来掺杂的影响，“本征情况”是指半导体中没有杂质而完全靠半导体本身提供载流子的理想情况.在这种情况下，载流子的唯一来源就是电子-空穴对的产生，每产生一个电子，同时也产生一个空穴，所以电子和空穴的浓度相等：

$$n = p \tag{2.1}$$

这个共同的浓度称为“本征载流子浓度”，常用 n_i 表示，n_i 与禁带宽度和温度有关，而与掺杂类型、浓度等无关.在热平衡条件下，电子和空穴的乘积是恒定的，即：

$$np = n_i^2 \tag{2.2}$$

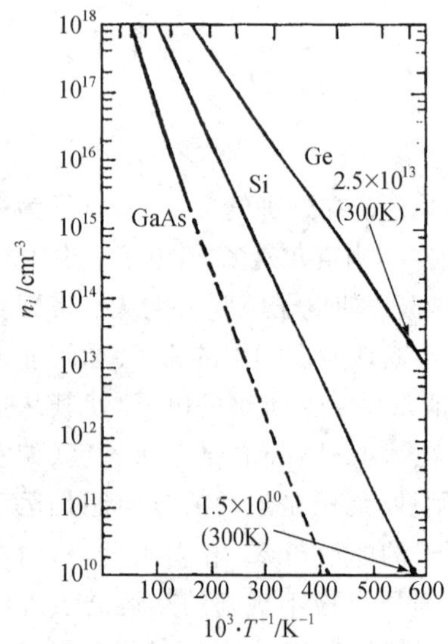

图 2.8 硅、锗、砷化镓的 n_i 和 $1/T$ 的关系

图 2.8 给出了几种常见半导体的本征载流子浓度和温度的关系，由此可见，室温下硅中本征载流子浓度很低，但其随着温度的升高而迅速增加.对于每一种半导体材料，其本征载流子浓度是一个完全确定的温度的函数.

4. 电中性条件

电中性条件是指在半导体内部正、负电荷总保持相等，半导体材料处于电中性的状态.半导体中掺杂的作用正是通过电中性条件表示出来的.在掺杂半导体中，多子和少子同时存在，在这种情况下，多子和少子的浓度需要通过多子与少子平衡的基本公式 $np = n_i^2$ 和电中性条件共同确定.以施主浓度为 N_D 的 n 型半导体为例，在室温下可以认为施主全部电离，所以正电荷包括 N_D 个电离施主和 p 个空穴，负电荷则为 n 个电子，由电中性条件可得：

$$n = N_D + p \tag{2.3}$$

它和热平衡的基本公式一起可以确定出多子浓度 n 和少子浓度 p.

在一般的使用温度范围内，半导体中的杂质浓度总是远远超过本征载流子浓度，即杂质浓度$\gg n_i$. 这种情况和“本征情况”相反，通常称为杂质导电情形. 在这种情况下，少子浓度总是远远小于掺杂浓度，在上述电中性条件中，少子浓度 p 和 N_D 相比可以忽略，于是方程(2.3)可以简化为：

$$n = N_D$$

即电子浓度近似与杂质的浓度相等.

把上式代入到方程(2.2)，得到少子浓度为：

$$p = \frac{n_i^2}{N_D} \tag{2.4}$$

这表明，在杂质导电情形下，少子浓度与杂质浓度(或曰多子浓度)成反比，即杂质越多，多子越多，少子就越少.

2.2.3　电子的平衡统计规律

1. 费米分布函数

电子的平衡统计分布规律是大量电子作微观运动时表现出来的规律，是电子热平衡的普遍规律. 前面讨论的多子和少子热平衡是这个普遍规律用于价带和导带的结果.

实际上，电子的热跃迁并不限于导带和价带之间，而是普遍发生在所有能级之间. 电子既可以从晶格热振动获得能量，从低能级跃迁到高能级，也可以从高能级跃迁到低能级把多余的能量释放出来成为晶格热振动的能量. 电子在各种能级之间的热跃迁使电子在所有能级之间达到热平衡. 这种热平衡的特点是分布在各能级上的电子数服从确定的统计规律. 这个统计规律为：在绝对温度为 T 的物体内，电子达到热平衡时，能量为 E 的能级被电子占据的几率 $f(E)$为：

$$f(E) = \frac{1}{1 + e^{(E-E_F)/kT}} \tag{2.5}$$

其中 E_F 是费米能级. 费米能级反映了电子的填充水平，它是电子统计规律的一个基本概念.

该方程表明，在热平衡情况下，一个能级被电子占据的几率是这个能级能量 E 的函数，这个概括了电子热平衡状态的重要函数称为电子的平衡统计分布函数，又称为费米分布函数.

对于某个能级 E，在热平衡情况下，从经过许多次热跃迁的一段时间内来看，这个能级被电子占据的时间占总时间的百分比是确定的，这个百分比就是电子占据这个能级的几率. 具体说来，一个能级如果始终被电子占据，则占据几率为 1，若正好在一半时间内有电子，则占据几率就是 1/2.

另一方面，由于半导体实际上是包含极大量电子的宏观物体，其中任何一个能级 E 都是大量存在的，能量和它相同或十分接近的能级也大量存在. 在热平衡情况下，对这样数量很多的能量相同或基本相同的能级来说,虽然其中每一个能级是否被电子占据是时刻变化,受偶然性支配的,但这些能级之中有百分之几被电子占据却是确定的,这个百分比就是电子占据能级的几率. 图 2.9 给出了 $f(E)$的函数曲线,为了便于对比,在图 2.9 的右边给出了能带图,并把自变量 E 作为纵坐标,而把函数 $f(E)$作为横坐标,这样各种能级的电子占据比例都可以对照 $f(E)$曲线直接读出. 由图 2.9 可见,在费米能级 E_F 以下,$f(E)$接近于 1,在 E_F 以上,$f(E)$接近于 0. 这意味着,E_F 以下的能级基本被电子填满,E_F 以上的能级则基本是空的,当然这不包括在 E_F 上下、能量十分接近 E_F 的能级. 由方程(2.5)可以看出,只要 E 比 E_F 高出几个 kT,分母中的指数函数便比 1 大很多, $f(E) \ll 1$. 同样,只要 E 比 E_F 低几个 kT,分母中的指数函数就远远小于 1, $f(E) \approx 1$. 这样,在图 2.9 中,从 E_F 以下 $f(E) \approx 1$,变化到 E_F 以上 $f(E) \approx 0$,中间间隔的只是几个 kT 的能量.

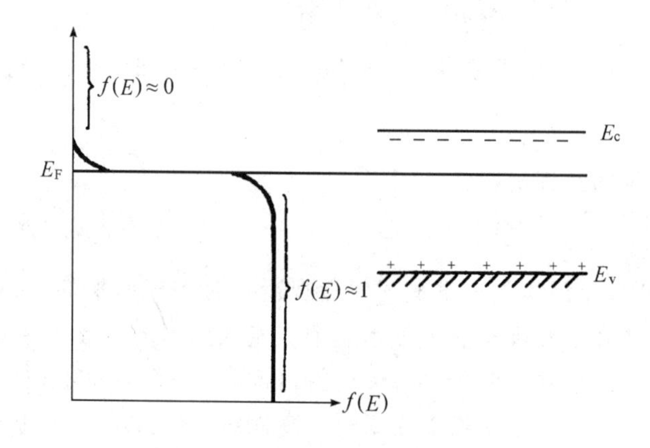

图 2.9 $f(E)$的函数曲线

除了掺杂浓度特别高的情形外,一般情况下 E_F 在半导体的禁带中,而导带的能级都在 E_F 之上,价带的能级都在 E_F 之下,所以导带能级属于"基本上空"的状态,而价带能级则处于"基本上满"的状态. 但这并不表明,导带没有电子或电子的数目很少,价带没有空穴或空穴的数目很少. 因为导带和价带中能级的数目十分巨大,说导带"基本上空"是指导带能级中只有很少的比例有电子,但因为能级总数很大,所以电子的总数并不一定很小. 同样说价带是"基本上满",是指它的能级中只有很小的比例是空的,但因为能级总数很大,所以空能级的总数,即空穴的总数并不一定很小.

2. 导带和价带中的载流子浓度

单位体积下,导带中的电子总数即电子浓度 n 和价带中的空穴总数即空穴浓度 p 分别为:

$$n = N_c e^{-(E_c - E_F)/kT} \tag{2.6}$$

$$p = N_v e^{(E_v - E_F)/kT} \tag{2.7}$$

其中 N_c 和 N_v 是常数.

考虑到前述的热平衡条件(2.2)可得:

$$n_i = (np)^{1/2} = \sqrt{N_c N_v} e^{-\frac{1}{2}(E_c - E_v)/kT} \tag{2.8}$$

如果用 E_i 表示本征情形下的费米能级 E_F，并根据电中性条件 $n=p$ 和方程(2.6)、(2.7)得到：

$$E_i = \frac{E_c + E_v}{2} + \frac{kT}{2} \ln \frac{N_v}{N_c} \tag{2.9}$$

电子和空穴的浓度分别为：

$$n = n_i e^{\frac{E_F - E_i}{kT}}, \quad p = n_i e^{\frac{E_i - E_F}{kT}} \tag{2.10}$$

对于掺杂浓度为 N_D 的 n 型半导体，若施主全部电离，由电中性条件 $n-p=N_D$，并将方程(2.10)代入可得：

$$n_i \left[e^{\frac{E_F - E_i}{kT}} - e^{-\frac{E_F - E_i}{kT}} \right] = N_D \tag{2.11}$$

若知道 N_D，可由上式求得 E_F.

在一般的 n 型半导体中，通常少子浓度 p 和杂质浓度相比可以忽略，电中性条件可以简化为 $n=N_D$，代入方程(2.11)得到：

$$n_i e^{\frac{E_F - E_i}{kT}} = N_D$$

即

$$E_F = kT \ln\left(\frac{N_D}{n_i}\right) + E_i \tag{2.12}$$

同样，对于掺杂浓度为 N_A 的 p 型半导体可得：

$$E_F = E_i - kT \ln\left(\frac{N_A}{n_i}\right) \tag{2.13}$$

由方程(2.12)和(2.13)可见，n 型半导体的 E_F 位于禁带的上半部，掺杂浓度越高，E_F 便越高，导带中的电子越多；p 型半导体的 E_F 位于禁带的下半部，掺杂浓度越高，E_F 便越低，价带中的空穴越多.

图 2.10 显示出了各种掺杂浓度和温度下，n 型和 p 型硅中费米能级的位置. 该图中每

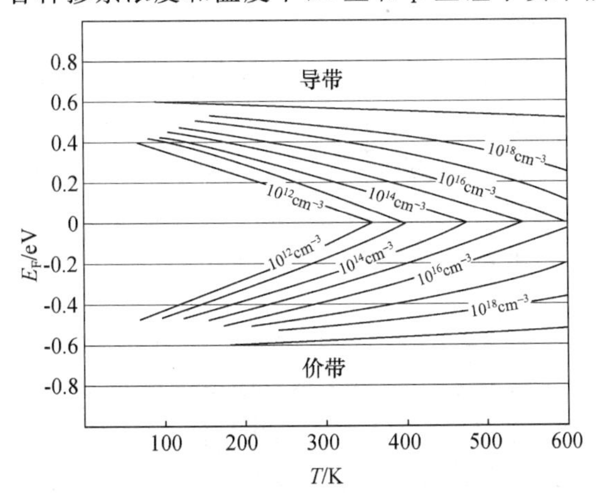

图 2.10　在各种掺杂浓度和温度条件下，n 型和 p 型硅中的费米能级

条曲线代表一个确定的掺杂浓度,横坐标是温度,纵坐标给出了费米能级在禁带中的位置(以 E_i 为 0 线).0 线以上的是 n 型半导体,可以看出,曲线从左到右向下倾斜,这表明随着温度升高,E_F 逐渐趋向于禁带的中间,在高温时达到本征($E_F \approx E_i$);0 线以下的是 p 型半导体,随着温度升高,曲线从左到右向上倾斜,E_F 逐渐从价带方向趋向于禁带的中间,在高温时达到本征($E_F \approx E_i$).

2.3 半导体的电导率和载流子输运

我们知道,均匀导电材料的导电能力通常采用电阻或电导来描述,当电场不是特别强时,满足下列欧姆定律

$$R = \frac{V}{I} \tag{2.14}$$

其中 V 为导电材料两端的电压,单位为伏特(V);I 为流过导电材料上的电流,单位为安培(A);R 为电阻,单位为欧姆(Ω),它正比于材料的长度 L,反比于材料的横截面积 S,在均匀材料中存在以下关系:

$$R = \rho \frac{L}{S} \tag{2.15}$$

ρ 为电阻率,单位为 Ω · cm,它描述了材料的导电能力;有时也采用 ρ 的倒数电导率 σ 来描述,其单位为 $\Omega^{-1} \cdot \mathrm{cm}^{-1}$,或 $\mathrm{S} \cdot \mathrm{cm}^{-1}$,S 为西门子.

如前所述,通过掺入杂质可改变半导体的导电特性. 由于通过半导体的电流一般是不均匀的,为了描述导电体内各点电流强弱的不均匀性,通常采用欧姆定律的微分形式:

$$j = \sigma E \text{ 或 } j = E/\rho \tag{2.16}$$

其中 j 为电流密度,表示通过单位横截面积的电流强度,单位为安培/厘米^2($\mathrm{A/cm^2}$);E 是电场强度,单位为伏特/厘米(V/cm). 在微分欧姆定律中,同样采用电导率 σ 或电阻率描述材料的导电能力.

半导体的电导率和杂质浓度密切相关,以 n 型半导体为例,通过分析电场作用下载流子形成电流的机理,可得到电导率和杂质浓度的关系.

在半导体中,即使没有电场的作用,电子也不是静止不动的,而是杂乱无章地进行着热运动,根据热运动理论,微观粒子无规则热运动的平均动能与绝对温度 T 的关系为: 平均热运动动能$=1.5\,kT$,k 称为玻耳兹曼常数,其数值为 $k=1.38\times10^{-16}$ J/K$=8.62\times10^{-5}$ eV/K.

据估算,室温下半导体中电子的平均热运动速率可达 10^7 cm/s. 尽管电子以如此高的速度作热运动,但是由于运动是无规则的,并不会形成电流. 而当存在电场时,它对电子的作用力使电子沿电场力方向产生一定的速度. 由电场作用而产生的沿电场方向的运动称为漂移运动. 通过图 2.11 可知,若用 $\bar{v}$ 表示电子在电场作用下获得的平均漂移速度,则产生的电流密度为:

$$j = nq\bar{v} \tag{2.17}$$

q 是电子电荷，$q=1.602\times10^{-19}$ C，n 是半导体中电子的浓度．如图 2.11，假定 dS 表示在 A 处与电流垂直的小面积元，以 dS 为底作一个高为 $\bar{v}$dt 的小柱体，因为在时间 dt 内，电子在电场作用下定向漂移的距离为 $\bar{v}$dt，于是在 dt 时间内 A、B 面之间的电子都可以通过 A 处的 dS 截面；即在 dt 时间内通过 dS 的电荷量即为 A、B 面间小柱体内的电荷，即：$\mathrm{d}Q=nq\bar{v}\mathrm{d}S\mathrm{d}t$，而电流密度 $j=\dfrac{\mathrm{d}Q}{\mathrm{d}S\mathrm{d}t}$，所以 $j=nq\bar{v}$.

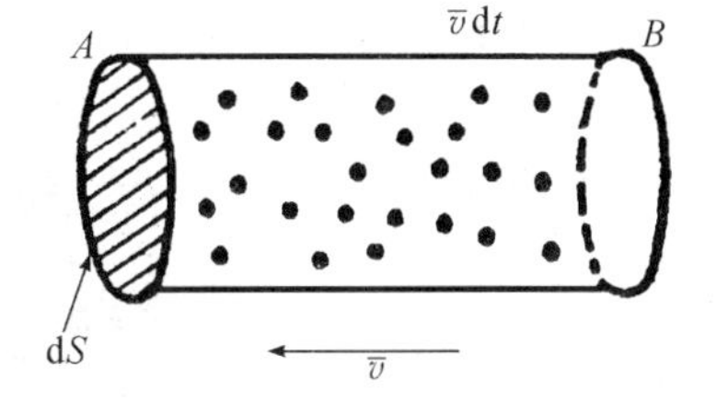

图 2.11　电流通过的小体元

由于载流子浓度 n 和 q 均与电场 E 无关，利用方程(2.17)与微分形式的欧姆定律相比可知，载流子的平均漂移速度 $\bar{v}$ 与电场强度 E 成正比，即：

$$\bar{v} = \mu E \tag{2.18}$$

系数 μ 定义为载流子迁移率，它等于单位电场作用下的平均漂移速度，其常用单位为厘米^2/伏・秒($\mathrm{cm^2/V\cdot s}$)．把方程(2.18)代入方程(2.17)得到：$j=nq\mu E$，并与方程(2.3)比较得到：

$$\sigma = nq\mu \tag{2.19}$$

对于 p 型半导体，可以作完全相似的分析，唯一的差别是空穴代替电子成为载流子，空穴的迁移率一般和电子的不同．常用 μ_{n} 和 μ_{p} 分别表示电子和空穴的迁移率；n 和 p 分别表示电子和空穴的浓度，于是 n 型和 p 型半导体的电导率分别为：

$$\text{n 型：}\quad \sigma_{\mathrm{n}} = nq\mu_{\mathrm{n}}$$

$$\text{p 型：}\quad \sigma_{\mathrm{p}} = pq\mu_{\mathrm{p}}$$

由此可见，半导体的电导率与半导体中载流子的浓度和半导体材料的迁移率有关，而半导体中载流子的浓度主要由掺入的杂质浓度决定．半导体的电导率一方面取决于杂质浓度，另一方面取决于迁移率的大小．

2.3.1　迁移率

迁移率是反映半导体中载流子导电能力的重要参数．如前所述，同样的掺杂浓度，载流子的迁移率越大，半导体材料的电导率越高．迁移率的大小不仅关系着导电能力的强弱，而且还直接决定着载流子运动(漂移和扩散)的快慢．它对半导体器件的工作速度有直接的影响．

在不同的半导体材料中，电子和空穴两种载流子的迁移率是不同的，通常电子迁移率要高于空穴迁移率．表 2.3 列出了在常温下较高纯度的硅、锗、砷化镓材料中电子和空穴的迁移率．

表 2.3　常温时较高纯度的硅、锗、砷化镓材料中电子和空穴的迁移率

迁移率	硅	锗	砷化镓
$\mu_{\mathrm{n}}/\mathrm{cm^2\cdot V^{-1}s^{-1}}$	1 350	3 900	8 500
$\mu_{\mathrm{p}}/\mathrm{cm^2\cdot V^{-1}s^{-1}}$	480	1 900	400

迁移率的大小与掺杂浓度有关，掺杂浓度不同，迁移率也不同. 图 2.12 给出了常温下(300 K) n 型和 p 型硅中载流子迁移率与掺杂浓度的关系. 由该图可见，在低掺杂浓度的范围内，电子和空穴的迁移率基本与掺杂浓度无关，保持比较确定的迁移率数值. 当掺杂浓度超过(10^{15}～10^{16})cm^{-3}以后，迁移率随掺杂浓度的增高显著下降.

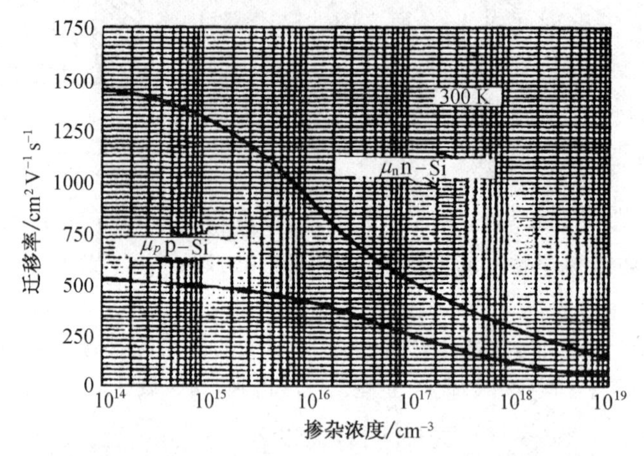

图 2.12　常温下(300 K)n 型和 p 型硅中载流子迁移率和掺杂浓度的关系

载流子的迁移率还与温度有关，图 2.13 分别给出了不同掺杂浓度的 n 型和 p 型硅中载流子迁移率随温度变化的实验曲线. 从图上可以看到，当掺杂浓度较低时，迁移率随温度的升高大幅度下降；而当掺杂浓度较高时，迁移率随温度的变化较平缓. 当掺杂浓度很高时，迁移率在较低的温度下随温度的上升而缓慢增高，而在较高的温度下迁移率随温度上升而缓慢下降.

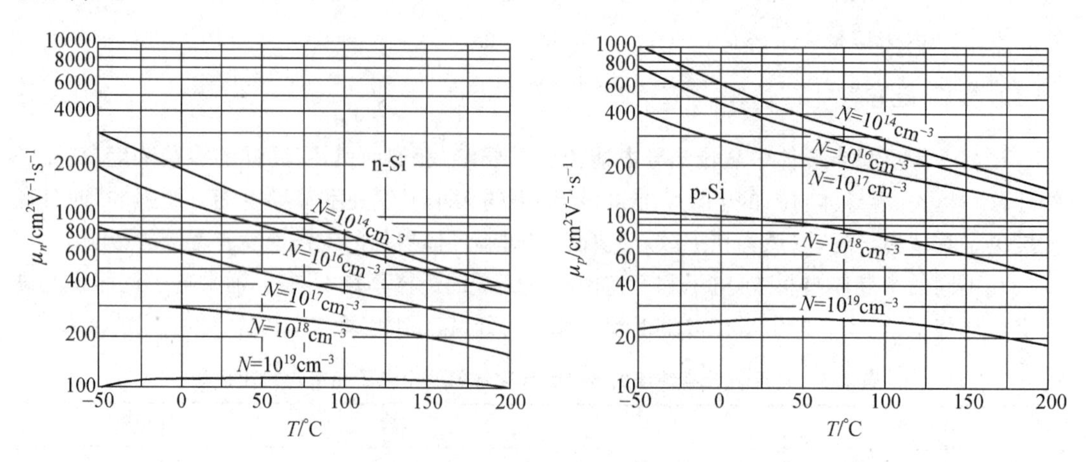

图 2.13　n 型和 p 型硅中载流子迁移率随温度变化的实验曲线

通过分析在电场作用下载流子的漂移速度，可以解释迁移率与载流子浓度和温度的变化关系．在恒定电场的作用下，载流子的平均漂移速度由方程(2.18)确定，即：$\bar{v}=\mu E$．这意味着半导体中的载流子并不是不受任何阻力，不断被加速的．事实上，载流子在其热运动的过程中，不断地与晶格、杂质、缺陷等发生碰撞，无规则地改变其运动方向．这种碰撞现象通常称为散射．载流子在电场作用下，沿电场力方向加速所获得的定向运动速度，每经历一次散射，其运动方向便无规地改变一次，这等于是丧失了定向运动的速度．所以，可以认为载流子的平均漂移速度等于两次散射之间，载流子由于电场力加速而获得的平均速度．即载流子每经历一次散射后，都被看作是重新开始沿电场力方向加速，直到发生下一次散射，在这段时间 t 内加速运动的平均速度就是平均漂移速度．对于电子和空穴，电场力都等于 qE，如果用 m^* 表示载流子的有效质量，则其加速度为：

$$a=\frac{Eq}{m^*} \tag{2.20}$$

开始时定向运动的速度为 0，经过时间 t 的加速运动后，沿电场力方向的速度为：

$$at=\frac{Eq}{m^*}t \tag{2.21}$$

所以平均速度为：

$$\frac{1}{2}\left(0+\frac{Eq}{m^*}t\right)=\frac{1}{2}\frac{Eq}{m^*}t \tag{2.22}$$

实际上，载流子散射具有很大的偶然性，两次散射间的自由运动时间 t 有长有短．在这种情形下进行的理论分析表明，平均漂移速度 $\bar{v}$ 为：

$$\bar{v}=\frac{Eq}{m^*}\tau \tag{2.23}$$

τ 是各种长短不一的时间 t 的平均值，常称为平均自由运动时间(平均弛豫时间)．由式(2.18)可得迁移率为：

$$\mu=q\frac{\tau}{m^*} \tag{2.24}$$

m^* 为载流子的有效质量．以半导体中的电子为例，虽然它和真空中的自由电子相似，也在电场下作加速运动，但由于它实际上并不是在真空中，而是在晶体中，要受到晶体原子的作用，所以在加速运动中所表现出的质量和自由电子的质量($m_0=9.1\times10^{-28}$ g)是不同的，因此需要用有效质量 m^* 表示．空穴具有类似正电粒子的特点，它在电场力作用下也表现出一定的"有效质量"．通常在同一半导体材料中电子和空穴的有效质量是不同的，分别用 m_n^* 和 m_p^* 表示，于是电子和空穴的迁移率可分别写为：

$$\mu_n=q\frac{\tau_n}{m_n^*},\quad \mu_p=q\frac{\tau_p}{m_p^*} \tag{2.25}$$

电子和空穴有效质量的大小是由半导体材料的性质决定的，不同半导体材料的电子和空穴有效质量各不相同;对于同一材料,电子的有效质量通常要小于空穴的有效质量.这是不同材料的载流子迁移率不同、而同一材料中电子和空穴迁移率也不相同的重要原因.

从以上分析中还可以看出,平均自由运动时间 τ_n、τ_p 越长,迁移率便越高.而平均自由运动时间的长短是由载流子散射的强弱决定的,散射越弱,载流子便会间隔更长的时间才散射一次,于是 τ 越长,即电场的加速时间越长,迁移率也就越高.掺杂浓度和温度直接影响了载流子散射的强弱,于是产生了前述对迁移率的各种影响.

一般地,半导体中主要有以下两方面的载流子散射.

(1) 晶格散射:半导体中的原子虽然规则地排列成晶格,但它们并不是静止不动的,它们也在不停地进行着热运动.只不过热运动的具体形式有所不同,晶体中原子的热运动通常是在一点附近往复振动,这种振动并不破坏晶格整体的规则排列,称为晶格振动.由晶格振动引起的载流子散射称为晶格散射.晶格振动随着温度的升高而加强,当温度升高时,对载流子的晶格散射也将增强.在低掺杂浓度的半导体中,迁移率随温度升高而大幅度下降的原因就主要是由晶格散射引起的.

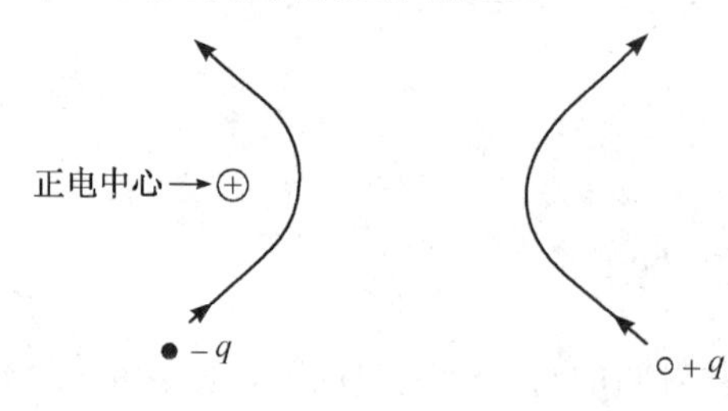

图 2.14 正电中心的散射作用

(2) 电离杂质散射:半导体中的杂质原子和晶格缺陷都会对载流子产生散射,但半导体中最重要的散射是由电离杂质形成的正、负电中心引起的.带电中心对载流子有吸引或排斥作用,当载流子经过它们附近时,就会发生"散射"而改变运动方向.图 2.14 示出了一正电中心对电子吸引和对空穴排斥所产生的载流子散射作用.在掺杂半导体中,除去极低温度时的情况,通常施主或受主基本上是全部电离的.它们是对载流子产生散射的最主要的带电中心.

电离杂质散射的影响与掺杂浓度有关.杂质越多,载流子和电离杂质相遇而被散射的机会也就越多,即电离杂质散射随掺杂浓度的增加而增强.如前所述,在常温(300 K)下,当掺杂浓度达到($10^{15}\sim10^{16}$)cm^{-3}的范围时,迁移率已经下降一半,这表明在这样的杂质浓度下,散射已加强了一倍,即电离杂质散射已经可以与晶格散射相比拟了.

电离杂质散射的强弱也与温度有关.由于载流子的热运动速度随温度升高而增大,而对于同样的吸引或排斥作用,载流子运动速度越大,所受的影响相对越小.而对于电离杂质散射来说,温度越低,载流子运动越慢,散射作用越强,这与晶格散射的作用是相反的,所以当掺杂浓度较高时,电离杂质散射随温度变化的趋势与晶格散射相反,作用相互抵消,迁移率随温度变化较小.对于掺杂浓度很高的情形,在较低温度下电离杂质散射占优势,由于电离杂质散射随温度上升而减弱,于是可观察到载流子迁移率随温度的上升而增高;在较高温度下,晶格散射逐渐占优势,晶格散射随温度上升而增强,载流子迁移率在较高温度下随温度的上升而下降.

实验研究表明,当外电场 E 不是很强时,半导体的载流子迁移率 μ 是一个与电场无关的常数，欧姆定律成立，平均漂移速度 $\bar{v}=\mu E$. 但是当电场超过一定的强度以后，迁移率就不再是一个常数，平均漂移速度随外电场强度的增加而加快的速度变慢，最后趋于一个不再随电场变化的恒定值，称为饱和漂移速度(或极限漂移速度). 图 2.15 示出了室温下高纯度的硅、锗、砷化镓中载流子平均漂移速度与电场强度关系的实验结果. 由图可见，平均漂移速度最后都趋于 10^7 cm/s 的数量级. 这是因为，迁移率与平均自由运动时间成正比，而平均自由运动时间决定于载流子的运动速度. 低电场时，载流子平均漂移速度比平均热运动速度小得多，这时的散射主要由载流子的热运动(室温时约为 10^7 cm/s)引起，因此低场迁移率基本与电场无关，迁移率是一个常数. 但当电场增加到临界电场强度时，平均漂移速度接近平均热运动速度，漂移运动引起的散射越来越大，已经接近热运动引起的散射，这时如果电场强度再增加，载流子运动速度增加，漂移引起的散射进一步加强，导致迁移率下降，从而使平均漂移速度不再与电场强度成正比，漂移速度增加变缓. 当电场强度足够强时，晶格散射会变得特别强，漂移速度将趋于饱和.

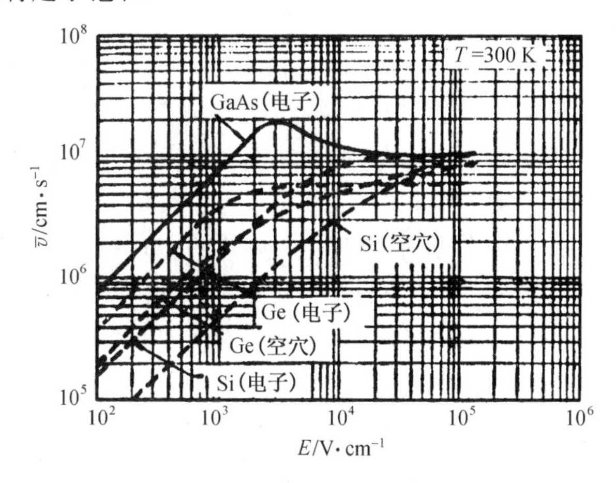

图 2.15　室温下高纯度的硅、锗、砷化镓中载流子的平均漂移速度与电场强度关系的实验结果

2.3.2　过剩载流子

外加电压、光照等外加条件能够破坏载流子的热平衡，使半导体出现非平衡情况，使载流子浓度 n 和 p 偏离热平衡时的数值 n_0 和 p_0(为与非平衡时区别，用角标 0 表示平衡时的值). $\Delta n=n-n_0$，$\Delta p=p-p_0$ 表示超出热平衡时的载流子，称为过剩载流子(也称非平衡载流子). 这种情况往往是一种既平衡又不平衡的情形，因此也称它为准平衡.

电子的热平衡状态是由热跃迁决定的，一般在一个能带范围内，热跃迁十分频繁，所以在极短的时间内就可以导致一个能带内的热平衡. 然而电子在两个能带之间，例如在导带和价带之间的热跃迁则要稀少得多，因此相对来说，两个能带间的平衡要缓慢得多. 当半导体的平衡被破坏时，经常出现既平衡又不平衡的局面，即分别就导带和价带电子来说，它们各自基本上处于平衡状态.这时对各自基本平衡的导带和价带内部,费米能级和费米分布函数是适用的;但导带和价带之间又是不平衡的,表现在它们各自的费米能级相互不重合.在这种准平衡情况下,称各个局部的费米能级为“准费米能级”.导带的准费米能级为电子准费米能级;价带的准费米能级为空穴准费米能级,分别用 E_{fn} 和 E_{fp} 表示.于是电子和空穴的浓度分别为:

$$n = n_i e^{\frac{E_{Fn}-E_i}{kT}}, \quad p = n_i e^{\frac{E_i-E_{Fp}}{kT}} \tag{2.26}$$

存在过剩载流子的情形是一种非平衡情形:当产生过剩载流子的外界因素撤除以后,过剩载流子将逐渐消失,导带中的过剩电子将逐渐回到价带之中.这个过程为过剩载流子复合.

过剩载流子复合是由不平衡趋向平衡的弛豫过程.它是一种统计性过程.事实上,即使在平衡的半导体中,载流子产生和复合的微观过程也在不断地进行着,只是两者的速率相等,载流子数量不会发生改变.但若存在过剩载流子,则复合速率将超过产生速率,从而使过剩载流子逐渐减少,直至最后回到原来的平衡状态.在简单的情况下,过剩载流子随时间按指数规律衰减:

$$\Delta n = (\Delta n)_o e^{-\frac{t}{\tau}} \tag{2.27}$$

$(\Delta n)_0$ 为 $t=0$ 时的过剩载流子浓度,τ 为衰减的时间常数,它等于过剩载流子的平均存在时间,即寿命.对于不同的半导体材料和不同的材料制备条件,过剩载流子寿命的差别很大,短的可为毫微秒量级,长的可达毫秒数量级.

载流子除了可以在电场作用下漂移形成电流以外,还可以通过另一种运动形式形成电流,即扩散.扩散是一种和载流子的不均匀分布相联系的运动形式.载流子通过扩散由高浓度区域向低浓度区域运动.在很多情况下,扩散电流是非平衡载流子电流的主要形式.

扩散电流不是由电场力作用而产生的,它是通过载流子热运动实现的.由于热运动,不同区域之间不断进行着载流子交换.若载流子分布不均匀,这种交换会引起载流子的流动.扩散电流的大小与载流子的绝对数量无直接联系,它是由载流子分布的不均匀程度决定的.在一维分布的情形下,载流子的扩散流密度为:

$$\text{扩散流密度} = -D\frac{\mathrm{d}N}{\mathrm{d}x}$$

其中扩散流密度指单位时间内由于扩散运动通过单位横截面积的载流子数目(乘以载流子电荷即为电流密度).D 是描述载流子扩散能力的常数,称为载流子扩散系数,单位是 cm^2/s.方程中的负号反映了扩散流总是从高浓度向低浓度流动,即扩散流的方向总是指向载流子浓度降低的方向.

电子和空穴的扩散系数在不同材料中是不同的,而且和迁移率一样还随温度和材料的掺杂浓度而变化.通常在低场条件下,载流子的迁移率和扩散系数存在着下列关系:

$$D = \frac{kT}{e}\mu \tag{2.28}$$

该关系称为爱因斯坦关系.

如果在半导体的一面($x=0$)稳定地注入非平衡载流子,它们将一边扩散一边复合,形成一个由高浓度到低浓度的分布 $N(x)$：

$$N(x)=N_o\mathrm{e}^{-x/L} \tag{2.29}$$

其中 N_0 为注入处的浓度，L 为非平衡载流子在被复合前扩散的平均距离，称为非平衡载流子的扩散长度.

2.4　pn　结

许多半导体器件都是由 pn 结构成的，掌握 pn 结的性质是分析这些半导体器件特性的基础. pn 结的性质集中地反映了半导体导电性能的特点：存在两种载流子，载流子有漂移、扩散和产生复合三种运动形式.

在一块半导体材料中，如果一部分是 n 型区，一部分是 p 型区，在 n 型和 p 型区的交界面处就形成了 pn 结. 图 2.16 示出了突变结的杂质分布情况. 其中 n 型区均匀地掺有施主杂质，浓度为 N_D；在 p 型区均匀地掺有受主杂质，浓度为 N_A. 在 n 型区和 p 型区的交界面处，若杂质分布有一突变，这种 pn 结称为突变结；与之不同，若在交界面不存在杂质突变而是逐渐变化的则称为缓变结(扩散结).

pn 结具有单向导电性，这是 pn 结最基本的性质之一. 当 pn 结的 p 区接电源正极、n 区接电源负极时，pn 结能通过较大的电流，并且电流随电压的增加很快地增长，这时 pn 结处于正向偏置；如果 p 区接电源负极、n 区接正极，则电流很小，而且当电压增加时，电流基本上不随外加偏压改变，趋于饱和，这时的 pn 结处于反向偏置. 图 2.17 示出了 pn 结的电流-电压特性曲线. 由该图可见，pn 结正向的导电性能很好；反向的导电性能很差，这便是 pn 结单向导电性的含义.

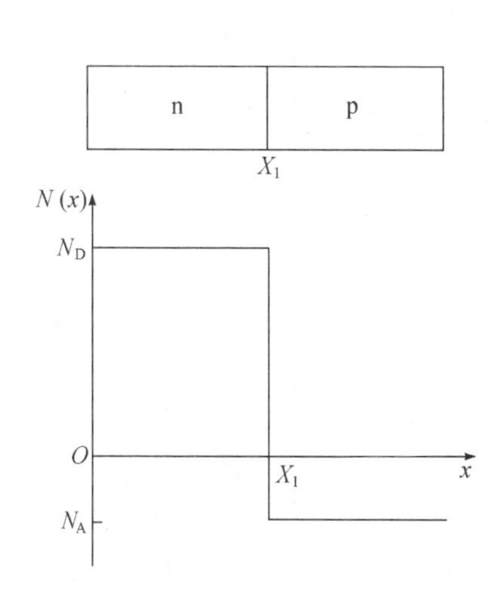

图 2.16　突变 pn 结的杂质分布情况

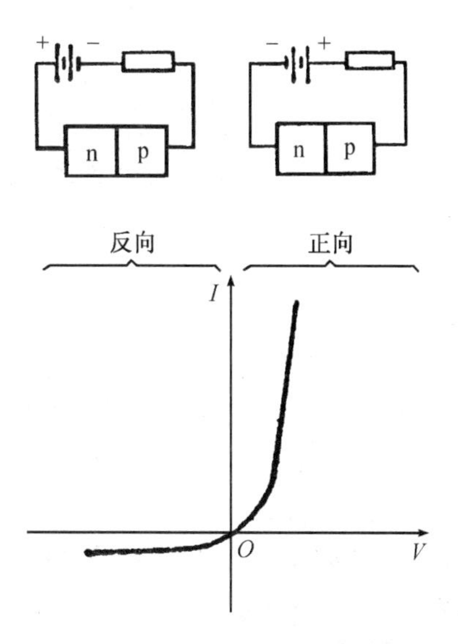

图 2.17　pn 结的电流-电压关系

2.4.1 平衡 pn 结

平衡 pn 结是指没有外加偏压情况下的 pn 结.

由于 n 型半导体中电子是多子，空穴是少子；而 p 型半导体中空穴是多子，电子是少子，因此在 p 型半导体和 n 型半导体的交界面处存在着电子和空穴浓度差，n 区中的电子要向 p 区扩散，p 区中的空穴要向 n 区扩散. 由于 n 区中的电子向 p 区扩散，在 n 区剩下带正电的电离施主，形成一个带正电的区域；相应地，p 区中的空穴向 n 区扩散，在 p 区剩下带负电的电离受主，形成一个带负电的区域. 这样，在 n 型区和 p 型区的交界面处的两侧形成了带正、负电荷的区域，称为空间电荷区，如图 2.18 所示. 电子和空穴的扩散过程并不会无限制地进行下去，这是因为空间电荷区内的正负电荷之间要形成电场，电场的方向由 n 区指向 p 区，这个电场称为自建场. 自建场会推动带负电的电子沿电场的相反方向做漂移运动，即由 p 区向 n 区运动；同时又推动带正电的空穴沿电场方向做漂移运动，即由 n 区向 p 区运动. 这样，在空间电荷区内，自建场引起的电子和空穴漂移运动的方向与电子和空穴各自扩散运动的方向正好相反. 随着扩散的进行，空间电荷数量不断增加，自建场越来越强，直到载流子的漂移运动和扩散运动相互抵消(即大小相等，方向相反)时，达到动态平衡. 在平衡 pn 结中，载流子并不是静止不动的，而是扩散和漂移的动态平衡.

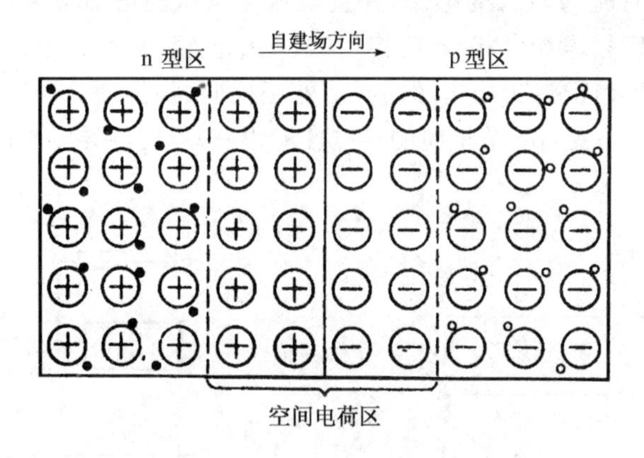

图 2.18 pn 结的空间电荷区

图 2.19 示出了平衡 pn 结的能带图. 如图 2.19(a)所示，n 型半导体的费米能级在本征费米能级 E_i 之上，p 型半导体的费米能级在本征费米能级 E_i 之下. 当 n 型和 p 型半导体紧密接触形成 pn 结时，若没有外加偏压，费米能级处处相等. 即 p 型区能带相对 n 型区上移(或者说 n 型区能带相对 p 型区下移)，使两个区域的费米能级拉平为统一的 E_F，如图 2.19(b)所示，这是扩散和漂移相对平衡的结果. p 型区能带上移是 pn 结空间电荷区存在自建场的结果，因为自建电场的方向是由 n 区指向 p 区；即 p 区的电位比 n 区低，而能带是按电子能量的高低确定的，所以电子的静电势能($-q\times$静电位 V)在 p 区比 n 区要高，正是这个附

加的静电势能，使 p 区的能带相对 n 区上移.

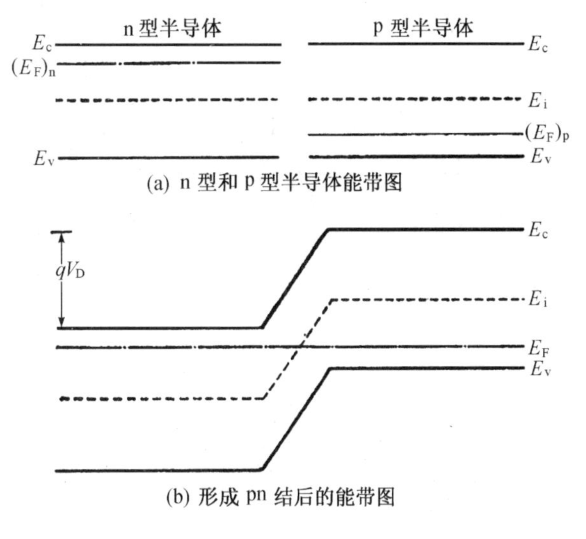

(a) n 型和 p 型半导体能带图

(b) 形成 pn 结后的能带图

图 2.19　平衡 pn 结的能带图

在空间电荷区内，能带发生弯曲，反映了空间电荷区中电子静电势能的变化. 电子从 n 区运动到 p 区（或者空穴要从 p 区到 n 区）必须越过一个能量"高坡"或势垒，因此有时又把空间电荷区称为势垒区.

由于平衡 pn 结空间电荷区内存在自建电场，使得 n 区和 p 区之间存在电势差，称为 pn 结接触电势差 V_D，

$$V_D = \frac{kT}{q}\ln\frac{N_D N_A}{n_i^2} \tag{2.30}$$

其中 N_D、N_A 分别表示 n 区和 p 区的净掺杂浓度，n_i 为本征载流子浓度.

图 2.20 示出了平衡 pn 结的载流子浓度分布情况. 在空间电荷区靠近 p 区的边界 X_p 处，电子浓度等于 p 区的平衡少子浓度 n_{p0}，空穴浓度等于 p 区的平衡多子浓度 p_{p0}；在空间电荷区靠近 n 区的边界 X_n 处，空穴浓度等于 n 区的平衡少子浓度 p_{n0}，电子浓度等于 n 区的平衡多子浓度 n_{n0}.

在空间电荷区内，载流子浓度急剧变化，空穴浓度从 X_P 处的 p_{p0} 减小到 X_n 处的 p_{n0}；电子浓度从 X_n 处的 n_{n0} 减小到 X_p 处的 n_{p0}. 由图 2.20 可见，空间电荷区中绝大部分区域内的载流子浓度远小于电离杂质浓度. 即在空间电荷区 p 型一侧（即负电荷区）的绝大部分区域，空穴浓度和电子浓度都远小于电离受主浓度，所以负电荷区的负电荷密度近似等于电离受主的浓度；同样，在 n 型一侧的正电荷区，空穴浓度和电子浓度都远小于电离施主浓度，所以正电荷区的正电荷密度近似等于电离施主的浓度. 这种情况就好像是电子和空穴被"耗尽"了，因此有时也把空间电荷区称为耗尽区或耗尽层.

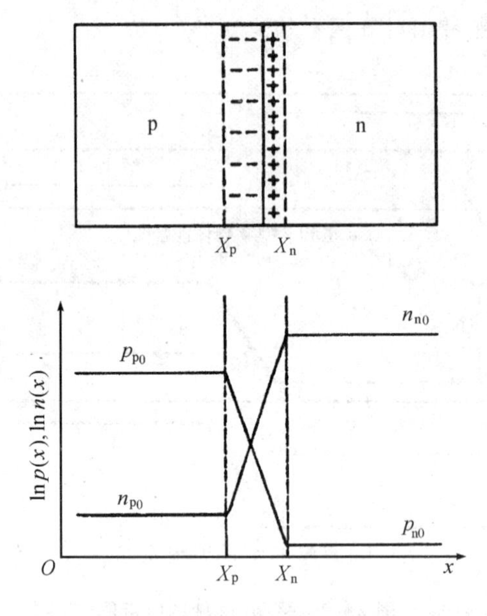

图 2.20　平衡 pn 结的载流子浓度分布

2.4.2　pn 结的正向特性

当在 pn 结上施加正向偏压时(参见图 2.21),外加电压方向与自建电场方向相反,削弱了空间电荷区中的自建电场.打破了扩散运动和漂移运动之间的相对平衡,载流子的扩散运动趋势超过漂移运动.这时,将源源不断地有电子从 n 区扩散到 p 区,有空穴从 p 区扩散到 n 区,成为非平衡载流子.正向 pn 结(pn 结加正向偏压的简称)的这一现象称为 pn 结正向注入效应.

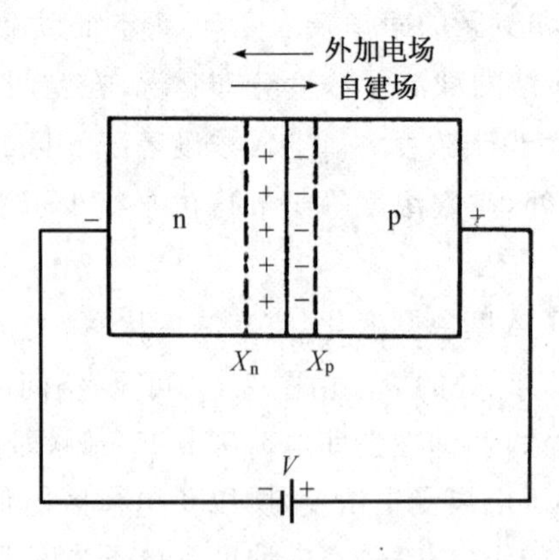

图 2.21　pn 结的正向偏置

无论是自 n 区注入到 p 区的电子，还是自 p 区注入到 n 区的空穴，它们都是非平衡载流子，主要是以扩散方式运动，它们运动的方向相反，但所带电荷的符号相反，因此它们的电流方向是相同的，都是从 p 区流向 n 区，这两股电流构成了 pn 结的正向电流 j.

$$j = q\left(\frac{n_{p0}D_n}{L_n} + \frac{p_{n0}D_p}{L_p}\right)(e^{\frac{qV}{kT}} - 1) \tag{2.31}$$

式 2.31 是 pn 结电流的基本公式，其中 V 是施加在 pn 结上的偏压.

由于电流在 n 型半导体中主要由电子携带，而在 p 型半导体中则主要由空穴携带，所以通过 pn 结的电流就有一个从电子电流转变为空穴电流的转换问题. 图 2.22 形象地示出了正向 pn 结电流的传输与转换过程. 该图中虚线代表电子或空穴的扩散流，实线代表漂移流. 以从 n 区注入到 p 区的电子电流为例，n 区中的电子在外加电场作用下以电子漂移电流的方式向边界 X_n 漂移，越过空间电荷区，经过边界 X_P 注入 p 区，成为非平衡的少子，以扩散形式运动形成电子扩散电流，在扩散过程中，电子与从右面漂移过来的空穴不断复合，复合的结果并不意味着电流中断，而是使电子扩散电流不断地转换为空穴漂移电流，直到在 X_P' 处注入电子全部被复合，电子扩散电流全部转换为空穴漂移电流(参见图 2.22)；对于从 p 区注入到 n 区的空穴电流的情况与此类似.

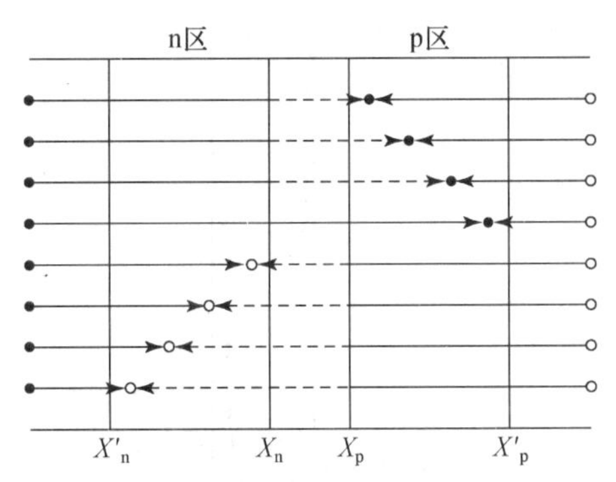

图 2.22　正向 pn 结电流的传输与转换

由图 2.22 可见，电子电流和空穴电流的大小在 pn 结的不同区域是不相等的，但通过各个截面的电子电流和空穴电流之和是相等的，这说明 pn 结内的电流是连续的. pn 结内电流的转换并非电流中断，而仅仅是电流的具体形式和载流子的类型发生了改变.

2.4.3　pn 结的反向特性

如图 2.23(a)所示，当在 pn 结两端施加反向偏压时，外加电场方向与自建场方向相同，空间电荷区中的电场增强，打破了载流子漂移与扩散的动态平衡，空间电荷区中载流子的漂移趋势将大于扩散趋势. 这时 n 区中的空穴一旦到达空间电荷区边界，就要被电场拉向 p 区，p 区中的电子一旦到达空间电荷区的边界，就被电场拉向 n 区，这称为 pn 结的反向抽取作用. 反向抽取作用使得 n 区靠近 X_n 附近的 $X_n \sim X_n'$ 区域内(参见图 2.23(b))的空穴浓度

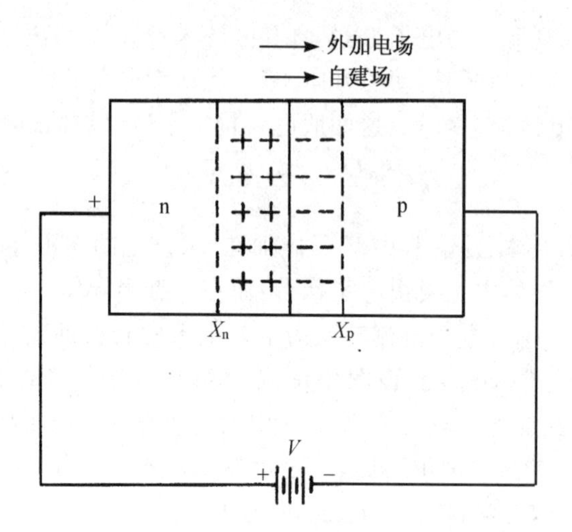

图 2.23 (a) pn 结的反向偏置

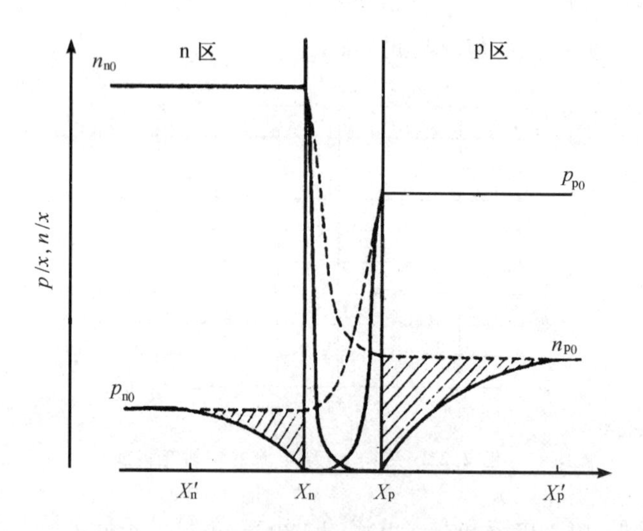

图 2.23 (b) 反向偏置 pn 结的载流子分布

减少,低于平衡浓度.载流子浓度低于平衡浓度的区域必然伴随着载流子的净产生.因此在 $X_n \sim X_n'$ 区域,空穴一方面不断地产生,一方面又不断地向空间电荷区扩散,这两者相互抵消时,空穴便形成稳定的分布(见图 2.23(b));p 区电子的情况与此类似.

反向 pn 结对 n 区和 p 区少子的抽取作用形成了 pn 结反向电流,一般称之为反向扩散电流,反向电流的方向由 n 区流向 p 区,大小为:

$$j = q\left(\frac{n_{p0}D_n}{L_n} + \frac{p_{n0}D_p}{L_p}\right)\left(e^{\frac{qV}{kT}} - 1\right) \tag{2.32}$$

其电流公式与正向电流公式的形式相同,不同的是反向 pn 结的偏压 V 为负值,一般来说,

$e^{\frac{qV}{kT}} \to 0$，于是上式可简化为：

$$j = -q\left(\frac{n_{p0}D_n}{L_n} + \frac{p_{n0}D_p}{L_p}\right) \tag{2.33}$$

该结果表明，反向电流趋于一个与反向偏压大小无关的饱和值，它仅与少子浓度、扩散长度、扩散系数等有关. 有时又称反向电流为反向饱和电流.

反向电流是由 pn 结附近产生的而又扩散到边界处的少数载流子形成的. 图 2.24 示意地画出了反向电流的产生机理. n 区中在厚度等于扩散长度的区域，即 $X_n - X_n'$区域内产生的少数载流子空穴，有机会扩散到边界，在反向 pn 结抽取作用下拉向 p 区，成为多子漂移电流. p 区中的电子可作同样的分析.

根据上述结果可以将 pn 结的正向和反向电流写成以下统一的公式：

$$j = q\left(\frac{n_{p0}D_n}{L_n} + \frac{p_{n0}D_p}{L_p}\right)\left(e^{\frac{qV}{kT}} - 1\right) \tag{2.34}$$

该方程概括了 pn 结正向和反向的电流-电压关系：$V>0$ 代表正向电压，这时 $j>0$，为由 p 区流向 n 区的正向电流；$V<0$ 代表反向电压，这时 $j<0$，为由 n 区流向 p 区的反向电流.

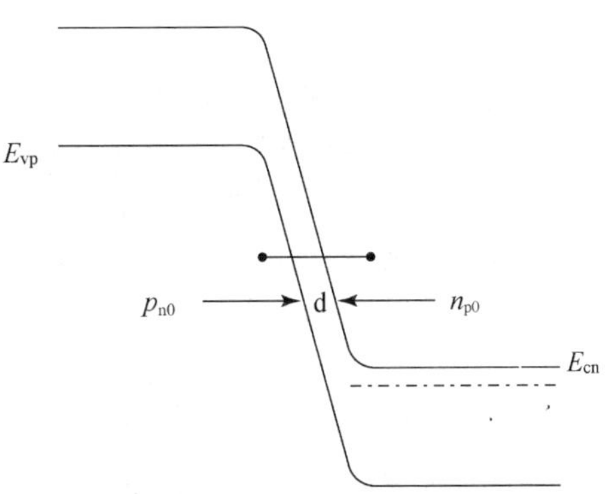

图 2.24　反向电流的产生机理

pn 结单向导电性是由正向注入和反向抽取效应决定的. 正向注入可以使边界少数载流子浓度增加几个数量级，从而形成大的浓度梯度和大的扩散电流，而且注入的少数载流子浓度随正向偏压的增加成指数规律增长. 反向抽取使边界少数载流子浓度减少，并随反向偏压的增加很快趋于零，边界处少子浓度的变化量最大不超过平衡时的少子浓度. 这就是 pn 结正向电流随电压很快增长而反向电流很快趋于饱和的物理原因.

2.4.4　pn 结的击穿

当 pn 结加反向偏压时电流很小且趋于一个饱和值. 然而若反向偏压不断加大，直至达到某一电压 V_B 时，反向电流会突然急剧增加，如图 2.25 所示，这种现象称为 pn 结击穿，发

生击穿时的电压 V_B 为击穿电压. 击穿是 pn 结的一个重要电学性质,击穿电压给出了 pn 结所能承受的反向偏压的上限.

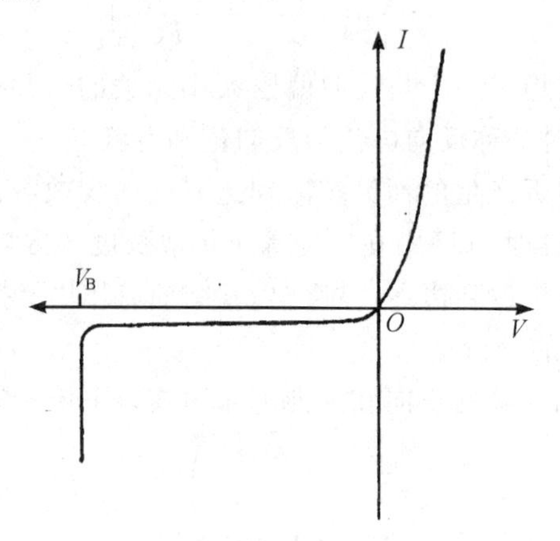

图 2.25　pn 结在加反向偏置时的电流

有两种性质不同的击穿机制会导致 pn 结的电击穿,一种是雪崩击穿;另一种是隧道击穿(又称齐纳击穿).

雪崩击穿的物理过程是:当 pn 结反向偏压增加时,空间电荷区中的电场增强,通过空间电荷区的电子和空穴可以在电场作用下获得很大的能量. 载流子在晶体中运动时,不断地与晶格原子发生"碰撞",当电子和空穴的能量足够大时,通过这种碰撞,可以使满带电子激发到导带,形成电子-空穴对,这种现象为"碰撞电离". 新产生的电子和空穴以及原有的电子和空穴在电场的作用下,向相反的方向运动,重新获得能量,又可以通过碰撞产生新的电子-空穴对,这就是载流子倍增效应. 如图 2.26 所示,通过多次碰撞,可以产生大量的电子-空穴对. 当反向偏压增大到某一数值后,载流子的倍增如同雪山上的雪崩现象一样,一旦发生,发展就十分猛烈,这时载流子增加的非常多而且非常快,使得电流急剧增大,从而发生击穿.

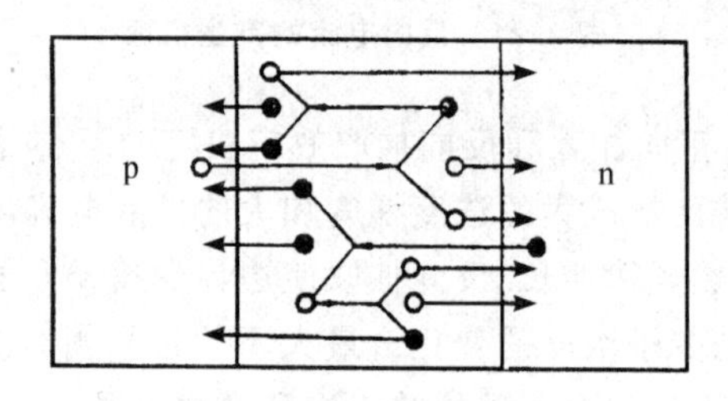

图 2.26　碰撞电离

隧道击穿的物理机制则完全不同,它是电子的隧道穿透效应在强场作用下迅速增加的结果. 图 2.27 示出了 pn 结加反向偏压时的能带. 我们知道,能带弯曲是空间电荷区存在电场的结果,由于这个电场使电子有一附加的静电势能. 当反向偏压足够高时,这个附加的静电势能可以使一部分价带中的电子在能量上达到甚至超过导带底的能量. 如图2.27中价带A点电子的能量和导带B点电子的能量相等,中间隔有宽度为d的禁带区域. 根据量子力学理论,位于价带中A点的电子将有一定的几率穿过禁带,进入导带的B点. 这种在电场作用下的穿透称为隧道效应. 理论分析表明,穿透几率随着d的减少按指数规律增加. 空间电荷区中电场强度决定了能带弯曲的陡度,电场越强,陡度越大,隧道宽度d越小,穿透几率越大. 只要空间电荷区中的电场足够强,就有大量电子通过隧道穿透从价带进入导带,反向电流便很快增加从而发生击穿.

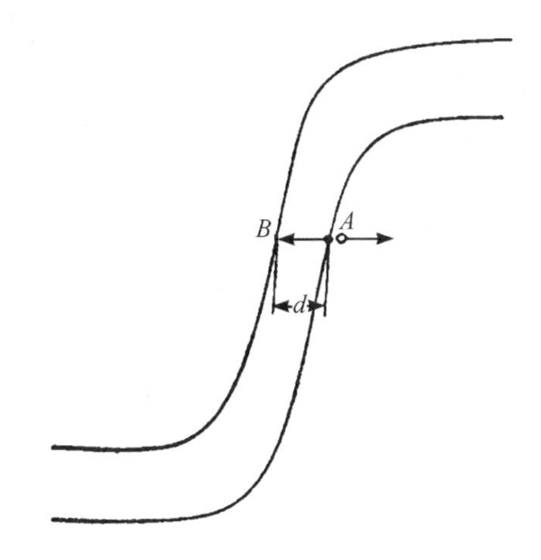

图2.27　加反向偏压时pn结的能带

归纳起来,以上两种机制主要有以下区别:

(1) 隧道击穿主要取决于空间电荷区中的最大电场;而在碰撞电离机构中,载流子能量的增加需要一个加速过程,空间电荷区越宽,倍增次数越多,因此雪崩击穿除与电场有关外,还与空间电荷区宽度有关.

(2) 因为雪崩击穿是碰撞电离的结果,如果用光照等其他办法增加空间电荷区的电子和空穴,它们同样会有倍增效应,而上述外界作用对于隧道击穿则不会有明显的影响.

(3) 对于隧道击穿,由于温度升高禁带宽度减小使隧道宽度d减小,于是隧道击穿的击穿电压随温度的升高而减小,即隧道击穿电压的温度系数是负的. 而对于雪崩击穿,随着温度的升高,载流子自由程度减小,使雪崩倍增的碰撞电离率减小,于是雪崩击穿电压随温度的升高而增加,即雪崩击穿电压的温度系数是正的.

2.4.5　pn结的电容

pn结电容效应是pn结的一个基本特性. pn结上电压的变化和平行板电容器一样,都是通过内部正、负电荷变化来实现的. 对于pn结,如果空间电荷区中正负电荷的数量增加,则pn结上电压便增大;若空间电荷区中正、负电荷的数量减少,则pn结上的电压就减小. 从这一点上看,pn结很像一个电容器,存在电容效应.

具体说来，pn 结上的电位差，始终是 n 区比 p 区高. 用 V_t 表示 n 区相对 p 区的正电位差（V_t 与外加偏压 V 的关系为 $V_t = V_D - V$，正向偏压时 $V > 0$，反向偏压时 $V < 0$）. 令 X_m 表示空间电荷区的厚度，$\pm Q$ 分别表示空间电荷区中的正、负电荷量. 如果 V_t 增加为 $V_t + \Delta V_t$，这时必有一股充放电电流，使空间电荷区中正、负电荷量增加到 $Q+\Delta Q$. 在耗尽近似的情况下，正、负电荷量的增加是靠空间电荷区厚度的变化来实现的，即空间电荷区厚度由 X_m 变为 $X_m + \Delta X_m$. 这样，原来在 ΔX_m 层内的载流子（n 区中的电子、p 区中的空穴）流走了，形成充放电电流，使空间电荷量增加（见图 2.28）. 同理，如果 V_t 下降，空间电荷数量减少，充放电电流使载流子（n 区中的电子、p 区中的空穴）填充空间电荷区两边厚度为 ΔX_m 的一层，中和这一层电离施主正电荷和电离受主负电荷，使空间电荷区厚度减小. 当 pn 结上电位差改变，空间电荷区中的电量将改变 ΔQ，该现象反映 pn 结空间电荷区具有电容效应. pn 结空间电荷区对电子和空穴都起着势垒的作用，有时又称为势垒区，所以 pn 结空间电荷区的电容往往被称为 pn 结势垒电容. pn 结空间电荷区中外加电压的改变量 ΔV 与电荷改变量 ΔQ 的比值，就是 pn 结的势垒电容：

$$C_T = \frac{\Delta Q}{\Delta V} \tag{2.35}$$

通常写成微商的形式：

$$C_T = \frac{dQ}{dV}$$

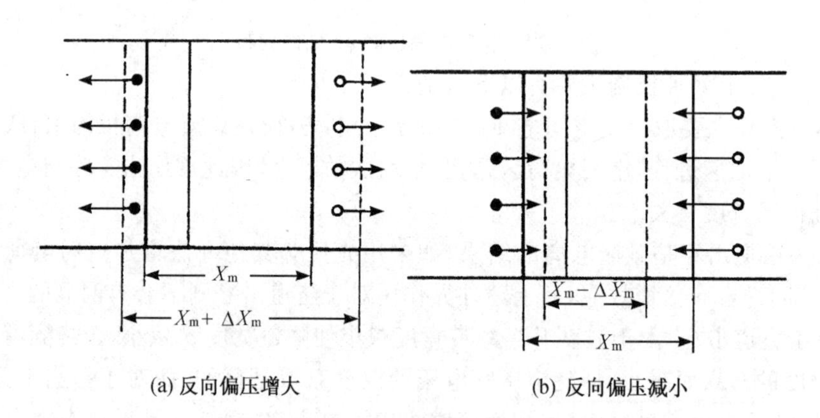

图 2.28　pn 结的电容效应

pn 结势垒电容和平行板电容器一样，电容值的大小正比于面积 S，反比于空间电荷区的厚度 X_m，在这里，X_m 相当于平行板电容器两极板的间距.

$$C_T = \frac{\varepsilon_s \varepsilon_0 S}{X_m} \tag{2.36}$$

pn 结势垒电容与平行板电容器的主要区别在于：平行板电容器两极板间的距离 d 是一个常数，它不随电压 V 变化，而空间电荷宽度 X_m 不是一个常数，而是随电压 V 变化的.

因此平行板电容器的电容是常数，而 pn 结势垒电容是偏压 V 的函数. 通常所说的 pn 结电容是指在一定的直流外加偏压下，当电压有一微小变化 ΔV 时，相应的电荷量变化 ΔQ 与 ΔV 的比值，一般称为微分电容.

pn 结还有另一种特殊的电容效应，即扩散电容，它是和少子扩散区的过剩载流子存储相联系的. 这是一种特殊的电容，它并不像一般的平行板电容器那样，极板上的电荷通过所产生的电场与电压相联系. 在扩散电容中，正负电荷（两侧扩散区中等量的电子和空穴）是重叠在一起的，但它们的数量也受结电压的控制，存储在两侧的载流子相应于两个并联的电容.

2.5　双极晶体管

常用的半导体器件按照参与导电的载流子情况可以分为电子和空穴两种载流子参与的"双极"型和只涉及一种载流子的"单极"型（见 2.5 节）两大类.

双极型晶体管（Bipolar Transistor），又称为三极管，其电特性取决于电子和空穴两种少数载流子的输运特性，这就是晶体管前加"双极"的原因.

2.5.1　双极晶体管的基本结构

双极型三极管的基本结构由两个相距很近的 pn 结组成. 双极晶体管又可以分成 npn 和 pnp 两种. 图 2.29(a) 为 npn 晶体管的示意图，图 2.29(b) 为 pnp 晶体管的示意图. npn 晶体

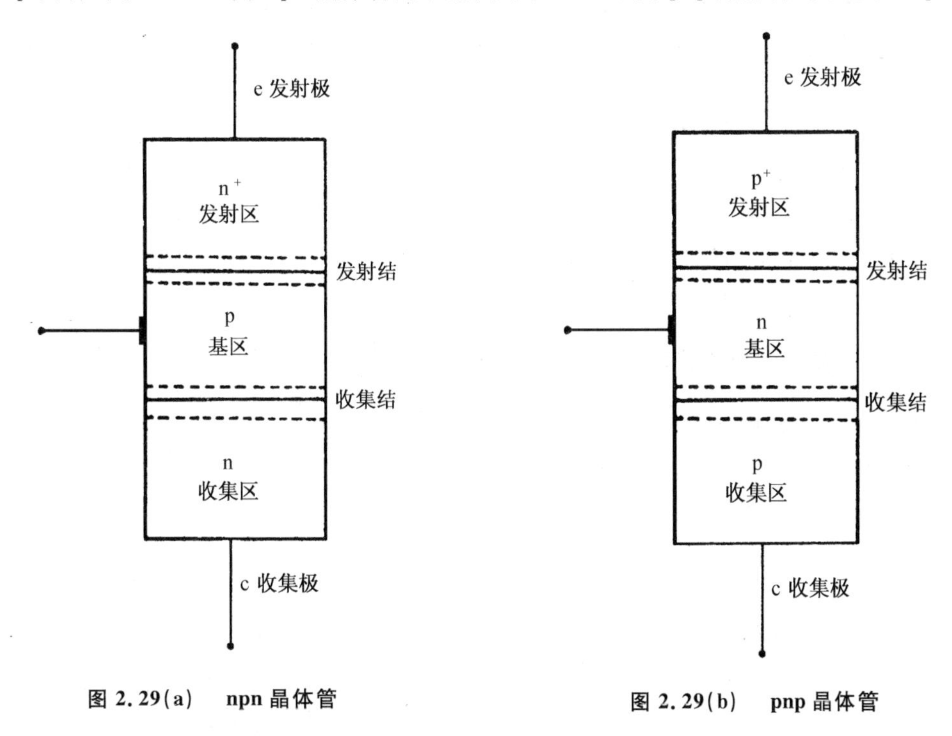

图 2.29(a)　npn 晶体管　　**图 2.29(b)　pnp 晶体管**

管的第一个 n^+ 区(对 pnp 晶体管为 p^+ 区)为发射区,由此引出的电极为发射极,用符号 e 代表;p 区(对 pnp 晶体管为 n 区)为基区,由此引出的电极为基极,用符号 b 代表;第二个 n 区(对 pnp 晶体管为 p 区)为收集区,由此引出的电极为收集极,用符号 c 代表. 由发射区、基区构成的 pn 结称为发射结;由收集区、基区构成的 pn 结称为收集结.

在正常使用条件下,晶体管的发射结加正向小电压,称为正向偏置,收集结加反向大电压,称为反向偏置,图 2.30 示出了 npn 晶体管的偏置情况.

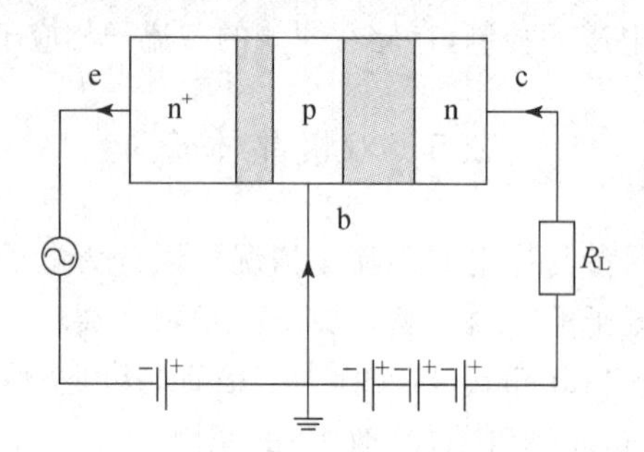

图 2.30 npn 晶体管的偏置情况

双极型三极管(简称晶体管)从表面上看好像是两个背对背紧挨着的二极管,然而,简单地把两个 pn 结背对背地连接成 pnp 或 npn 结构并不能起到晶体管的作用. 以 npn 结构为例,如果 p 区宽度比 p 区中电子扩散长度大得多,虽然一个 pn 结是正向偏置,另一个 pn 结是反向偏置,由于这两个 pn 结的载流子分布和电流是互不相干的,因此与两个 pn 结单独使用无任何差别.

但是,如果两个 pn 结中间的 p 区宽度不断缩小,使 p 区宽度小于少子扩散长度,那么这两个 pn 结电流、少子分布就不再是不相关联的,两个 pn 结间就要发生相互作用: 从正向 pn 结注入 p 区的电子可以通过扩散到达反向 pn 结空间电荷区边界,并被反向 pn 结空间电荷区中的电场拉到 n 区,然后漂移通过 n 区而流出,这时输出电流受输入电流控制,输入电流越大输出电流也越大,具有了电流放大作用. 只有这样的 npn 或 pnp 结构才是一个晶体管.

2.5.2 晶体管的电流传输

本节将以 npn 晶体管为例,具体分析晶体管的电流传输机构,这是理解晶体管原理的基础. 至于 pnp 晶体管,分析方法及结果与 npn 晶体管类似.

1. 载流子输运过程

晶体管中两个结的相互作用是通过载流子输运体现出来的. 由于基区宽度远小于基区中少子的扩散长度,因此发射结注入基区的非平衡少子能够靠扩散通过基区,并被收集结电场拉向收集区,流出收集极,使得反向偏置收集结流过反向大电流. 非平衡少子的扩散运动是晶体三极管的工作基础.

处于正常工作状态的晶体管,发射结加正向偏压(外加到发射结空间电荷区上的正向电压),用 V_e 代表;收集结加反向偏压(外加到收集结空间电荷区上的反向电压),用 V_c 代表,从 pn 结理论可知,正向偏置的发射结,注入到基区靠近发射结边界 X_2 处(见图 2.31)的电子浓度为:

$$n_b(X_2) = n_{b0}e^{qV_c/kT} \tag{2.37}$$

其中 n_{b0} 为基区中平衡态时的电子浓度.

基区靠近收集结边界 X_3 处的电子浓度为:

$$n_b(X_3) = n_{b0}e^{-qV_c/kT} \approx 0$$

可见,在基区中存在少子(电子)的浓度梯度,发射结注入基区的电子将由边界 X_2 向 X_3 扩散,到 X_3 后被收集结电场拉向收集区,并漂移通过收集区流出收集极.注入基区的少子(电子)是非平衡载流子,在扩散通过基区的过程中会与空穴复合而损失掉一部分,即注入到基区的电子只有一部分(通常是绝大部分)到达收集极,如图 2.31(b)所示.

正向发射结同时还向发射区注入非平衡少子(空穴),注入到发射区的非平衡少子空穴在扩散过程中不断与电子复合而转换为电子漂移电流.

基区中与电子复合的空穴和注入到发射区的空穴由基极提供,由基极流入的空穴一部分注入发射区;另一部分与注入基区的电子复合.

图 2.31(a)定性地示出了正常工作条件下晶体管的少子分布曲线.图 2.31(b)为载流子的输运过程.

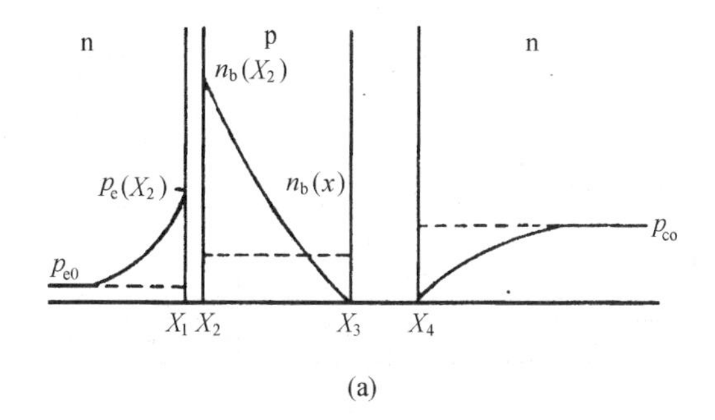

(a)

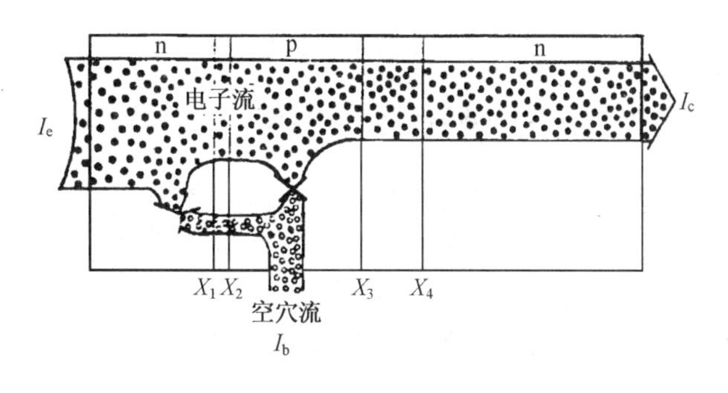

(b)

图 2.31 npn 管中的少子分布和载流子输运

2. 电流传输机构

正向发射结把电子注入到p型基区，基区宽度 W 远远小于电子的扩散长度，注入到基区的电子来不及复合就扩散到反向收集结的边界，被反向收集结的抽取作用拉向收集区. 这时收集结虽然处于反向，但却流过很大的反向电流. 正是由于发射结的正向注入作用和收集结的反向抽取作用，使得有一股电子流由发射区流向收集区.

由图2.32(a)可见，通过发射结的有两股扩散电流：一股是注入基区的电子扩散电流（在 X_2 处，其大小用 $I_n(X_2)$ 表示），这股电流大部分能够传输到收集极，成为收集极电流的主要部分；另一股是注入发射区的空穴扩散电流，这股电流对收集极电流无贡献，成为基极电流的一部分.

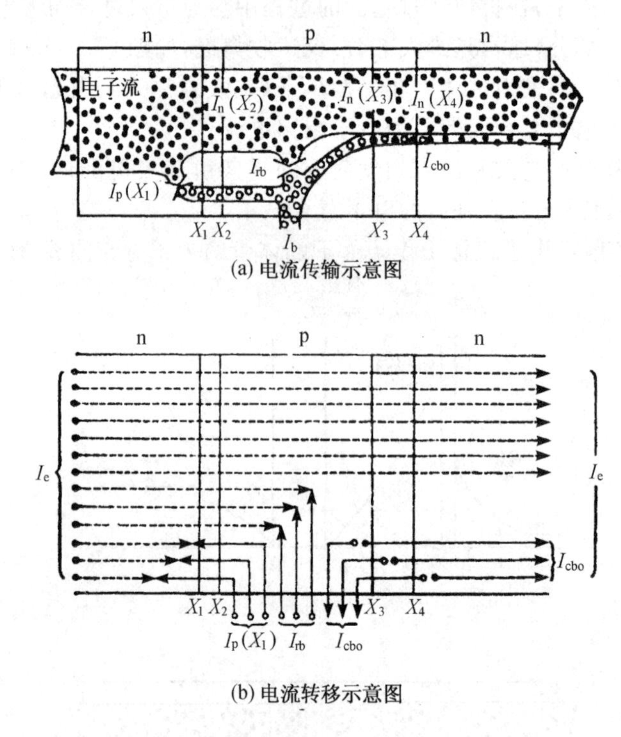

(a) 电流传输示意图

(b) 电流转移示意图

图 2.32 npn 管电流传输和转换的示意图

在发射区，注入的空穴扩散电流随着与发射结距离的增加因复合而减小，减小部分转换为电子漂移电流，到距离 X_1 大于空穴的扩散长度以外的区域，基本上都转换为电子电流. 发射区内某一处的电子电流与空穴电流之和即为发射极电流.

在基区，注入基区的电子电流在扩散通过基区的过程中，由于复合，一部分将变为基极电流（用 I_{rb} 表示）.

通过收集结和收集区的电流主要有两种：一是扩散到达收集结边界 X_3 处的电子扩散

电流 $I_n(X_3)$，电子在收集结电场作用下漂移通过收集结空间电荷区，变为流经 X_4 处的电子漂移电流 $I_n(X_4)$，显然 $I_n(X_4)=I_n(X_3)$，它是一股反向大电流，是收集结电流的主要部分；二是收集结反向漏电流 I_{cbo}，收集极电流为这两股电流之和，即：

$$I_c = I_n(X_4) + I_{cbo} \tag{2.38}$$

其中 $I_n(X_4)$ 受 I_b 和 I_c 的控制，一般来说，I_{cbo} 很小，并且基本上与 I_b、I_c 无关，所以可近似为，$I_c \approx I_n(X_4)$.

图 2.32 示出了 npn 管电流传输和转换的示意图，由图中可以看出存在以下基本关系：

$$I_e = I_p(X_1) + I_n(X_2) \tag{2.39}$$

$$I_b = I_p(X_1) + I_{rb} - I_{cbo} \tag{2.40}$$

$$I_c = I_e - I_b \tag{2.41}$$

对于一个合格的晶体管，I_c 和 I_e 十分接近，而 I_b 很小，一般只有 I_c 的百分之一二.

2.5.3 晶体管的电流放大系数

为了表示晶体管的电流放大能力，通常引入两个参数：共基极电流放大系数和共发射极电流放大系数.

1. 共基极直流短路电流放大系数 α_0

图 2.33 示出了晶体管的共基极接法，其特点是基极作为输入和输出的公共端. α_0 的定义为负载电阻为零（即短路）时收集极电流 I_c（输出电流）与发射极电流 I_e（输入电流）之比，即：

$$\alpha_0 \equiv \frac{I_c}{I_e} \tag{2.42}$$

α_0 表示在发射极电流 I_e 中有多大的比例传输到收集极成为输出电流 I_c. α_0 越大，说明晶体管的放大能力越好. 由方程(2.36)可知，I_c 总是小于 I_e（相差 I_b），因此 α_0 总小于 1. 但对一个合格的晶体管，α_0 应非常接近于 1. 虽然共基极运用的晶体管不能使电流放大，但由于收集极允许接入阻抗较大的负载，从而能够获得电压放大和功率放大.

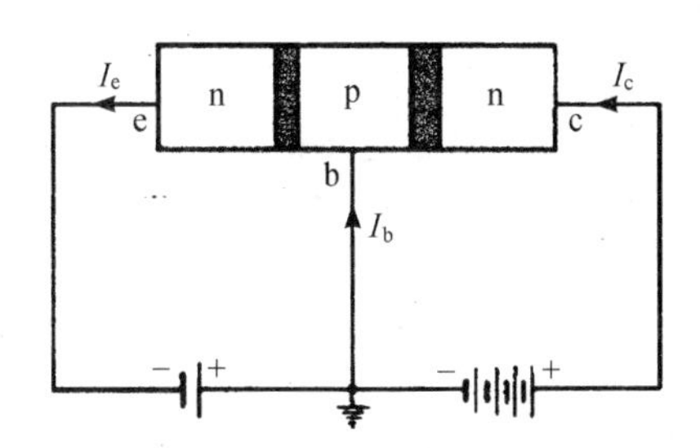

图 2.33 晶体管的共基极接法

在交流运用的情况下同样可定义共基极交流短路电流放大系数，一般用 α 表示共基极交流短路电流放大系数.

2. 共发射直流短路电流放大系数 β_0

图 2.34 示出了晶体管的共发射极电路，其特点是发射极作为输入与输出的公共端. 这时，输入电流是 I_b，输出电流是 I_c. β_0 的定义为收集极无负载时，收集极电流 I_c 与基极电流 I_b 之比：

$$\beta_0 \equiv \frac{I_c}{I_b} \tag{2.43}$$

β_0 是晶体管的重要参数之一，有时也用符号 h_{FE} 表示.

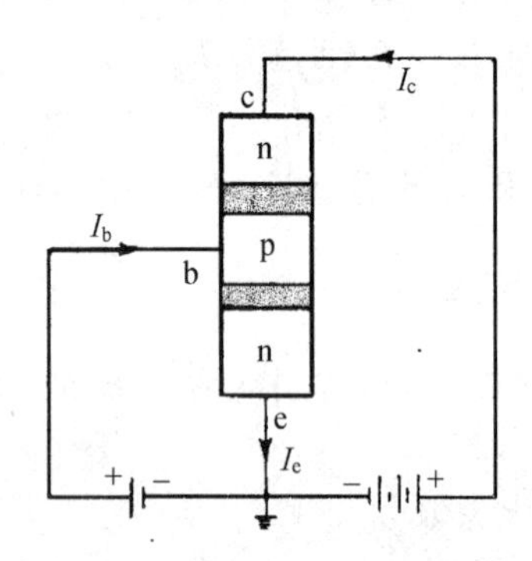

图 2.34 晶体管的共发射极接法

这里，基极电流具有非常重要的控制作用. 在共基极电路中是通过 I_e 控制 I_c，而在共发射极电路里却是通过 I_b 来控制 I_c，为了使 β_0 足够大，这两种电路都希望在同样的 I_e 时，I_b 越小越好，但不能为 0，因为 $I_b=0$，即基极断路的晶体管是不能作为放大器件的. 虽然 I_b 是 I_e 从发射极传输到收集极过程的一种损失，但是晶体管能够作为放大器件正是靠基极电流的控制作用. 共发射极电路就是通过控制 I_b，改变基区的电位，进而改变发射结偏压，改变 I_e，达到控制 I_c 实现电流放大的目的.

在交流运用的情况下同样可定义共发射极交流短路电流放大系数，一般用 β 表示共发射极交流短路电流放大系数.

3. β_0 与 α_0 的关系

对于共基极接法和共发射极接法，只是运用的方式不同，晶体管本身所固有的电流传输规律是不会因接法不同而改变的，即不管接法如何，I_e、I_c、I_b 三者的关系总是遵从方程(2.41)，将方程(2.41)代入(2.42)得到：

$$\beta_0 = \frac{I_c}{I_e - I_c} = \frac{\alpha_0}{1-\alpha_0} \tag{2.44}$$

因为 α_0 接近于 1，所以 β_0 远大于 1. 而且随着 α_0 的增大，β_0 快速增大.

2.5.4 晶体管的直流特性曲线

晶体管的直流特性曲线是指晶体管的输入和输出电流-电压关系曲线，根据这些特性曲线可以鉴别晶体管的性能.

1. 共基极连接的直流特性曲线

图 2.35 为测量晶体管共基极直流特性曲线的原理电路图.该图中 V_{eb}为发射极-基极间的电压降,V_{cb}为收集极-基极间的电压降,R_c 为收集极串联电阻,R_e 为发射极串联电阻,R_e 可控制 V_{eb}或 I_c.

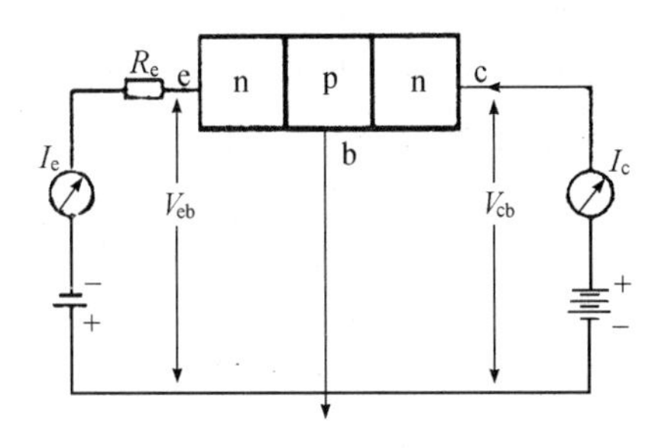

图 2.35　测量晶体管共基极直流特性曲线的原理电路图

固定 V_{cb},改变 V_{eb}的数值测量 I_c,可以得到一条 I_e 与 V_{eb}的关系曲线,再改变 V_{cb}可得出一组 I_e-V_{eb}曲线,如图 2.36,这组曲线为共基极直流输入特性曲线.

固定发射极电流 I_e,改变收集极与基极间的电压降 V_{cb},测出对应的收集极电流 I_c,可画出 I_c-V_{cb}关系曲线.对于不同的 I_e,可以得到一组不同的 I_c-V_{cb}曲线,如图 2.37 所示.这组曲线为共基极直流输出特性曲线.

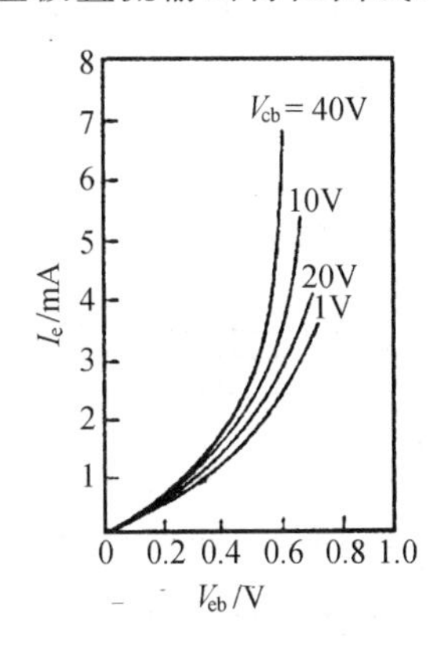

图 2.36　共基极直流输入特性

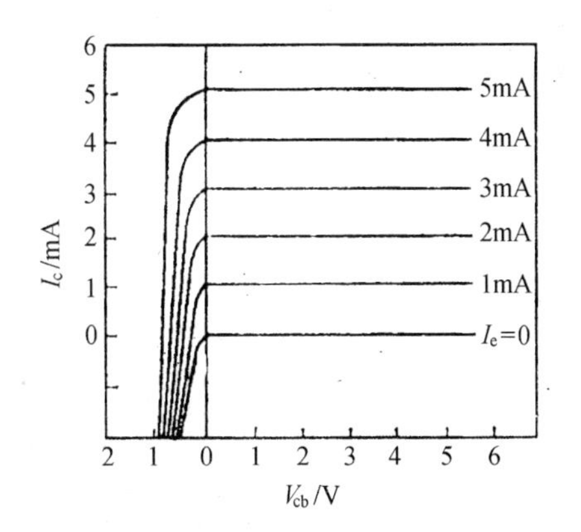

图 2.37　共基极直流输出特性

2. 共发射极连接的直流特性曲线

图 2.38 为测量晶体管共发射极直流特性曲线的原理电路图.该图中 V_{be}为基极-发射极间电压降,V_{ce}为收集极-发射极间电压降,R_b 为基极串联电阻,可控制 I_b 或 V_{be}.

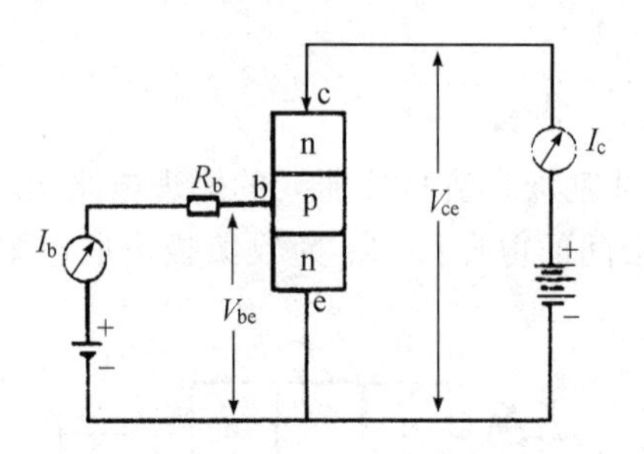

图 2.38　晶体管共发射极直流特性曲线原理电路

对于不同的 V_{ce}，测量 I_b 与 V_{be} 的关系曲线，可得一组 I_b-V_{be} 曲线，如图 2.39 所示，该曲线为共发射极直流特性曲线.

测量不同 I_b 下的 I_c 与 V_{ce} 的关系，可得一组 I_c-V_{ce} 曲线，如图 2.40 所示，该组曲线为共发射极直流输出特性曲线.

共发射极与共基极连接的唯一区别在于前者的电压都是相对于发射极的，而后者则是相对于基极的. 电流流动的方向和电流间的关系并没有改变，因此共发射极连接的直流特性曲线完全可以由共基极连接的直流特性曲线得出，反之亦然，通常只要知道其一即可. 由于晶体管大多数是共发射极运用的，通常测量的是共发射极直流特性曲线.

共发射极直流输出特性曲线可分为三个区域. 第一个区域是放大区，即图 2.40 中标有 I 的区域. 晶体管工作在放大区的突出特点是：发射结为正向偏置，收集结为反向偏置.

图 2.40 中标有 Ⅱ 的区域为饱和区，工作在饱和区的晶体管的发射结和收集结均为正向偏置. 图 2.40 中标有 Ⅲ 的区域为截止区，工作在截止区的晶体管的发射结和收集结均为反向偏置.

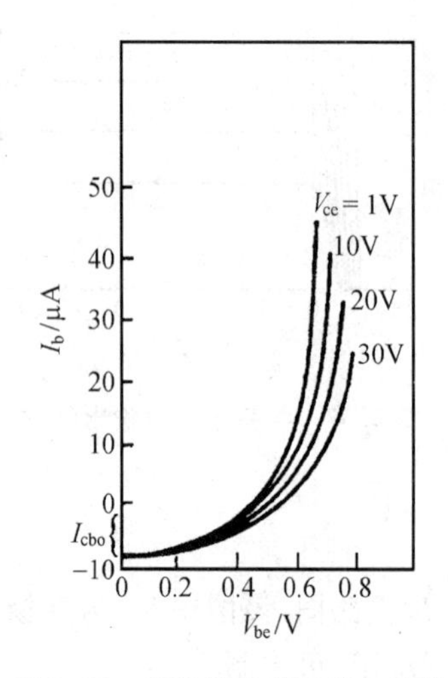

图 2.39　共发射极直流输入特性

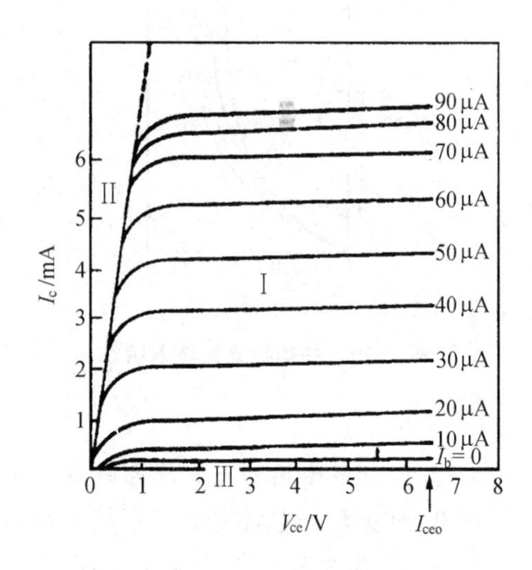

图 2.40　共发射极直流输出特性

2.5.5 晶体管的反向电流与击穿电压

1. 晶体管的反向漏电流

I_{cbo}、I_{ebo}和 I_{ceo}是描述晶体管反向漏电流的参数.

I_{cbo}代表发射极开路时,收集极-基极间(收集结)的反向漏电流,如图 2.41 所示. 它就是共发射极电路在输入端开路时,流过晶体管的电流,它不受发射极电流或基极电流控制,对电流放大无贡献,并将消耗掉一部分电源的能量,是一种无用功耗,而且 I_{cbo}过大的晶体管根本无法使用,显然 I_{cbo}越小越好.

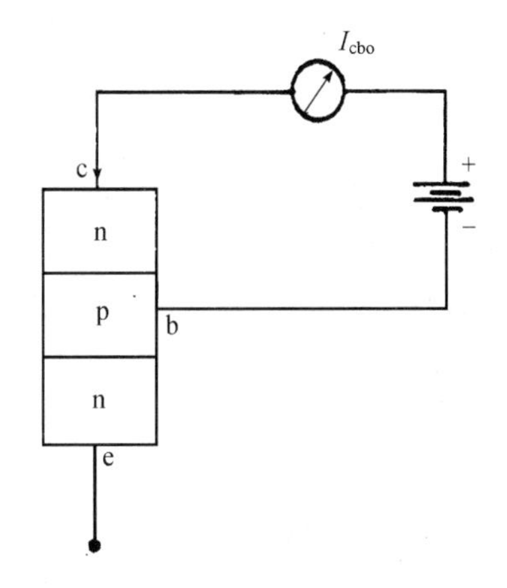

图 2.41 收集极-基极间(收集结)反向漏电流

I_{ebo}为收集极开路时,发射极-基极间(发射结)的反向漏电流,如图 2.42(a)所示.

I_{ceo}是晶体管的主要参数之一. 它代表基极开路时,收集极-发射极间反向漏电流,如图2.42(b)所示.

一般地,I_{ceo}比 I_{cbo}大,且存在 $I_{ceo}=(\beta_0+1)I_{cbo}$的关系.

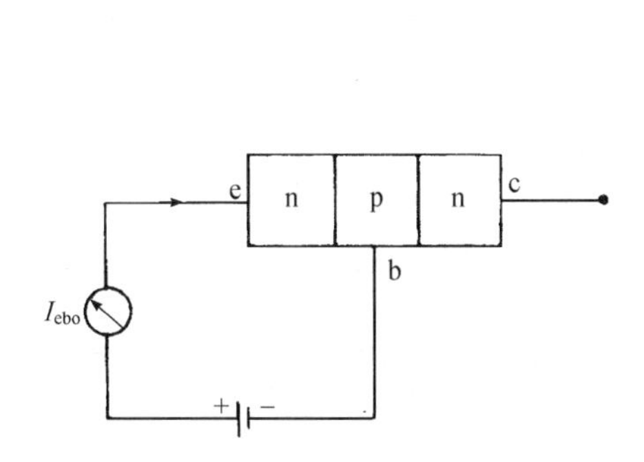

图 2.42(a) 发射极-基极间反向漏电流

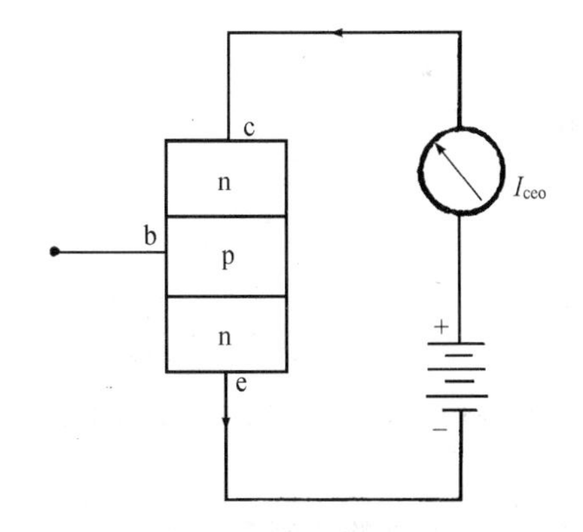

图 2.42(b) 收集极-发射极间反向漏电流

2. 晶体管的反向击穿电压

击穿电压 BV_{cbo}、BV_{ceo}、BV_{ebo}决定了晶体管各极间所能承受的最大反向电压,它们是晶体管的重要直流参数.

如图 2.43 所示,当发射极开路,收集结反向偏置时,改变电源电压,I_{cbo}趋向无穷大时所对应的电压,即为收集极-基极(收集结)反向击穿电压 BV_{cbo}.

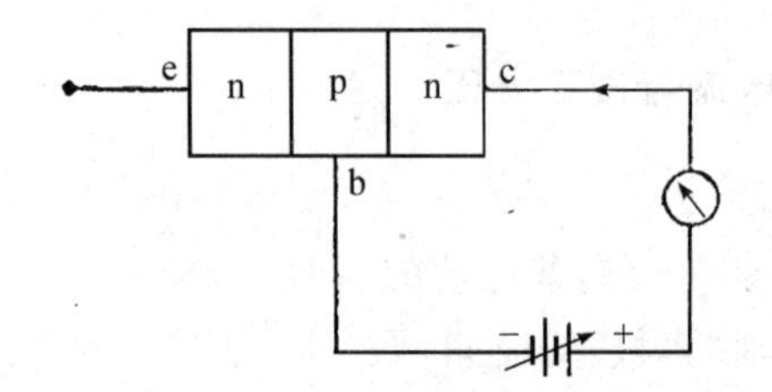

图 2.43　收集极-基极反向击穿电压 BV_{cbo}

BV_{ceo}是基极开路，收集极-发射极反向击穿电压，如图 2.44 所示. 改变电源电压，当I_{ceo}趋向无限大时所对应的电压即为 BV_{ceo}. 它是晶体管重要的直流参数之一. 它标志着在共发射极运用时，收集极-发射极间所能承受的最大反向电压. BV_{ceo}越大，晶体管可能输出的功率越大. 通常存在下列关系：

$$BV_{cbo} > BV_{ceo}$$

收集极开路，发射极-基极反向击穿电压 BV_{ebo}有时简称为发射结反向击穿电压，如图 2.45 所示，BV_{ebo}的定义为 I_{ebo}趋近无限大时施加在发射结上的反向偏压.

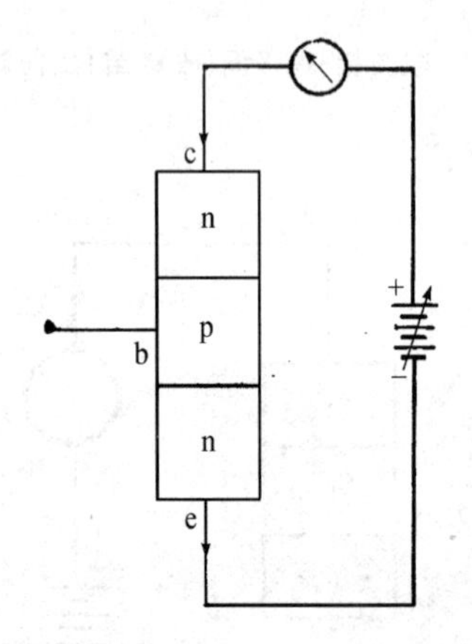

图 2.44　收集极-发射极反向击穿电压

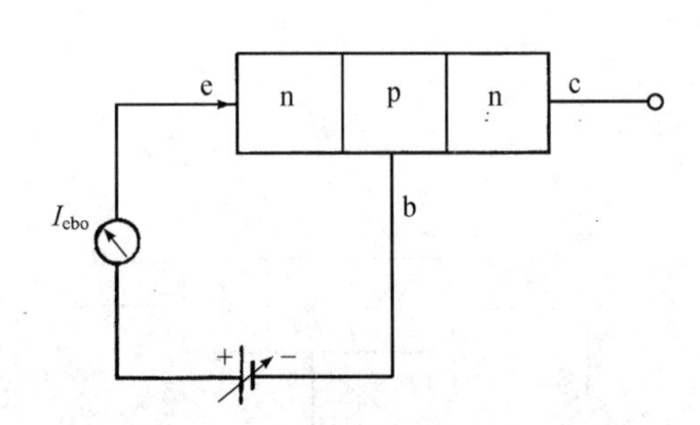

图 2.45　发射极-基极反向击穿电压

2.5.6　晶体管的频率特性

晶体管的许多重要参数是与工作频率有关的，例如工作频率很高时，电流放大系数将减小. 以下将简单介绍晶体管的一些频率特性参数.

当晶体管在频率比较低时，其交流短路电流放大系数 α、β 几乎不随频率变化，接近等于直流短路电流放大系数 α_0、β_0. 当频率比较高时，α、β 将明显下降，如图 2.46 所示. 该图中电流放大系数的数值用分贝(dB)表示，分贝的数值为电流放大系数取以 10 为底的对数再乘以 20，即 $20\lg\alpha$、$20\lg\beta$.

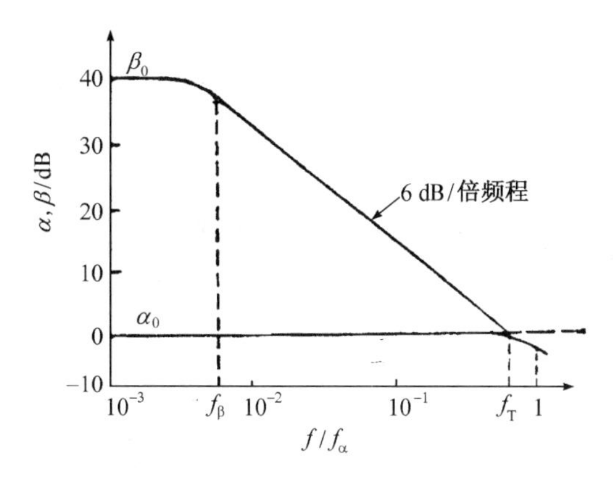

图 2.46　电流放大系数的频率特性

为了描述频率对电流放大系数的限制，引入以下频率特性参数：

(1) α 截止频率：f_α 的定义为共发射极短路电流放大系数减小到低频值的 $1/\sqrt{2}$ 时所对应的频率，即 $\alpha=\alpha_0/\sqrt{2}\approx 0.707\alpha_0$ 时所对应的频率. 或者说，f_α 为 α 比低频值 α_0 减小 3dB 时所对应的频率. 它反映了共基极运用时的频率限制.

(2) β 截止频率：f_β 的定义为共发射极短路电流放大系数减小到低频值的 $1/\sqrt{2}$ 时所对应的频率，即 $\beta=\beta_0/\sqrt{2}\approx 0.707\beta_0$ 时所对应的频率. 或者说，f_β 为 β 比低频值 β_0 减小 3dB 时所对应的频率.

(3) 特征频率 f_T：f_β 的数值并不能完全反映共发射极运用时电流放大的频率上限，因为当工作频率等于 f_β 时，β 值还可能相当大. 为了更好地表示共发射极运用时电流放大的频率限制，引入了特征频率 f_T. f_T 的定义为共发射极短路电流放大系数 $|\beta|=1$ 时所对应的频率. 当工作频率等于 f_T 时，晶体管不再具有电流放大作用.

(4) 最高振荡频率 f_M：一般地，由于晶体管的输出阻抗比输入阻抗大，在工作频率等于 f_T 时，虽然没有电流放大作用($|\beta|)=1$)，但还可能有电压放大作用，这说明在频率等于 f_T 时，仍然可能有功率放大(功率增益). 可见 f_T 还不是晶体管工作频率的最终限制. 晶体管工作频率的最终限制是最高振荡频率 f_M. 它定义为共发射极运用时，功率增益等于 1 时所对应的频率.

2.6　MOS 场效应晶体管

场效应晶体管(Field Effect Transistor，简称 FET)是一种电压控制器件，其导电过程主要涉及一种载流子，故也称为“单极”晶体管，以与双极晶体管相区别. 图 2.47 示出了场效应晶体管的分类.

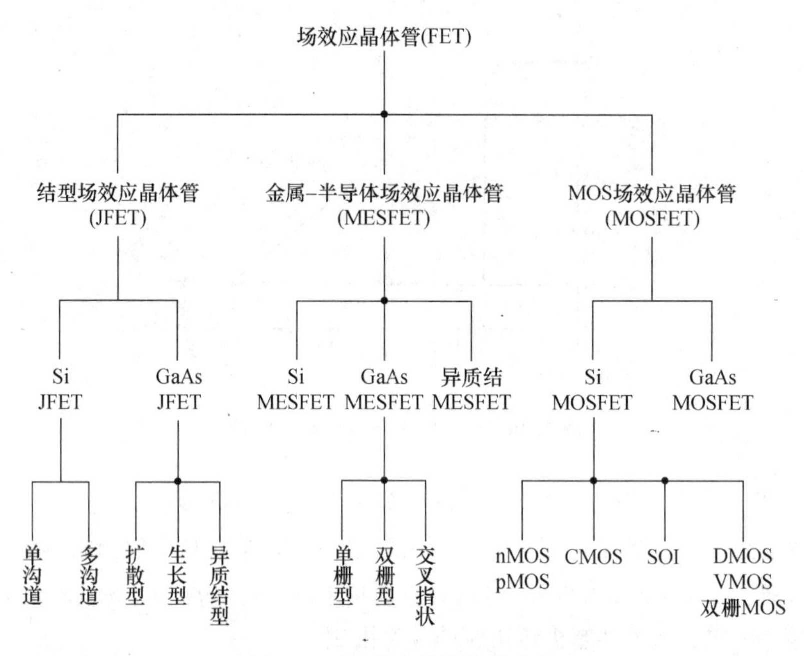

图 2.47　场效应晶体管的分类

金属-氧化物-半导体场效应晶体管(Metal Oxide Semiconductor Field Effect Transistor,简称 MOSFET)是集成电路中最重要的单极器件.本节将主要介绍 MOSFET 的工作原理及基本特性.

2.6.1　MOS 场效应晶体管的基本结构

MOS 场效应晶体管的剖面结构如图 2.48 所示,图 2.48(a)为 n 沟 MOSFET,在 p 型硅片上形成两个高掺杂的 n^+ 区,其中一个为源区,用 S 表示,另一个为漏区,用 D 表示.在源和漏区之间的 p 型硅上有一薄层二氧化硅,称为栅氧化层,二氧化硅上有一导电层,称为栅极,用 G 表示.该电极若用金属铝,则称为铝栅,若用高掺杂的多晶硅替代铝,则称为硅栅.p 型硅本身构成了器件的衬底区,又称为 MOSFET 的体区,用 B 表示.源和漏两个 pn 结间的距离常用 L 表示,称为沟道长度,其宽度用 W 表示,栅绝缘层的厚度用 T_{ox} 表示(通常厚约 30～1 000 埃),p 型衬底的掺杂浓度为 N_A,源和漏 pn 结的结深为 x_j.MOS 场效应晶体管是一个四端器件,分别为 G、S、D、B 四个电极,由于 MOSFET 的结构是对称的,因此在不加偏压时,无法区分器件的源和漏.对于 n 沟 MOSFET,通常漏源之间加偏压后,将电位低的一端称为源,电位较高的一端称为漏.其电流方向由漏端流向源端.

图 2.48(a)为 n 沟 MOSFET,其衬底为 p 型,源和漏为 n^+ 掺杂.当施加在栅极上的电压为 0 时,源区和漏区被中间的 p 型区隔开,源和漏之间相当于两个背靠背的 pn 结,在这种情况下,即使在源和漏之间加一定的电压,也没有明显的电流,只有少量的 pn 结反向电流.当

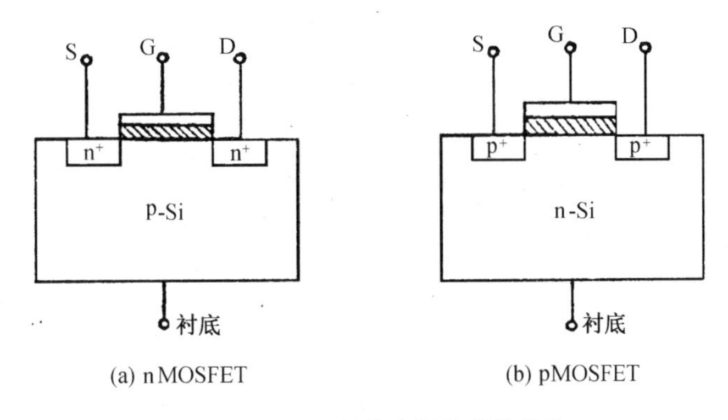

图 2.48　MOS 场效应晶体管的结构

在栅上加有一定的正电压 $V_G>0$ 后，会形成电子导电沟道，如果这时在漏源之间加一电压，就会有明显的电流流过. 由于器件的电流是由电场控制的（包括由栅电压引起的纵向电场和由漏源电压引起的横向电场），因此称这种器件为场效应晶体管；由于栅极与其他电极之间是绝缘的，这类器件有时也称为绝缘栅场效应晶体管（Insulated Gate Field Effect Transistor，简称 IGFET），或称为金属-绝缘体-半导体场效应晶体管（Metal Insulator Semiconductor Field Effect Transistor，简称 MISFET），金属-氧化物-半导体晶体管（Metal Oxide Silicon Transistor，简称 MOST）等.

图 2.48(b)为 p 沟 MOSFET，其衬底为 n 型，源和漏为 p^+ 掺杂. 当在栅极上施加适当的负电压 $V_G<0$ 时，可形成空穴导电沟道. 对于 p 沟 MOSFET，通常在漏源之间加偏压后，将电位高的一端称为源，电位较低的一端称为漏. 其电流方向由源端流向漏端.

2.6.2　MIS 结构

1. *表面空间电荷层和反型层*

MIS(Metal Insulator Semiconductor)结构是 MOSFET 的基本组成部分，分析 MIS 结构在外加电场作用下的变化是理解 MOSFET 工作原理的基础.

我们知道，当一个导体靠近另一个带电体时，在导体表面会引起符号相反的感生电荷. 表面空间电荷层和反型层实际上就属于半导体表面的感生电荷. 图 2.49 示出了在 MIS 结构上加电压后产生感生电荷的四种情况. 由该图可见，在 n 型半导体的栅上加正电压(a)(见图 2.49(a))和在 p 型半导体的栅上加负电压(b)(见图 2.49(b))，所产生的感生电荷就是被吸引到表面的多数载流子，这一过程在半导体体内引起的变化并不很显著，只是使载流子浓度在表面附近较体内有所增加. 在 n 型半导体的栅上加负电压(c)(见图 2.49(c))和在 p 型半导体的栅上加正电压(d)(见图 2.49(d))，所感生的电荷与(a)、(b)相反，外场的作用使多数载流子被排斥而远离表面，从而在表面形成耗尽层，与 pn 结的情形类似，这里的耗尽层也是由电离施主或电离受主构成的空间电荷区. 由于外加电场的作用，半导体中多数载流子被排斥到远离表面的体内，而少数载流子则被吸引到表面. 少子在表面附近聚集而成为表面附近区域的多子，通常称之为反型载流子，以说明它们是与半导体内的多数载流子相反的载流子. 反型载流子在表面构成了一个称为反型层的导电层.

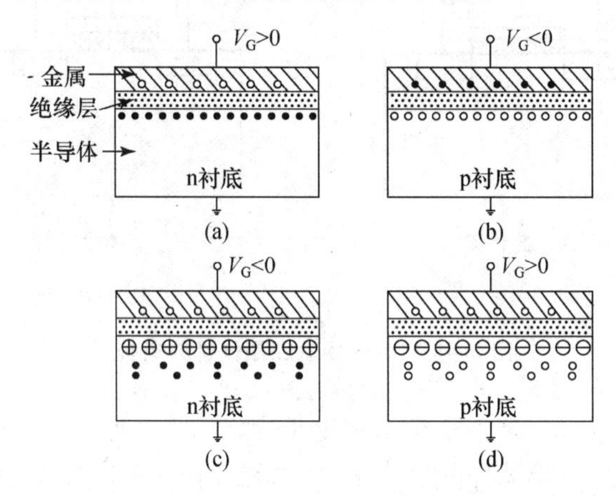

图 2.49　MIS 结构上加电压后产生感生电荷的四种情况

具体说来，以 p 型半导体的 MIS 结构为例，当在栅电极上加正电压时，既有从半导体表面排斥走空穴的作用，又有吸引少子(电子)到半导体表面的作用. 在开始加正电压时主要是多子空穴被赶走而形成耗尽层，同时产生表面感生电荷——由电离受主构成的负空间电荷区，这时虽然有少子(电子)被吸引到表面，但数量很少，没有什么影响. 在这一阶段中，电压增加只是使更多的空穴被排斥走，负空间电荷区加宽.

随着电压的加大，负空间电荷区逐渐加宽，同时被吸引到表面的电子也随着增加. 开始这种表面电子的增加和固定的空间电荷相比，基本上可以忽略不计(耗尽层近似). 但是当电压 V_G 达到某一"阈值"时，吸引到表面的电子浓度迅速增大，在表面形成一个电子导电层，即反型层. 反型层出现后，再增加电极上的电压，主要是反型层中的电子增加，由电离受主构成的耗尽层电荷基本上不再增加.

2. *形成反型层的条件*

图 2.50 示出了表面空间电荷区及相应的能带. 可以看出，表面空间电荷区及其能带的情况与单边突变 pn 结的情形类似. 外加电场是由表面指向 p 型半导体内的，半导体表面处的电位(即 MIS 结构中半导体与绝缘体交界处的电位)称为表面电势，用 V_S 表示. 在这种情况下，$V_S>0$，表面电子电势能 $-qV_S<0$，能带向下弯曲. 图 2.50(a)、(b)、(c)分别表示在 V_G 逐渐增大的过程中出现的典型情况.

图 2.50(a)是 V_G 较小时的情形，表面处的能带只是略微向下弯曲，使表面费米能级 E_F 更接近本征费米能级 E_i，空穴浓度减小，电子浓度增加，但是它们和电离受主的空间电荷相比仍很少，可以忽略. 图 2.50(b)表示 qV_S 正好增加到等于体内本征费米能级和费米能级之差 $(E_i-E_F)_{体内}$ 时的情形，这时本征费米能级 E_i 在表面处正好与 E_F 重合. 通常引入费米势 V_F 描述半导体体内本征费米能级和费米能级之差：

$$qV_F = (E_i - E_F)_{体内}$$

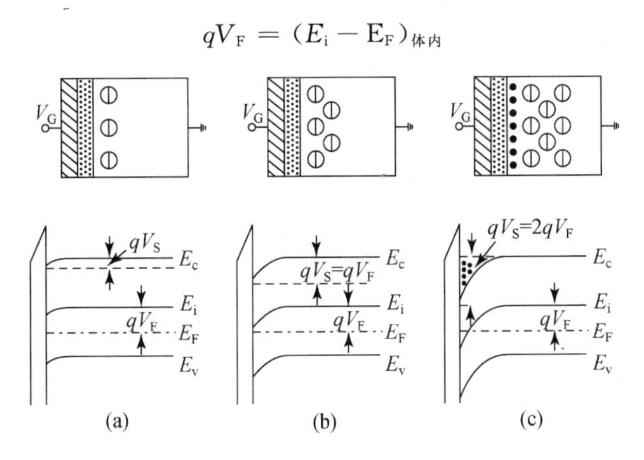

图 2.50　表面空间电荷区及相应的能带

图 2.50(b)是表面势正好等于费米势 V_F 时的情形，即 $V_S=V_F$. 这时，由于表面 $E_F=E_i$，说明表面电子浓度开始要超过空穴浓度；这意味着表面将从 p 型转变为 n 型，通常称这种情形为“弱反型”. 发生弱反型时，电子浓度仍旧很低，并不起显著的导电作用.

图 2.50(c)是真正形成导电反型层时的情形. 由图 2.50(c)可见，这时在半导体内，E_F 位于 E_i 以下 qV_F 处，而表面处的 E_F 正好在 E_i 以上 qV_F，表明表面电子和空穴的浓度正好与体内的情况完全颠倒过来；表面少子电子的浓度正好与体内多子空穴的浓度相同，通常称为“强反型”. 发生强反型时，能带向下弯曲 $2qV_F$，即表面势达到费米势的 2 倍：

$$V_S = 2V_F \tag{2.45}$$

半导体表面发生强反型时，施加在栅电极上的电压 V_G 为阈值电压 V_T：

$$V_T = 2V_F - \frac{Q_B}{C_{ox}} = 2V_F + \frac{1}{C_{ox}}(4\varepsilon_0\varepsilon_{si}N_A qV_F)^{\frac{1}{2}} \tag{2.46}$$

式(2.46)中 Q_B 为强反型时表面区的耗尽层电荷密度，$Q_B=(4\varepsilon_0\varepsilon_{si}N_A qV_F)^{\frac{1}{2}}$，$C_{ox}$为 MIS 结构中以绝缘层为电介质的电容器上的单位面积的电容：

$$C_{ox} = \frac{\varepsilon_0\varepsilon_{Si}}{T_{ox}}$$

当电压 V_G 达到阈值电压 V_T，表面发生强反型后，如果继续增大 V_G，半导体内感生电荷的变化就主要是反型层载流子的增加. 发生反型以后，耗尽层和表面势只要稍有增加，使能带稍微进一步弯曲，表面反型载流子的浓度就将急剧增加，因此可以近似认为电压 V_G 超过 V_T 后，耗尽层电荷 Q_B 和表面电势 $V_S=2V_F$ 基本不再变化，只有反型层载流子电荷随电压 V_G 增加而增加.

对于表面反型层中的电子来说，一边是绝缘层，它的导带比半导体的高许多，另一边是导带弯曲形成的一个陡坡——由空间电荷区电场形成的势垒. 反型层电子实际上是被限制在表面附近能量最低的一个狭窄区域内，因此反型层通常又称为沟道. p 型半导体的表面反型层由电子构成，又称为 n 沟道.

对于n型半导体同样可以形成表面空间电荷区和反型层，其机理和p型半导体类似，差别只是电荷、电场、电位的符号相反，两种载流子的地位交换了．图2.51示出了n型半导体

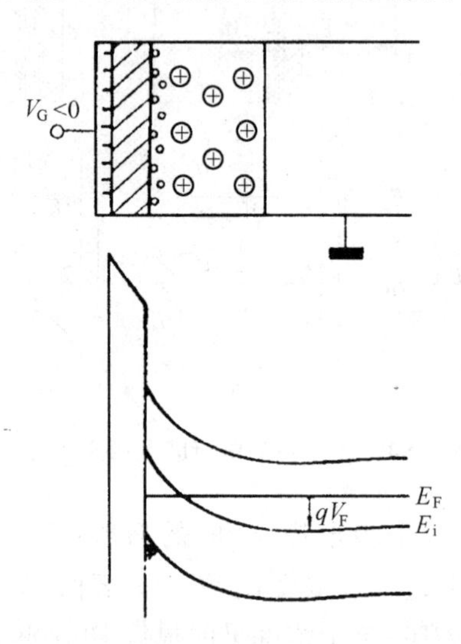

图2.51　n型半导体的MIS结构

MIS结构的空间电荷区、反型层及强反型时的能带图．对n型半导体，栅电极加负电压，$V_G<0$，耗尽层的空间电荷是带正电的电离施主，表面反型层由空穴构成，又称为p沟道．阈值电压的形式与p型半导体相同，只是符号相反．

2.6.3　MOS场效应晶体管的直流特性

1．阈值电压

为了使MOSFET正常工作，需要在表面形成导电沟道，MIS结构中开始出现强反型就意味着开始形成导电沟道，由方程(2.43)得到，开始形成表面沟道的条件是表面势$V_S=2V_F$．

由于半导体和栅导电层一般具有不同的功函数(金属和半导体的功函数定义为真空中静止电子的能量E_0和费米能级之差)，它们之间存在一定的接触电势差，它会影响半导体表面的空间电荷区和能带状况．在实际MIS结构的绝缘层中，往往存在电荷，这也要影响半导体表面的空间电荷区和能带状况．为此，引入平带电压V_{FB}来描述功函数差和绝缘层中电荷的影响：

$$V_{FB}=V_{ms}-\frac{Q_{fc}}{C_{ox}} \tag{2.47}$$

在MOSFET中，使硅表面开始强反型时的栅压为MOSFET的阈值电压V_T，阈值电压有时也叫做开启电压．

$$V_{th}=V_{FB}+2V_F-\frac{Q_B}{C_{ox}}$$

$$= V_{ms} - \frac{Q_{fc}}{C_{ox}} + 2V_F - \frac{Q_B}{C_{ox}} \tag{2.48}$$

当栅压 $V_G = V_T$ 时，表面开始强反型，反型层中的电子形成导电沟道，在漏源电压的作用下，MOSFET 开始形成显著的漏源电流.

2. MOSFET 的电流-电压关系

在正常工作条件下，MOSFET 的漏源电压使源-衬底和漏-衬底的两个 pn 结反向偏置. 对于 n 沟 MOSFET，通常源与衬底均接地，$V_S = V_B = 0$；漏接正电压，$V_{DS} > 0$. 若在栅极上加的偏压 $V_{GS} < V_T$，未形成导电沟道，则漏源之间只有很小的反向 pn 结电流，MOSFET 处于截止区. 当 $V_{GS} \geq V_T$ 时，形成反型导电沟道，反型沟道把源区和漏区沟通起来，于是有电子自源向漏流动，电流的方向是自漏流向源的，常用 I_{DS}表示. 因此可以利用 MOSFET 作为开关. 由于反型层电荷强烈地依赖于栅压，可利用栅压控制沟道电流，并由此实现放大作用，所以 MOSFET 常称为电压控制器件.

当 MOSFET 沟道中有电流流过时，沿沟道方向（图 2.52 中的 y 方向）会产生电压降，使 MOS 结构处于非平衡状态，n 型沟道的厚度、能带连同其费米能级沿 y 方向均随着电压的变化发生倾斜. 图 2.53 示出了不同 V_{DS}时沟道导电的情形，这对应着 MOSFET 的不同工作区域.

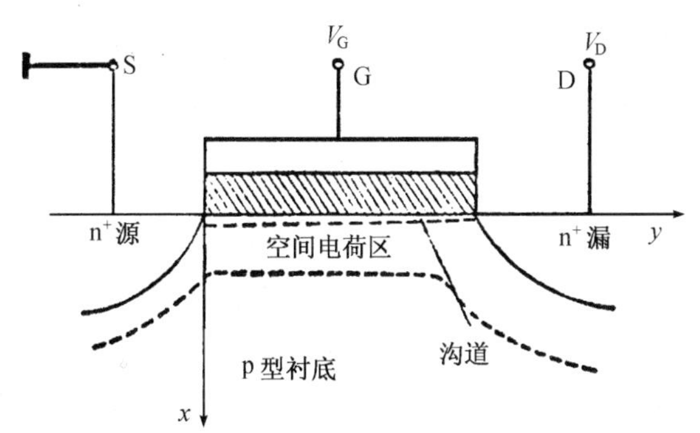

图 2.52　加有偏压的 MOSFET

（1）线性区：图 2.53(a)是 V_{DS}较小时的情形，这时沿沟道电位变化较小，即 y 方向的电场强度较小，整个沟道厚度的变化不大，漏电流 I_{DS}随漏电压的变化而线性变化，因此称为线性区. 在线性区，当 $V_G > V_T$ 时，I_{DS}随 V_D 线性增加：

$$I_{ds} = \mu_n C_{ox} \frac{W}{L}\left(V_{GS} - V_{th} - \frac{1}{2}V_{DS}\right)V_{DS} \tag{2.49}$$

式中 μ_n 为电子迁移率，W/L 为器件的宽长比.

（2）饱和区：随着 V_{DS}的增大，I_{DS}-V_{DS}曲线与线性关系的偏离越来越大，当 $V_{DS} = V_{GS} - V_T$ 时，漏极附近不再存在反型层，这时称沟道在漏极附近被夹断，如图 2.53(b)，在夹断区的电子数目很少，成为一个高阻区. 但由于在夹断点与漏极之间沿 y 方向的电场很强，可以把从沟道

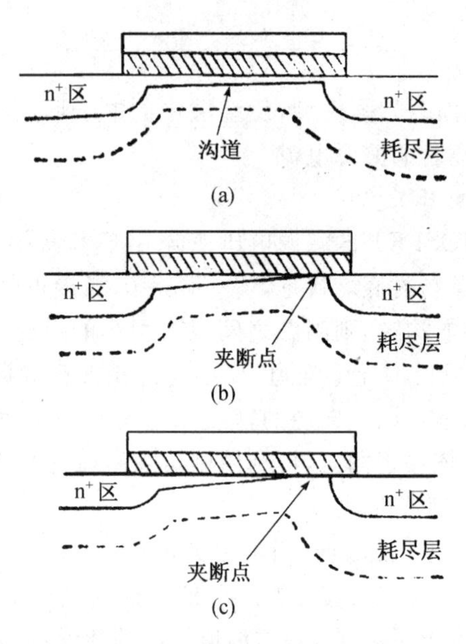

图 2.53　V_{DS}不同时，导电沟道的情形

中流过来的电子拉向漏极.沟道被夹断后，若V_{DS}再增加，增加的漏压主要降落在夹断点到漏之间的高阻区上，如图 2.53(c)所示，这时漏电流 I_{DS}基本不随漏电压增加，因此称为饱和区.这时的漏电流称为饱和电流：

$$I_{ds}=\frac{1}{2}\mu_n C_{ox}\frac{W}{L}(V_{GS}-V_{th})^2 \tag{2.50}$$

实际上，当 $V_{DS}>V_{GS}-V_T$ 以后，由于夹断点微微向源区方向移动，有效沟道长度随 V_{DS}的增加而略有减小，漏电流 I_{DS}随漏压 V_{DS}的增加而略有增加.

(3) 击穿区：饱和区之后，若漏压 V_{DS}继续增加到一定程度时，晶体管将进入击穿区，在该区，随 V_{DS}的增加 I_{DS}迅速增大，直至引起漏-衬底 pn 结击穿.

(4) 亚阈区：当栅压低于阈值电压时，虽然没有形成显著的导电沟道，但在实际的 MOSFET 中，由于半导体表面呈弱反型，漏电流 I_{DS}并不为零，而是按指数规律随栅压变化，通常称此电流为弱反型电流或亚阈值电流，它主要由载流子(电子)的扩散引起.

3. 衬底偏置效应

在前面的讨论中，一直假设源区与衬底共同接地，即 $V_{BS}=0$.当衬底加偏压 V_{BS}后对 MOSFET 的特性将有一系列的影响.为了保证源-衬底与漏-衬底间的 pn 结反向偏置，对于 n 沟器件，衬底通常接负偏压，对于 p 沟器件衬底接正偏压.

当 n 沟器件的衬底加负偏压后，即使 $V_{DS}=0$，沟道也处于非平衡状态，衬底加偏压的结果是使表面空间电荷区(沟道与衬底间的空间电荷区)变宽，会有更多的空穴被耗尽，空间电荷量 Q_B 增大，于是在同样的栅电压下，反型层电荷将减少，需要施加更高的栅电压才能使半导体表面强反型,即阈值电压将增大.由于反型层电荷减少,沟道电导下降,衬底偏压将使 I_{DS} 下降.

4. MOSFET 的直流特性曲线

如图 2.54 所示,若固定 V_{BS} 和 V_{DS},可测量出 I_{DS}/A 与 V_{GS} 的关系曲线,对于不同的 V_{DS} 可得到一组这样的曲线,该组曲线即为 MOSFET 的转移特性曲线,它反映了栅对漏源沟道电流的调控情况.

如图 2.55 所示,固定 V_{BS} 和 V_{GS},可测量出 I_{DS} 与 V_{DS} 的关系曲线,对于不同的 V_{BS} 和 V_{GS} 可得到一组这样的曲线,即为 MOSFET 的输出特性曲线,它反映了漏源电压对沟道电流的调控能力.图 2.55 标出了线性区和饱和区,虚线表示开始饱和,这时,$V_{DS}=V_{GS}-V_T$.

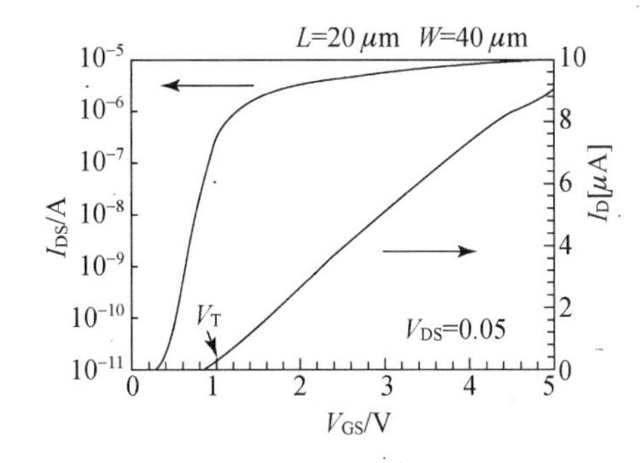

图 2.54 MOSFET 的转移特性曲线

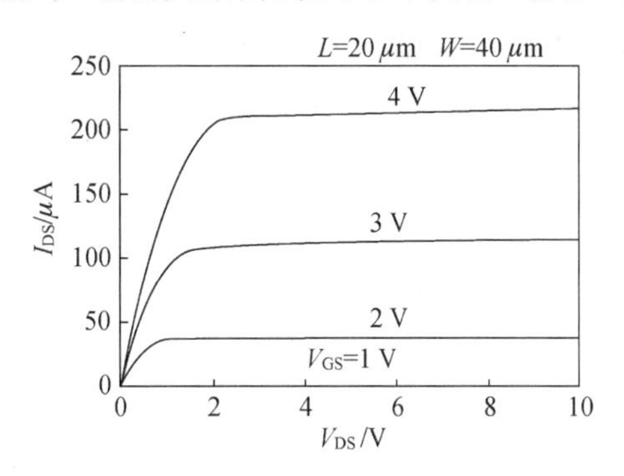

图 2.55 MOSFET 的输出特性曲线

2.6.4 MOS 场效应晶体管的种类

根据反型层类型的不同,可把 MOSFET 分成四类.导电沟道为电子的称为 n 沟道器件,导电沟道为空穴的称为 p 沟道器件.若栅电压为零时未形成反型层导电沟道,必须在栅上施加电压才能形成沟道的器件称为增强(常闭)型 MOSFET;若在零偏压下存在反型层导电沟道,必须在栅上施加偏压才能使沟道内载流子耗尽的器件称为耗尽(常开)型 MOSFET.

对于 n 沟道器件,若必须加正偏压才能形成 n 型导电沟道的称为增强(常闭)型 n 沟道 MOSFET;而栅上偏压为零时就存在导电沟道,在栅上加负偏压才能使沟道内载流子耗尽的称为耗尽(常开)型 n 沟道 MOSFET,如图 2.56(a)

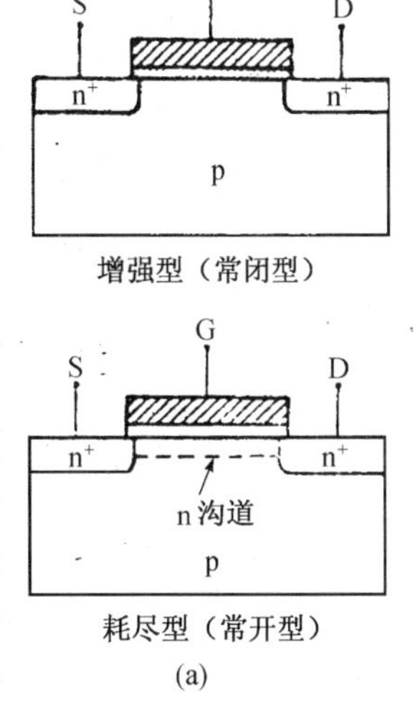

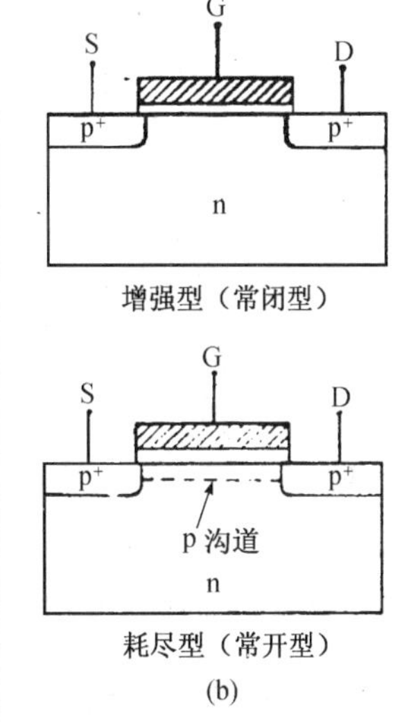

图 2.56 MOSFET 的分类

所示.

同理,对于p沟道器件,若必须施加负偏压才能形成p型导电沟道的称为增强(常闭)型p沟道MOSFET;而栅上偏压为零时就存在导电沟道,在栅上加正偏压才能使沟道内载流子耗尽的称为耗尽(常开)型p沟道MOSFET.如图2.56(b)所示.

由图2.57可见,对于增强型n沟道器件,必须施加高于阈值电压V_T的正偏压才可能有可观的漏源电流I_{DS};对于耗尽型n沟道器件,在$V_{GS}=0$时,即可能有较大电流流过,改变栅电压可以使漏源电流增加或减少.通过改变极性,可以把上述情况推广到p沟道MOSFET.

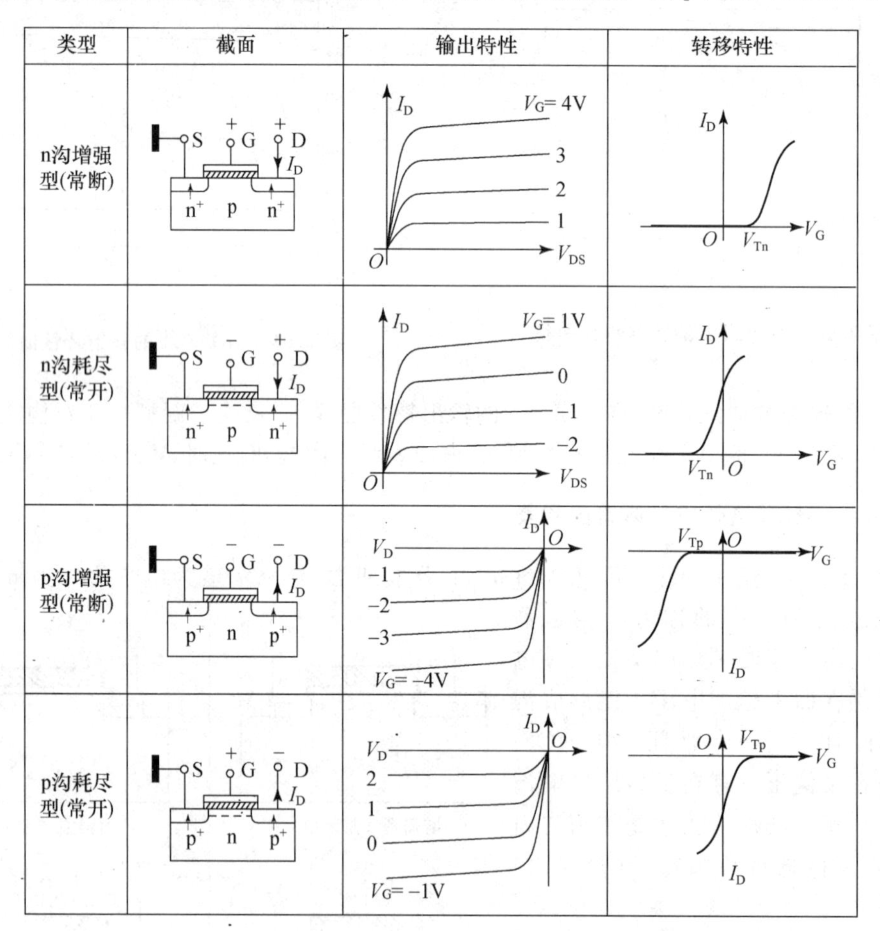

图2.57 四种MOSFET的截面图以及转移和输出特性曲线

2.6.5 MOS场效应晶体管的电容

MOSFET的瞬态特性是由器件的电容效应,即器件中的电荷存储效应引起的.MOSFET中的存储电荷主要包括:

- 反型层或沟道区的反型电荷 Q_i
- 沟道下面的耗尽区体电荷 Q_B
- 栅极电荷 Q_G（$Q_G=Q_B+Q_i$）
- 由漏-衬底、源-衬底 pn 结引起的电荷

根据其特性，可以将这些电荷分成两个部分.

1. 本征部分

形成器件沟道区的本征部分（见图 2.58 中虚线）是对 MOSFET 特性起主要作用的区域. 对器件特性起作用的电荷包括：栅电荷 Q_G、耗尽区或体电荷 Q_B 以及反型层电荷 Q_i，由这些电荷引起的电容为本征电容. 如图 2.58 中的 C_{GS}、C_{GD}、C_{GB}.

2. 非本征部分

MOSFET 的源和漏 pn 结电容为非本征电容，另外在非本征区，栅对源、漏区也不可避免地有一些覆盖，由于栅与源/漏覆盖引起的电容称为栅覆盖电容，如图 2.58 中的 C_{GSO} 和 C_{GDO}，它们也是非本征电容. 这些非本征电容通常称为 MOSFET 的寄生电容.

MOSFET 电容是本征电容和非本征电容的总和，它们将严重地影响器件的性能.

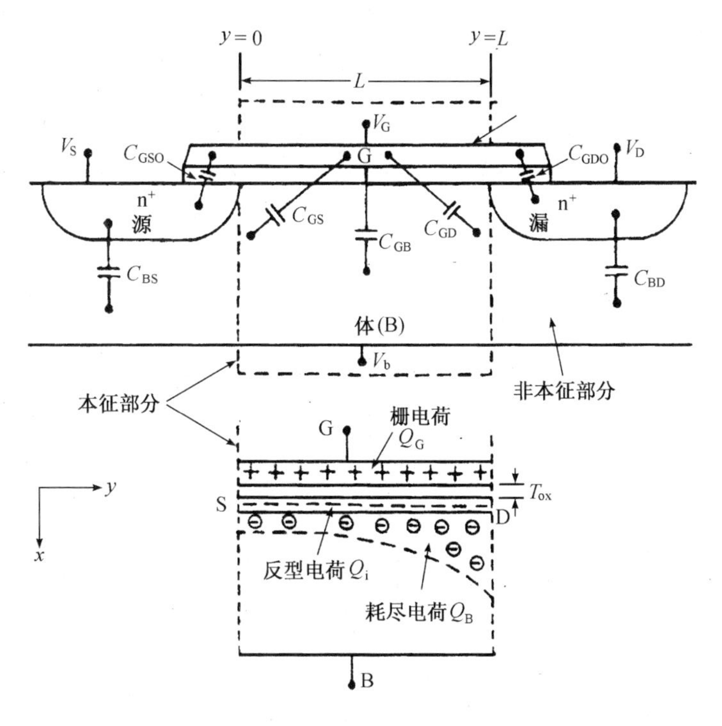

图 2.58　MOSFET 中的电容

参 考 文 献

[1] 黄昆，韩汝琦. 半导体物理基础. 北京：科学出版社，1979.

[2] 黄昆，韩汝琦. 固体物理学. 北京：高等教育出版社，1988.

[3] 叶良修. 半导体物理学. 北京：高等教育出版社，1983.

[4] 林昭炯，韩汝琦. 晶体管原理与设计. 北京：科学出版社，1977.

[5] Badih El-Kareh and Richard J. Bombard, Introduction to VLSI Silicon Devices ——Physics, Technology and Characterization, Kluwer Academic Publishers, 1986.

[6] S M. Sze(著). 半导体器件物理. 黄振岗(译). 北京：电子工业出版社，1987.

[7] S M. Sze, Modern Semiconductor Device Physics, John Wiley &Sons, INC, 1998.

[8] 徐葭生. MOS数字大规模及超大规模集成电路. 北京：清华大学出版社，1990.

[9] 刘恩科，朱秉升，罗晋生. 半导体物理学. 北京：国防工业出版社，1994.

[10] 黄敞等. 大规模集成电路与微计算机(上册). 北京：科学出版社，1985.

[11] 甘学温. 数字CMOS VLSI分析与设计基础. 北京：北京大学出版社，1999.

第三章 大规模集成电路基础

3.1 半导体集成电路概述

“集成电路”(Integrated Circuits,简称 IC)就是将电路中的有源元件(二极管、晶体管等)、无源元件(电阻和电容等)以及它们之间的互连引线等一起制作在半导体衬底上,形成一块独立的不可分的整体电路.集成电路的各个引出端(又称管脚)就是该电路的输入、输出、电源和地线等的接线端.

集成电路的集成度、集成电路的功耗延迟积(优值)、特征尺寸是描述集成电路性能的几个主要方面.

集成电路的功耗延迟积又称为电路的优值,顾名思义,就是把电路的延迟时间与功耗相乘,该参数是衡量集成电路性能的重要参数.功耗延迟积越小,即集成电路的速度越快或功耗越低,性能便越好.

特征尺寸通常是指集成电路中半导体器件的最小尺度,如 MOSFET 的最小沟道长度或双极晶体管中的最小基区宽度,这是衡量集成电路加工和设计水平的重要参数.特征尺寸越小,加工精度越高,可能达到的集成度也越大,性能越好.

在集成电路芯片制造过程中的一个重要问题是成品率.集成电路的成品率通常受集成电路制作工艺、电路设计、芯片面积、硅片材料质量、指标要求等因素的影响.成品率的定义为:

$$Y = \frac{\text{硅片上好的芯片数量}}{\text{硅片上总的芯片数量}} \times 100\% \tag{3.1}$$

成品率通常是芯片面积和缺陷密度的函数,经常采用以下两种通用表示式计算:

(1) Seed 模型,即:

$$Y = \mathrm{e}^{-\sqrt{AD}} \tag{3.2}$$

其中 A 为芯片面积,D 为缺陷密度(每平方厘米中致命缺陷的数量为缺陷密度).该模型通常适用于大的芯片和成品率低于 30%的情况.

(2) Murphy 模型,即:

$$Y = \left(\frac{1-\mathrm{e}^{-AD}}{AD}\right)^2 \tag{3.3}$$

该模型适用于小的芯片和成品率高于 30%的情况.

芯片(chip)和硅片(wafer)是集成电路领域的两个常用术语,通常,芯片是指没有封装的单个集成电路,硅片是指包含成千上百个芯片的大园硅片,如图 3.1 所示.

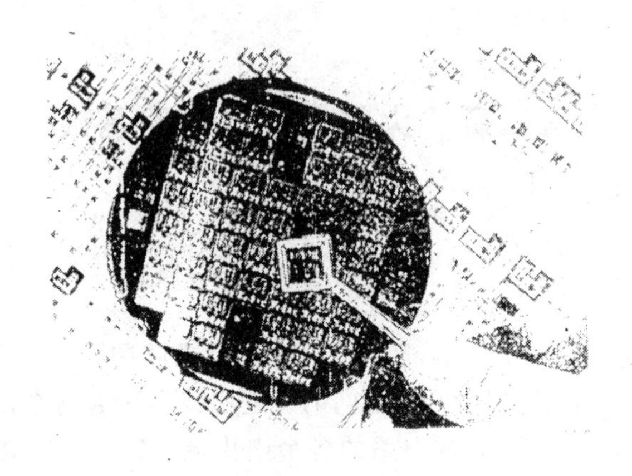

图 3.1　硅片及其上面的芯片

集成电路制造通常包括集成电路设计、工艺加工、测试、封装等工序. 集成电路设计是根据电路所要完成的功能、指标等首先设计出在集成电路工艺中现实可行的电路图,然后根据有关设计规则将电路图转换为制造集成电路所需要的版图,进而制成光刻掩模版. 完成设计以后,便可以利用光刻版按一定的工艺流程进行加工、测试,最终制造出符合原电路设计指标的集成电路. 随着集成电路技术的发展,集成电路设计通常要依靠计算机辅助设计(CAD),集成电路加工制造则依靠计算机控制的全自动加工线,或称计算机辅助制造(CAM),集成电路测试则可以采用计算机辅助测试(CAT).

自从 1947 年底肖克莱(Shockley)等人发明点接触双极型晶体管、1951 年发明结型晶体管后,1952 年英国人 G. W. A. Dummer 提出了"固体功能块"的设想. 1958 年,美国工程师 C. Kilby 在调研军用电子设备超小型化的报告中首次提出了利用同一种材料来制作电阻、电容和晶体管,且可将这些元件直接制作在电路中它们应有的位置上,实现内部平面连接. 3 个月之后,Kilby 就制作出了由锗 pn 结电容、锗电阻器和锗晶体管组成的全锗材料的相移振荡器. 与此同时,还发明了平面工艺和 pn 结隔离技术,很快在 1959 年 Noyce 将这几种技术结合在一起,制作出了采用氧化物隔离的全平面工艺硅半导体集成电路.

但硅半导体集成电路的发明并没有使它很快地发展起来,这除了技术本身成熟需要时间外,主要是由于当时还存在着许多不同的看法,有些人对集成电路的前途不很乐观. 有人认为集成电路中的元件都不是最佳的,这是因为它们都是在同一种硅材料上用同一种工艺流程制作的,集成电路中晶体管的寄生效应比分立晶体管要大,硅电阻的稳定性和制作精度不如镍铬电阻好,pn 结电容以及 SiO_2 介质电容不及涤纶薄膜介质电容好,等等. 也有人认为既然集成电路成品率是各元件成品率的乘积,则大型集成电路的成品率将很低,以致于认为生产大型集成电路是不可能实现的. 还有人认为集成电路的设计费很贵,且很难更改,而当时已有的电路花样繁多,如果逐一将这些电路制成集成电路必然成本很高,有的也很难实现.

上述问题在集成电路中是客观存在的,但集成电路的显著优点是能够利用当时已逐渐成熟的半导体技术,将电子系统较快地、高可靠地转入超小型化,将电子系统的制作转入大批量、流水线式的制造方式,从而降低成本,提高成品率.

由于数字电路具有电路形式简单、性能可规格化、用途广泛等一系列特点,集成电路首先在数字逻辑电路中迅速发展起来.1961 年,RTL 系列的数字集成电路问世,1962 年相继研制出了 DTL、TTL、ECL 和 MOS 集成电路.这使集成电路得到飞速发展,成本不断下降.

1968 年试制出 MOS 存储器和 1971 年试制成功的微处理器标志着集成电路技术已进入大规模集成的时代;1978 年制作出的 64K 动态 RAM(DRAM),使单一芯片的集成度超过了 10 万个晶体管,集成电路进入超大规模时代.1985 年研制成功包含 225 万个晶体管的 1M 位 DRAM,开始进入单片集成 100 万个晶体管的时代.进入 21 世纪后,以 CMOS 工艺技术为主流的微电子技术已经进入了纳米尺度,45 纳米 CMOS 技术已经进入大生产,利用该技术,可制作 GMb 的 DRAM 和 GHz 的微处理器芯片($G=10^9$),其每片上集成的晶体管数在 $10^{10}\sim10^{12}$ 量级.10 nm 以下的 MOS 器件在实验室中已制备成功.据预测,到 2016 年特征尺寸为 22 nm DRAM 技术将投入生产.

3.2　CMOS 集成电路基础

以场效应晶体管为主要元件构成的集成电路称为 MOS 集成电路 MOS_IC,MOS 集成电路又分为数字集成电路和模拟集成电路.由于 MOS 集成电路尤其是 CMOS 集成电路具有功耗低、速度快、噪声容限大、可适应较宽的环境温度和电源电压、易集成、可按比例缩小等一系列优点,MOS 集成电路发展极为迅速,CMOS(Complementary Metal Oxide Semiconductor 的简称,即互补金属氧化物半导体)集成电路更成为整个半导体集成电路的主流技术,目前 CMOS 技术的市场占有率超过 95%,而且据预测微电子技术发展到 21 世纪前半叶,主流技术仍将为 CMOS 技术.本节将着重介绍 CMOS 集成电路.

3.2.1　集成电路中的 MOSFET

集成电路中的 MOSFET 可以分成很多种类.若按沟道的导电类型分类有 pMOS、nMOS 和 CMOS;若按栅材料分类有铝栅和硅栅;另外还有许多分支,如对于 nMOS 还可分为 E/E MOS 和 E/D MOS;此外还出现了 DMOS、VMOS、SOI MOSFET、双栅 MOSFET 等一系列的新结构 MOSFET.

图 3.2 示出了 n 沟硅栅增强型 MOSFET 的剖面图.CMOS 实际是 pMOSFET 和 nMOSFET 串接起来的一种电路形式.为了在同一硅衬底上同时制作出 p 沟和 n 沟 MOSFET,必须在同一硅衬底上分别形成 n 型和 p 型区域.并在 n 型区上制作 pMOSFET,在 p 型区域上制作 nMOSFET.如果选用 n 型衬底,则可在衬底上直接制作 pMOSFET,但对于 nMOSFET,则必须在硅衬底上形成 p 型扩散区(常称为 p 阱)以满足制备 nMOSFET 的需

要.同样,若采用p型衬底,则必须形成n型扩散区(常称为n阱)以满足制备pMOSFET的需要.图3.3示出了场氧隔离的硅栅n阱CMOS的剖面图.当然也可以在硅衬底上同时形成p阱和n阱,这通常称为双阱CMOS.

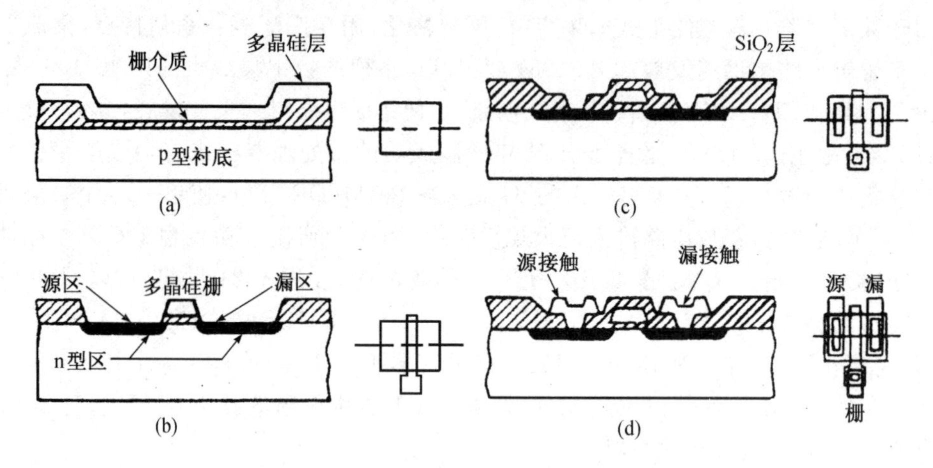

图3.2 n沟硅栅增强型MOSFET的剖面图

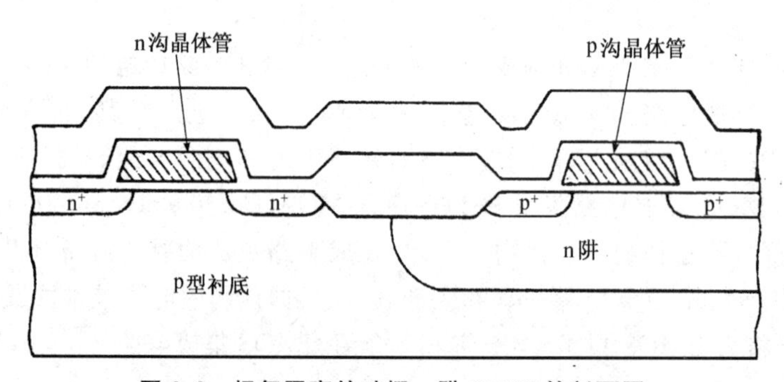

图3.3 场氧隔离的硅栅n阱CMOS的剖面图

3.2.2 MOS数字集成电路

MOS开关和反相器是MOS数字集成电路的基本单元,数字电路中的任何复杂逻辑功能均可分解为"与"、"或"、"非"操作,因此这里主要介绍MOS开关、反相器和基本逻辑单元.

1. MOS开关

MOSFET处于大信号工作时,有导通和截止两种状态,因此它可以作为电子开关.图3.4示出了MOS开关的几种典型用法.图3.4(a)为上拉开关;图3.4(b)为下拉开关,在图3.4(c)中,MOS开关接在A、B两电路之间,用以控制其间的信号传递,通常称为传输门.

“I”为输入端,接驱动信号;“O”为输出端,接容性负载;“G”为控制端,接控制信号.当控制端加上一个足够高的固定电压,在稳定情况下,直流输出电压 V_O 与直流输入电压 V_I 的关系称为 MOS 开关的直流传输特性.

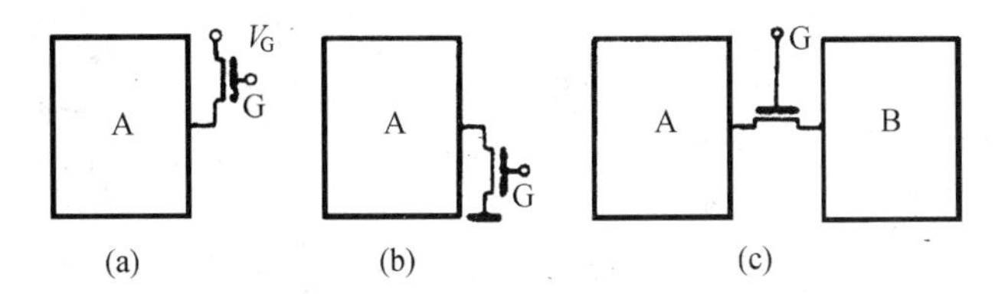

图 3.4　MOS 开关的几种典型用法

在一般情况下,$V_G-V_T>0$.若加大 V_I,但使 $V_I<V_G-V_T$,则在 MOS 开关输入端形成沟道,处于开启状态,MOSFET 导通,于是负载电容被充电到 $V_O=V_I$.这时 MOSFET 工作在非饱和区.当 $V_I\geqslant V_G-V_T$ 时,MOS 开关输入端的沟道被夹断,若输出电压 V_O 低于 V_G-V_T,则 MOS 开关输出端仍存在沟道,负载电容被继续充电.当输出电压 V_O 上升到 V_G-V_T 时,MOS 开关输出端的沟道也被夹断,MOSFET 截止.因此 V_O 最高只能达到 V_G-V_T,如图 3.5 所示.由此可见,在用 MOSFET 作传输门时,被传输的电平有所损失,通常称为阈值损失.

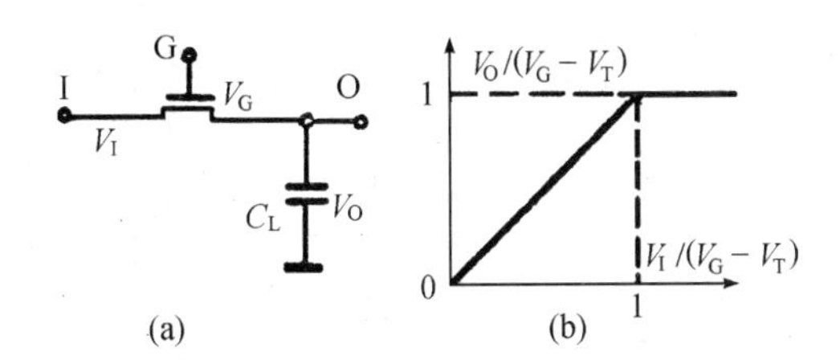

图 3.5　MOS 开关的直流传输特性

2. 反相器

反相器的输出信号与输入信号反相,能执行逻辑“非”的功能,它是数字电路的最基本单元.MOS 反相器可分成静态反相器和动态反相器.

MOS 静态反相器的一般形式如图 3.6 所示,它由驱动元件和负载元件构成.其中驱动元件通常是增强型 MOSFET,以便级间直接耦合;负载元件有很多种形式,根据负载元件的不同类型,MOS 静态反相器可分为电阻负载反相器、增强负载反相器、耗尽负载反相器和互补负载反相器.按负载元件和驱动元件之间的关系可分为:有比反相器和无比反相器两大类.在有比反相器中,如图 3.7 所示,输入高电平时,驱动管导通,其输出低电平由驱动管的导通电阻 R_{ON} 和负载元件等效电阻 R_{EL} 的分压决定,即:

$$V_{OL}=\frac{R_{ON}}{R_{ON}+R_{EL}}V_{DD}\tag{3.4}$$

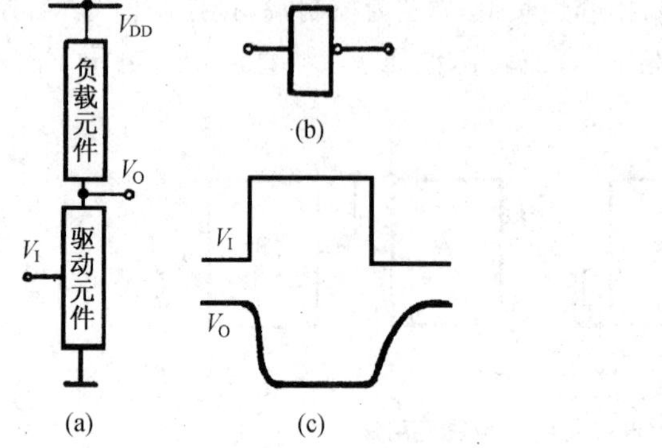

图 3.6　MOS 静态反相器的一般形式

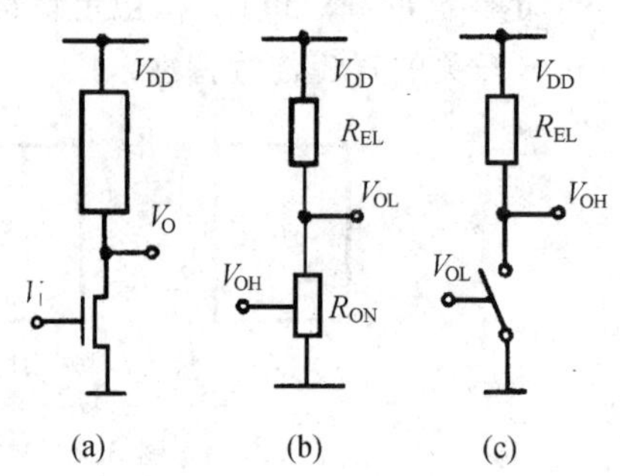

图 3.7　有比反相器

为了保证输出电平足够低，两个等效电阻应当保持必要的比例，这就是“有比”的由来.

而无比反相器与此不同，如图 3.8 所示，作为负载元件的 MOSFET 和作为驱动元件的 MOSFET 交替导通，其输出低电平等于零，因此不需要两个晶体管保持一定的比例.

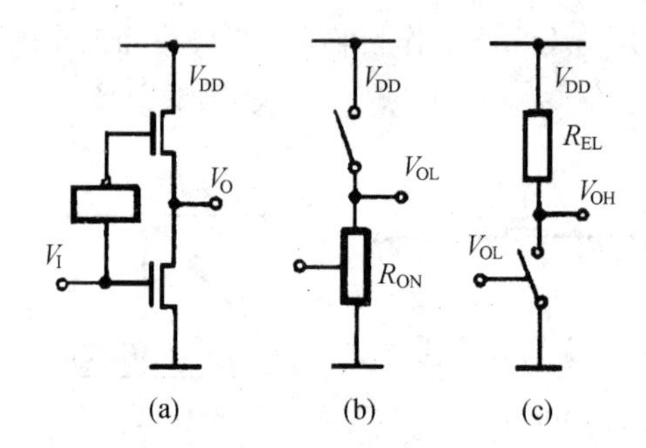

图 3.8　无比反相器

评价 MOS 反相器性能的主要指标有：

(1) 输出高电平；

(2) 输出低电平；

(3) 反相器阈值电压；

(4) 直流噪声容限；

(5) 直流功耗；

(6) 瞬态特性；

(7) 芯片面积；

(8) 工艺难度和兼容性；

(9) 稳定性和瞬态功耗等.

MOS 反相器是从栅极输入的，输入电流非常小，输入阻抗接近于无穷大. 所以，在直接级联时，可以认为没有直流负载，MOS 反相器一般都只带纯电容性负载.

3. 开关串/并联的逻辑特性

单个 MOS 开关及其串、并联电路的逻辑状态由施加在开关栅上的控制信号决定. 对于 nMOS 开关，其逻辑状态可表示为：

当 $V_G=V_H$ 时，开关的逻辑状态为“ON”；当 $V_G=V_L$ 时，开关的逻辑状态为“OFF”. 其中 V_G 为栅电压，V_H 为高电平，V_L 为低电平. 若采用正逻辑，则用逻辑“1”表示高电平，用逻辑“0”表示低电平. 一般如不作特殊说明，均指 nMOS 正逻辑.

图 3.9 示出了 G_1 和 G_2 两个串联开关，在该电路中，只有 G_1 和 G_2 同时导通，V_O 和 V_I 之间才连通. 此串联开关可用一个等效开关 G 代替. 其等效逻辑关系可表示为逻辑与，即：

$$G = G_1 \cdot G_2 \tag{3.5}$$

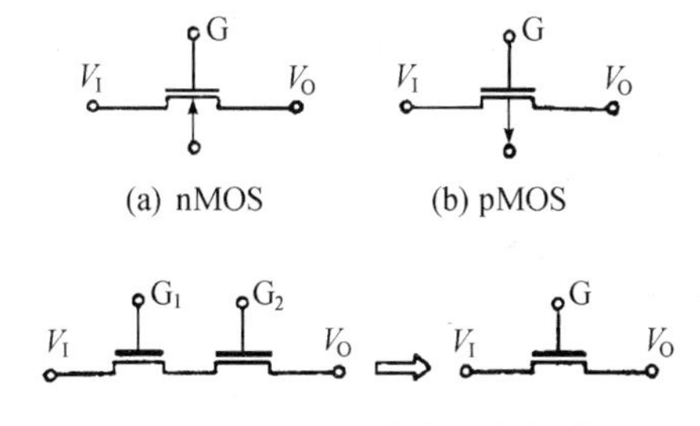

图 3.9　G_1 和 G_2 组成的两个串联开关

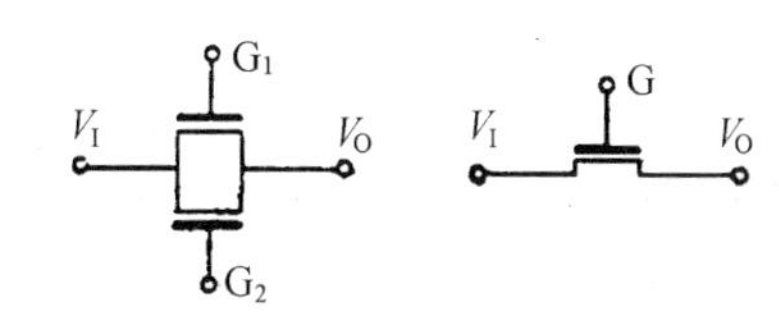

图 3.10　G_1 和 G_2 组成的并联开关

表 3.1 给出了与上式等价的逻辑关系. 图 3.10 给出了由 G_1 和 G_2 组成的并联开关.

在图 3.2 所示的电路中，只有 G_1 和 G_2 同时断开，V_O 和 V_I 之间才断开. 此并联开关可用一个等效开关 G 代替. 其等效逻辑关系可表示为逻辑或，即：

$$G = G_1 + G_2 \tag{3.6}$$

表 3.2 给出了与(3.6)式等价的逻辑关系.

表 3.1　两开关串联时的逻辑关系

G_1	G_2	$V_O \sim V_I$	G
0	0	OFF	0
0	1	OFF	0
1	0	OFF	0
1	1	ON	1

表 3.2　两开关并联时的逻辑关系

G_1	G_2	$V_O \sim V_I$	G
0	0	OFF	0
0	1	ON	1
1	0	ON	1
1	1	ON	1

综上所述,开关串联和并联时,等效变换的规律是：对于 nMOS 正逻辑和 pMOS 负逻辑,串联为“与”,并联为“或”,简称串“与”并“或”;对于 pMOS 正逻辑和 nMOS 负逻辑,串联为“或”,并联为“与”,简称串“或”并“与”.

4. 传输门逻辑

当 MOS 开关导通时,信号可直接从一端传送至另一端,所以又把 MOS 开关称为传输门. 这是 MOS 集成电路所特有的一种信息传输方式. 在很多场合下,可以用来实现多种功能. 通常把传输门的输出信号与控制信号间的逻辑关系称为传输门逻辑. 表 3.3 给出了单个 nMOS 传输门的真值表. 表中“U”表示“不定状态”. 即传输门的输出有“0”、“1”和“U”三种可能的逻辑状态.

表 3.3　单个 nMOS 传输门的真值表

G	V_I	V_O
0	0	U
0	1	U
1	0	0
1	1	1

因此,单个 nMOS 传输门逻辑的逻辑公式为:

$$V_O = G \cdot V_I + \overline{G} \cdot U \tag{3.7}$$

两个串联 nMOS 传输门的逻辑公式为:

$$V_O = G_1 \cdot G_2 \cdot V_I + \overline{G_1 \cdot G_2} \cdot U \tag{3.8}$$

两个并联 nMOS 传输门的逻辑公式为:

$$V_O = (G_1 + G_2) \cdot V_I + \overline{(G_1 + G_2)} \cdot U \tag{3.9}$$

3.2.3　CMOS 集成电路

1. CMOS 开关

如前所述,单沟道 MOS 开关在传输高电平时存在阈值电压损失问题;对负载电容充电时输出电压的上升速度也比较慢. 利用 nMOSFET 和 pMOSFET 互补的电特性构成 CMOS 开关(也称 CMOS 传输门),可以弥补上述不足,如图 3.11 所示. 该电路在工作时,接在

nMOSFET 栅上的电压 V_{GN} 和接在 pMOSFET 栅上的电压 V_{GP} 是反相的.

若将 V_{GN} 接足够高的正电压,V_{GP} 接地,在输入电压 V_I 变化时,CMOS 传输门可分为三种工作状态:

(1) n 管导通区:当 $V_{GN}-V_I>V_{TN}$、$|V_{GP}-V_I|<|V_{TP}|$ 时,虽然 pMOSFET 截止,但 nMOSFET 的输入端处于开启状态,于是输入电压 V_I 通过导通的 nMOSFET 使负载电容充电到 $V_O=V_I$.

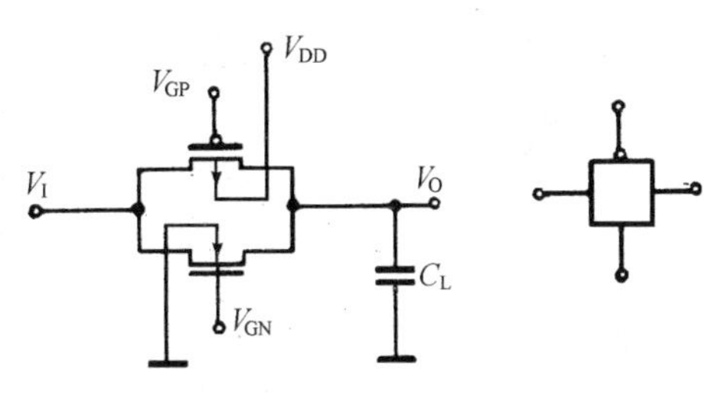

图 3.11　CMOS 开关

(2) 双管导通区:当 $V_{GN}-V_I>V_{TN}$、$|V_{GP}-V_I|>|V_{TP}|$ 时,双管都导通,负载电容同样被充电到 $V_O=V_I$.

(3) p 管导通区:当 $V_{GN}-V_I<V_{TN}$,$|V_{GP}-V_I|>|V_{TP}|$ 时,虽然 nMOSFET 截止,但 pMOSFET 输入端处于开启状态,于是输入电压 V_I 通过导通的 pMOSFET 使负载电容充电到 $V_O=V_I$.

由以上分析可见,输出电压一直等于输入电压,不存在阈值电压损失. CMOS 开关的直流传输特性如图 3.12 所示,图中标出了 CMOS 传输门的导通分区. 正是由于 CMOS 传输门中的两个管子交替导通,CMOS 传输门比单一沟道传输门的特性要优越得多.

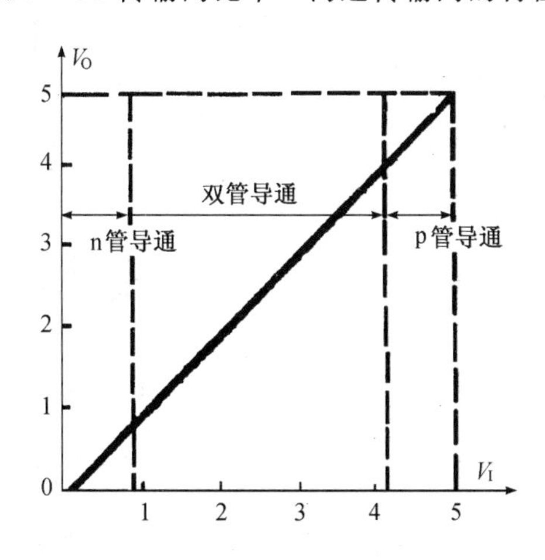

图 3.12　CMOS 开关的直流传输特性

2. CMOS 反相器

CMOS 反相器由一对互补的 MOSFET 组成,如图 3.13 所示. CMOS 反相器中通常用 nMOSFET 作为下拉管,pMOSFET 作为上拉管. 当输入高电平,即 $V_{IH}=V_{DD}$ 时,nMOS 晶体管导通,pMOS 晶体管截止,pMOS 晶体管相当于一个断开的开关,nMOS 晶体管相当于一个接通的开关,把输出电平拉到低电平,$V_{OL}=0$;当输入为低电平,即 $V_{IL}=0$ 时,pMOS 晶

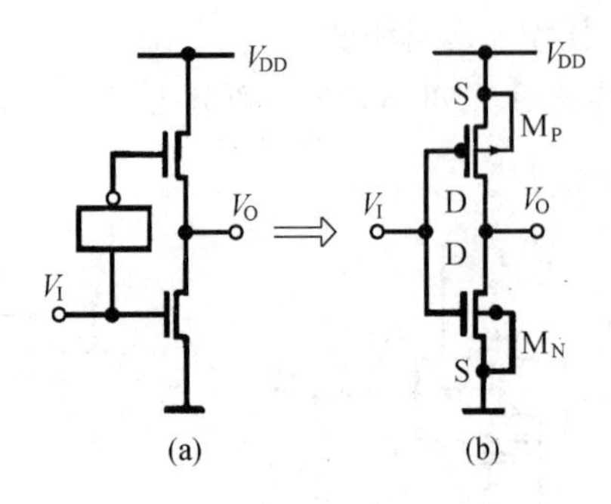

图 3.13 由一对互补 MOSFET 组成的 CMOS 反相器

体管导通，nMOS 晶体管截止，nMOS 晶体管相当于一个断开的开关，pMOS 晶体管相当于一个接通的开关，把输出电平拉到高电平，$V_{OH}=V_{DD}$；由于两个 MOSFET 交替导通，所以其输出高电平为 V_{DD}，输出低电平为 0，噪声容限较大. 而且由于两管同时导通的区域很窄，CMOS 反相器的直流功耗很低. 又因为 pMOSFET 的衬底接 V_{DD}，nMOSFET 的衬底接地，基本消除了衬底偏置效应.

3. 静态 CMOS 逻辑门

静态 CMOS 逻辑门是 CMOS 反相器的扩展. 通常，CMOS 均采用正逻辑. 由 nMOS 晶体管组成的逻辑块和 pMOS 组成的逻辑块分别代替反相器中单个 nMOS 和 pMOS 晶体管. 利用 nMOS 晶体管和 pMOS 晶体管的互补逻辑特性，使上拉通路和下拉通路轮流交替导通. CMOS 逻辑门执行的是带“非”的逻辑功能，对于 n 管是串与并或，对于 p 管则为串或并与. 每个输入信号同时接一个 nMOS 晶体管和一个 pMOS 晶体管的栅极. 因此对于 n 个输入的逻辑门，需要 $2n$ 个 MOS 晶体管. 图 3.14 分别示出了 CMOS 与非门和 CMOS 或非门.

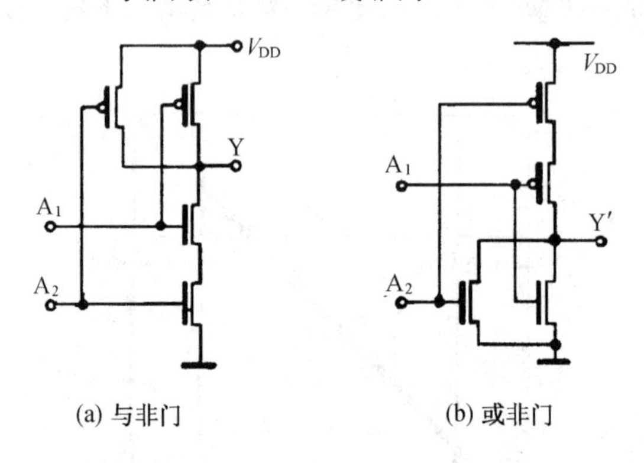

图 3.14 CMOS 与非门和 CMOS 或非门

由 nMOS 和 pMOS 的串联或并联组合可以构成各种逻辑，图 3.15 示出了实现 $F=\overline{(A\cdot B)+(C\cdot D)}$ 逻辑功能的 CMOS 电路及其导出的方法：对于 n 管，根据未反相的表示式 $(A\cdot B)+(C\cdot D)$，$(A\cdot B)$ 和 $(C\cdot D)$ 两个与采用图 3.15(a) 所示的串联连接实现；然后再将其结果进行“或”运算，即把这两个串联结构并联，如图 3.15(b) 所示. 对于 pMOS，可将 nMOS 所用的表示式求“反”，即 $(\overline{A}+\overline{B})\cdot(\overline{C}+\overline{D})$，这就要求两个并联“或”结构，然后再将其串联“与”起来，如图 3.15(c) 所示. 最后，把 p 管结构的一端接 V_{DD}，另一端与输出相连；n 管结构的一端接地(V_{SS})，另一端接到和 p 结构公共的输出上，如图 3.15(d) 所示.

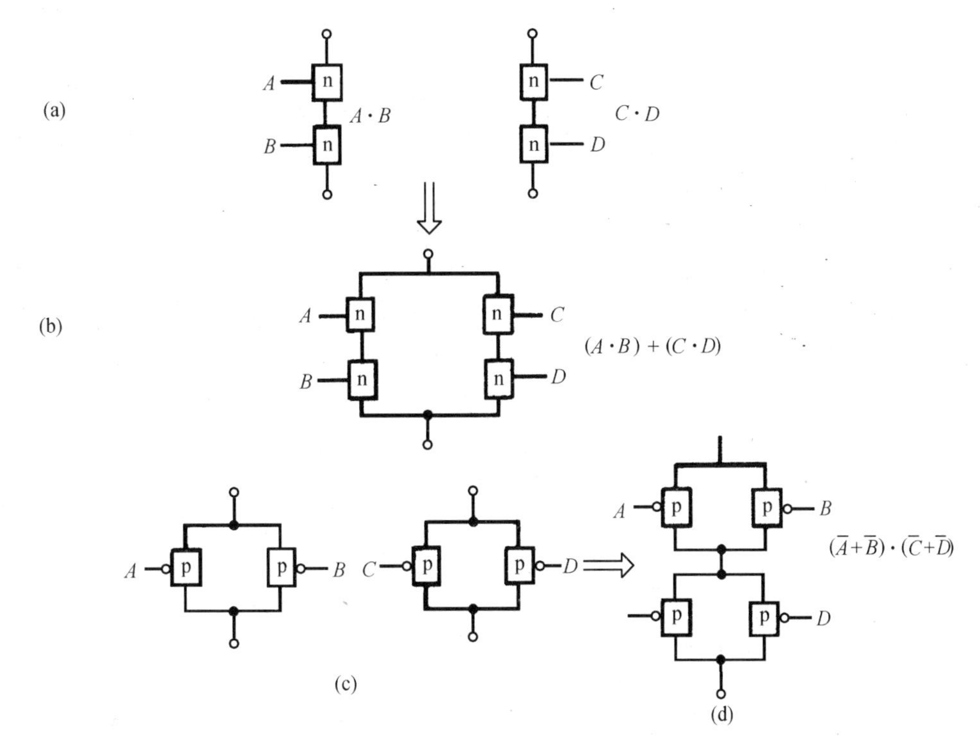

图 3.15　实现 $F=\overline{(A \cdot B)+(C \cdot D)}$ 逻辑功能的 CMOS 电路及其导出的方法

4. CMOS 电路的自锁效应

由于寄生晶体管效应而引起的 CMOS 电路闩锁效应("Latch-Up",又称为闸流效应、自锁效应)是 CMOS 集成电路的缺点,通常需在电路设计和工艺制作中加以防止和限制. 这种效应会在低电压下导致大电流,不仅能造成电路功能的混乱,而且还会使电源和地线间短路,引起芯片的永久性损坏. 在现有的 CMOS 工艺中,通常只要采用足够多的衬底接触,内部电路出现闩锁的可能性是很小的.

3.3　半导体存储器集成电路

3.3.1　存储器的种类和基本结构

存储器是一种能够保存信息并可以随时读出信息的记忆单元,存储器记忆单元中的最小记忆单位是位(bit,即"0"或"1"). 存储器是各种数字计算机的主要部件,也是许多其他电子系统中必不可少的. 半导体存储器的研制成功和大量生产,大大促进了计算机的发展. 目前半导体存储器已成为计算机的主要存储部件.

1. 存储器的种类

按存储器功能可分为以下几类：

(1) 随机存取存储器(Random-Access Memory，简称 RAM)：对于这类存储器，用户可以随时将外部信息写入到其中的任何一个单元中去，也可以随意地读出任何一个单元中的信息.但是切断电源后，所存储信息将丢失. 随机存取存储器分为静态存储器 SRAM 和动态存储器 DRAM 两类.

(2) 只读存储器(Read-Only-Memory，简称 ROM)：对于这类存储器，与 RAM 一样，用户可以随意地读出其中任何一个单元中的信息，但是不能像 RAM 那样自由地随时写入信息. ROM 与 RAM 的另一个不同是即使关断电源所存的信息不会丢失，通常称为 ROM 具有非易失性或非挥发性. ROM 分为掩模 ROM 和可编程 ROM (Programmable Read-Only-Memory，简称 PROM). 掩模 ROM 的信息是实现固定在集成电路芯片上的，用户只能读取其中早已存好的信息，而无法改变其中的存储内容. 对于 PROM，用户可以根据需要，把信息写入到存储器中，存储新的内容. 而且切断电源后，所存储的信息不会丢失. 目前广泛应用的快闪存储器(Flash Memory)就属于这一类.

对半导体存储器的基本要求是高密度、大容量、高速度、低功耗和非易失性.

2. 存储器的基本结构

通常，一个完整的存储器主要包括以下几个部分，其基本结构示意图如图 3.16 所示.

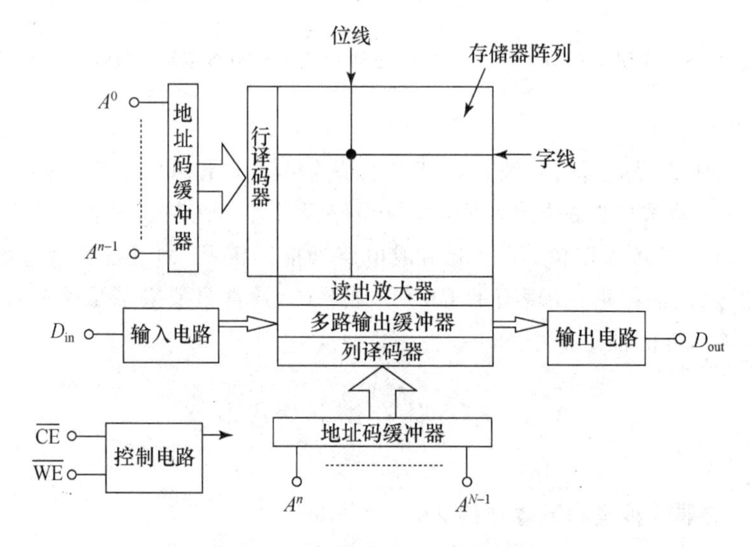

图 3.16 存储器基本结构示意图

(1) 存储单元阵列：存储单元应该有两个相对稳定的状态，以代表存储的二进制信息“0”或“1”. 如果要存储 N 组二进制数据，每组的二进制数据又由 M 个二进制数构成，则需要 $N\times M$ 个存储单元，通常称存储器的容量为 $N\times M$. “N”表示能存储的字数，“M”表示每个字的位数. 通常这些单元按行和列排列成阵列.

(2) 地址译码器：存储器中有很多存储单元，为了能够准确地写入或读出其中某一单元的信息，必须把每个存储单元编上号码，这种编号称为存储单元的地址. 实现地址选择的电路叫做地址译码器.

(3) 读写电路：存储单元的状态"0"或"1"必须经过读出放大电路的放大才能提供给外电路. 有些存储器对写入信号还有特殊要求，则需要专门的写入电路.

(4) 时序控制电路：为了使存储器的各部分能按一定的顺序进行操作，需要对各部分电路进行时间上的控制. 作为时序控制的时间基准通常由片内或片外脉冲信号发生器提供.

3.3.2　随机存取存储器(RAM)

1. 动态随机存储器

动态随机存储器(Dynamic Random-Access Memory ，简称 DRAM)的存储单元是由一个控制信号输入、输出的 MOSFET 和一个存储信息的电容构成，图 3.17 示出了 1T1C 的 DRAM 结构及其剖面图. 当写信息时，WL(字线)为高，MOSFET M1 导通，BL(位线)对电容 Cs 充放电，根据存入电容中的电荷量的多少决定写入"1"或"0". 由于控制信号输入、输出的是 n 沟 MOSFET，写入高电平，即"1"时有阈值损失. 当读出信息时，WL 为高，M1 导通，所存电荷在 Cs 和位线上再分配，通常读出信号微弱，而且是"破坏性"的，需要设计专门的灵敏放大和再生电路. 在存储信息时，WL 为低，M1 关断，信号存在 Cs 上. 由于电容存在泄漏，所存信息不能长期稳定保存，每隔一定时间需要进行刷新，即进行将信息重新写入的再生操作.

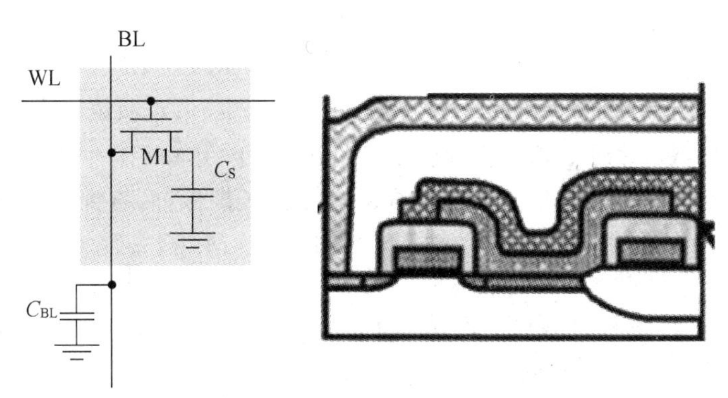

图 3.17　1T1C 的 DRAM 结构及其剖面图(堆迭型)

由于这种结构的存储器总是处于动态，所以称为动态随机存储器(DRAM)，这种存储器所需的器件数目少，面积小，集成度高，是 MOS 存储器中存储容量最大的，通常被作为容量要求大的主存储器使用.

2. 静态随机存储器

静态随机存储器(Static Random-Access Memory,简称 SRAM)的存储单元是由两个 CMOS 反相器的输入与输出互相连接构成的,该结构又称为双稳电路,只要维持电源供电,该电路可以处于"1"或者"0"的稳定状态,图 3.18 示出了 SRAM 存储单元的基本结构.

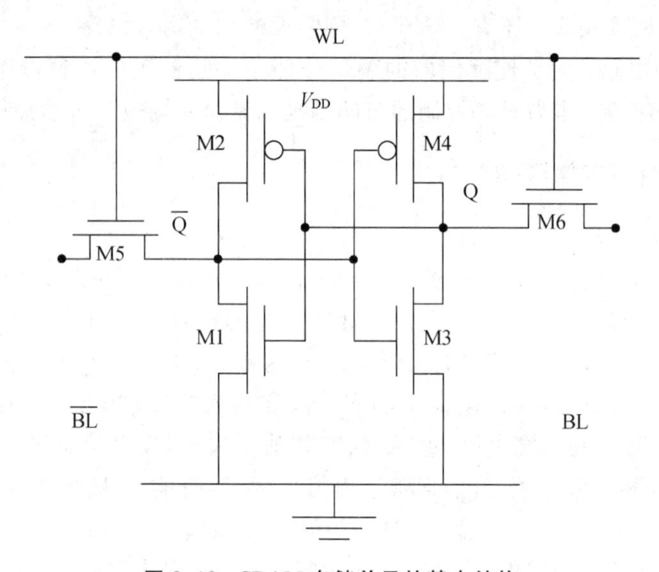

图 3.18 SRAM 存储单元的基本结构

在 SRAM 写操作时,根据地址选中单元字线 WL 为高,nMOSFET M5、M6 导通. 位线 BL、$\overline{BL}$ 准备好待写入的信号. 写 1,BL=1=VDD,写 0, BL=0. BL、$\overline{BL}$ 通过 M6、M5 对 Q、$\overline{Q}$ 强迫充放电,与单元内原先存储的状态无关. 写操作结束后,双稳单元将信息保存.

在保存信息时,WL 为低,M5、M6 截止. 若存 0,则 Q=0,$\overline{Q}$=1=VDD. M2 导通,M1 截止使 $\overline{Q}$ 维持 VDD. M4 截止,M3 导通使 Q 维持 0. 信息长期保存,直到断电. 若存 1,则 Q=1=VDD ,$\overline{Q}$=0. M2 截止,M1 导通使 $\overline{Q}$ 维持 0. M4 导通,M3 截止使 Q 维持 1. 信息长期保存,直到断电.

在读取信息时,选中单元 WL 为高,M5、M6 导通. 位线 BL、$\overline{BL}$ 预充到高电平. 若读 1,BL 保持 VDD,$\overline{BL}$ 通过导通的 M1、M5 放电,使 $\overline{BL}$ 上的电位下降. 若读 0,$\overline{BL}$ 保持 VDD,BL 通过导通的 M3、M6 放电,使 BL 上的电位下降. 通常为提高速度并不等到一侧位线下降为低电平,而是只要位线间建立一定的信号差就送读出放大器,放大输出. 由于 SRAM 不需要刷新,其读写速度很快,通常被作为高速缓冲存储器使用.

3.3.3 掩模只读存储器 (ROM)

掩模只读存储器是在制作阶段就将待写入的信息作为掩模图形定制固化,所存储的信息具有非易失性，可以任意读出．在制造过程中的掩模编程写入信息的方式主要有：离子注入掩模版编程，有源区掩模版编程和引线孔掩模版编程．

掩模只读存储器具有工艺简单，价格便宜等特点，但这种存储器制成以后，无法更改所存储的信息．

3.3.4 可编程只读存储器 PROM

可编程只读存储器(Programmable Read-Only-Memory，简称 PROM)能够在存储器制备后，擦除已存入的信息，并根据需要写入新的信息即编程．根据擦除信息的方式不同又可以分出紫外光擦除、电可擦除以及快闪等多种．其中快闪只读存储器 (Flash ROM)在擦除信息时不是逐个存储单元的擦，而是一次擦除整片的信息．而在写信息时仍然可以按位写入．

这类电可编程的基本存储单元是浮栅场效应晶体管，其结构如图 3.19(a)所示．与普通的 MOSFET 不同的是：浮栅场效应晶体管具有控制栅和浮置栅两层栅结构．如图 3.19(b)所示．浮栅上是否存储电子决定了场效应晶体管阈值电压的高低，从而可以用于区分存储数据"1"或"0"．我们知道，对于 n 沟浮栅场效应晶体管，当浮栅上没有电子时，阈值电压较低，当浮栅上有电子时，其阈值电压将升高．当写入信息，即编程时，首先需要擦除原有的信息，从浮栅中拉出电子，使浮栅场效应晶体管处于低阈值态．然后根据待写入的内容，向浮栅中注入电子．读出信息时，在控制栅上加介于高低阈值之间的偏压，于是存储高阈值态的晶体管仍然关断，而存储低阈值态的晶体管导通，从而读出数据"1"或"0"．由于存储在浮栅中的电荷能够保持多年，因此基于浮栅场效应晶体管的存储器是非易失性的．

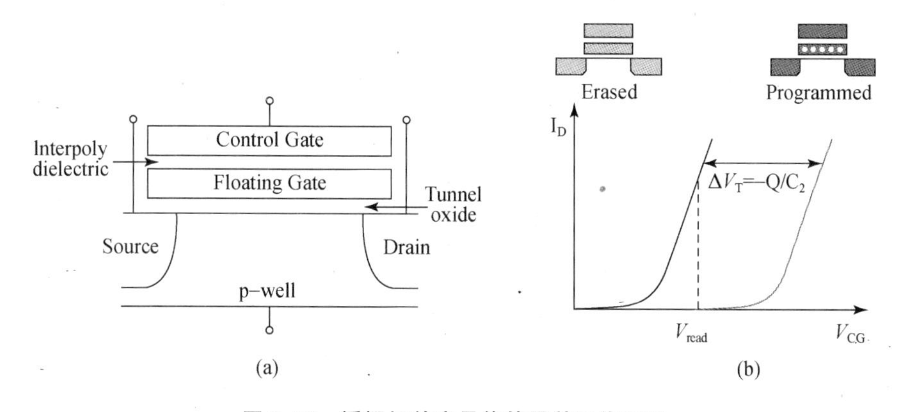

图 3.19 浮栅场效应晶体管及其工作原理

参 考 文 献

[1] 贾松良．双极集成电路分析与设计基础．北京：电子工业出版社，1987.

[2] 张建人．MOS 集成电路分析与设计基础．北京：电子工业出版社，1987.

[3] 甘学温. 数字 CMOS VLSI 分析与设计基础. 北京：北京大学出版社，1999.
[4] Neil Weste, Kamran Eshraghian, Principles of CMOS VLSI Design: A Systems Prespective, Addison-Wesley Publisher, 1985.
[5] 黄敞等. 大规模集成电路与微计算机(上册). 北京：科学出版社，1985.
[6] J. Y. Chen, CMOS Devices and Technology for VLSI, Prentice-Hall International Editions, 1990.
[7] 张廷庆，张开华，朱兆宗. 半导体集成电路. 上海：上海科学技术出版社，1986.
[8] N. H. E. Weste and K. Eshraghian, Principles of CMOS VLSI Design-a system perspective, Addison-Wesley publishing company, 1985.
[9] D. A. 帕克内尔，K. 埃什拉吉安. 超大规模集成电路设计基础系统与电路. 北京：科学出版社，1993.
[10] 张建人. MOS 集成电路分析与设计基础. 北京：电子工业出版社，1994.
[11] 杨之廉. 超大规模集成电路设计方法学导论. 北京：清华大学出版社，1990.
[12] 童勤义. 微电子系统设计导论. 南京：东南大学出版社，1990.

第四章 集成电路制造工艺

前几章主要讨论了集成电路中的有源元件——晶体管(包括双极和MOS晶体管)的特性及其基本工作原理,本章主要介绍集成电路的制造工艺.典型的集成电路制造过程如图4.1所示,要制造一块集成电路,需要经过集成电路设计、掩模版制造、原始材料制造、芯片加工、封装、测试等工序.其中集成电路设计主要包括功能设计、逻辑设计、电路设计、掩模版图设计、计算机仿真等,这部分内容将在第五和第六章进行讨论.另外,本书对掩模版制造、原始材料制造、封装以及测试等只作一些简单的介绍,本章的重点是集成电路芯片加工工艺.

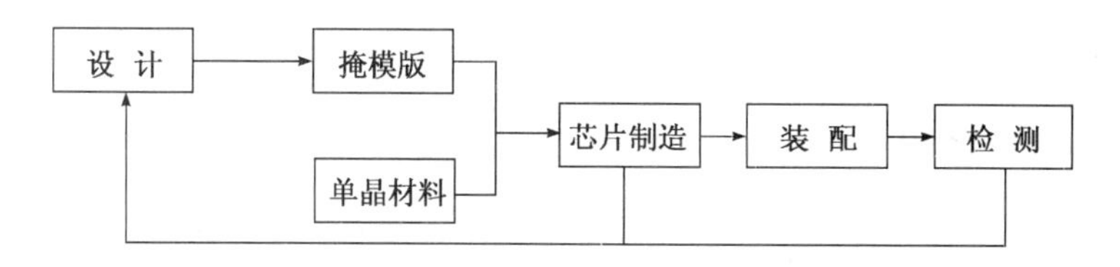

图 4.1 集成电路制造过程示意图

我们平常在计算机、家用电器、通信设备等电子设备中看到的集成电路都是封装好的集成电路模块,这些集成电路模块的内部封装的是芯片.本章讨论的是芯片的制造过程,对芯片封装的内容将在本书的"封装"部分独立介绍.芯片的制造过程,可以视为在硅的大圆片上形成成百上千个芯片的过程,在当代的微电子制造工艺中,通常需要经历几十道工序才能形成可用的芯片.在硅圆片上形成规则排列的芯片之后,利用金刚刀、脉冲激光束或者含金刚石粉的锯片等工具,可以将圆片上的芯片分割成单个的芯片.之然后将分立的芯片封装起来,就得到了我们看到的集成电路模块.

芯片制造的起点是光滑平整的硅片,硅片表面没有任何图形和其他材料.在制造过程中,硅片表面被覆盖上其他的材料,然后部分区域的材料会被去掉,之后再覆盖上另一种材料,再去掉部分区域的表面材料,如此经过多次循环,在硅片上的一定区域里就形成了芯片,由于芯片区域的面积通常远小于硅片的面积,所以硅片表面可以密排有大量的芯片.由此可见,在芯片制造过程中,硅片的作用是用来构成芯片的导电部分,还可以起到支撑表面的作用.

下面,我们将按照材料膜的生长,对材料膜的图形化,材料膜的移除,这一思路来介绍芯片的制造过程.

4.1 材料膜的生长——化学气相淀积(CVD)

化学气相淀积是一种常用的在硅片上生长材料膜的方法,顾名思义,这是将气态物质经过化学反应在硅片上(下文中统称为衬底,它不仅包括硅片,也包括了硅片上存留的其他材料层)淀积薄膜材料的过程.CVD膜的结构可以是非晶态、多晶或单晶态(淀积单晶硅薄膜的CVD过程通常被称为外延).CVD的工艺条件需要考虑到硅片和其他材料层的物理化学属性,通常在CVD过程中不希望破坏表面被覆盖的材料层,这也就意味着在CVD过程中,衬底表面的材料通常不参加化学反应.

CVD技术具有淀积温度低、薄膜成分和厚度易于控制、均匀性和重复性好、台阶覆盖优良、适用范围广、设备简单等一系列优点.利用CVD方法几乎可以淀积集成电路工艺中所需要的各种薄膜,例如掺杂或不掺杂的SiO_2、多晶硅、非晶硅、氮化硅、金属(钨、钼)等.

4.1.1 化学气相淀积方法

常用的CVD方法主要有三种:常压化学气相淀积(APCVD)、低压化学气相淀积(LPCVD)和等离子增强化学气相淀积(PECVD).

APCVD反应器的典型结构如图4.2所示,该系统中的压强约为一个大气压,因此被称为常压CVD.气相外延单晶硅所采用的方法主要是APCVD.

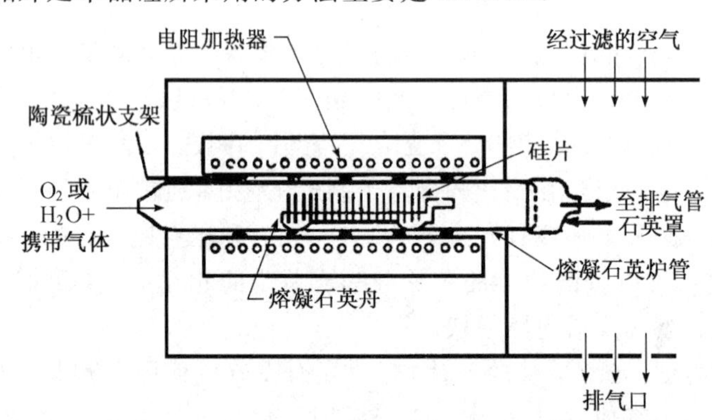

图4.2 APCVD反应器的结构示意图

LPCVD反应器的典型结构如图4.3所示,反应室由石英管加热,反应气体由一端的导气管路引入反应室,同时另一端的导气管路不断抽出反应气体,这样做的目的是为了保证反应室中气流的稳定性.在图4.3中,半导体晶片垂直插在石英舟上.由于石英管壁靠近炉管,温度很高,因此也称它为热壁CVD装置,这与利用射频加热的(如卧式冷壁反应器)外延炉不同.LPCVD的最大特点就是薄膜厚度的均匀性非常好、装片量大,一炉可以加工几百片,但淀积速度较慢,与APCVD相比,反应室中气体压强可由1×10^5 Pa降低到1×10^2 Pa左右.

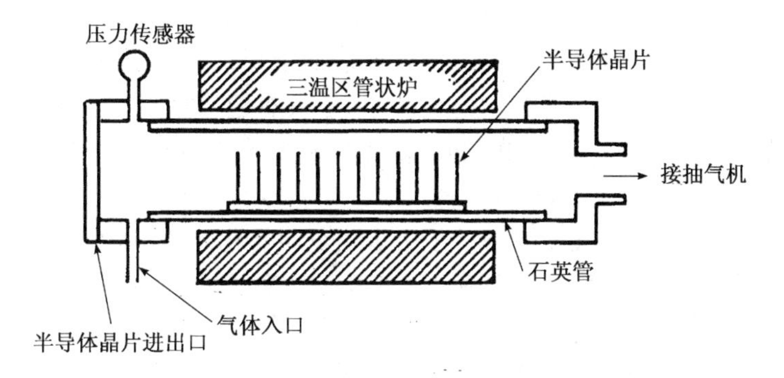

图 4.3 LPCVD 反应器的结构示意图

PECVD 是一种能量增强的 CVD 方法,这是因为在通常 CVD 系统中热能的基础上又增加了等离子体的能量.图 4.4 给出了平行板型等离子体增强 CVD 反应器,反应室由两块平行的金属电极板组成,射频电压施加在上电极上,下电极接地.射频电压使平板电极之间的气体发生等离子放电.工作气体由位于下电极附近的进气口进入,并流过放电区.半导体晶片放在下电极上,并被加热到 100~400℃左右.这种反应器的最大优点是淀积温度低,但是通常反应淀积的材料颗粒较大,表面比较粗糙.

下面我们结合具体材料的 CVD 工艺加以介绍.

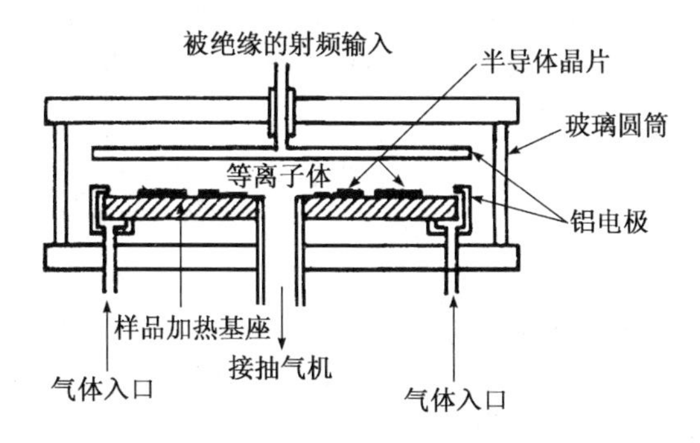

图 4.4 平行板型 PECVD 反应器的结构示意图

4.1.2 单晶硅的化学气相淀积(外延)

在单晶衬底上生长单晶材料层的工艺也称为外延,生长有外延层的衬底片叫做外延片.新生长单晶层的晶向通常与衬底的晶向相同.在进行外延时可以根据需要控制其导电类型、电阻率以及厚度等.

外延工艺是 20 世纪 60 年代初发展起来的一种非常重要的技术,目前已得到十分广泛的应用.常用的外延技术主要包括气相、液相和分子束外延等.其中气相外延是利用硅的气态化合物或液态化合物的蒸汽在衬底表面进行化学反应生成单晶硅,即 CVD 单晶硅;液相外延则是由液相直接在衬底表面生长外延层的方法；而分子束外延(MBE)则是在超高真空条件下，由一种或几种原子或分子束蒸发到衬底表面上形成外延层的方法. MBE既能精确控制外延层的化学配比，又能精确控制杂质分布，还具有温度低(400～800℃)的特点，是一种非常有发展前途的外延技术. 但在目前集成电路工艺中应用最为广泛的仍然是CVD外延.

用于CVD生长硅外延层的反应剂主要有4种：四氯化硅($SiCl_4$)、二氯硅烷(SiH_2Cl_2)、三氯氢硅($SiHCl_3$)和硅烷(SiH_4). 由于SiH_4的外延温度较低，可以减小自掺杂效应和扩散效应等，近年来得到了较多的应用. 同时，通过在反应气体中增加氢化物杂质掺杂源(如磷烷、砷烷、乙硼烷等)可以得到掺入杂质的掺杂外延层.

4.1.3 二氧化硅的化学气相淀积

CVD氧化硅薄膜在集成电路工艺中非常重要，它不仅可以作为金属化时的介质层，而且还可以作为离子注入或扩散的掩蔽膜，甚至还可以将掺磷、硼或砷的氧化物用作扩散源. 根据反应温度的不同，分别有几种不同的CVD方法制备氧化层.

1. 低温CVD氧化层

淀积温度一般低于500℃，这时采用的反应气体为硅烷、掺杂剂和氧气，该反应可以在常压或低压CVD反应炉中进行. 利用硅烷和氧气反应的主要优点是温度低，它可以将氧化层淀积在铝金属化层上面作为最后覆盖器件的钝化层与铝金属层之间的绝缘层. 利用该方法制备的氧化层的主要缺点是台阶覆盖能力差，而且氧化层中有颗粒状氧化硅.

2. 中等温度淀积

当淀积温度在500～800℃范围内时，通常采用的反应气体为四乙氧基硅烷[$Si(OC_2H_5)_4$]，这种化合物又叫正硅酸四乙脂，英语缩写词为TEOS. 这种反应一般在LPCVD反应炉中进行.

采用TEOS气体淀积氧化物的均匀性、台阶覆盖特性以及氧化层的质量均比低温淀积要好. 它比较适合于制作接触孔的介质层. 通过在反应气体中增加少量的氢化物掺杂剂(如磷烷、砷烷、乙硼烷等)可以生长掺杂的氧化层.

3. 高温淀积

高温淀积温度一般在900℃左右，这时采用的反应气体为二氯甲硅烷($SiCl_2H_2$)和氧化亚氮(笑气)，该反应一般在低压下进行. 利用这种方法淀积的氧化层薄膜非常均匀，它有时用来淀积多晶硅上的绝缘膜.

4.1.4 多晶硅的化学气相淀积

芯片制造中引入的多晶硅主要用来作为MOS器件的栅极，多晶硅栅极相比金属铝栅极可以使MOS器件性能得到很大提高，而且可以实现源漏区自对准的离子注入，使MOS集成电路的集成度得到很大提高.

一般利用图 4.3 所示的 LPCVD 设备在 600～650℃范围内分解硅烷淀积多晶硅. 利用该方法可以得到均匀性很好的多晶硅薄膜，淀积速率约在 10～20 nm/分钟，淀积得到的多晶硅晶粒尺寸在 0.03～0.3 μm 之间，其大小与生长速率、温度等有关.

4.1.5　氮化硅的化学气相淀积

氮化硅(Si_3N_4)薄膜可以利用中等温度(780～820℃)的 LPCVD 或低温(300℃) PECVD 方法淀积. 利用 LPCVD 方法淀积的氮化硅薄膜具有理想的化学配比，密度较高(2.9～3.1 g/cm^3)，由于它的氧化速率很慢，可以作为局域氧化的掩蔽阻挡层. 利用 PECVD 方法淀积的氮化硅薄膜不具备理想的化学配比，密度较低(2.4～2.8 g/cm^3)，但由于淀积温度低，又具有阻挡水和钠离子扩散以及很强的抗划伤能力，通常用作集成电路的钝化层.

LPCVD Si_3N_4 的反应气体通常为二氯甲硅烷和氨气，其淀积温度一般在 700～800℃之间. 在 PECVD 工艺中，则可利用硅烷与氨气或氮气在等离子体中反应得到，淀积温度一般低于 300℃. 利用 PECVD 方法制备的氮化硅薄膜并不是严格化学配比的氮化硅，含有大量的氢，半导体工艺中采用的 PECVD 氮化硅通常含有 20%～25%的氢(原子数百分比).

4.1.6　金属有机物化学气相淀积(MOCVD)

MOCVD(Metal-Organic Chemical Vapor Deposition)技术多用来生长金属的化合物材料，如 GaAs，以及部分金属氧化物材料. 我们以生长 GaAs 的过程来说明 MOCVD 的特点.

在淀积 GaAs 的过程中，常用的源气为三甲基镓 $Ga(CH_3)_3$ 和砷烷 AsH_3，其反应过程为：

$$Ga(CH_3)_3(\text{气}) + AsH_3(\text{气}) \longrightarrow GaAs\,(\text{固}) + 3CH_4(\text{气}) \tag{4.1}$$

反应生成的 GaAs 材料沉积在衬底表面，做为副产物的气态甲烷通过排气被抽离反应室.

MOCVD 的特点在于反应气源为金属的有机化合物，如果在外延技术中使用金属有机物源，也可称其为金属有机物气相外延.

4.2　二氧化硅材料的特有生长方法——氧化

还有一种在硅片表面生长氧化硅层(也称二氧化硅，分子式为 SiO_2)的芯片制造工艺，即氧化. 氧化形成的 SiO_2 可以紧密依附在硅衬底上，而且具有非常稳定的化学性质和电绝缘性，因此氧化硅层在硅集成电路中起着极其重要的作用.

4.2.1　SiO_2 的性质及其作用

SiO_2 是一种十分理想的电绝缘材料，采用高温氧化法制备的 SiO_2 的电阻率可以高达

10^{16} $\Omega \cdot cm$ 以上. 另外它的耐击穿能力很强，通常用介电强度描述绝缘介质的抗击穿能力. 介电强度是指单位厚度的绝缘材料所能承受的击穿电压. SiO_2 膜的介电强度与致密程度、均匀性、杂质含量等有关，它的介电强度约为 $10^6 \sim 10^7$ V/cm.

SiO_2 的化学性质非常稳定，室温下它只与氢氟酸发生化学反应，因此在集成电路工艺中经常利用氢氟酸腐蚀 SiO_2 层. SiO_2 与氢氟酸的化学反应方程式为：

$$SiO_2 + 4HF \longrightarrow SiF_4 + 2H_2O \tag{4.2}$$

该反应生成的 SiF_4 能进一步与氢氟酸反应生成可溶于水的络合物——六氟硅酸，其反应方程式为：

$$SiF_4 + 2HF \longrightarrow H_2(SiF_6) \tag{4.3}$$

总的化学反应方程式为：

$$SiO_2 + 6HF \longrightarrow H_2(SiF_6) + 2H_2O \tag{4.4}$$

氢氟酸对 SiO_2 的腐蚀速率与氢氟酸的浓度、温度、SiO_2 的质量以及所含杂质的数量等因素有关. 利用不同方法制备的 SiO_2 的腐蚀速率相差很大.

在集成电路工艺中，氧化硅层的主要作用有：(1) 在 MOS 集成电路中，SiO_2 层作为 MOS 器件的绝缘栅介质，这时，SiO_2 层是器件的一个重要组成部分. 器件对作为栅介质的 SiO_2 层的质量要求极高，器件的特性与 SiO_2 层中的电荷以及它与硅表面的界面特性等都非常敏感. 作为栅介质是 SiO_2 最重要的应用，但当器件进入到深亚微米或亚 0.1 μm 之后，栅介质的厚度将小于 2 nm，这时栅介质则需要新的高介电常数的绝缘介质代替，根据目前的发展趋势，氮氧化硅是一种比较好的栅介质材料. (2) 利用硼、磷、砷等杂质在 SiO_2 层中的扩散系数远小于在硅中扩散系数的特性，SiO_2 可以用作选择扩散时的掩蔽层. 对于离子注入，SiO_2(有时与光刻胶、Si_3N_4 层一起使用)也可以作为注入离子的阻挡层. (3) 作为集成电路的隔离介质材料. (4) 作为电容器的绝缘介质材料. (5) 作为多层金属互连层之间的介质材料. (6) 作为对器件和电路进行钝化的钝化层材料.

4.2.2 热氧化形成 SiO_2 的机理

硅与氧气和水蒸气的热氧化反应方程式为：

$$Si(固体) + O_2 \longrightarrow SiO_2(固体) \tag{4.5}$$

$$Si(固体) + 2H_2O \longrightarrow SiO_2(固体) + 2H_2 \tag{4.6}$$

Si 与 O 之间的化学键为共价键.

硅的氧化是一个表面过程，即氧化剂是在硅表面处与硅原子反应生成 SiO_2，也就是说，SiO_2 中的硅原子是来源于硅表面的硅. 因此，随着氧化的进行，硅表面不断向硅体内移动. 因此，氧化剂要到达硅表面并与硅原子发生反应，必须经过以下三个步骤：(1) 氧化剂从气体内部被传输到气体/ SiO_2 界面；(2) 通过扩散穿过已经形成的 SiO_2 层；(3) 在 SiO_2 层/硅界面处发生化学反应.

在氧化过程中，SiO_2/Si 界面不断向硅内移动；由于硅与氧化剂反应生成 SiO_2 时的体积膨胀,氧化后的 SiO_2 层表面与原来的硅表面就不在同一个平面,图 4.5 给出了 SiO_2 生长过程中硅和 SiO_2 表面位置的变化情况.根据硅和 SiO_2 的密度与分子量,可以得到消耗掉的硅层厚度与氧化层厚度之比为 0.44,即生长的氧化层厚度为 d 时,则消耗掉的硅层厚度为 $0.44d$.

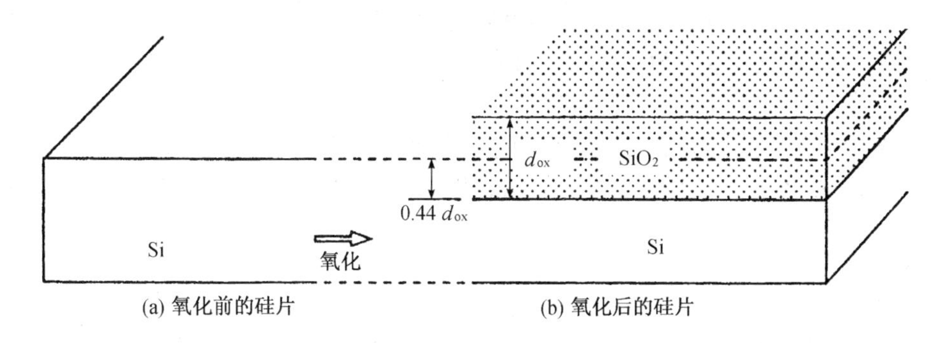

图 4.5　SiO_2 的生长过程

影响硅表面氧化速率的三个关键因素为:温度、氧化剂的有效性、硅层的表面势,下面分别分析这三个因素.

(1) 温度:温度越高,化学反应速度越快,这主要是由于参加化学反应物质的能量提高而造成的.

(2) 氧化剂的有效性:既然氧化反应发生在硅表面,氧化剂必须穿过原有的氧化层或新形成的氧化层到达氧化层/硅界面后才能发生反应;没有到达氧化层/硅界面的氧化剂是无效的.影响氧化剂有效性的因素主要有氧化剂在氧化层中的扩散系数、溶解度和氧化气体的压强等.

扩散系数:O_2 和 H_2O 都能通过扩散穿过 SiO_2 层,但 H_2O 在 SiO_2 层的扩散系数远大于 O_2 在 SiO_2 层中的扩散系数,因此湿氧氧化速率远大于干氧氧化速率.另外,在氧化刚刚开始时,硅层表面没有或只有很薄的氧化层,氧化速率较高,随着厚度的增加,生长速率将逐渐下降.

溶解度:在 SiO_2 层中,H_2O 的溶解度几乎比 O_2 高 600 倍,因此,在 SiO_2/Si 界面处的水分子浓度要比氧分子浓度大得多.

压强:增加氧化气体的压强,反应区中氧化剂的浓度相应地增加,反应速率增加.在合理的压强范围内(低于 25 个大气压时),生长相同的氧化层厚度时,所需时间与压强的乘积是一个常数.

(3) 硅层表面势或表面能量:硅层的表面势与硅的晶向、掺杂浓度以及氧化前表面的处理情况有关.在所有的晶向中,(111)晶面的氧化速率最高,(100)晶面的氧化速率最低.

4.2.3　氧化形成 SiO_2 的方法

氧化生长 SiO_2 的方法有很多,下面分别介绍几种集成电路工艺中常用的制备氧化层的方法.

1. 干氧氧化

它是指在高温下氧气与硅反应生成 SiO_2 的氧化方法.采用这种方法制备的氧化层具有结构致密、均匀性和重复性好、对杂质扩散的掩蔽能力强、钝化效果好、与光刻胶的附着性好等优点.它的缺点是氧化速率慢、氧化温度高.

2. 水蒸气氧化

它是指高温水蒸气与硅发生反应的氧化方法.采用这种方法制备的氧化层结构疏松、缺陷较多、含水量大、掩蔽能力较差.其优点是氧化速率高.在现在的集成电路工艺中已很少采用这种方法.

3. 湿氧氧化

在该方法中,氧气首先通过盛有95℃左右去离子水的石英瓶,将水汽带入氧化炉内,在高温下与硅反应.这时,与硅反应的氧化剂同时包括氧气和水汽.与干氧氧化的 SiO_2 膜相比,湿氧氧化的 SiO_2 膜质量略差,但远好于水蒸气氧化的效果,而且生长速度较快.其缺点是与光刻胶的附着性不是很好.

为了取长补短,在实际的集成电路制造工艺中,通常采用干氧-湿氧-干氧(常简称为干湿干方法)交替氧化方法制备高质量的氧化层.采用这种干湿干氧化方法制备氧化层的装置如图4.6所示,利用两个三通阀可以控制进入高温炉管的气体,采用该装置可以分别实现干氧、湿氧、水蒸气以及干湿干氧化等工艺.

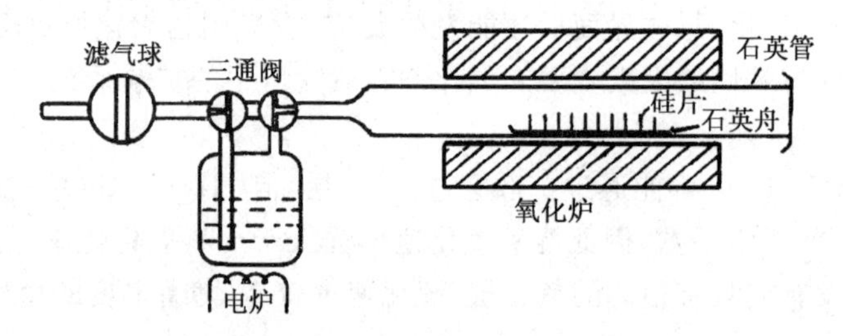

图4.6　进行干氧和湿氧氧化的氧化炉示意图

4. 氢氧合成氧化

它是指在常压下,将高纯氢气和氧气通入氧化炉内,使之在一定温度下燃烧生成水,水在高温下汽化,然后水汽与硅反应生成 SiO_2.氢与氧的化学反应方程式为:

$$2H_2 + O_2 \longrightarrow 2H_2O \tag{4.7}$$

为了安全起见,通入石英管的氢气和氧气之比必须小于2∶1,即氧气处于过量状态.氢氧合成氧化实质上是水汽和氧气同时参与的氧化过程.

在氢氧合成的氧化过程中,避免了湿氧氧化时水蒸气带来的污染,利用氢氧合成氧化制备的氧化层除具有生长速率高、氧化层质量好外,还具有生长速率容易控制、均匀性和重复性好等特点.这种氧化方法已在现代集成电路工艺中得到广泛应用.

5. 其他方法

除了以上几种热氧化方法外，还有分压氧化和高压氧化等方法. 前者主要用于制备薄氧化层（小于 20 nm），通常是在氧气中加入一定比例的不活泼气体，降低氧气的分压，进而起到降低氧化速率的作用. 采用分压氧化技术可以得到均匀性和重复性好的高质量薄栅氧化层. 高压氧化则主要用来制备厚的氧化层，如场氧化层等.

通过 CVD 部分的学习我们知道，CVD 可以生长二氧化硅，但是 CVD 形成的氧化膜并不能代替热氧化生长的氧化层，这是因为 CVD 氧化层的质量比热生长氧化层差得多，所以 CVD 和热生长氧化膜是互为补充的. 在实际集成电路工艺中，具体采用哪一种方法制备氧化层主要取决于它在器件中的用途. 通常，如果作为器件的组成部分，如栅氧化层、场氧化层等，一般采用热生长方法；如果作为局域互连和多层布线的介质层则采用 CVD 方法生长.

4.3　材料膜的生长——物理气相淀积

在集成电路工艺中，淀积金属薄膜最常用的方法是蒸发和溅射，这两种方法都属于物理气相淀积（PVD）技术. 少数金属也可以采用 CVD 方法淀积，如 W、Mo 等.

1. 蒸发

在真空系统中，金属原子获得足够的能量后便可以脱离金属表面的束缚成为蒸汽原子，在其运动过程中遇到晶片，就会在晶片上淀积，形成金属薄膜. 按照能量来源的不同，有灯丝加热蒸发和电子束蒸发两种.

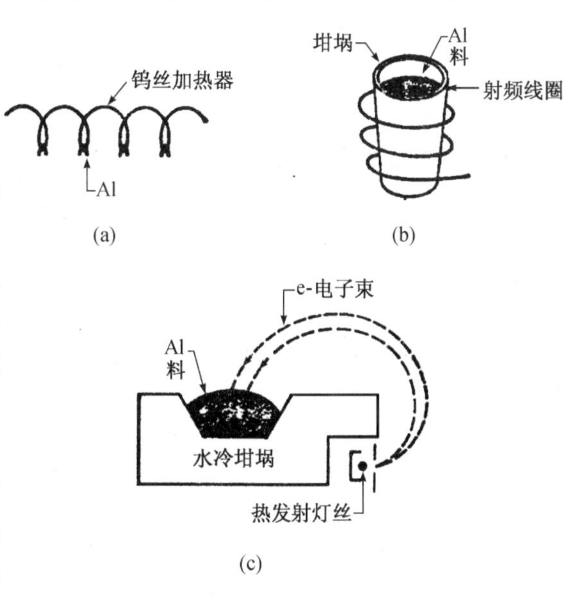

图 4.7　蒸发所用的各种装置的示意图

图 4.7 给出了蒸发所用的各种装置的示意图. 其中图（a）为电阻加热器. 它用难熔金属丝（如 W）绕制而成，把铝片悬挂在线圈上，当电流通过 W 丝时会发热，使 Al 获得能量并蒸发. 这种方法的优点是设备简单、经济、没有电离辐射. 缺点是装载 Al 片较少. 图（b）是利用射频感应加热. 这种方法的淀积速率较高而且也没有电离辐射. 但这两种方法均存在污染问题：前者的污染源是线圈，后者是坩埚. 这两种方法目前都很少采用. 图（c）是电子束蒸发的示意图，热发射灯丝发射的电子束流通过电场加速、磁场偏转轰击到铝料的表面，使表面的铝料熔融蒸发并淀积到硅片上. 电子束经偏转后再轰击铝料是为了防止灯丝中的杂质发射到铝料中. 采用这种方法淀积的金属膜具有纯度高、钠离子玷污少、淀积速率高、一次装

料多等优点,而且通过在真空室中设置多个蒸发源,可以淀积不同的薄膜.

2. 溅射

溅射是在真空系统中充入一定的惰性气体 Ar,在高压电场的作用下,由于气体放电形成离子,这些离子在强电场作用下被加速,然后轰击靶材料,使其原子逸出并被溅射到晶片上,形成金属膜.

采用这种方法可以淀积各种合金和难熔金属薄层. 利用磁控溅射所需要的电压比电子束蒸发要小一个数量级,产生的辐射较小. 磁控溅射是目前集成电路工艺中广泛采用的形成金属膜的方法.

4.4 向衬底材料的图形转移——光刻

在衬底表面淀积材料层之后,通常需要将部分区域的材料层保留下来,而将部分区域的材料层去掉,这个在衬底表层上定义不同区域的过程就是光刻. 在进行光刻之前,需要定义的图形事先实现在掩模版上,经过光刻之后,可以将掩模版上的图形定义在衬底上,再经过选择性刻蚀等步骤,就可以将掩模版上设计好的图形转移到硅片表面的材料层上.

4.4.1 光刻工艺简介

图 4.8 给出了光刻工艺的流程示意图. 在光刻过程中将液态的光刻胶滴在高速旋转的硅片上;或者先把液态的光刻胶滴在硅片上,之后再高速旋转硅片. 其目的都是在硅片表面上形成一层胶膜. 然后对硅片进行前烘,经过前烘的光刻胶成为牢固附着在硅片上的一层固态薄膜. 经过曝光之后,使用特定的溶剂对光刻胶进行显影,部分区域的光刻胶将被溶解掉(对于负胶,没有曝光区域的光刻胶被溶解掉;而对于正胶,曝光的区域的光刻胶将被溶解掉),这样便将掩模版上的图形转移到光刻胶上. 然后,经过坚膜(后烘)和后续的刻蚀等工艺,再将光刻胶上的图形转移到硅片上. 最后进行去胶,从而完成整个光刻过程. 需要注意的是,光刻过程完成的是由掩模版到光刻胶的图形转移,还需要经历刻蚀这一步骤才能完成向衬底材料的图形转移.

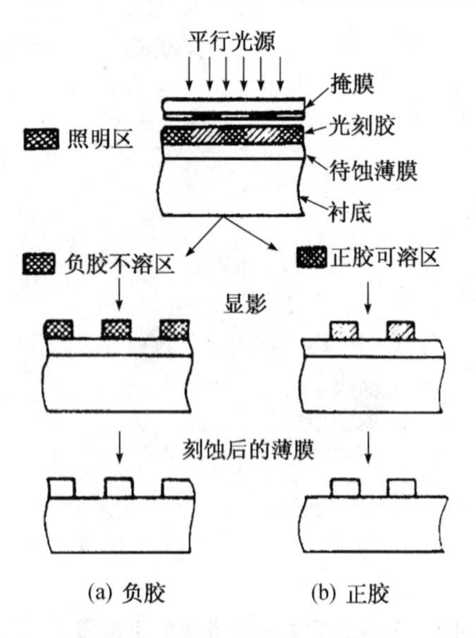

图 4.8 光刻工艺的流程示意图

光刻胶又称光致抗蚀剂,它是由光敏化合物、基体树脂和有机溶剂等成分混合而成的胶状液体. 当光刻胶受到特定波长光线的辐照之后,光敏化合物会发生化学反应,导致光刻胶的化学结构发生变化,使光刻胶在特定溶液中的溶解特性发生改变.如果光刻胶在曝光前可溶于某种溶液而经过曝光后变为不可溶,这种光刻胶称为负胶,如图 4.8 (a)所示;反之,如果曝光前不溶而曝光后变为可溶的,这种光刻胶称为正胶,如图 4.8 (b)所示.

在任何一种集成电路的制造工艺中,通常都需要进行多次光刻.每次光刻的图形并不是相互独立的,各次的光刻图形之间存在着密切的套准关系,例如金属化图形必须完全覆盖接触窗口,接触窗口又必须位于有源区内部等等.因此,在每次光刻时,都必须与前面得到的相关图形进行对准.

不同类型的光刻胶具有不同的分辨率和感光灵敏度等特性.通常正胶的分辨率要高于负胶,加工 3 μm 以上线宽的图形可以采用负胶,如果线条更细则需要采用正胶.在超大规模集成电路工艺中,通常只采用正胶.

4.4.2 几种常见的光刻方法

根据曝光方法的不同,可以划分为接触式光刻、接近式光刻和投影式光刻三种光刻技术.图 4.9 为三种光刻技术的示意图.

1. 接触式光刻

在图 4.9(a)所示的接触式光刻中,涂有光刻胶的硅片与掩模版直接接触.由于光刻胶和掩模版之间接触紧密,可以得到比较高的分辨率.如果使用 0.5 μm 厚的正胶,光刻出1 μm 的图形是比较容易的.接触式曝光的主要问题是容易损伤掩模版和光刻胶膜.当掩模版与硅

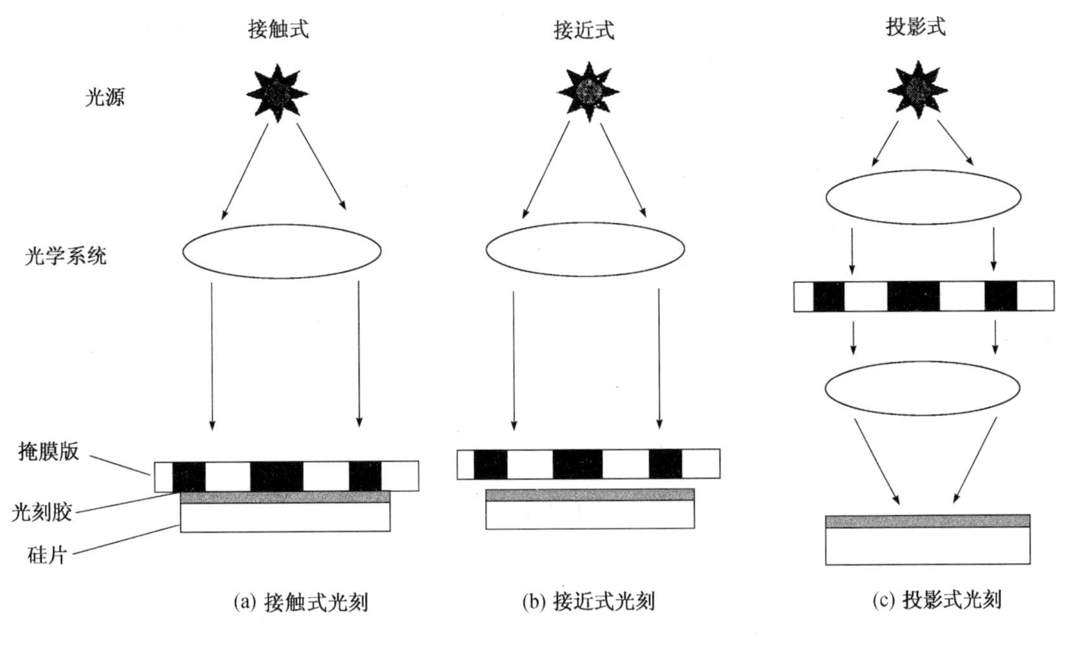

图 4.9　光刻技术的示意图

片接触和对准时,硅片上很小的灰尘就可能在掩模版上造成损伤,此后所有利用这块掩模版进行曝光的硅片上都会出现这个缺陷.因此,采用接触式光刻很难得到没有缺陷的超大规模集成电路芯片,所以接触式光刻一般只适用于中小规模集成电路.

2. 接近式光刻

接近式曝光与接触式曝光相似,只是在曝光时硅片和掩模版之间保留有很小的间隙,一般在10~25 μm之间,间隙的存在可以大大减少对掩模版的损伤.但由于掩模版和光刻胶之间存在间隙,光线经过掩模版之后会发生衍射.衍射会使光刻的分辨率降低(分辨率正比于$(\lambda d)^{1/2}$,其中λ为曝光波长,d为掩模版与硅片之间的间隙).接近式曝光的分辨率较低,一般在2~4 μm之间,因此接近式光刻机只能装配在特征尺寸较大的集成电路生产线中.接触或接近式光刻机的主要优点是生产效率较高.

3. 投影式光刻

投影式曝光是利用透镜或反射镜将掩模版上的图形投影到衬底上,由于掩模版与硅片之间的距离较远,可以完全避免对掩模版的损伤.为了提高分辨率,在投影式曝光中每次只曝光硅片的一小部分,然后利用扫描(scan)和分步重复(step)的方法完成对整个硅片的曝光.投影式光刻机所使用的掩模版上的图形可以大于在硅片上实际形成的图形,也就是说,掩模版上的图形可以比硅片上的图形放大M倍,M通常为1、5、10等.1∶1的投影光学系统要比5∶1或10∶1的系统容易制造,但随着集成电路特征尺寸的缩小,制造1∶1系统中使用的掩模版要比制造5∶1或10∶1系统中使用的掩模版困难得多.在现代集成电路工艺中,使用最多的光刻系统是缩倍分步投影光刻机.利用分步投影光刻机,再结合移相掩模等技术,已经可以得到最小线宽为0.10 μm的图形.

4.4.3 超细线条光刻技术

目前基于45 nm的技术已经在商用逻辑芯片中投入使用,那么芯片中的最小线条宽度还要小于45 nm,所以对于超细线条的定义成了一个重要的技术发展难题.为此,人们正在或已经开发出很多新型的光刻技术.

从目前的发展情况看,在亚100 nm的加工技术中,甚远紫外线(EUV)和电子束分步投影光刻(Stepper)的发展前景比较被看好,除此之外,软X射线和离子束光刻技术也是比较有发展前途的亚100 nm光刻技术.

1. 甚远紫外线(EUV)

这是目前实用化可能最大的一种深亚微米光刻技术.它仍然采用前面提到的分步投影光刻系统,只是采用波长更短的远紫外线作为曝光光源.目前已经采用248 nm、193 nm的准分子激光光刻出0.18 μm的细线条,如果再利用近程校正、移相掩模等新技术则可以达到0.13 μm.同时,波长为157 nm的准分子激光光刻技术也将于近期投入应用.如果采用波长为13 μm的EUV,则可以得到亚0.1 μm的细线条.采用13 nm EUV进行光刻的主要问题是很难找到合适的掩模版材料和光学系统.

最近,人们发现金属 Mo 和 Si 组成的多层膜结构对 13 nm 的 EUV 具有较高的反射系数.因此,很多人认为 13 μm EUV 反射式光刻系统最有希望在亚 0.1 μm 技术中成为主流.

2. 电子束光刻

一般的电子束光刻系统都是采用电子束直写方式.由于电子束的直径很小,而制作集成电路的圆片又很大(目前已达到 12 英寸),利用这种方法光刻的分辨率虽然很高,但效率却很低,很难适用于大规模批量化生产.

最近,Lucent Technologies 公司研制成投影电子束光刻系统 Scalpel,图 4.10 为其工作原理示意图.Scalpel 使用的是一种由低分子量的氮化硅薄膜和高原子量的钨栅层共同组成的散射掩模版.当高能电子(100 keV)均匀地照射在掩模版上时,经过低原子量氮化硅膜的电子没有受到散射,而经过高原子量钨栅的电子则发生散射,偏移几个毫微度.高能电子再经过一个聚焦透镜改变方向后投影到一个孔上,只有那些没有产生散射的电子才能通过,这些电子经过第二个透镜后照射到硅片上,重现出掩模版上由低原子量材料组成的图案.由于小孔阻挡了散射电子的通过,在硅片表面可以获得高反差的图像.这种散射掩模与其他系统相比,主要优点是不会吸收电子,即不会因为受热而使图像变形.

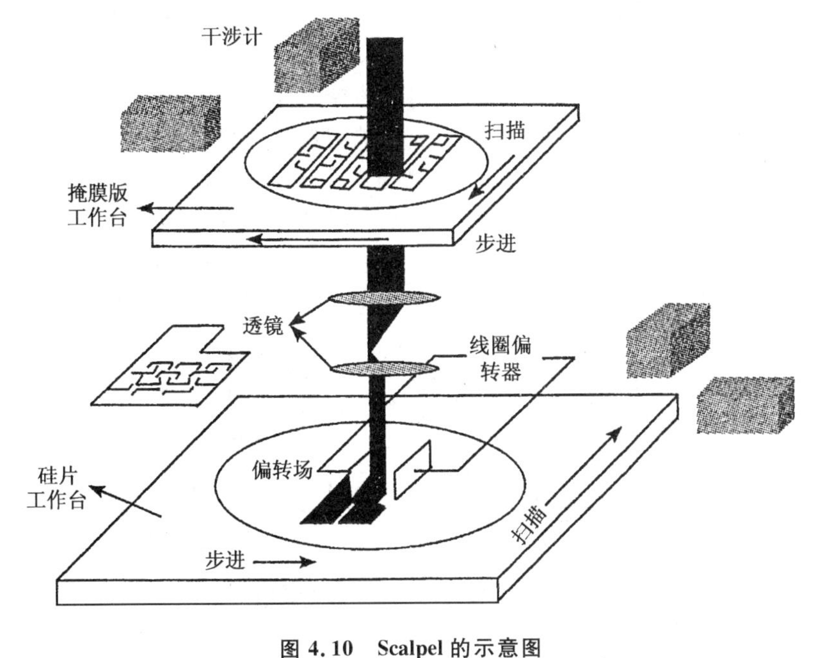

图 4.10　Scalpel 的示意图

4.5　材料膜的选择性去除——刻蚀

由光刻部分的介绍我们可以看到,光刻是将掩模版的图形转移到了衬底表面的光刻胶上，而光刻胶上的图形并没有转移到衬底的材料层上，所以光刻只是在光刻胶上形成临时图形. 为了得到集成电路真正需要的图形，必须将光刻胶上的图形转移到衬底表面的材料层上. 完成这种图形转移的主要方法就是将未被光刻胶掩蔽的部分通过选择性刻蚀去掉. 需要注意的是，在经过刻蚀之后，预先定义的图形就会转移到衬底表面的材料层上，那么衬底表面的光刻胶就不必保留了，还要经过去胶工艺将衬底表面的光刻胶去掉. 此外，硅片经过刻蚀后，通常会进入新的材料生长的阶段，这一阶段的高温条件会使光刻胶分解，分解产物会对生长的材料造成污染，所以高温工艺之前必须去掉表面上的光刻胶.

常用的刻蚀方法分为湿法腐蚀和干法刻蚀两大类：湿法腐蚀是指利用液态化学试剂或溶液通过化学反应进行腐蚀的方法；干法刻蚀主要是指利用低压放电产生的等离子体中的离子或游离基(处于激发态的分子、原子及各种原子基团等)与材料发生化学反应或通过轰击等物理作用达到刻蚀的目的.

1. 湿法腐蚀

湿法化学刻蚀在半导体工艺中有着广泛的应用. 从形成半导体圆片起，就开始利用化学试剂进行磨片和抛光，以获得光滑的表面；在热氧化和外延生长前要利用化学试剂对硅片进行清洗和处理等等. 在制造线条较大的集成电路($\geqslant 3\,\mu m$)时，也可以利用化学腐蚀的方法形成图形和在绝缘层上开窗口. 湿法腐蚀的主要优点是选择性好、重复性好、生产效率高、设备简单、成本低. 它的主要缺点是钻蚀严重、对图形的控制性较差.

在早期的集成电路工艺中，湿法化学腐蚀是被普遍采用的方法. 由于被腐蚀的材料(例如 SiO_2、Si_3N_4、多晶硅、金属互连层等)大多数都是非晶或多晶薄膜，而湿法化学腐蚀一般都是各向同性的，即横向和纵向的腐蚀速率基本相同，因此湿法腐蚀得到的图形的横向钻蚀比较严重，如图 4.11 所示. 在采用各向同性刻蚀技术进行图形转移时，薄膜的厚度不能大于所要求分辨率的 1/3，如果不能满足这个条件，则必须采用各向异性刻蚀.

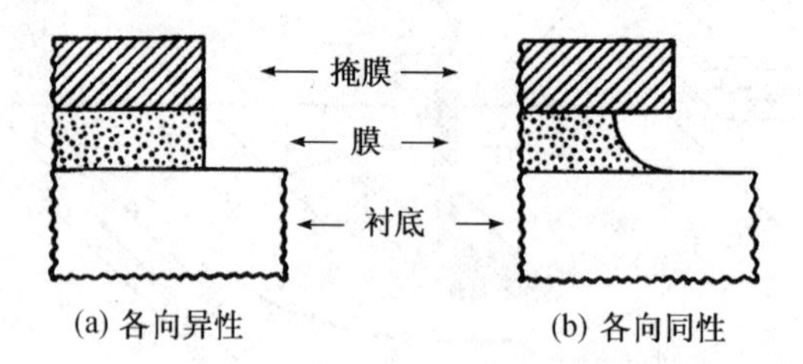

图 4.11　各向同性刻蚀后的截面图

2. 干法刻蚀

随着集成电路特征尺寸的缩小，湿法腐蚀已经不能满足超大规模集成电路工艺的要求，为了提高刻蚀的各向异性度，逐步发展出了干法刻蚀方法. 与湿法刻蚀相比，干法刻蚀工艺的各向异性度较好，可以高保真地转移光刻图形，特别适合于刻蚀细线条. 在超大规模集成电路工艺中，干法刻蚀已经成为广泛采用的标准工艺. 干法刻蚀的种类很多，有的采用物理的离子轰击方法，如溅射、离子束刻蚀等；有的采用化学刻蚀方法，如等离子刻蚀等；有的则采用物理和化学相结合的方法，如反应离子刻蚀、反应离子束刻蚀等. 在 VLSI 工艺中，经常采用的干法刻蚀工艺主要有等离子刻蚀和反应离子刻蚀.

(1) 溅射与离子束铣蚀(Sputtering and Ion Beam Milling)

一般是通过高能的(≥500 V，压强小于 10 Pa)惰性气体离子(如 Ar^+ 等)的物理轰击作用进行刻蚀. 由于离子主要是垂直入射，因此这种刻蚀具有高度的各向异性度，但是选择性较差. 在 VLSI 工艺中一般不采用这种方法.

(2) 等离子刻蚀(Plasma Etching)

等离子刻蚀是利用放电产生的游离基与材料发生化学反应(压强一般大于 10 Pa)，形成挥发性产物，从而实现刻蚀. 等离子刻蚀的特点是选择性好、对衬底的损伤较小，但各向异性度较差. 在 VLSI 工艺中，等离子刻蚀主要用于去胶和要求不高的压焊点窗口刻蚀等，该方法不适合于细线条刻蚀.

(3) 反应离子刻蚀(Reactive Ion Etching，简称为 RIE)

它是通过活性离子对衬底进行物理轰击和化学反应的双重作用进行刻蚀的方法. 它同时具有溅射刻蚀和等离子刻蚀两者的优点，也就是说它兼有各向异性和选择性好的优点. 目前，反应离子刻蚀技术已经成为 VLSI 工艺中应用最多和最为广泛的主流刻蚀技术. 例如在 CMOS 工艺中，多晶硅栅、接触孔、金属连线、Si_3N_4 遮挡层等均采用反应离子刻蚀的方法进行刻蚀.

4.6 扩散与离子注入

硅的导电特性对杂质极为敏感，在高纯硅中掺入磷(P)、砷(As)等Ⅴ族元素后将变为电子导电型(n 型)的硅；掺入硼(B)等Ⅲ族元素后将变为空穴导电型(p 型)的硅. 半导体中杂质的浓度和分布对器件的击穿电压、阈值电压、电流增益、泄漏电流等都具有决定性的作用，因此在集成电路工艺中必须严格控制杂质的浓度和分布. 芯片制造过程中，在经过光刻之后，除了进行刻蚀之外，还可能需要对特定的半导体区域掺入杂质以此来改变半导体的导电性，这一过程完成之后不必进行刻蚀了，这一步骤称为杂质掺杂.

集成电路工艺中经常采用的掺杂技术主要有扩散和离子注入两种方法. 扩散方法适用于结较深(≥0.3 μm)、线条较粗(≥3 μm)的器件；离子注入方法则适用于浅结与细线条图形. 两者在功能上有一定的互补性，有时需要联合使用.

4.6.1 扩散

扩散是微观粒子(离子、原子或分子)热运动的统计结果. 在较高的温度下，杂质原子能够克服阻力进入半导体，并在其中缓慢地运动. 扩散总是使杂质从浓度高的地方向浓度低的地方运动，它运动的快慢与温度、浓度梯度、杂质的扩散系数等因素有关，其中杂质的扩散系数是描述杂质在半导体中运动快慢的物理量，它与扩散温度、杂质类型、扩散气氛、衬底材料等有关.

通常，杂质进入半导体后有两种扩散方式，一种是占据原来硅原子的位置，另一种则位于晶格间隙中.因此，扩散有替位式扩散和间隙式扩散两种，相应地也可以将杂质分为替位式和间隙式两种.Ⅲ、Ⅴ族元素在硅中的扩散主要为替位式扩散，Na、Cu、Au 等元素在硅中的扩散为间隙式扩散.

在进行替位式扩散时，杂质原子旁边必须有空位而且杂质本身还要有足够的能量克服晶格中的势垒才可能发生.当温度较低时（如低于 500℃），晶格中的空位极少，杂质原子的能量也较小，因此扩散很弱，几乎观察不到扩散的宏观效果.Ⅲ、Ⅴ族杂质的扩散一般要在很高的温度（950～1 280℃）下进行.间隙扩散与空位无关，扩散温度较低.间隙扩散的扩散系数要比替位式扩散大 6～7 个数量级，而常见的 Na、K、Fe、Cu、Au 等间隙杂质对半导体器件的危害十分严重，因此必须严防这类杂质进入扩散、氧化以及退火等系统中.

在集成电路工艺中，大多数杂质扩散都是在所选择的区域内进行，即在需要的区域内进行扩散，不需要的区域则不进行扩散.为了实现选择扩散，在不需要扩散的区域表面必须有一层阻挡掩蔽层.由于半导体工艺中常用的杂质，如磷、硼、砷等在二氧化硅层中的扩散系数均远小于在硅中的扩散系数，因此可以利用氧化层作为杂质扩散的掩蔽层.

对于杂质扩散，除了沿纵向，即以垂直硅表面方向扩散之外，在掩蔽窗口的边缘处，它还会向侧面扩散（即横向扩散），如图 4.12 所示.横向扩散的宽度约为纵向扩散深度的 0.8 倍，即横向扩展宽度为 $0.8x_j$（x_j 为结深）.由于横向扩散，实际的扩散区宽度将大于氧化层掩蔽窗口的尺寸，这对制作小尺寸器件十分不利；另外，横向扩散使扩散区的 4 个角为球面状，这将引起电场在该处集中，导致 pn 结击穿电压降低.因此在 VLSI 工艺中应该设法避免横向扩散.

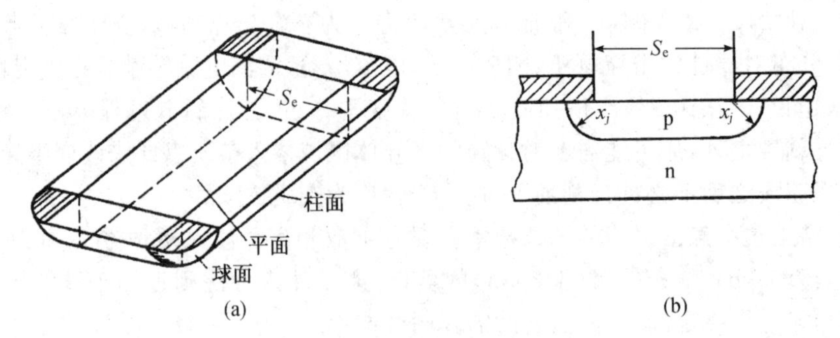

图 4.12　杂质横向扩散示意图

4.6.2　扩散工艺

扩散工艺通常包括两个步骤，即在恒定表面浓度条件下的预淀积和在杂质总量不变情况下的再分布. 预淀积只是将一定数量的杂质引入硅晶片表面，而最终的结深和杂质分布则由再分布过程决定.

在扩散过程中，由于各种杂质及杂质源的差别，采用的扩散方法和扩散系统也存在一定的差别. 目前比较常见的扩散方法主要有固态源扩散、液态源和气态源扩散等.

1. 固态源扩散

大多数固态源是杂质的氧化物或其他化合物，如 B_2O_3、P_2O_5、BN 等. 由于每种杂质源的性质不同，扩散系统也有所不同，比较常用的是开管扩散. 固态源扩散的装置如图 4.13 所示. 杂质源和硅晶片相隔一定距离放在石英管内，通过氮气将杂质源蒸汽输运到硅晶片表面，在高温下，杂质化合物会与硅发生反应，生成单质的杂质原子扩散进入硅中.

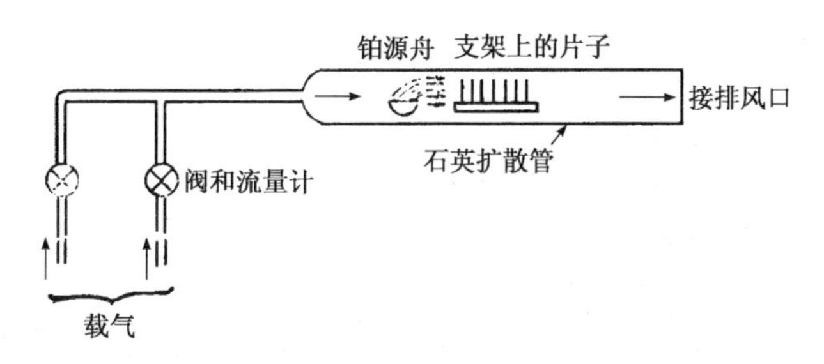

图 4.13　利用固态源进行扩散的装置示意图

有时也将杂质源制作成片状，其尺寸与硅片相等或略大，片状的杂质源与硅片交替均匀地放在石英舟上. 在高温下，包围在硅片周围的杂质源蒸汽与硅发生反应释放出杂质并扩散进入硅内. 利用 B_2O_3 扩硼时采用的就是这种片状源.

2. 液态源扩散

液态源扩散的装置如图 4.14 所示. 携带气体通过含有杂质的液态杂质源，携带杂质源进入高温扩散炉中，这时杂质源与硅反应生成的杂质原子扩散进入硅中. 通过控制扩散的温度、时间和气体流量可以控制掺入的杂质量.

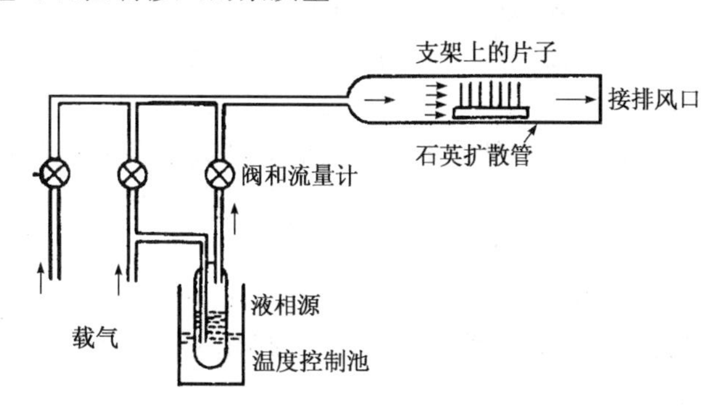

图 4.14　利用液态源进行扩散的装置示意图

3. 气态源扩散

气态源扩散是一种比液态源更方便的方法.进入扩散炉管内的气体,除了气态杂质源外,有时还需通入稀释气体,或者是气态杂质源进行化学反应所需要的气体.气态杂质源一般先在硅表面进行化学反应生成掺杂氧化层,杂质再由氧化层向硅中扩散.气态杂质源多为杂质的氢化物或者卤化物.

4.6.3 离子注入

离子注入是将具有很高能量的带电杂质离子射入半导体衬底中的掺杂技术,掺杂深度由注入杂质离子的能量、杂质离子的质量决定,掺杂浓度由注入杂质离子的剂量(通过单位面积的杂质数目)决定.

1. 离子注入技术的主要特点

离子注入技术的特点主要有:

(1) 注入的离子是通过质量分析器选取出来的,被选取的离子纯度高,能量单一,保证了掺杂纯度不受杂质源纯度的影响.

(2) 掺杂的均匀性好.当注入剂量在 $10^{11} \sim 10^{17}$ 离子/cm^3 的范围内时,杂质的均匀度可以控制在1%以内.而在高浓度扩散时,最好的均匀度也只能控制在5%~10%之间,在进行低浓度扩散时,均匀性更差.离子注入的这一优点在VLSI中尤为重要.

(3) 离子注入一般在较低温度(<600℃)下进行.因此二氧化硅、氮化硅、铝、光刻胶等都可以作为离子注入掺杂的掩蔽膜,从而使集成电路工艺具有更大的灵活性,这是利用扩散工艺时无法做到的.同时由于离子注入的衬底温度较低,避免了高温过程引起的缺陷.

(4) 离子注入的深度由注入离子的能量和离子的质量决定,可以得到精确的结深,这对于制造浅结非常有利,同时还可以通过多次注入得到各种形式的杂质分布.

(5) 离子注入的剂量可以精确控制,它的重复性非常好.

(6) 离子注入是一种非平衡过程,它不受杂质在衬底材料中溶解度的限制,且原则上各种元素都可以进行注入,使得掺杂工艺具有灵活多样、适应性强等特点.

(7) 由于离子注入的杂质是根据掩蔽层规定的图形近于垂直地射入衬底,因此横向扩展比纵向扩散要小得多.

(8) 由于化合物半导体是由多种元素按一定组份构成的,这种材料经过高温过程后,组份可能发生变化,因此无法采用高温扩散工艺进行掺杂.而采用离子注入则不存在该问题,它可以很容易地实现化合物半导体的掺杂.

正是由于离子注入具有如此众多的特点,自20世纪70年代发明离子注入工艺以后便得到了飞速发展,目前已成为集成电路工艺中主要的杂质掺杂技术.

2. 离子注入系统

虽然各厂家生产的离子注入机有很大的差别,但其基本结构和原理是相同的,主要包括离子源、磁分析器、加速管、聚焦和扫描器、靶室等,图4.15给出了离子注入系统的原理示意图.

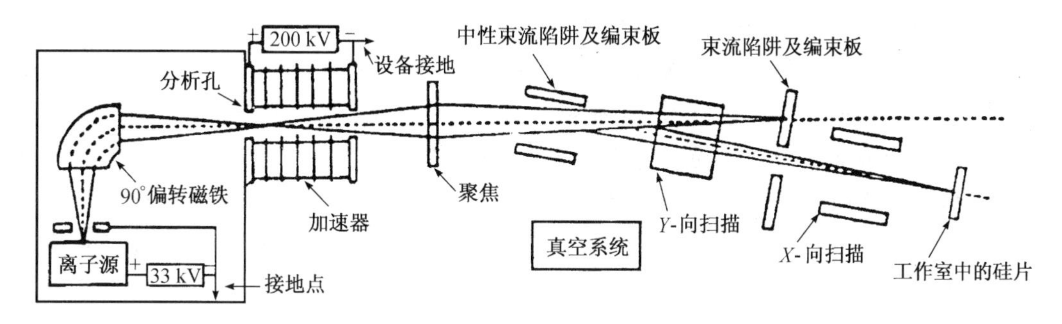

图 4.15　离子注入系统的原理示意图

(1) 离子源：它的主要作用是产生注入离子.放电管内的自由电子在电磁场作用下，获得足够的能量后撞击分子或原子，使它们电离成离子，再经吸极吸出，由初聚焦系统聚成离子束后射向磁分析器.

(2) 磁分析器：筛选出需要的杂质离子.利用不同荷质比的离子在磁场中的运动轨迹(电荷在洛仑兹力的作用下发生偏转)不同进行离子分离，筛选出所需要的杂质离子.选中的离子通过可变狭缝进入加速管.

(3) 加速管：加速管一端接高压，一端接地，形成一个静电场.离子在电场的作用下被加速，得到所需要的能量.

(4) 聚焦和扫描系统：离子束进入该区以后，首先由静电聚焦透镜聚焦，之后依次经过偏转系统、Y 方向扫描、X 方向扫描，离子束被注射到靶(晶片)上.偏转的目的是为了阻止束流传输过程中产生的中性粒子射到靶上.

(5) 靶室和后台处理系统：主要用来安装需要注入的材料和测量离子流量的法拉第环、自动装片/卸片机构以及控制计算机等.

4.6.4　离子注入原理

高能离子射入靶(衬底)后，不断与衬底中的原子核以及核外电子碰撞，能量逐步损失，最后停止下来.每个离子停下来的位置是随机的，大部分将不在晶格上，因而没有电活性.

离子在运动过程中的能量损失主要来自于与原子核以及核外电子的碰撞.当与电子碰撞时，由于杂质离子的质量比电子大得多，每次碰撞损失的能量很少，且都是小角度散射，即使经过多次散射，离子的运动方向也基本不变.当离子与原子核发生碰撞时，由于两者的质量差不多，在每次碰撞中离子损失的能量较多，有可能使靶原子核离开原来的晶格位置.离开晶格位置的原子核还可以碰撞其他原子核.在这些碰撞的作用下，会使一系列的原子核离开原来的晶格位置，从而造成晶体损伤.当离子注入剂量很高时，甚至可以使单晶硅变成无定形硅.

离子注入单晶衬底后的运动情况主要可以分为两种. 一是沿晶轴方向的运动,杂质离子在晶格空隙中穿行,它只受到电子散射,其运动方向基本不会改变,就好象在“沟道”中运行一样. 这种离子可以走得很远,通常称之为沟道离子. 另一类离子的运动方向则远离晶轴,它们在运动中不断与晶格上的原子核碰撞,因此射程较短. 为了减少沟道离子的数目,一般在注入时使离子束与晶体主轴方向偏离 7～10°,此时的衬底与非晶靶类似,通常不存在沟道离子. 理论计算表明,离子注入到无定形靶中的杂质分布为高斯分布,如图 4.16 所示.

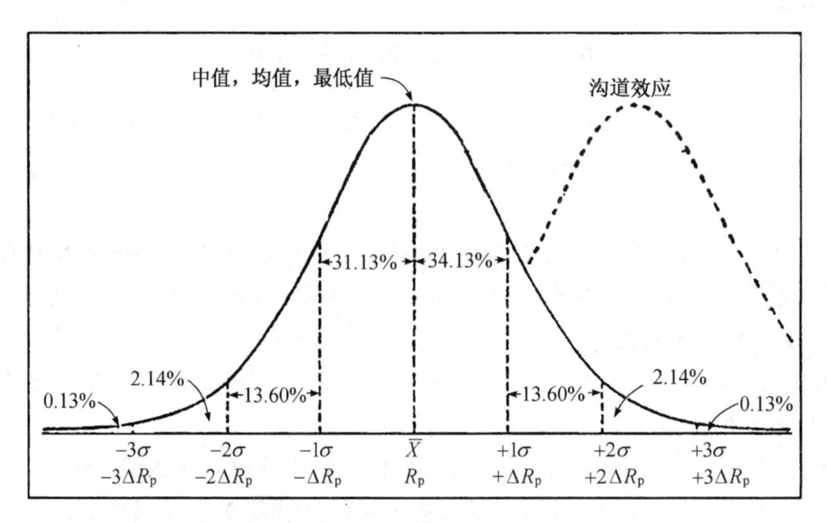

图 4.16　离子注入到无定形靶中的高斯分布情况

4.6.5　退火

退火也叫热处理,该名词来源于材料与机械工业,其主要作用是消除材料中的应力或改变材料的组织结构,以达到改善机械强度或硬度的目的. 该词引入集成电路工艺后,词义大为扩展,集成电路工艺中,在氮气等不活泼气氛中进行的热处理过程都可以称为退火.

由于离子注入后会在衬底中形成损伤,而且大部分注入的离子又不是以替位的形式位于晶格上,为了激活注入到衬底中的杂质离子(使不在晶格位置上的离子运动到晶格位置,以便具有电活性,产生自由载流子,起到杂质的作用),并消除半导体衬底中的损伤,需要对离子注入后硅片进行退火.

退火的方法有很多种,最早采用也是最方便的方法是炉退火. 在炉退火时,整个硅片不但要经受较高温度过程、而且时间也较长(一般为 30 分钟或更长),会使杂质分布区域显著展宽,并引起杂质的横向扩散,而且还会产生二次缺陷等,所有这些都是集成电路工艺中所不希望的. 特别是在小尺寸器件中,更要设法避免杂质的扩散.

为此，近年来发展了多种快速退火工艺．比较常用的快速热退火技术有脉冲激光法、扫描电子束、连续波激光、非相干宽带频光源（如卤光灯、电弧灯、石墨加热器、红外设备等）等．

快速热退火的共同特点是瞬时内使硅片的某个区域加热到所需要的温度，并在较短的时间内（10^{-3}～10^{2} s）消除离子注入等引起的缺陷，激活杂质，完成退火．

快速热退火的作用越来越重要，特别是在对杂质分布要求极为严格的超大规模集成电路中更是如此．在现在集成电路工艺中，快速退火技术已经在很多工序中逐步取代炉退火．

4.7　接触与互连

在集成电路制造过程中，不仅要使各个器件之间在电学上相互隔离开而且还要根据电路的要求，通过接触孔和互连材料将各个独立的器件连接起来，实现集成电路的功能．

接触与互连的基本工艺步骤为：(1) 为了减小接触电阻，在需要互连的区域首先要进行高浓度掺杂；(2) 淀积一层绝缘介质膜，如氧化硅、掺磷氧化硅（又叫磷硅玻璃，简称 PSG）等；(3) 通过光刻、刻蚀等工艺在该介质膜上制作出接触窗口，又叫欧姆接触孔；(4) 利用蒸发、溅射或 CVD 等方法形成互连材料膜，如铝、Al-Si、Cu 等；(5) 利用光刻、刻蚀技术定义出互连线的图形；(6) 为了降低接触电阻率，在 400～450℃的 N_2-H_2 气氛中进行热处理，该工序一般称为合金．

Al 和 Cu 是目前集成电路工艺中最常用的金属互连材料，Al 材料的电阻率较低（2.7 $\mu\Omega \cdot$ cm）、工艺简单、与 n^{+}、p^{+} 型硅能同时形成低电阻率的欧姆接触等特点．但用 Al 作为连线也存在一些比较严重的问题，例如电迁移现象严重、电阻率还是偏高、合金中包含有应力空洞、浅结穿透等．人们虽然采取了很多方法进行改进，如采用 Al-Si 合金、Al-Si-Cu 合金等，但由于这些合金仍以 Al 为主，都没有从根本上解决该问题．

Cu 连线工艺有望从根本上解决上述问题．铜的电阻率比通用的铝材料低 40%～45%，采用 Cu 做为互连线不仅可以提高电路的性能和集成度，其最大的优点在于抗电迁移方面的性能远优于铝，可以使电路的可靠性得到明显提高．人们很早就知晓铜连线的电阻率更低、可以有效抑制电迁移问题，但由于制作铜连线比较困难，而且容易对制备过程中的设备和器件造成污染等原因，所以铜连线一直没有应用于大规模生产．1997 年 IBM、Motorola 公司宣布了他们各自独立开发的六层铜连线商用芯片制造工艺使这一状况得到了很大的改变．

4.7.1　CMP（化学机械抛光）

CMP(Chemical Mechanical Polishing)最早用来抛光晶片表面，同时也可以用来对晶片表面进行平坦化处理．对于铜互连工艺而言，CMP 是形成铜互连线的重要途径．通常 CMP

系统由研磨垫、旋转机台和研磨液导入装置三部分构成，在工作时晶片固定在机台上并随之旋转，研磨垫压在晶片的表面上并与机台相向或反向旋转，研磨垫上的凸起与晶片表面接触，通过机械摩擦把晶片表面凸起的部位去掉，研磨液在机台和研磨垫相对机械运动的同时注入到研磨垫与晶片的接触面上，研磨液中的细小颗粒参与物理研磨用以改善抛光的效果，同时研磨液中的化学成分可以与晶片表面的材料发生化学反应，反应生成物往往可溶于研磨液或者易于被研磨掉.

4.7.2 Cu互连的大马士革工艺

Cu在硅中是间隙杂质，它在硅中的扩散速度很快，为了使Cu互连工艺实用化，必须设法防止铜扩散到周围的硅中. 目前常用的加工Cu连线的工艺称为大马士革工艺(damascene)，这个名称源于其类似于古代大马士革地区(今叙利亚首都附近)手工匠人使用的嵌刻工艺. Cu互连中的大马士革工艺如图4.17所示，包括以下主要步骤：(1) 在衬底表面淀积一层绝缘介质，这层介质可以使不同层的Cu连线相互绝缘，故称为层间介质ILD(Inter-Layer Dielectric)；(2) 在介质层上刻蚀形成沟槽，这些沟槽就是之后形成铜连线的区域；(3) 在沟槽的底部和侧面预先淀积TiN或者TaN材料，其作用是防止Cu在Si和SiO_2中的扩散；(4) 利用电镀或者CVD的方法淀积铜；(5) 利用化学机械抛光研磨铜，仅在ILD的沟槽中保留铜，其他的铜材料都被去掉. 这样，在ILD的沟槽中留下来的铜就构成了铜互连线.

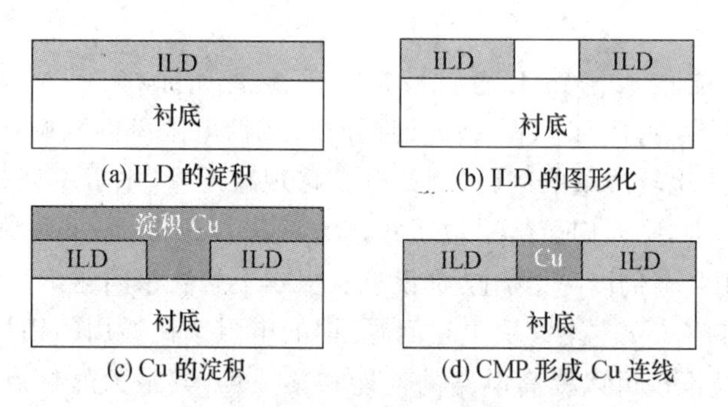

图4.17 大马士革工艺简要示意图

随着工艺技术的进步和集成电路规模的提高，连线在整个集成电路中所占的面积越来越大，有的已经占到总面积的70%～80%；而且连线的宽度也越来越窄，电流密度迅速增加，所有这些都使得连线问题成了人们关注的焦点，甚至超过了对晶体管的关注程度.

4.7.3 难熔金属硅化物栅及其复合结构

为了获得更高的速度和更高的集成度，人们一直采用按比例缩小原则不断地缩小器件的特征尺寸，并获得了巨大成功. 但当特征线宽小于1.5 μm时，由于作为栅和局域互连材料的多晶硅的电阻率较高（>500 μΩ·cm），多晶硅的寄生电阻问题成了限制 MOS 集成电路速度的重要因素．因此，寻找多晶硅的代用材料就成了当务之急．

完成栅工艺之后，由于还需要进行高温退火激活注入到源漏区的离子和 LPCVD 绝缘介质等工艺，因此替代多晶硅的材料必须具有电阻率低、高温稳定性好、与集成电路工艺兼容等特点．Al 的电阻率虽低，但其熔点太低（660℃）；W、Mo 的熔点虽高，但它们却与硅栅刻蚀后的工艺不兼容．经过大量科学实验发现难熔金属硅化物如 $TiSi_2$、$CoSi_2$、$TaSi_2$、$MoSi_2$、WSi_2 等是比较理想的替代多晶硅的材料．这些难熔金属硅化物具有电阻率低、高温稳定性好、工艺性质与多晶硅相似等特点．多晶硅栅和互连线的方块电阻约为 20 Ω/□，而多晶硅/硅化物复合栅和互连线的方块电阻仅为 1～5 Ω/□左右，大大提高了电路的速度．

自对准多晶硅/硅化物结构（salicide）的工艺流程如图 4.18 所示．在依次形成栅氧化层与多晶硅薄膜，并利用 RIE 刻蚀出多晶硅栅之后，低温淀积 SiO_2 并致密，利用 RIE 的各向异性刻蚀的特点，刻蚀出侧壁隔离氧化物（sidewall spacer）．再淀积 Ti 或 Co 膜并经过高温快速热处理形成自对准 Salicide 结构．

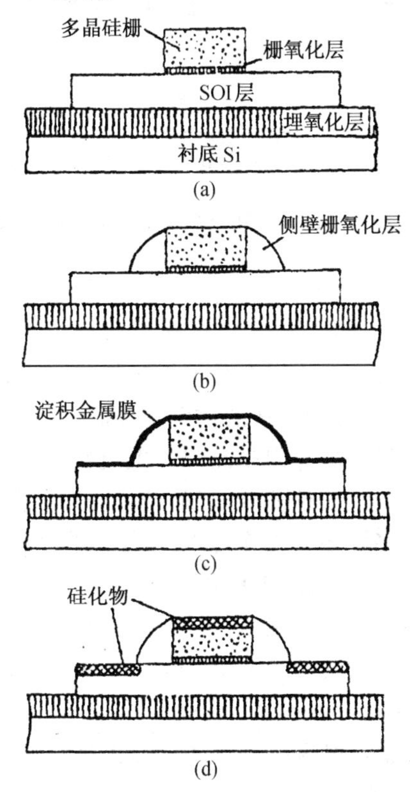

(a) 淀积多晶硅、刻蚀并形成侧壁氧化层；(b) 淀积 Ti 或 Co 等难熔金属
(c) RTP 并选择腐蚀侧壁氧化层上的金属；(d) 最后形成 salicide 结构

图 4.18　Salicide 工艺流程示意图

形成 salicide 结构时，一般要经过两次快速热处理. 例如对于 Co 或 Ti，首先在较低温度下进行快速热处理(RTP)，使 Co 或 Ti 与硅反应生成 CoSi 或 C-49 相的 $TiSi_2$，然后利用湿法化学腐蚀将位于侧壁 SiO_2 上没有反应的 Co 或 Ti 膜腐蚀掉，最后再在较高温度下进行 RTP 处理，形成化学性质稳定的低阻的 $CoSi_2$ 或 C-54 相的 $TiSi_2$ 薄膜.

salicide 结构不仅大大降低了栅、源/漏区以及局域互连线的电阻，而且与深亚微米 CMOS 工艺兼容，它对提高深亚微米 CMOS 电路的特性非常有利. 根据目前的预测，2016 年 CMOS 电路的特征尺寸按比例缩小到 22 nm 时，MOS 器件的结构仍为 salicide 结构. 图 4.19 给出了典型的深亚微米 CMOS 器件结构的截面图，可以看到，它的结构与前面讨论的 salicide 结构在本质上是一样的.

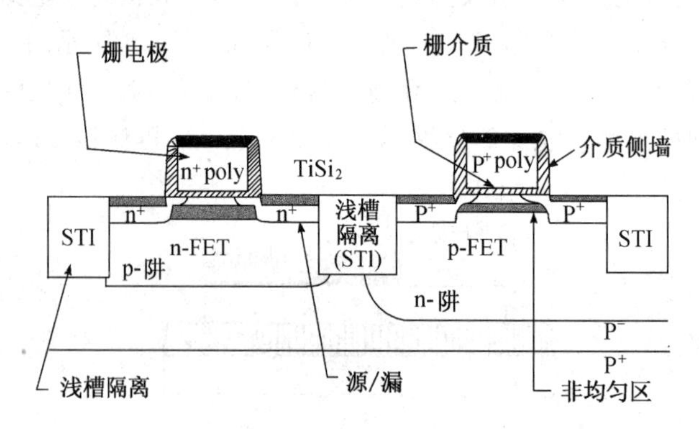

图 4.19 典型深亚微米 CMOS 电路的器件结构

4.7.4 多层互连

在设计集成电路时，一般要求互连线要尽可能地短，而且彼此之间不能相交. 但集成电路的互连线完全不相交几乎是不可能实现的，为此，人们采用多晶硅层解决了互连线交叉的问题(多晶硅与金属线之间有绝缘层). 因多晶硅的电阻较大，会引起电路性能降低. 特别是随着集成电路规模的提高，连线越来越复杂，多晶硅连线对电路性能的影响也越来越大. 正是在这种背景下，人们开发了多层金属互连技术. 多层互连技术的发明，为提高集成度、电路规模以及电路性能等方面都起了极其重要的作用.

图 4.20 给出了多层布线的工艺流程. 首先淀积一层氧化物并通过光刻、刻蚀形成接触孔，再淀积第一层金属并通过光刻刻蚀完成第一层互连线；然后，淀积介质层，进行化学机械抛光(Chemical Mechanical Polish，简称 CMP)使介质层表面平滑，通过光刻、刻蚀定义出穿通孔，再淀积第二层金属，通过光刻刻蚀完成第二层互连线. 之后再依次类推，分别进行第三、第四层金属互连线.

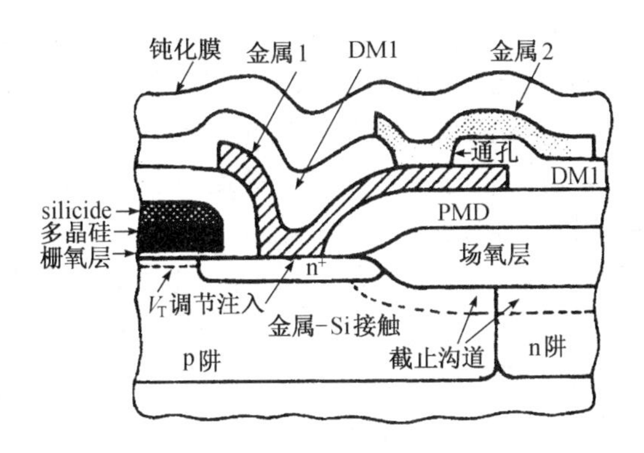

图 4.20　多层布线的工艺流程

1997 年,IBM 和 Motorola 已经分别报道了它们开发的六层 Cu 互连线工艺,图 4.21 为典型的六层 Cu 互连结构的照片. 该工艺已于 1998 年用于商品化专用集成电路的研制. 目前,对于 0.13 μm 的集成电路工艺,铜互连技术已经成为标准的集成电路制备工艺技术.

图 4.21　典型的六层 Cu 互连结构的照片

4.8　隔离技术

在集成电路中需要制作大量的晶体管,如何把这些晶体管在电学上隔离开是非常重要也是集成电路中必不可少的工艺步骤. 隔离质量的优劣对电路性能、成品率和可靠性等都有很大的影响.

双极、nMOS、CMOS 等不同类型和不同应用条件的集成电路对隔离的要求也不尽相同,为此人们开发了多种隔离结构,它们的隔离间距、表面形貌、工艺复杂程度、诱生缺陷密度以及寄生效应等各不相同.对于具体的电路而言,选用哪种隔离结构往往需要折中考虑.目前常用的隔离技术主要包括pn结隔离、等平面氧化层隔离、沟槽隔离、介质隔离等几种方式.相对pn结隔离而言,介质隔离和等平面氧化隔离的寄生效应和泄漏电流均较小,比较适合于制作高性能集成电路,但这要增加工艺的复杂度.在目前的VLSI工艺中,最常用的隔离工艺是等平面氧化物隔离和沟槽隔离工艺.

MOS晶体管的结构本身就具有自隔离性,在同一硅片上制作的MOS晶体管无需采用任何隔离措施就自然地相互隔离开.但当导线经过相邻MOS管之间的场氧化层上时,该导线将成为寄生MOS管的栅极,若导线上的电压大到一定的程度时就可能导致寄生MOS管开启,使相邻晶体管之间的隔离被破坏.因此,MOS集成电路隔离的实质就是如何防止场寄生晶体管开启.防止场寄生晶体管开启的途径主要有两种:增大场氧化层厚度和提高场氧下面硅层的表面掺杂浓度.据此,人们开发了多种隔离工艺.

(1) 标准场氧化隔离:这是早期MOS集成电路采用的隔离技术.图4.22给出了采用这种隔离结构的两个MOS晶体管的顶视图和沿栅电极方向的截面图.这种隔离结构的制作比较简单,它只要将整个硅片在湿氧中氧化一定的厚度,然后通过光刻、刻蚀等工艺将需要制作器件的有源区的场氧化层去掉,就可以实现这种隔离.

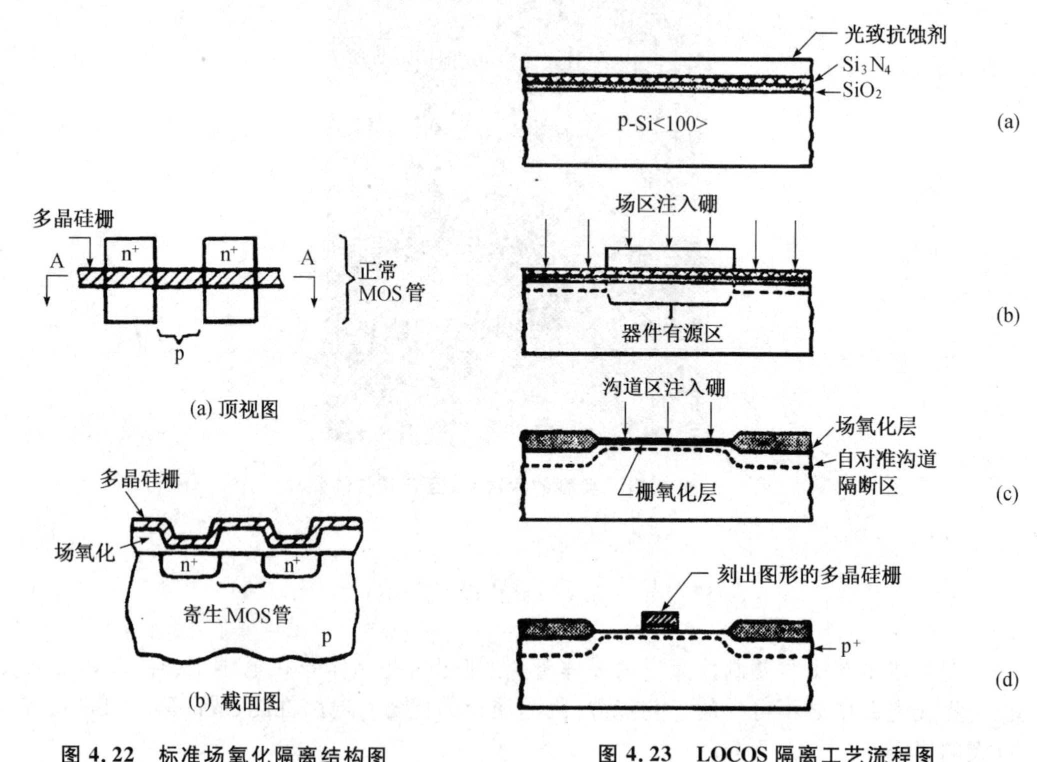

图4.22 标准场氧化隔离结构图

图4.23 LOCOS隔离工艺流程图

为了防止场区寄生晶体管的开启，场氧化层必须足够厚，而厚的场氧化层势必会造成较高而且陡直的氧化物台阶，这对金属布线时的台阶覆盖非常不利，甚至会造成断铝等现象. 另外采用该工艺也无法实现自对准的场区沟道掺杂，现在已很少采用这种隔离技术.

(2) 局域氧化隔离(Local Oxidation Isolation，简称 LOCOS)：在 MOS 集成电路中，经常采用的 LOCOS 隔离工艺又分为半等平面和等平面两种. 它们的工艺流程如图 4.23 所示. 首先在硅片上热生长一层薄氧化层，并 CVD 淀积一层氮化硅，之后进行光刻，以光刻胶作为掩蔽层刻蚀场区的氮化硅、氧化硅层(在等平面工艺中，还要增加一步刻蚀硅的工艺，刻蚀掉硅的厚度等于场氧化层厚度的 0.56 倍，以保证场氧化之后的氧化层表面与原来的硅表面持平)，并通过离子注入进行场区掺杂，去胶以后利用氮化硅做为掩蔽层进行场区氧化，最后再去掉氮化硅，便完成了 LOCOS 隔离工艺.

可以看出，在半等平面 LOCOS 隔离工艺中，场氧化物的台阶高度约为标准场氧隔离工艺的一半；而在等平面隔离工艺中，场氧化物的台阶高度几乎为零. LOCOS 隔离工艺使场氧化层的台阶高度大为降低，这对金属连线时的台阶覆盖非常有利. 同时，采用该技术实现了沟道截止离子注入的自对准，可以节省隔离区的面积；而且陷入硅层中的氧化物还可以减小源、漏区与衬底 pn 结之间的寄生电容，有利于提高集成电路的工作速度. 正是由于 LOCOS 隔离工艺的这些优点，LOCOS 以及在 LOCOS 基础上改进的隔离工艺技术已经成为目前 MOS 集成电路中应用最为广泛的隔离技术.

(3) 开槽回填隔离(Trench Etch and Refill Isolation)：该工艺又叫沟槽隔离. 图 4.24 为开槽回填隔离工艺的流程图. 首先在硅片上热生长一层氧化硅，并 CVD 淀积一层氮化硅，通过光刻定义出隔离槽的位置，之后利用反应离子刻蚀技术刻蚀氮化硅、氧化硅、进而刻出比较深的隔离槽，并在隔离槽壁上热氧化生长一层氧化层. 最后再利用 CVD 方法淀积多晶硅或氧化硅回填隔离槽，实现了器件与器件之间的介质隔离.

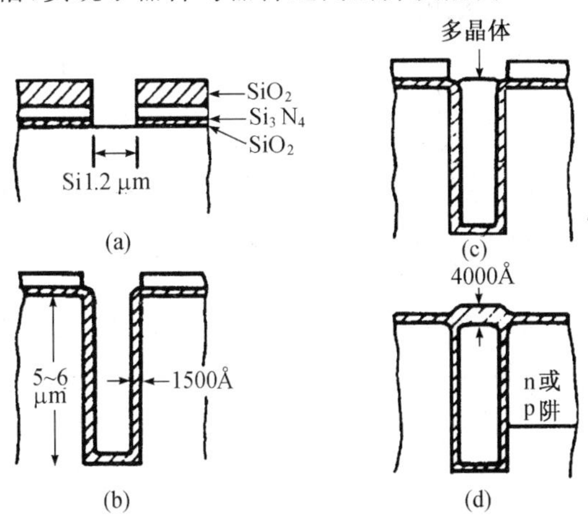

图 4.24　开槽回填隔离工艺流程图

利用这种隔离结构的优点是隔离效果好，消除了 LOCOS 隔离结构中寄生双极晶体管的闩锁效应；隔离间距小，有利于提高集成度；适合于制作窄宽度的 MOS 晶体管. 迄今为止，已经报道的各种开槽回填工艺已有十多种，但它们的基本原理都与图 4.24 中介绍的类似.

4.9 MOS 集成电路工艺流程

早在 1963 年，F. M. Wanlass 和 C. T. Sah 首次提出了 CMOS 技术. 如前所述，CMOS 是英文 Complementary Metal Oxide Semiconductor 的简称，即互补 MOS 技术. 它巧妙地利用 nMOST 和 pMOST 的栅极工作电压极性相反的特性，将 nMOST 和 pMOST 制作在同一个芯片上，构成 CMOS 电路. 图 4.25 给出了 CMOS 反相器的电路图和横截面示意图. 我们可以简单地将 CMOS 反相器看成是电压控制的单刀双掷开关，当 V_{in} 为低电平时，nMOST 截止，pMOST 导通，输出电平 V_{out} 为高；相反，当 V_{in} 为高电平时，nMOST 导通，pMOST 截止，输出电平 V_{out} 为低. 在 CMOS 反相器中，不论它处在哪一种逻辑状态（$V_{in}=V_{dd}$ 或 V_{ss}），总有一个晶体管处于截止态，因此电源和地之间的电流很小，CMOS 电路的功耗也就很小. 除此以外，CMOS 集成电路还具有设计灵活、抗干扰能力强、单一工作电源、输入阻抗高、适合于大规模集成等特点，CMOS 集成电路已经以绝对优势成了集成电路工业的主流技术.

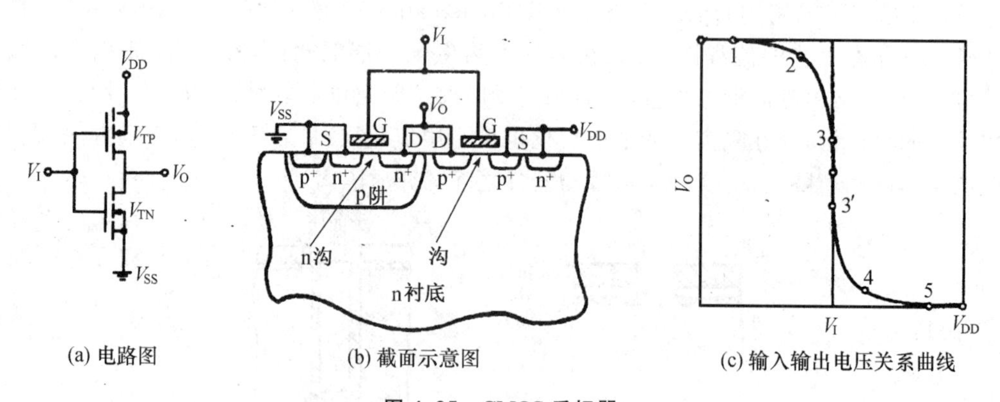

图 4.25 CMOS 反相器

图 4.26 给出了采用双阱 CMOS 工艺制作 CMOS 反相器的工艺流程图，简要的工艺步骤如下：

（1）初始材料准备：一般采用（100）晶向的硅片

（2）形成 n 阱（图 4.26(a)）：

① 初始氧化，

② 淀积氮化硅层，

③ 光刻 1 版，定义出 n 阱，

④ 反应离子刻蚀氮化硅层，

⑤ n 阱离子注入，注磷；

(3) 形成 p 阱(图 4.26(b)、(c))：

① 在 n 阱区生长厚氧化层，其他区域被氮化硅层保护而不会被氧化，

② 去掉光刻胶及氮化硅层，

③ p 阱离子注入，注硼，并退火驱进，

④ 去掉 n 阱区的氧化层；

(4) 形成场隔离区(图 4.26(d))：

① 生长一层薄氧化层，

② 淀积一层氮化硅，

③ 光刻场隔离区，光刻胶将非隔离区(有源区)保护起来，

④ 反应离子刻蚀氮化硅，

⑤ 场区离子注入，用于抑制场寄生晶体管的开启，

⑥ 去除光刻胶，

⑦ 热生长一层厚的场氧化层，

⑧ 去掉氮化硅层；

(5) 形成多晶硅栅(图 4.26(d)、(e))：

① 热生长栅氧化层，

② 化学气相淀积多晶硅，

③ 对多晶硅进行大剂量离子注入，

④ 光刻多晶硅栅，

⑤ 通过反应离子刻蚀形成多晶硅栅，

⑥ 去除光刻胶，

⑦ 化学气相淀积氧化层，

⑧ 反应离子刻蚀氧化层，形成侧壁氧化层，

⑨ 淀积难熔金属 Ti 或 Co 等，

⑩ 低温退火，形成 C-47 相的 $TiSi_2$ 或 CoSi，

⑪ 去掉氧化层上的没有发生化学反应的 Ti 或 Co，

⑫ 高温退火，形成低阻稳定的 $TiSi_2$ 或 $CoSi_2$；

(6) 形成 n 管源漏区(图 4.26(e))：

① 光刻，利用光刻胶将 pMOS 区保护起来，

② 离子注入磷或砷，形成 n 管源漏区；

(7) 形成 p 管源漏区(图 4.26(e))：

① 光刻，利用光刻胶将 nMOS 区保护起来，

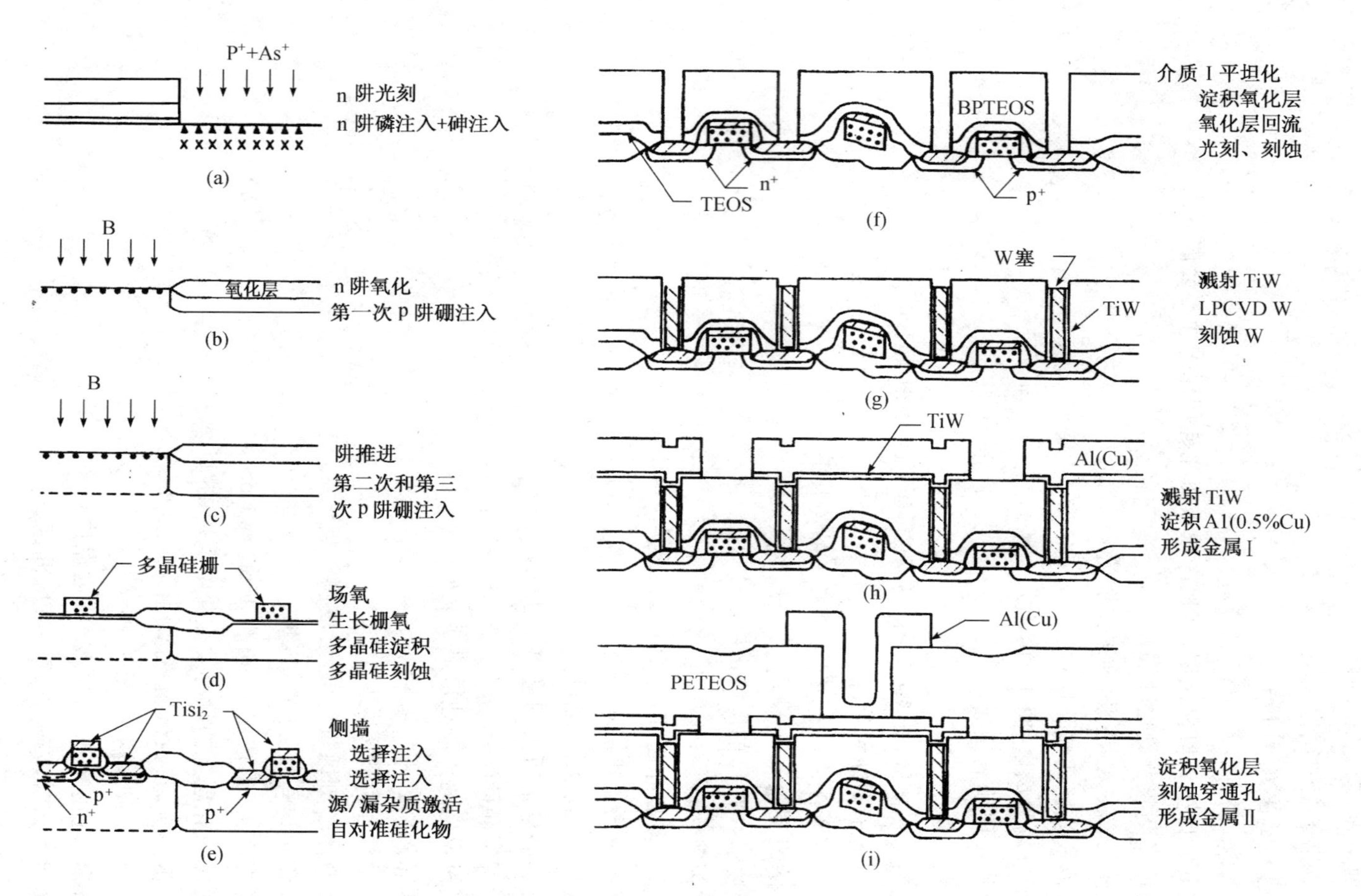

图4.26 典型的双阱CMOS工艺流程图

② 离子注入硼，形成 p 管源漏区；

(8) 形成接触孔(图 4.26(f))：

① 化学气相淀积磷硅玻璃层，

② 退火和致密，

③ 光刻接触孔版，

④ 反应离子刻蚀磷硅玻璃，形成接触孔；

(9) 形成第一层金属(图 4.26(g)，(h))：

① 淀积金属钨(W)，形成钨塞，

② 淀积金属层，如 Al-Si、Al-Si-Cu 合金等，

③ 光刻第一层金属版，定义出连线图形，

④ 反应离子刻蚀金属层，形成互连图形；

(10) 形成穿通接触孔(图 4.26(i))：

① 化学气相淀积磷硅玻璃层，

② 通过化学机械抛光进行平坦化，

③ 光刻穿通接触孔版，

④ 反应离子刻蚀绝缘层，形成穿通接触孔；

(11) 形成第二层金属(图 4.26(i))：

① 淀积金属层，如 Al-Si、Al-Si-Cu 合金等，

② 光刻第二层金属版，定义出连线图形，

③ 反应离子刻蚀，形成第二层金属互连图形；

(12) 合金；

(13) 形成钝化层：

① 在低温条件下(小于 300℃)淀积氮化硅，

② 光刻钝化版，

③ 刻蚀氮化硅，形成钝化图形；

(14) 测试、封装，完成集成电路的制造工艺.

4.10　集成电路工艺小结

前面主要讨论了半导体集成电路制造以及封装等方面的技术.通常，人们将 4.1 到 4.8 节中讨论的集成电路制作工艺称作前工序，将封装工艺等称作后工序.在集成电路制造过程中，除了这两类工序之外，还需要一些辅助制作工序，例如净化厂房技术、超纯水技术、超净气体制备技术、光刻掩模版制备技术等.为了对集成电路工艺有一个更加突出的整体概念，在此我们将集成电路工艺总结如下：

（1）前工序：是指从原始晶片开始直到终测封装之前的所有工序过程.如果对前工序进行归纳分类，主要包括以下三类技术：

图形转换技术：主要包括光刻、刻蚀等技术；

薄膜制备技术：主要包括外延、氧化、化学气相淀积、物理气相淀积（如溅射、蒸发）等；

掺杂技术：主要包括扩散和离子注入等技术.

（2）后工序：是指从终测开始到集成电路完成直到出厂之间的所有工序，主要包括划片、封装、测试、老化、筛选等.

（3）辅助工序：是指为了保证前后工序的顺利进行所需要的一些辅助性的工艺技术.集成电路辅助工序的面很广，其中主要的有以下几种：

超净厂房技术：为了保证集成电路的成品率和可靠性，集成电路特别是 VLSI 的制造必须在超净环境中进行，环境中的尘埃等将直接影响集成电路的成品率和可靠性.集成电路的规模越大、特征尺寸越小，要求的环境净化程度越高.在所有的工艺技术中，光刻对净化的要求最高.深亚微米集成电路工艺光刻间的净化度一般要求达到 1 级甚至 0.1 级.级是描述净化度的一个单位，1 级的含义是指在 1 立方英尺的空间内大于 0.3 μm 的尘埃数必须小于 1 个.

超纯水、高纯气体制备技术：在集成电路工艺中使用的水、气（如氧气、氮气、氢气、硅烷）等都必须具有非常高的纯度.例如一般自来水的电阻率为几十到几百 Ω·cm，而在超大规模集成电路中使用的经过多道工序处理的去离子水的电阻率则要大于 18 MΩ·cm.

光刻掩模版制备技术：一般有专门的工厂制作光刻所使用的掩模版.掩模版的制作实际上也是一种图形转换工艺，它的制作方法与光刻类似.

材料准备技术：主要包括拉单晶、切片、磨片、抛光等工序，一般都有专门的工厂生产制作集成电路用的单晶硅片.

除了这几种技术以外还有很多辅助工序，如管壳制备、超纯化学试剂制备等等，在此就不一一介绍了.

参考文献

[1] 王阳元，关旭东，马俊如.集成电路工艺基础.高等教育出版社，1991.

[2] S. M. Sze, Semiconductor Devices Physics and Technology, John Wiley & Sons, 1985.

[3] S. M. Sze, VLSI Technology, McGraw-Hill Book Company, 1983.

[4] C. Y. Chang and S. M. Sze, ULSI Technology, The McGraw-Hill Companies, Inc., 1995.

[5] S. M. Sze, Modern Semiconductor Device Physics, John Wiley & Sons, Inc., 1998.

[6] O. D. 图雷蒲等编.半导体器件工艺手册.王正华等译.北京：电子工业出版社，1987.

[7] 王阳元.王阳元文集.北京：北京大学出版社，1998.

[8] 王阳元主编.集成电路工业全书.北京：电子工业出版社，1993.

[9] Narain Arora, MOSFET Models for VLSI Circuit Simulation——Theory and Practice, Springer-Ver-

lag, Wien New York, 1993.

[10] C. Y. Chang and S. M. Sze, ULSI Technology, The McGraw-Hill Companies, Inc., 1995.

[11] J. Y. Chen, CMOS Devices and Technology for VLSI, Prentice-Hall International Editions, 1990.

[12] 黄敞等. 大规模集成电路与微计算机(上册). 科学出版社,1985.

[13] 贾新章,郝跃. 微电子技术概论. 国防工业出版社,1995.

[14] A. Roosmalen, J. Baggerman, and S. Brader, Dry Etching for VLSI, Plenum Press, 1991.

[15] A. R. Alvarez, BiCMOS Technology and Applications, Kluwer Academic Publishers, 1993.

[16] 清华大学微电子学研究所编译. 大规模集成电路技术. 科学出版社,1984.

第五章 半导体材料

5.1 引 言

自 1947 年发明晶体管，特别是 1958 年发明集成电路以来，微电子技术发展迅猛，以此为基础的微电子产业已经成为国民经济中最重要的支柱产业之一，其指数增长的发展速度是以往其他任何产业都无法比拟的．微电子技术的不断发展和创新使得集成电路系统的性能及性价比不断提高，成为微电子产业迅速发展的基础．21 世纪的微电子技术将从目前的 3G 逐步发展到 3T，即存储容量由 G 位发展到 T 位、集成电路器件的速度从 GHz 发展到 THz、数据传输速率由 Gbps 发展到 Tbps．21 世纪上半叶，微电子技术仍将会高速发展．从微电子技术的发展趋势来看，特征尺寸越来越小、Si 片尺寸越来越大、集成度越来越高、成本越来越低、速度越来越快、功耗越来越大，如何进一步降低功耗是微电子科技工作者努力的方向．一方面，微电子技术的发展有赖于半导体材料技术的支持；另一方面，微电子技术的进一步发展对半导体材料科学和技术提出更高的要求．

集成电路是在各相关体或薄膜材料之上制造的技术，集成电路的加工和制备需要各种辅助功能材料，半导体材料技术是微电子技术发展的基础．回顾历史，微电子技术的进展有赖于材料科学和技术的巨大贡献．微电子技术是伴随着新材料的不断引入发展起来的，新功能材料的发现和应用对微电子技术的进步作用重大．首先，作为微电子学科诞生标志的晶体管的发明，是以半导体材料技术的发展和提高为基础的．其后的微电子技术发展，往往都伴随着新型半导体材料技术的发明和应用．无论是多晶硅栅、金属硅化物材料和自对准技术的发明和应用，还是 Cu 互连/低 k 介质技术的引入和高 k/金属栅材料技术的应用，都对微电子技术的发展起到重大的、革命性的推动作用．展望未来，微电子技术的进一步发展，需要得到新型半导体材料技术的支持，大量新型半导体材料的发明和应用成为必然，从新型的 SOI、SiGe、应力硅等衬底材料，到高 k/金属栅结构材料，乃至新型的碳纳米管互连材料和新型的铁电、相变、阻变存储器材料，涵盖了 CMOS 集成电路技术的各个领域．一方面，集成电路本身是在各相关体或薄膜材料之上制造的技术，另一方面，制造过程中也涉及到一系列材料问题．每次在应用材料方面的革新都会使微电子技术出现飞跃，迈上一个新的台阶．例如以 Si 基半导体材料取代 Ge 基半导体材料、多晶硅栅替代金属铝栅等，都对微电子技术的发展起到关键性的作用．同时在微电子技术发展过程中，特别是遇到障碍和挑战的时候，往往需要材料科学和技术的支持和帮助．如锗硅(SiGe)材料、绝缘衬底上的硅(SOI)材料以及氮氧化硅(SiON)材料等的采用，都在解决传统微电子技术发展中遇到的困难和问题方面起到重要的作用．当微电子技术进入亚 50 nm 技术时代，一系列技术和物理的限制将会不可避免地出现．为克服这些限制带来的障碍，保证微电子技术的继续高速发展，迫切需要材料科学和技术给予坚强的支持和帮助.

集成电路材料分为功能材料、结构材料、工艺和辅助材料等. 图 5.1 示出了 20 世纪 70 年代以来微电子技术已经采用和将要采用的材料系统随时间变化的图表. 从图 5.1 可见, 随着微电子技术的发展, 所采用的材料不断地得到更新和增加, 同时在未来还需要继续发明和引入新的材料.

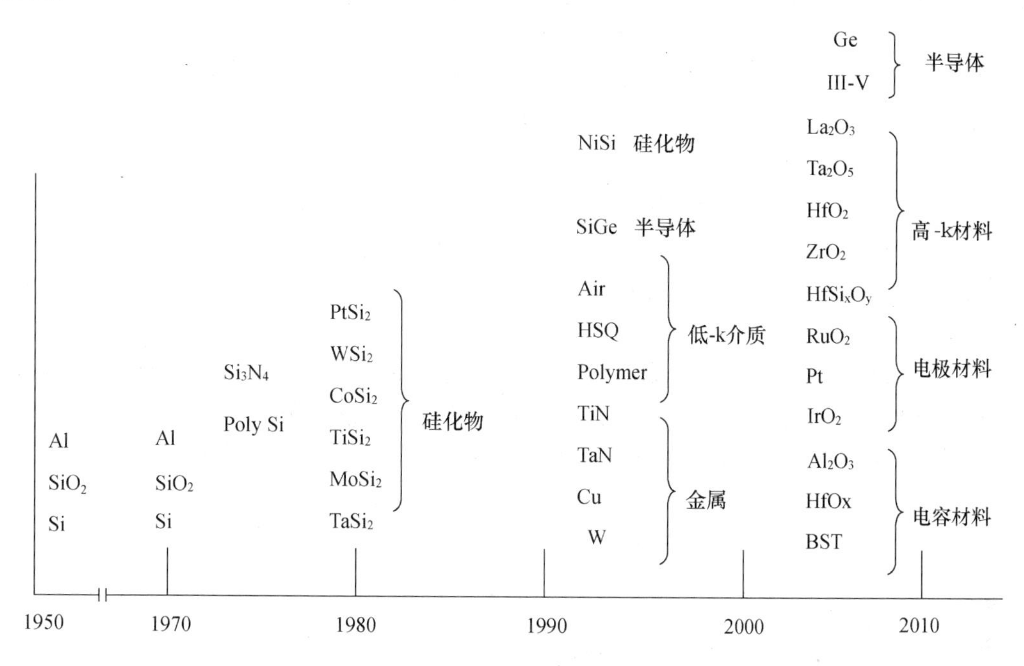

图 5.1　集成电路材料概况

本章首先简要介绍半导体材料的物理基础, 然后基于材料对集成电路发展的多方面作用, 从集成电路的衬底、栅、源漏、存储电容、互连等几个方面对材料的要求以及材料对微电子技术发展的作用和影响给予回顾、展望和评述.

5.2　半导体材料基础

在一定的外界条件下, 半导体的性能将取决于材料的晶体结构和组成, 研究半导体材料的基本结构、缺陷和掺杂等效应, 对于理解半导体材料的物理性质以及控制和使用半导体材料具有重要的意义. 本节将介绍半导体材料的物理基础, 包括: 材料的结构、固体的结合, 能带论以及晶体的缺陷和掺杂等.

5.2.1　材料的晶体结构

大多数半导体材料是固体的, 固体中的原子在结合形成固体时, 排列的形式不同, 其性质也不同. 通常可分为三类：晶体(单晶)、多晶和非晶.

晶体(单晶)原子的排列具有三维长程有序,原子完全规则排列,每个原子周围的情况相同,典型材料如单晶 Si.

多晶原子在局域空间内有序排列,类似单晶,称为晶粒,但在不同区域晶粒间又无序排列,不同的晶粒界面称为晶界. 多晶就是有大量的晶粒组成的固体材料,如多晶硅等.

非晶原子的排列不具有长程有序的性质,但有短程序,如 SiO_2 等.

单晶体的性质各向异性,有一定的熔点,具有规则的外形,得到广泛的应用,也成为研究的主体. 下面以单晶体为例介绍固体材料基本的结构特点.

1. 晶体的晶格结构

晶体中原子排列的具体形式称为晶格. 晶体的晶格结构不同,即表示晶体中原子排列的方式不同. 晶格是一种数学上的抽象,可以看作是由几何点在空间有规律地作周期性重复分布构成的. 将一个原子或原子群放在晶格的每一个几何点上就构成了晶体结构. 原子或原子群称为基元. 晶体结构就是晶格和基元组合形成的.

最简单的晶格结构是简单立方晶格. 把晶格设想成原子球的规则堆积. 如果原子球按照正方排列的形式在空间做周期性重复就构成了简单立方晶格结构,原子球在堆积排列时上一层的球心对准下一层的球心. 简单立方晶格的原子排列方式和典型单元如图 5.2 所示.

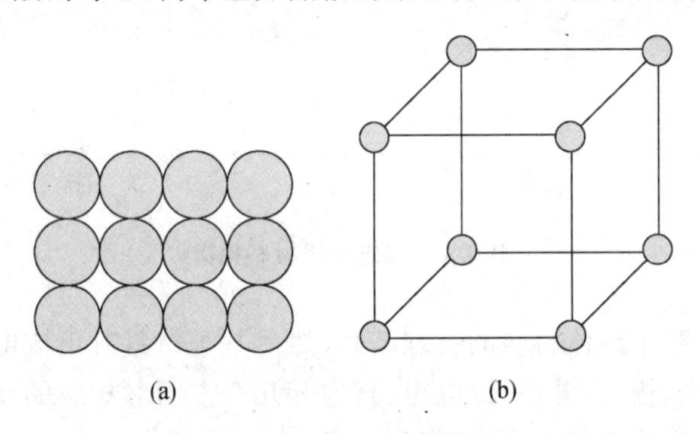

图 5.2 (a)原子球的正方排列;(b)典型的简单立方晶格

实际的晶体结构都要比简单立方晶格复杂,但可以根据简单立方晶格进行结构分析. 常见的晶格结构包括体心立方晶格、面心立方晶格、六角密排晶格以及金刚石晶格结构,如图 5.3 所示. 体心立方晶格与简单立方晶格的区别在于原子球层层堆积时的方式不同. 在体心立方晶格中,每层原子也都是正交排列的,但上一层原子的球心对准的是下一层原子球的球隙处. 面心立方晶格和六角密排晶格是原子球在平面内以最紧密的方式排列并层层堆积形成的. 面心立方晶格和六角密排晶格的区别在于它们的原子球面在层与层排列时的方式不同(上下两层原子球对准的位置不同). 两个面心立方晶格沿着空间对角线互相位移 1/4 对角线长度套构形成金刚石晶格结构. 金刚石 C、半导体 Si 和 Ge 等都具有金刚石晶格结构.

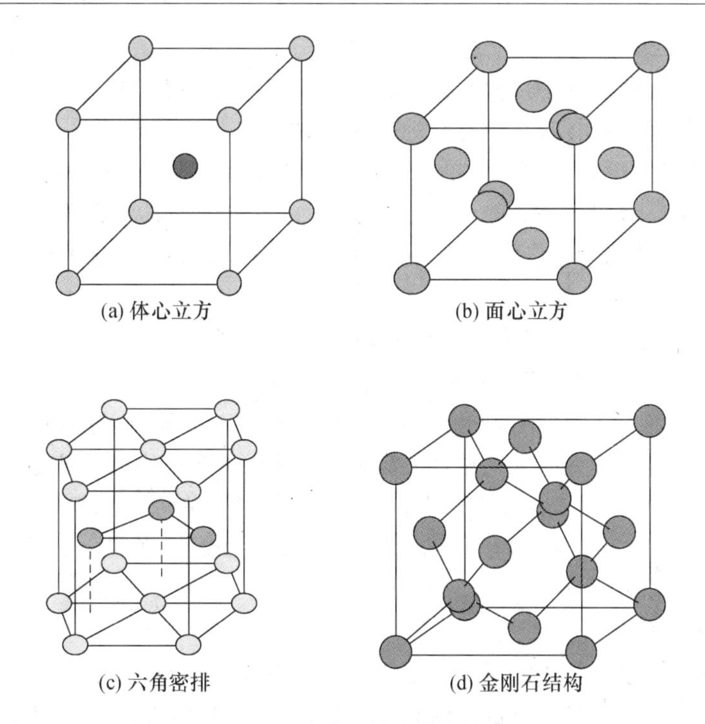

图 5.3　几种常见的晶格结构单元

2. 晶体的周期性

晶体由周期性排列的原子(离子或分子)构成,是长程有序的.晶体排列的有序性,可用周期性来描述.周期性是晶体或晶格最基本的特征.构成晶体的最小周期重复单元,称为原胞.原胞通常是一个平行六面体.原胞的边矢量称为晶格基矢,它是描述原胞空间特征的坐标矢量.假设原胞选定,其基矢表示为 $\alpha_1,\alpha_2,\alpha_3$.原胞的选取反映了晶格的周期性特征,原胞的选择具有一定的随意性.因此,相应的基矢随原胞选择的变化而变化,但每个原胞的体积是确定的.原胞选取的依据就是选择最小的周期重复单元,即只包含一个晶格格点.对于简单立方晶格,其立方单元就是最小周期重复单元,即可选为原胞.体心立方晶格和面心立方晶格分别包含了 2 个和 4 个晶格格点,因此不是最小重复单元,不能选为原胞.

晶格分为简单晶格和复式晶格两种.简单晶格的基元中只包含一个等价原子,复式晶格的基元包含两个或两个以上的等价原子,这些原子可以相同也可以不同.比如 NaCl 晶体是复式晶格,其晶格的基元包括一个 Cl^- 和一个 Na^+ 离子.对于简单晶格,其每一个原子的坐标都可以表示为 $n_1\alpha_1+n_2\alpha_2+n_3\alpha_3$,其中 n_1、n_2、n_3 为整数,α_1、α_2、α_3 为晶格基矢.对于复式晶格,任意原子的坐标可以表示为 $r_n+n_1\alpha_1+n_2\alpha_2+n_3\alpha_3$,$r_n$ 表示原胞内不同等价原子之间的相对位移.用 $\{n_1\alpha_1+n_2\alpha_2+n_3\alpha_3\}$ 表示一个空间格子,这种空间格子表征了空间周期性,称为布拉伐格子.

由于具有晶格周期性,同一晶体内部的不同部分有相同的性质,具有结晶均一性,在同一方向上晶体内部的光学、电学、热学等性能也完全相同.

3. 晶体的对称性

晶体除了具有周期性外，另一个主要的特征是其对称性. 不同的晶体可能具有不同的对称性. 原胞反映了晶体的周期性，但有些情况下不能反映晶体的对称性. 为了反映晶体的对称性，晶体学上选取了更大的周期性单元，即晶胞. 能够反映晶格对称性的最小晶体结构单元，称为晶胞(unit cell). 晶胞的三个棱边称为晶轴，沿三个晶轴方面的矢量称为晶胞的基矢，该基矢的长度通常称为晶格常数. 晶胞的体积可能与原胞相同，也可能不同. 晶胞的选择与原胞不同，是具有确定性的.

晶体结构中的对称分为两类：平移对称和点对称. 整个晶体按照晶格矢量 $n_1\alpha_1+n_2\alpha_2+n_3\alpha_3$ 平移，晶格能够重合，即晶格具有平移对称性. 晶体中原子的排列特征还表现出围绕一个点的对称性，即点对称性. 晶体结构同时具有平移对称性和点对称性，这两种对称性相互协调，彼此制约. 晶体结构中既满足平移对称性又满足点对称性的布拉伐格子只有 7 个晶系共 14 种格子. 7 种晶系包括简单三斜晶系、单斜晶系(简单单斜、底心单斜)、正交晶系(简单正交、底心正交、体心正交、面心正交)、四方晶系(简单四方、体心四方)、三角晶系、六角晶系、立方晶系(简单立方、体心立方、面心立方).

4. 晶体的方向性

晶体具有方向性也是晶体的基本特征之一. 晶体的方向，通常用晶向和晶面来表征. 晶格可以看成是由一系列相互平行的直线系上的格点构成，这些直线系称为晶列. 晶列的方向称为晶向. 如果沿某晶列晶向最近两个原子间的位移可表示为：$l_1a_1+l_2a_2+l_3a_3$，则该晶向就由 l_1、l_2、l_3 表示，写成$[l_1l_2l_3]$，表示晶体空间中具有相同方向的一组平行晶向. 晶体中原子排列方式相同、只是空间方向不同的所有晶向表示为$\langle l_1l_2l_3\rangle$，称为等效晶向族.

晶格也可以看成是由一系列相互平行、等距的平面上的格点构成的，这些平行平面称为晶面. 晶面的方向通常用密勒指数(Miller index)来表征. 选一格点为原点做出沿基矢 α_1，α_2，α_3 的轴线. 由于所有的格点都在晶面系上，必然有一晶面通过原点，其他晶面均匀等距切割各轴，同时必有一个平面切割在 α_1或$-\alpha_1$上. 如果该平面是从原点起数的第 h 个平面，则该平面系的截距为：α_1/h，同理，在其他两个轴上的截距为：α_2/l，α_3/k. 则该晶面系标记为(hlk). 晶体内晶面间距和晶面原子分布相同，只是空间方向不同的晶面可等效为同一晶面族，以$\{hlk\}$表示，称为等效晶面族.

晶体的物理化学性质随晶格的方向不同而有差异，具有各向异性特征. 晶体性质的各向异性是由在不同晶面和晶列方向上原子排列的方式和密度不同造成的.

5.2.2 化学键和固体的结合

原子(离子或分子)之间依靠一定的相互作用力结合在一起形成固体. 能够使原子结合形成固体的相互作用，称为化学键. 化学键可分为共价键、离子键、金属键和范德瓦尔斯键(分子键). 相应地，固体的结合也有四种：共价结合、离子结合、金属结合以及范德瓦尔斯结合. 晶体的结构及其性质与晶体中原子的结合方式有着密切的关系，认识不同晶体的结合方式有助于理解晶体的性质. 在相同的热力学条件下，晶体与非晶体、气体和液体相比内能最小，因此晶体结构是最稳定的. 各个自由原子（离子或分子）的能量总和大于大量原子（离子或分子）结合形成晶体后的总能量，这两者之间的能量差就是化学键的能量，称为键能. 形成化学键时放出能量（键能）愈多，则化学键愈强，原子间结合得也愈牢固.

1. 共价键

在固体结合中，相邻的两个原子各拿出一个价电子形成共用电子对，通过共用电子对产生与原子实（由内层电子和原子核组成）之间的相互吸引作用，由此形成的化学键，称为共价键. 共价键只能由不配对的价电子形成，因此共价键具有饱和性. 利用共价键结合形成的共价晶体具有一定的配位数. 共价键还具有方向性，该方向通常是价电子密度最大的方向. 共用电子对的轨道具有方向性，使得共价晶体中的化学键具有特定的键角（共价键之间的夹角）. Si、Ge 和金刚石 C 等都是典型的共价键结合形成共价晶体，其四面体结构就是共价键得饱和性和方向性决定的. 金刚石 C 中每个碳原子在四面体的中心，通过四个共价键与其他四个碳原子相结合.

原子结合时，由于微扰作用，能量相近的轨道重新分布形成新的轨道，称为轨道杂化. 轨道杂化改变了电子云的空间分布，降低了体系的自由能，使得化学键更稳定. Si、Ge、C 等四价元素，由于存在 sp^3 轨道杂化，在空间形成了四个等价的共价键，因此结合形成晶体时，形成了以四面体结构为基础的金刚石结构.

由于共用电子对和原子核之间的强烈库伦吸引，通常共价键的键能很强. 共价晶体通常具有很高的熔点，硬度很大. 由于价键的方向性和强大的键能，共价晶体通常不可塑，外力下会破碎. 共用电子对被原子实紧紧束缚，难以在晶体中自由运动. 因此，共价晶体的导电性通常较差.

2. 离子键

在固体结合时，一种原子的价电子转移到相邻的价电子不满的原子轨道上形成正、负离子，通过正、负离子间的库仑相互作用结合在一起的化学键，称为离子键. 离子键结合形成离子晶体. 以 NaCl 晶体为例. Cl 原子接受 Na 原子价电子成为 Cl^- 负离子，Na 原子失去价电子成为 Na^+ 正离子，Na^+ 和 Cl^- 正负离子间存在库仑相互吸引作用，结合形成 NaCl 离子晶体，如图 5.4 所示. 在离子晶体中，正负离子相间排列，因此离子晶体的最近邻原子数（配位数）不超过 8.

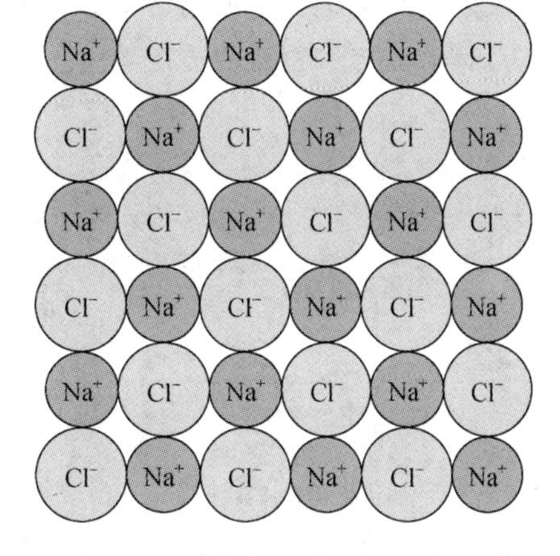

图 5.4　NaCl 晶体中 Na^+ 和 Cl^- 的相间排列

离子晶体中的每一种离子都形成了满壳层，因此性质十分稳定. 由于正负离子库伦吸引，离子键的键能很强，因此离子类晶体通常具有高的熔点，硬度很大，如 MgO、ZnS. 由于价电子被离子紧紧束缚，电子难以在晶体中自由运动.离子晶体的导电性很差,通常是绝缘体.

3. 金属键

在固体结合时,原子的价电子脱离了离子实的束缚,形成电子气或电子云,成为在整个晶体中弥散分布的自由电子,通过分布在整个晶体中的电子云和带正电的原子实之间的相互吸引作用结合起来的化学键,称为金属键.金属键是带正电的离子实浸泡在自由电子组成的电子云中之间,通过库伦引力形成的化学键.图 5.5 给出了正离子实和电子云关系示意图.

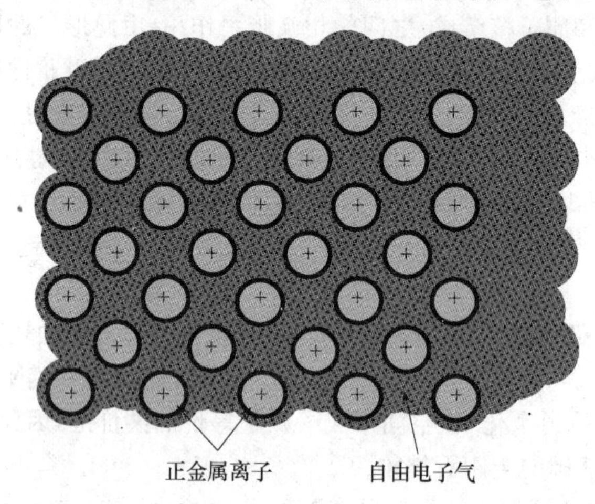

图 5.5 金属晶体中正离子实和电子云关系示意图

通过金属键结合可形成金属晶体,比如 Au、Ag 等.由于离子实与电子气间的吸引作用较弱,通常金属键的键能较弱,价键没有方向性,没有饱和性.金属通常熔点低,硬度小,可塑性强,延展性好.由于存在弥散分布的自由电子气,外场下电子易于在晶体中自由运动.金属的导电性很好,通常是导体.由于金属键的结合通过电子云和原子实的库伦引力,需要原子之间紧密接触,因此金属通常具有高的配位数,结构紧密,密度大.最常见的金属结构有面心立方、体心立方和密排六方.

4. 分子键

在固体结合时,通过原子或分子极化偶极子的瞬间偶极矩之间产生的相互吸引作用(范氏力)形成的化学键,称为范德瓦尔斯键或称分子键.图 5.6 示出了分子间偶极矩的相互作用.一般在具有稳定单元结构之间靠范氏力结合成晶体.比如惰性气体构成的 Ne 晶体.

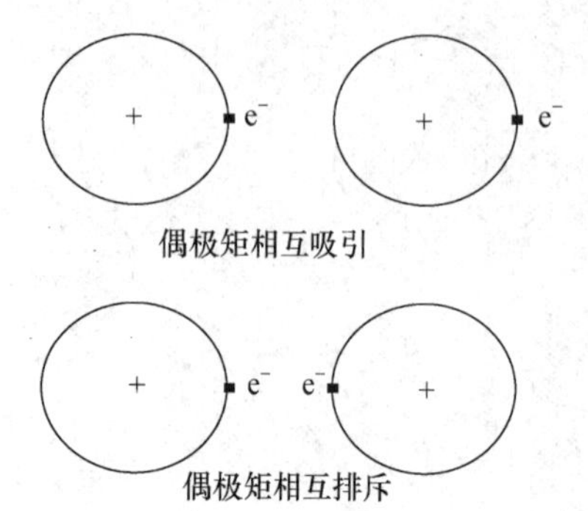

图 5.6 分子间瞬时偶极矩的相互作用

通过分子键结合可形成分子晶体.组成晶体的原子或分子的价键已经饱和,因此分子键的键能低,无方向性、无饱和性.由于键能较低,故这类晶体通常具有低熔点、低硬度、且易于压缩的特点.由于分子晶体中价电子被局限在稳定的单元或分子内,参与分子内的键合,电子难以在晶体中自由运动.这类晶体均为绝缘体.

在一些晶体中,化学键是以一种结合键为主,也综合有其他形式,比如化合物半导体Ⅲ-Ⅴ族的GaAs和Ⅱ-Ⅵ族的ZnS等.这类晶体中既有共价键的成分也包含了离子键的成分,属于混合价键.

从组成晶体的原子外层电子结构上可以区分上述的几种晶体.分子键晶体的原子外层电子结构没有变化,相互作用力是通过瞬时电偶极子的感应作用.其他三类晶体的原子外层电子结构都发生了变化.共价键晶体中原子的价电子为相邻原子所共有.离子键晶体中原子的价电子被其他原子独占.金属键晶体中原子的价电子为整个晶体共有.

5.2.3　能带论

晶体中存在大量的价电子和离子实,是多粒子系统,多粒子系统的严格求解是不可能的.采用绝热近似、单电子近似和周期场近似,可以将问题简化.利用绝热近似可以把价电子和离子实的运动分开处理,认为离子实相对价电子是不动的,把多粒子系统看作是多电子系统.利用单电子近似把每个电子在晶体中的运动看作是独立电子在离子实和其他电子形成的等效势场中的运动.单电子近似忽略了电子之间的相互作用,将多电子问题简化为单电子问题.利用周期场近似,假定离子实和其他电子形成的势场具有晶格周期性.能带理论是利用了上述的三种近似后,将晶体中的多粒子运动问题简化为一个电子在周期性势场中的运动问题.因此,能带理论是一个近似的理论.利用能带理论,晶体中的电子的运动状态可以用单电子在周期性势场中的状态来描述.

能带理论是研究固体中电子运动状态的一个主要理论基础.能带理论在阐明晶体中电子的运动规律、固体的导电机制、合金的某些性质和金属的结合能等方面取得了重大成就.例如,利用能带理论可以定性说明导体、半导体和绝缘体材料的区别.导体、半导体和绝缘体材料的导电特性由它们的能带结构决定.半导体和绝缘体的能带结构中存在禁带.满带电子不导电,能带只有在部分填充时,电子才能在电场作用下导电.以Si单晶为例,在0 K时,Si单晶的价带是满带,而导带是空带,因此都不能导电.当温度大于0 K时,由于存在一定的热激发,价带顶的电子有一定几率跃迁到导带底,从而产生未满填充的导带和价带,在外电场作用下产生电流.半导体和绝缘体在能带结构上没有明显的界限,区别在于它们的禁带宽度不同.半导体的禁带宽度较小(1 eV左右),有部分的电子可激发到导带底形成导电.而绝缘体的禁带宽度大(4.5 eV以上),满带和空带相距很远,电子很少能激发到导带底,几乎不导电.在金属中的能带结构中没有禁带,存在半满带或部分填充的能带,因此在外加电场时有良好的导电性.能带论是一种近似理论,存在一定的局限性,例如它不能解释电子共有化模型和单电子近似不适用的晶体的导电现象.

5.2.4　晶体的缺陷

实际的晶体中不可避免地会存在晶格缺陷,晶体中的缺陷是对晶格周期性的一种破坏.

缺陷的存在和运动对晶体的性质特别是电学性质产生重要的影响. 晶体缺陷的产生通常是由于晶格结构的不完整、晶格成分的不连续或者晶体的掺杂引起的. 在晶体的表面,由于晶格周期性受到破坏,会产生未成键的化学键. 因此,晶体的表面将可能出现悬挂键、发生表面重构、或者吸附其他原子形成新的化学键等. 晶体内部的缺陷主要可分为点缺陷、线缺陷、面缺陷和体缺陷.

1. 点缺陷

由于晶格热振动,晶体中的一个原子脱离晶格位置,进入晶格间隙位置,同时产生一对空位和自间隙原子,称为弗伦克尔缺陷(Frenkel Defect). 如果原子由体内移动到晶体表面,使得晶格体内产生一个空位,这种缺陷称为肖特基缺陷(Schottky Defect). 弗伦克尔缺陷和肖特基缺陷都与温度有关,称为热点缺陷. 晶体中都会包含各种外来杂质. 如果杂质占据晶格原子的位置,称为替位式杂质(Interstitial Impurity),如果杂质位于晶格间隙,则称为间隙式杂质(Substitutional Impurity). 这两种缺陷是由掺杂杂质引起的缺陷,与温度关系不大. 空位、自间隙原子、替位杂质、间隙杂质,统称为点缺陷. 另外,点缺陷之间可以相互作用,形成缺陷对,比如杂质与空位形成杂质空位对等. 点缺陷的运动,尤其是空位和间隙原子的移动将影响晶体的电学输运特性,影响杂质在晶体中的扩散运动. 晶体中的扩散现象就是通过空位和间隙原子的移动实现的. 图 5.7 示出了晶体中的各种点缺陷.

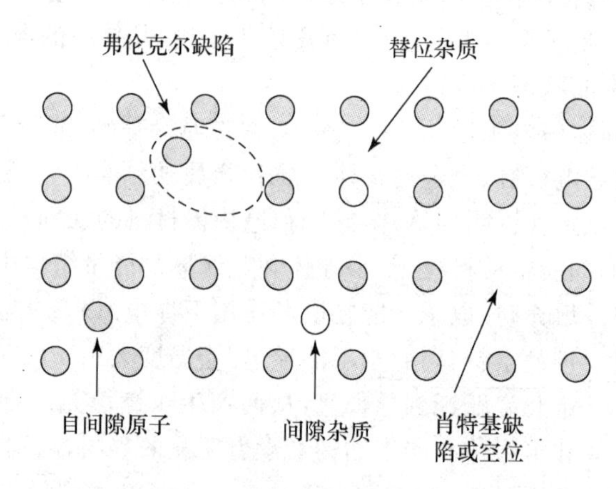

图 5.7　晶体中的点缺陷示意图

2. 线缺陷

位错是常见的线缺陷. 线缺陷是一维的缺陷,在一个方向上缺陷的延伸尺寸大而在其他两个方向上延伸尺寸很小. 位错一般通过范性形变产生,在位错附近,原子排列偏离了严格的周期性,相对位置发生错乱. 位错一般分为刃位错(edge dislocation)和螺位错(screw dislocation),如图 5.8 所示. 晶体中的位错可以设想为由滑移形成,滑移后两部分晶体又重新吻合. 滑移的晶面中,滑移部分和未滑移部分的交界处形成位错.

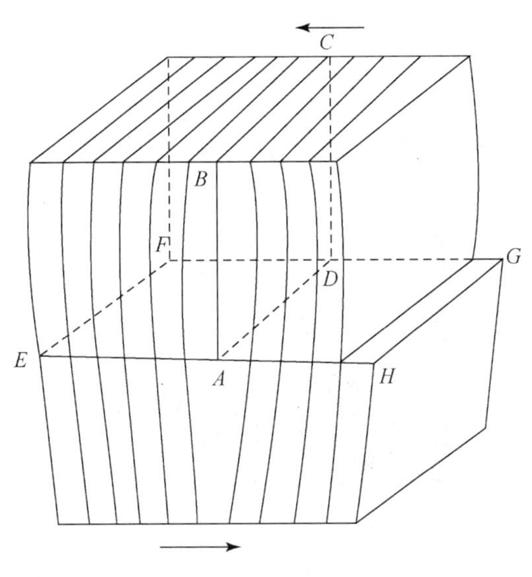

图 5.8　刃位错示意图

刃位错的位错线和滑移方向是相互垂直的，如图 5.8 所示. 在螺位错中，位错线和滑移方向是相互平行的，如图 5.9 所示. 还有一种位错既有刃位错特征也有螺位错的特征，其位错线是一条曲线，称为混合位错(Mixed Dislocation). 位错可以吸收或产生晶格中空位，从而改变晶体中的空位数量和分布. 常利用位错的这种特性，减少晶体中的空位数量. 除了范性形变产生的位错外，晶格的失配也可引起位错. 比如晶体中掺入数量很大的外来杂质时，或者在两种晶格常数相差较大的晶体进行异质外延生长情况下，在两种晶体界面处会产生位错以减小因晶格失配带来的应力.

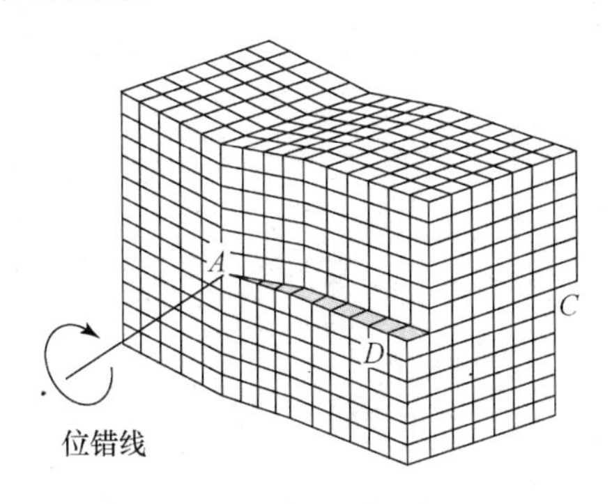

图 5.9　螺位错示意图

3. 面缺陷

面缺陷是一种二维缺陷，在两个方向缺陷延伸的尺寸很大，在另外一个方向的尺寸很小. 在多晶体材料中，晶粒之间的交界处称为晶粒间界. 晶粒间界处的缺陷是二维的缺陷，是一种面缺陷. 晶粒间界处的结构通常是无序的，如图 5.10 所示. 原子容易在晶粒间界处扩散，杂质原子也容易聚集在晶粒间界处，因此在晶粒间界处往往存在各种缺陷. 在晶体内部，原子层排列时出现错排现象，称为层错. 层错是一种面缺陷，层错内外原子排列规则，但交界面处排列发生错乱. 比如在密排结构中，假定排列顺序为 ABCABC，其中的 C 如果拿走，将形成 ABABC 的错排结构，晶体中存在层错.

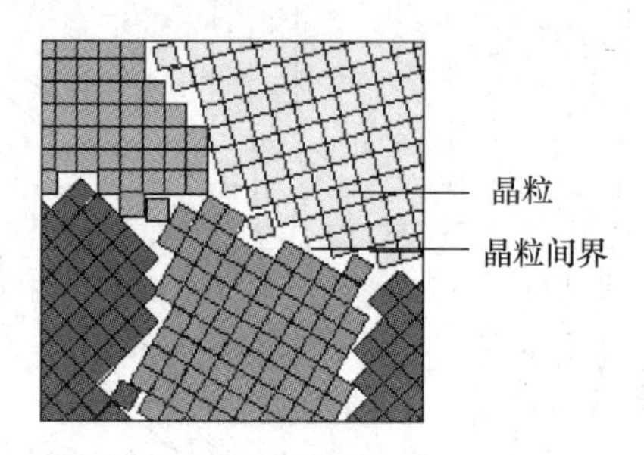

图 5.10　晶粒间界形成面缺陷示意

4. 体缺陷

体缺陷是一种三维的缺陷，在三个方向上都有缺陷的延伸. 晶体中的沉积物和晶格空腔是体缺陷的表现形式. 晶体中掺杂了大量的外来原子形成了固溶体或者合金. 掺杂的原子在合金中有序或无序地替代了晶体中的格点位置，或者处于晶格间隙位置，也称为体缺陷. 图 5.11 示出了无序替代形成的固溶体的二维平面示意图. 另外，晶体成分的不连续也可引起体缺陷，常在具有非化学配比特性的晶体中出现. 在成分偏离正常化学比的晶体将产生点缺陷，比如在 TiO_2 中如果存在氧空位，则写成 TiO_{2-x} 中，表明 Ti 和 O 的比例不是严格的化学配比 1∶2. 氧空位的存在将影响 TiO_2 的电学性质. 非化学配比对材料的电学性质有较大影响，比如化学配比的 TiO_2 是绝缘体，而脱氧的 TiO_2 则表现半导体性质.

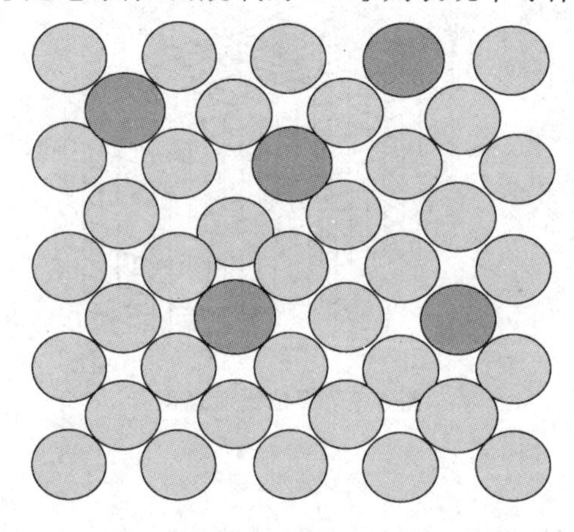

图 5.11　无序替代的固溶体平面示意图

5.2.5　晶体的掺杂

向半导体晶体中掺入杂质能够改变半导体中载流子的数目,从而改变半导体材料的电学特性.在半导体的实际应用中,通常掺入一定的杂质,控制半导体的导电类型.施主杂质在禁带中提供电子的施主能级.施主未电离前,施主能级被电子占据并保持电中性,电离后向导带释放电子并带正电.受主杂质在禁带中提供空状态的受主能级.受主未电离前,受主杂质保持电中性,受主能级未被电子占据,电离后从价带接受电子,受主能级被电子占据,受主杂质带负电.

掺杂除了可以调控半导体材料的n型或p型导电,也可应用其他材料的研究中.氧化物材料通常表现绝缘特性,通过掺杂可以有效控制氧化物材料的导电性,比如 $YBa_2Cu_3O_{7-x}$(YBCO),通过调整材料体内的氧含量 x,可使YBCO材料在很宽的电导范围内变化,呈现出绝缘体、半导体、导体和超导体等多种导电类型.由于晶体的掺杂可以改变材料的物理化学特性,利用掺杂调控材料特性的技术方法在各种材料研究中得到了广泛应用.在集成电路材料研究中,掺杂技术也得到了多方面的应用,包括场效应晶体管的栅结构材料、源漏材料、沟道材料以及存储器件的电容材料等的开发和研究.在高介电常数(k)栅介质材料研究中,掺杂可以提高氧化物栅材料的 K 值,比如 $SrTiO_3$ 的 K 值约为100,掺杂Ba元素后的 $Sr_{0.5}Ba_{0.5}TiO_3$ 的 K 值高于300.通过掺杂可以改进栅材料的热稳定性,如N掺杂的 HfO_2 和 ZrO_2,Si或Al掺杂的 HfO_2 材料等,其热稳定性得到改进.在金属栅材料研究中,掺杂可以调制金属栅的功函数,还可以改善栅电极的热稳定性.掺杂可以改善铁电材料的铁电特性.性能良好的铁电材料 $Pb(Zr,Ti)O_3$(PZT)就是通过Zr掺杂的 $PbTiO_3$ 材料实现的.

5.3　衬底材料

半导体衬底材料是发展微电子产业的基础.Si单晶片是集成电路中最重要的衬底材料.如果没有半导体硅片材料的迅速发展,集成电路是不可能有现在的这种发展速度和成就的.反过来,由于集成电路集成度的提高和特征尺寸的缩小,又对半导体材料提出了更高、更苛刻的要求.从目前集成电路发展的趋势看,硅材料仍将是今后一段时期最主要的集成电路材料,随着对集成电路要求的提高,新材料的应用也将会越来越多,本节除了介绍硅材料之外,还将介绍SOI、GeSi、GaN等新型半导体材料.

5.3.1　Si材料

Si材料作为最重要的半导体材料,其在过去50年来的发展直接推动了微电子和集成电路产业的进步.随着集成电路发展进入纳米尺度,Si材料的发展也面临着严峻的挑战.集成电路对Si材料的要求以及硅材料今后的发展趋势是:(1)晶片直径将越来越大.从性能价格比的角度看,一般认为,在一个晶片上集成250个以上的芯片时在经济上才能合理,因此随着集成电路复杂度以及规模的提高，管芯面积增大，便需要更大直径的硅片. (2) 随着特征尺寸的缩小、集成密度的提高以及芯片面积的增大，对硅材料有了更高的质量要求. 这是因为，硅材料中缺陷的平均密度与 IC 成品率是一个倒指数的关系，即 $Y = e^{-DA}$，其中 D 是硅材料中的平均缺陷密度，A 是芯片的面积，Y 是成品率. 特别是当器件的特征尺寸进入到亚 100 nm 领域，进行原子级精度加工时，对 Si 晶片微缺陷的研究提出了新的要求. (3) 对硅材料的几何精度特别是平整度要求越来越高. 硅片的平整度对光刻的效果具有直接的影响. 由于采用分步光刻技术，只需要使硅片局部平整即可，但随着特征尺寸的缩小，对局域平整度的要求也越来越高.

硅片表面颗粒或缺陷对器件的成品率有很大的影响. 随着芯片集成度的提高以及硅片直径的增加，减小硅片表面颗粒和缺陷密度，成为一个严重的技术问题，硅片直径尺寸越大，微缺陷问题越突出. 硅片表面颗粒或缺陷可分为两类：一类是由于表面玷污或环境中尘埃的沉积产生的称为“外生粒子”(Foreign Particles)，另一类是称为 COP(Crystal-Originated Particles)的“晶生粒子”. “外生粒子”由于是非本征缺陷，可以通过硅片清洗技术去掉. 通过改进硅片清洗工艺和利用超净技术，硅片表面的“外生粒子”密度可大大减小. 而 COP 颗粒缺陷的形成则是起源于晶体本身的生长缺陷，是不能通过传统的清洁工艺减少的，而只能通过改进晶体的生长制备工艺，以减小晶体本征缺陷的方法来改进. 在 COP 缺陷特征、形成机制、通过改进硅单晶材料的制备工艺改进硅片本征的生长缺陷等方面已经进行了大量研究. 目前已经成功制备出了高质量的 12 英寸晶体硅，并得到了广泛应用. 随着晶片尺寸的进一步增大，如何控制硅单晶片内部以及表面的微缺陷仍将是硅单晶工艺发展面临的难题.

5.3.2 GeSi 材料

GeSi 材料具有载流子迁移率高、能带和禁带宽度可调等物理性质，且与 Si 工艺兼容性好，在微电子和光电子器件领域得到了广泛应用. 利用 GeSi 材料可以运用能带工程和异质结技术来提高半导体器件的性能，因此 GeSi 材料的研究成为半导体材料研究的热点之一.

Si 和 Ge 可以按任意比例组成 $Ge_{1-x}Si_x$ 固溶体材料. 室温下，在 Ge 组分不很高的条件下，$Ge_{1-x}Si_x$ 固溶体的晶格常数随 x 呈线性变化. 用于器件制作的 $Ge_{1-x}Si_x$ 固溶体材料一般都是 $Ge_{1-x}Si_x$/Si 异质结材料. $Ge_{1-x}Si_x$ 和 Si 之间的晶格失配率为 $0.042x$，通过调节 Ge 组分 x 可以改变 $Ge_{1-x}Si_x$ 与 Si 之间的失配率. Ge 和 Si 之间的晶格失配将使在 Si 衬底上生长的 $Ge_{1-x}Si_x$ 薄膜的晶格受到应力作用而变形. 应变将影响 $Ge_{1-x}Si_x$ 固溶体的能带结构和禁带宽度，因此可以通过调整 Ge 的含量来剪裁 $Ge_{1-x}Si_x$ 的能带结构和禁带宽度. 当 $Ge_{1-x}Si_x$ 薄膜厚度小于一个临界值(临界厚度)时，$Ge_{1-x}Si_x$ 薄膜能发生弹性应变保持其晶格常数与 Si 衬底相同. 当超过临界厚度时，在 $Ge_{1-x}Si_x$ 与 Si 衬底界面产生失配位错，应力被释放.

由于 GeSi/Si 应变异质结材料可以进行人工结构设计，其在半导体器件中的应用受到广泛重视. 它的出现使得在化合物半导体异质结器件研制中广泛应用的能带工程概念同样可用于 Si 基器件，为以杂质工程为基础的 Si 基器件的进一步发展提供了可能. GeSi/Si 异质结双极晶体管(HBT)是将能带工程引入 Si 基器件最成功的例子. 在 Si 双极晶体管工艺基础上通过引入 GeSi/Si 异质结构制作异质结晶体管(GeSi/Si HBT)可以获得速度性能更好的器件. 通过将常规 BJT 的基区用 GeSi 应变层代替, 可以使常规器件中发射结注入效率与基区电阻和穿通等几方面的矛盾得以很好解决,同时通过组分渐变可以在基区形成漂移场,进而减小电子在基区的渡越时间. 2001 年, 这种器件的特征频率 f_T 达到 210 GHz,最高振荡频率则高达 280 GHz. 在 GeSi 材料中掺入 C 可以减小 GeSi 中的应力,显著提高 GeSi HBT 的高频和噪声等性能. 2008 年利用 SiGeC 材料制作的 HBT,其特征频率 f_T 可达到 300 GHz,最高振荡频率则高达 350 GHz.

在 Si(100)衬底上赝晶生长的压缩应变 GeSi 材料具有比 Si 材料高 2 到 3 倍的空穴迁移率,利用 GeSi 作为 p-MOSFET 的沟道材料,将显著改善器件的性能. 已经制备了利用应变 GeSi 作为表面沟道材料的 MOSFET 以及调制掺杂的 MODFET 等场效应晶体管器件,研究表明沟道中的载流子迁移率得到了明显提高. 由于 GeSi 材料具有能带结构可调的特点,在光电子器件领域也有着很大的应用潜力,目前主要应用于雪崩光探测器、多量子阱光电探测器等光探测器件的制作.

5.3.3 应变 Si 材料

在 CMOS 器件中,向 Si 沟道材料中引入一定的应力,可以改变载流子在 Si 沟道中的输运特性,提高 Si 沟道的载流子迁移率. 采用应变硅作为沟道材料,可以提高纳米尺度 CMOS 器件的速度性能,并不增加泄漏电流. 利用应变 Si 材料来提高沟道载流子迁移率的技术已经被工业界广泛采用.

向 Si 沟道区引入的应力主要有全局应力和局域应力两种. 利用 Si 和 GeSi 之间的晶格失配形成整个 Si 晶片上的应力,这种应力称为全局应力,也称为双轴应力. 在 Si 衬底上外延生长组分渐变的 Ge_xSi_{1-x} 作为缓冲层,在 Ge_xSi_{1-x} 缓冲层上外延生长 Si 有源层. 由于 GeSi 和 Si 之间的晶格失配,在 Si 有源层中将引入全局的张应变. 利用浅槽隔离、硅化物、侧墙、GeSi 源漏等工艺技术在某一特定方向引入的局部应力,称为局域应力,也称为单轴应力. 全局应力的引入通常需要异质外延薄膜工艺,将增加工艺制备的复杂性. 局域应力是一种工艺诱生应力,受到相应工艺影响的因素比较多,增加了器件设计和工艺控制的难度.

研究表明 Si 沟道载流子迁移率的变化与施加应力的方向有很大的关系,只有在特定方向上施加应力,才能有效提高沟道迁移率. 对于 pMOSFET,施加沿沟道方向的单轴压应力可以提高 p 沟道的有效迁移率,在 nMOSFET 中,施加沿沟道方向的单轴张应力可以提高 n 沟道的有效迁移率. 在 CMOS 集成工艺中需要在 n 沟和 p 沟 MOSFET 中同时引入应力. 在 pMOSFET,利用 GeSi 作为源和漏端材料可以引入沿沟道方向的单轴压应力. 在 nMOSFET 利用栅极的 SiN 覆盖层引入沿沟道方向的单轴张应力,两种应力的大小可以单独调节,互相不影响. 这样就可以实现在 CMOS 器件中引入沟道应力同时提高 n 沟和 p 沟 MOSFET 的性能. 研究发现 SiN 覆盖层可以向 pMOSFET 的沟道引入单轴压应力,也可以向 nMOSFET 中引入单轴张应力，因此利用 SiN 覆盖层技术可以提高 n 沟和 p 沟两种类型 MOSFET 的有效迁移率. 两种应力的大小可以根据 SiN 覆盖层的厚度单独调节，可以互不影响. 研究显示，将 SiN 覆盖层应力引入技术分别应用到 nMOSFET 和 pMOSFET 器件中，使 nMOSFET 和 pMOSFET 的饱和电流分别提高了 15%和 32%.

5.3.4 SOI 材料

SOI(Silicon-On-Insulator)指绝缘层上的硅材料，是一种具有 Si/绝缘层/Si 结构的 Si 基材料，绝缘层通常是 SiO_2. 体硅 CMOS 器件的 Si 有源层和衬底相连接，Si 有源层和衬底之间会产生闩锁等寄生效应，在器件的源漏扩散区和 Si 衬底之间有很大寄生电容，限制 CMOS 电路的可靠性和速度性能. SOI 材料通过绝缘埋层实现了集成电路中器件和衬底的介质隔离，彻底消除了体硅 CMOS 电路中的寄生闩锁效应，同时采用 SOI 材料制作的集成电路还具有寄生电容小、集成密度高、速度高、工艺简单、短沟道效应小、特别适合于低压低功耗电路等优势. 另外，SOI 材料在抗辐照器件、高温传感器以及微机电系统(MEMS)等领域也具有广阔的应用前景.

SOI 材料的种类很多，目前使用比较广泛的 SOI 材料主要有通过注氧隔离的 SIMOX (Speration-by-oxygen implantation)材料、键合再减薄的 BESOI 材料(Bond and Etch back SOI)和将键合与注入相结合的注氢智能剥离(Smart Cut) SOI 材料. SIMOX 是在 Si 晶片注入氧离子，经超过 1300℃高温退火后形成绝缘隔离层的技术. SIMOX 材料制备需要大剂量离子注入和超高温工艺，材料的质量稳定性和高制造成本是限制 SIMOX 技术应用的主要因素. BESOI 材料是将两个 Si 晶片键合在一起，其中的一个晶片上生长了 SiO_2 绝缘层，键合后将另一晶片减薄获得 SOI 材料. 通过减薄技术获得的 Si 表面薄层的厚度均匀性很难控制，是限制 BESOI 技术的一个难点. Smart Cut 结合了键合和注入的优点，将氢离子注入到一个 Si 晶片中形成氢气泡层，然后和另一个氧化的 Si 晶片键合，经退火后键合片在氢气泡层裂开形成 SOI 结构材料. Smart Cut 技术显著提高了表面 Si 层的均匀性，已成为 SOI 材料的主流制备技术. SOI 材料的埋层结构使得 SOI 器件的 Si 有源层的载流子迁移率较低，同时由于绝缘埋层 SiO_2 的热导率低，导致自加热效应. 利用薄埋层 SOI 技术可以提高埋层的热导率. 薄埋层 SOI 技术要求 SiO_2 埋层的厚度尽量减薄，但又要保持良好的绝缘特性.

在 SOI 材料的 Si 有源层引入应变可以提高 Si 的载流子迁移率，该技术结合了 SOI 技术和应变 Si 技术的优势，受到了人们的重视. 向 SOI 材料 Si 有源层引入应力的方法主要有两种：一种是在 $Ge_xSi_{1-x}/SiO_2/Si$ 上生长应变 Si 材料，另一种是绝缘体 SiO_2/Si 上直接生长应变 Si 材料. 这两种 Si 材料的应变都是通过全局应力引入的. 对于 GeSi 上生长的 Si 材料，利用 GeSi 与 Si 之间的晶格失配，获得应变的 Si 有源层. 调节 GeSi 中的 Ge 含量可以调整应变 Si 薄膜中的应力. 由于存在 GeSi 层，在后续工艺可能出现 Ge 向 Si 层扩散带来的器件可靠性问题. 直接在绝缘层上制备的应变 Si 材料具有应变 Si 的各种优点，没有中间 GeSi

层以及 Ge 的引入带来的 Ge 扩散问题，从而受到了广泛关注.

5.3.5 GaN 材料

GaN 材料具有很高的电子饱和速度，击穿场强大，成为研制高温大功率半导体器件和高频微波器件的重要材料. GaN 的禁带宽度是 3.5 eV，是一种直接带隙半导体材料. 通过三元合金材料制备，其禁带宽度可获得从 1.9 eV 到 6.2 eV 的连续变化，覆盖了从红色到紫外的光谱范围. 可用于短波长光电子器件，包括发光二极管、半导体激光器以及紫外探测器等. GaN 具有极高的热稳定性和化学稳定性，采用 GaN 材料制作的器件具有可以在高温（大于300℃）和恶劣条件下工作的能力. 因此 GaN 基器件在需要高温大功率和抗恶劣环境的航空、航天、石油、化工、机械电子以及军事等领域有极大的需求. GaN 是一种非常有发展前景的半导体材料.

GaN 具有纤锌矿和闪锌矿两种晶体结构. 由于闪锌矿结构的 GaN 在制备上存在很多困难，广泛研究和应用的是纤锌矿结构的 GaN 材料. 在非故意掺杂 GaN 薄膜中通常存在 N 空位，而表现出 n 型半导体特性. Si 和 Ge 可以作为 n 型掺杂剂，获得电子浓度可控的 n 型 GaN. GaN 材料的 p 型掺杂较为困难，这是由于 p 型掺杂剂和本征的 N 空位杂质补偿，表现出高阻材料. 经过大量研究后发现，对 Mg 掺杂的 GaN 薄膜进行低能电子束辐射或者在 N_2 气氛退火，可以获得 p 型导电的 GaN 材料. GaN 的禁带宽度较宽，由于很难找到具有低功函数的金属材料，不容易实现低阻的欧姆接触. 采用 Ti/Al/Ni/Au 多层金属薄膜结构作为电极，在 n 型 GaN 上可以获得良好的欧姆接触.

GaN 材料的体单晶很难制备，通常需要在 SiC 或蓝宝石（Al_2O_3）衬底上异质外延生长获得 GaN 薄膜材料. SiC 与 GaN 的晶格匹配较好，失配率为 3.5%. 蓝宝石与 GaN 的晶格失配是 14%，通过生长缓冲层可以制备高质量的 GaN 薄膜，与 SiC 衬底相比有价格优势，因此成为制备 GaN 薄膜的常用衬底材料. 利用 Si 作为制备 GaN 外延薄膜的衬底材料也受到了广泛关注. Si 衬底具有低成本、大尺寸和优良的电热导性能等优点，最重要的是可能实现 GaN 器件与 Si 基电子器件和光电子器件的集成. 但 GaN 与 Si 结构的晶格失配为 17%，还有很大的热失配，在 GaN 薄膜中将引入大量缺陷. 利用 Al_2O_3 和 AlGaN 作为过渡缓冲层，GaN 和 Si 衬底之间的晶格失配和热应力可以明显降低.

利用 GaN 材料已成功研制出微电子器件包括 GaN 金属半导体场效应晶体管（MESFET）、GaN 金属氧化物场效应晶体管（MOSFET）、AlGaN/GaN 异质结双极晶体管（BJT）、AlGaN/GaN 异质结高电子迁移率晶体管（HEMT）或者调制掺杂场效应晶体管（MODFET）等. GaN 材料还成功应用到了蓝光发光二极管（LED）、激光器、光探测器的制备. GaN 材料在微电子和光电子器件领域都展示出了重要的应用价值，成为新型电子器件材料研究的重点.

5.4 栅结构材料

栅结构是CMOS器件中最重要的结构之一,它包括栅绝缘介质层材料和栅电极材料两部分.

5.4.1 栅电极材料

在半导体集成电路发展初期,由于铝与Si有好的兼容性,MOSFET的栅电极材料一般采用金属铝.低的串联电阻和小的寄生效应是MOSFET对栅电极材料的基本要求.随着微电子技术的发展,人们发明了自对准工艺以减小由于栅与沟道交叠而产生的寄生效应.在自对准工艺中,由于铝不能满足高温处理的要求,人们引入多晶硅作为栅电极材料来代替铝.随着器件尺寸缩小和电路速度提高,由于多晶硅与互连金属铝间存在高的接触电阻率,单纯的多晶硅电极材料结构已不能满足的微电子金属发展的需要,于是新的材料体系——难熔金属硅化物,比如$MoSi_2$,$TaSi_2$,被引用到微电子技术中.采用多晶硅/金属硅化物组合结构替代单纯的多晶硅栅电极,成为栅电极的重要材料.

随着集成电路尺寸缩小到纳米尺度,多晶硅栅将会发生耗尽效应.多晶硅栅耗尽效应将引起等效栅氧厚度增加,增强了短沟效应,使得栅控能力下降.栅长的减小还会引起寄生多晶硅栅电阻的增加,从而降低器件的开态电流.对于传统的CMOS技术,通常需要通过沟道杂质注入掺杂的方法调整MOSFET器件的阈值电压.随着沟道尺寸的缩小,沟道的掺杂浓度也需要增加.然而,当器件特征尺寸进一步缩小到亚100 nm范围后,沟道中的杂质涨落将会成为影响器件性能的重要制约因素.一般说来,沟道掺杂浓度越高,沟道尺寸缩小引起的沟道杂质涨落对器件性能的不利影响越大,为此,人们提出了栅工程和沟道零掺杂的概念.按照栅工程和沟道零掺杂概念的设想,器件阈值电压可以通过选择合适的栅电极材料,利用不同栅电极材料与栅绝缘介质材料和沟道材料的能带或功函数能带间的合适匹配来进行调整,并不需要像传统CMOS技术中采用沟道掺杂注入的方法进行,沟道杂质可以做到低掺杂甚至做到零掺杂,这将会大大减小沟道杂质涨落效应对器件性能的不良影响.研究的栅电极材料有Ge_xSi_{1-x}、W/TiN等.Ge_xSi_{1-x}材料可以通过连续改变Ge含量x,达到连续调制其能带带隙的目的,因此,是候选的栅电极材料之一.W/TiN复合结构材料体系也是候选者之一,其主要原因有三个方面:其一是通过改变金属W和金属氮化物(TiN)的厚度可以调整复合结构体系的功函数,这是栅工程提出的利用功函数来调整器件的阈值电压方法所必须要求的;其二是,W/TiN可以经受高温处理工艺,满足自对准工艺对栅电极的要求;其三是,W和TiN正好是Cu互连需要的扩散阻挡层材料.值得注意的是,栅电极材料的选择必须考虑到栅介质材料.当栅介质材料改变后,栅电极材料也必须进行相应的调整,以满足MOSFET器件对栅介质/栅电极结构的要求.

5.4.2 栅绝缘介质材料

SiO_2作为性能良好的绝缘栅介质材料,从Si MOSFET器件发明至今,SiO_2一直得到广泛的使用和研究.而且随着微电子技术的发展,其制备工艺已很完善,目前能制备 1.5 nm 介电性能良好、几乎无体和界面缺陷的 SiO_2 超薄栅绝缘层.然而,随着器件特征尺寸的缩小,特别是在进入到深亚微米和亚 100 nm 的尺度范围后,传统的 SiO_2 已逐渐难以满足技术发展的需要,需用新的栅绝缘介质材料替代,以获得满足新的集成电路技术需要的器件特性.在深亚微米尺度的 CMOS 器件中,用氮氧化硅替代了传统的 SiO_2 作为栅介质层.其主要原因是,MOSFET 器件特征尺寸进入到深亚微米尺度后,为了克服短沟效应的影响,并适合低压、低功耗电路工作的需要,通常要采用双掺杂栅结构.在传统的 CMOS 器件结构中,无论是 nMOS 还是 pMOS 均采用单掺杂的 n+多晶硅栅电极,而在采用双掺杂栅结构的 CMOS 器件中,多晶硅栅电极则是:nMOS 采用 n+(p+或 As+离子)注入,pMOS 采用 p+(B+离子)注入.pMOS 多晶硅栅中 B+离子很容易穿透 SiO_2 层扩散到沟道区,引起器件性能的退化.研究结果显示,氮化的 SiO_2 即氮氧化硅有较好的防止 B+离子扩散的功能,这是使用氮氧化硅栅的原因之一.此外氮氧化硅与 SiO_2 比较,还有较大的介电常数(k 值)、低的漏电流密度和高的抗老化击穿特性等优点.因此,SiN_xO_y 替代 SiO_2 成为新的绝缘栅介质材料.

随着器件尺寸的进一步缩小,进入到亚 100 nm 尺度范围内时,为保证栅结构对沟道的良好控制,以 SiO_2 或氮氧化硅作为栅绝缘介质层的厚度将小于 3 nm,随着集成电路尺寸的不断缩小,为了提高栅控能力,需要不断减薄 SiO_2 栅氧化层的厚度.当器件沟道尺寸缩小到亚 50 nm,栅氧化层厚度需要小于 1.5 nm.器件尺寸缩小导致电子的直接隧穿变得非常显著,将引起很大的栅泄漏电流.这使得栅对沟道的控制减弱,器件功耗也增加,成为限制器件尺寸缩小的重要因素之一.尽管显著的量子直接隧穿效应引起的高的栅泄漏电流对器件性能退化的影响并没有造成实质的制约.但高泄漏电流引起的高的功耗将对电路造成本征的制约.因此,在满足器件性能要求的基础上,必须降低栅的泄漏电流.克服这一限制的有效方法之一是采用具有高介电常数(高 K 值)的新型绝缘介质材料替代 SiO_2 和 SiN_xO_y.

在对沟道有相同控制能力的条件下(栅电容相等),利用高 k 值材料作为栅介质层可以增加介质层的物理厚度,这将有效减小穿过栅绝缘层的直接隧穿电流,并提高栅介质的可靠性.

栅电容 C_{ox} 为

$$C_{ox} = \frac{k\varepsilon_0 \cdot A}{t_{ox}} \tag{5.1}$$

当栅电容不变的条件下,可得到高 k 栅介质与 SiO_2 栅介质的厚度比为

$$\frac{t_{high\text{-}k}}{t_{sio_2}} = \frac{K_{high\text{-}k}}{K_{sio_2}} \tag{5.2}$$

因此,采用高 k 值的介质材料可以在不降低栅电容的条件下增加栅介质的物理层厚度.为了有效减小栅泄漏电流和等效氧化层厚度(EOT),MOSFET 的栅绝缘介质材料需要有高的介电常数、大的带隙和带隙偏移、低的缺陷和缺陷态密度、高的抗击穿强度和好的热稳定性,与 Si 有良好的界面特性和低的界面态密度.目前研究较多的高 k 值新型介质材料包括 HfO_2、Ta_2O_5、TiO_2、ZrO_2 等,其性质如表 5.1 所示.

表 5.1　高 k 材料的介电性能

材料种类	介电常数 k	禁带宽带 E_g/eV	$\triangle E_C$/eV-Si
SiO_2	3.9	8.9	3.2
Si_3N_4	7	5.1	2
Al_2O_3	9	8.7	2.8
Y_2O_3	15	5.6	2.3
La_2O_3	30	4.3	2.3
Ta_2O_5	26	4.5	1～1.5
TiO_2	80	3.5	1.2
HfO_2	25	5.7	1.5
ZrO_2	25	7.8	1.4

理论和实验结果表明，与 SiO_2 相比，采用高 k 栅介质后，栅泄漏电流明显减小. 图 5.12 示出了应用不同高 k 栅介质后的栅泄漏电流情况.

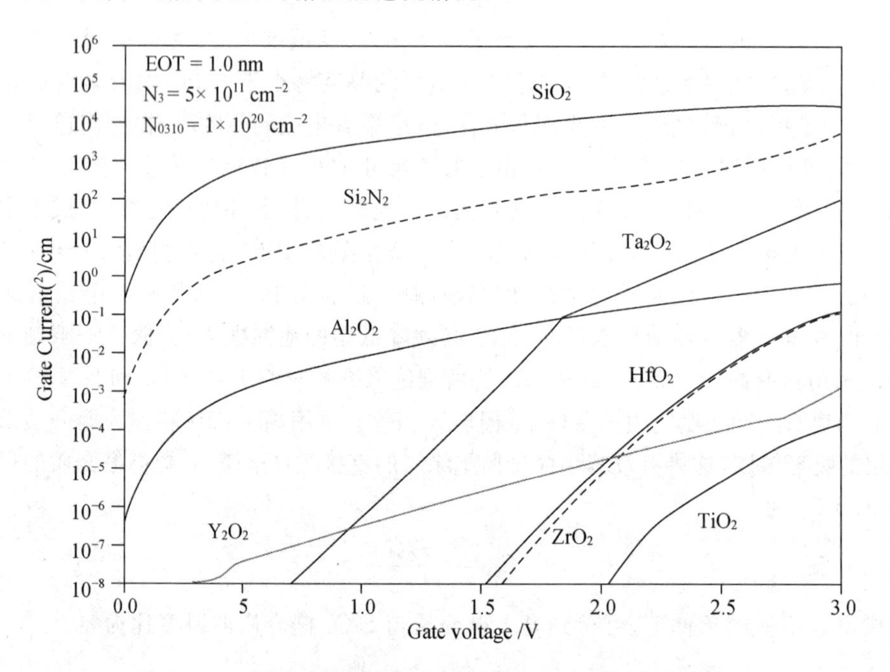

图 5.12　不同介电常数的栅介质泄露电流随栅压的变化关系

高 k 栅介质材料中一般存在着体缺陷态密度高、漏电流密度大、与 Si 的界面特性差等缺点，影响了它们作为栅介质层的应用. 这些缺点中，部分是由于制备工艺不成熟等一些非本征因素引起的，可以通过优化材料和薄膜的制备工艺使之改善；部分则是由于材料的本征特性引起的，如高介电常数材料薄膜与 Si 界面高的缺陷态密度，这可能无法通过工艺优化得到改善. HfO_2、ZrO_2 以及 Hf、Zr 基掺杂氧化物材料具有宽禁带、高势垒、与 Si 有良好的热稳定性等特点,成为主要研究对象.

为了满足集成电路特征尺寸不断减小的发展趋势,高 k 栅介质层的有效氧化层厚度(EOT)必须具有按等比例缩小的能力. 在 Si 衬底上制备高 k 栅介质时,在 Si/栅介质界面发生反应产生 SiO_2 界面层. 这一界面层的存在将限制 EOT 的减小. HfO_2 和 HfSiON 等 Hf 基高 K 栅介质材料具有将有效氧化层厚度(EOT)缩小到 1 nm 以下的能力,可以满足 CMOS 技术进一步发展的需求. 研究表明,采用 TaN/HfN/HfO_2 栅叠层结构技术,经过 CMOS 高温工艺后,仍然可以将 EOT 降到 0.75 nm 以下.

高 k 栅介质材料与多晶硅栅电极材料之间存在严重的不兼容性. 界面处的费米钉扎效应使得多晶硅栅电极的功函数和器件的阈值电压钉扎在特定的值,不能进行有效的调制. 通过采用合适的金属栅材料和工艺条件,可以抑制费米钉扎效应,实现金属栅功函数的有效调节. 另外,高 k 栅介质的引入也引起了沟道载流子迁移率的显著下降. 高 k 栅介质与反型沟道载流子发生 SO 声子耦合是造成沟道载流子迁移率的退化的主要原因. 采用金属栅电极可以屏蔽高 k 栅介质材料中 SO 声子使其不与反型层载流子产生耦合作用,有效抑制迁移率退化现象. 利用高 k 栅介质和金属栅材料相结合的工艺集成技术,可以实现高性能的 CMOS 器件和电路.

高 k 栅介质/金属栅结构的研究主要经历了材料基础研究和探索性研究、材料与工艺集成的关键问题研究和工艺集成及可靠性评估三个阶段. 目前高 k 栅介质/金属栅的研究已初步完成了材料研究、关键技术研究、工艺集成和可靠性评估,进入到量产阶段. Intel 已经宣布在 45 nm 技术中应用了高 k 栅介质/金属栅技术. 然而,对于如何解决高 k 栅介质/金属栅材料的工艺集成和可靠性问题等,至今尚未有明确的答案,仍然是集成电路技术发展面临的重要问题. 建立和完善高 k 栅介质/金属栅工艺的可靠性评测方法,探索满足器件迁移率、可靠性、阈值电压调制等多方面技术需求的工艺集成模式,仍然是高 k 栅介质/金属栅研究的重要课题.

5.5　源漏材料

传统 MOSFET 器件采用掺杂 Si 材料作为源漏材料. 当器件尺寸缩小到纳米尺度后,掺杂 Si 源漏结构的源漏串联电阻和接触电阻将增加,抑制了器件驱动电流的提高. 在源漏区,为了抑制器件缩小带来的短沟效应,必须限制源漏扩展区的结深,需要使用超浅结工艺技术,但掺杂 Si 源漏结构难以实现超浅结制备. 使用金属源漏的肖特基 MOSFET (SB MOSFET)具有低的源漏串联电阻和接触电阻、低热预算工艺、可形成原子级突变结抑制短沟效应等优点成为源漏材料研究的重点. SB MOSFET 的驱动电流和关态电流由金属/Si 接触的肖特基势垒高度决定. 大的肖特基势垒高度将导致器件小的驱动电流和大的关态电流. 如何降低肖特基势垒高度以增大器件的驱动电流和减小关态电流是 SB MOSFET 研究面临的一个主要问题.

有研究者已经提出利用金属硅化物源漏材料、杂质分凝和界面控制等技术和方法来降低SB MOSFET的肖特基势垒高度.在材料选择方面,通常采用低功函数的金属硅化物作为SB nMOSFET的源漏材料,比如$ErSi_{1.7}$.采用高功函数的金属硅化物作为SB pMOSFET的源漏材料,比如PtSi.杂质分凝技术是利用杂质在Si和金属硅化物中固溶度的不同,使杂质在Si和金属硅化物界面分凝,形成杂质的堆积.在Si和金属硅化物界面形成比注入浓度更高的超薄无缺陷源漏扩展区,造成导带和价带的能带弯曲,从而调节有效肖特基势垒高度.形成的最终结深由硅化物的厚度决定.界面控制技术主要指利用改善金属/Si半导体界面特性,以降低肖特基势垒高度的方法.利用在Si表面生长S或Se单原子层或者利用H_2钝化技术终止Si表面的悬挂键、释放应变表面键,降低肖特基势垒高度.在金属和Si之间加入一薄膜绝缘体,改变金属和半导体之间的相互作用,也可以达到降低肖特基势垒高度的目的.在金属硅化物材料选择、新型界面结构以及制备工艺方面,研究减小源漏接触电阻,提高器件的驱动电流和减小关态电流的方法仍然是源漏技术研究的重要内容.

利用硅化物掺杂方法和分凝技术相结合来改善金属硅化物/Si的界面特性是目前源漏结构研究的一个重要方向.研究发现利用Pt掺杂、NiSi作为肖特基源漏材料,可以显著减小源漏接触电阻.通过对硅化物源漏结构中各组分的剖面分析发现,B杂质在硅化物和Si界面处有明显的分凝现象.研究者认为Pt掺杂增强了Si表面掺杂区B的分凝效应,有效降低了肖特基势垒高度,从而导致源漏接触电阻的减小.最近有研究者提出了一种金属分凝技术,用于制备基于双金属硅化物源漏结构CMOS器件.该器件中,Y/NiSi双金属硅化物用作nMOSFET的源漏材料和Pt/NiSi用作pMOSFET的源漏材料,与基于NiSi肖特基源漏接触的CMOS器件相比显示出了更强的驱动电流能力.

5.6 存储电容材料

存储电容是数字电路的动态随机存储器(Dynamic Random Access Memory,简称DRAM)中和模拟电路中重要部件、SiO_2是传统的电容介质材料.随着微细加工技术的发展,器件特征尺寸的不断缩小,存储电容的面积也需要不断减小以提高DRAM或模拟电路的集成度.为保证存储电容能够较好地保存所存储的信息,需要其保持一定的电容值,这就需要不断地减小SiO_2介质层的厚度.然而,当器件特征尺寸减小到亚100 nm尺度时,将遇到介质层的厚度限制.利用目前已发展的深槽刻蚀技术制备深槽电容在一定程度上会缓解这一困难,但尺寸进一步缩小引起的工艺复杂性,可能带来难以克服的技术困难.

此外,计算机科学的迅速发展,人们对随机存储器(Random Access Memory,简称RAM)也提出了更高的要求.单位存储容量、存取速度和非挥发性特征是人们考虑的重要因素.目前的主流非挥发存储器是闪速存储器(Flash),闪速存储器的集成度已增长到目前的Gbit密度,存储单元的特征尺寸已到达45 nm节点.但是传统闪存技术的进一步发展面临着严重的技术难点,包括串扰、写入速度慢、功耗大、尺寸缩小限制等问题,难以满足22 nm以下技术节点的要求.因此,随着工艺技术的飞速发展,迫切需要开发低压、低功耗、高速、高密度等性能优异的新一代非挥发存储器件. 新一代非挥发存储器需具有等比例缩小能力强、读写速度快、存储密度高、循环寿命长、功耗低、易嵌入到逻辑器件中等特性. 目前研究的候选技术包括铁电存储器(Ferroelectric Random Access Memory, 简称 FeRAM)、磁存储器(Magnetic Random Access Memory, 简称 MRAM)、相变存储器(Phase Change Random Access Memory, 简称 PCRAM)和电阻式存储器(Resistive Random Access Memory, 简称 RRAM)等.

5.6.1 DRAM 存储电容材料

典型的 DRAM 存储单元如图 5.13 所示,它包括一个开关 MOS 晶体管和一个存储电容,字线用于输入选择控制信号,位线用于读写信息,信息由存储电容的高低电平表示. 在早期的 DRAM 中,电容结构采用平面式设计,其中的电介质为 SiO_2/Si_3N_4,电极为多晶 Si 材料. 随着 DRAM 存储密度的增加,缩小存储单元的面积是必要的,但考虑到信噪比,电容值不能无限制减小,必须高于最小电容值(25~30 fF),才能保证 DRAM 的可靠运行. 降低电介质层的厚度或者采用具有高 k 值的电介质材料是有效的方法. 另外增加电极的表面积也是提高电容的重要思路之一. 有堆叠型(stack)和深槽型(trench)两种电容结构被提出和应用,以达到增加电极表面积和提高电容密度的目的. 在多晶硅电极材料结构方面也做了改进,以增加接触面积. 将电极板的多晶硅电极材料制备成半球形状的硅晶粒(Hemispherical Silicon Grain, 简称 HSG),可以有效增加单位面积的多晶硅表面积,从而增加电容值.

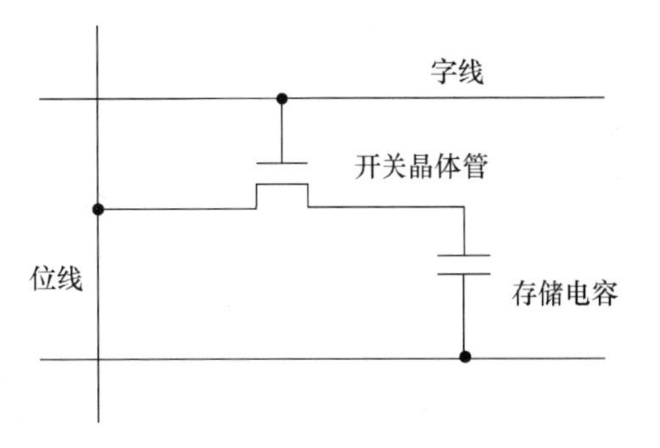

图 5.13 DRAM 存储单元示意图

当传统的电介质层厚度降至 3 nm 以下时,漏电流将显著增加. 采用新型高 k 电介质材料就成为技术发展的必然选择. 被研究的高 k 介质材料主要包括 Ta_2O_5、TiO_2、Al_2O_3 等二元金属氧化物材料以及 $BaTiO_3$、$Pb(Zr,Ti)O_3$ 等铁电材料. 新型的电介质材料要求具有高 k 值,同时具有宽带隙,以改善存储介质的漏电流特性. 利用高 k 材料作为电容的绝缘介质层的最大优点是在保持电容值和面积尺寸不变的前提下,介质层厚度可以增大许多倍. 以 $(Sr,Ba)TiO_3$ 材料为例,其介电常数可高达 400,约是 SiO_2 介电常数的 100 倍. 与利用 SiO_2 作为介质层相比,利用 $(Sr,Ba)TiO_3$ 材料作为介质层制备的 DRAM 的存储电容器件,在电容值和面积相同的条件下,绝缘介质层厚度可增加 100 倍,这对改善器件性能、降低制备工艺技术的困难是有很大好处的. 影响高介电常数铁电材料在 DRAM 中应用的主要因素是其较大的漏电流、较高的体和界面缺陷、较低的介电击穿强度和与硅工艺的兼容性等问题.

由于传统的多晶硅电极材料和氧化物介质材料组合时,多晶硅和氧会发生反应形成 SiO_2,降低电容值,因此,利用新型氧化物材料作为电介质层材料时,相应的电极材料也需要使用新的材料. 具有金属(Metal)/绝缘体(Insulator)/金属(Metal)MIM 的电容结构已经被提出. 已报道的金属电极材料有 Ru、Pt、WN、TiN 以及多层金属结构薄膜等,其中 TiN 及其多层金属电极结构由于具有良好的氧扩散阻挡特性受到了广泛重视.

5.6.2 闪速存储器(Flash)

闪速存储器以浮栅存储器件为主要结构,特点是具有非挥发性、高存取速度、易于擦写、集成度高且功耗小. 闪存的基本结构和读写方式如图 5.14 所示,其基本原理是在 MOSFET 的栅介质中增加一个多晶硅浮栅来存储电荷,从而改变晶体管的阈值电压. 当浮栅中没有电荷时,在适当的读电压 V_{read} 下可以得到显著的电流,对应逻辑值"1";当浮栅中存有负电荷时,阈值电压(从控制栅看到的阈值电压)增大,在同样的 V_{read} 下电流很小,对应逻辑值"0". 闪存的写入和擦除是在浮栅上加入和移出电子,电荷输运的机制包括沟道热电子注入(channel hot electron injection)和 F-N 隧穿效应(Fowler-Nordheim electron tunneling).

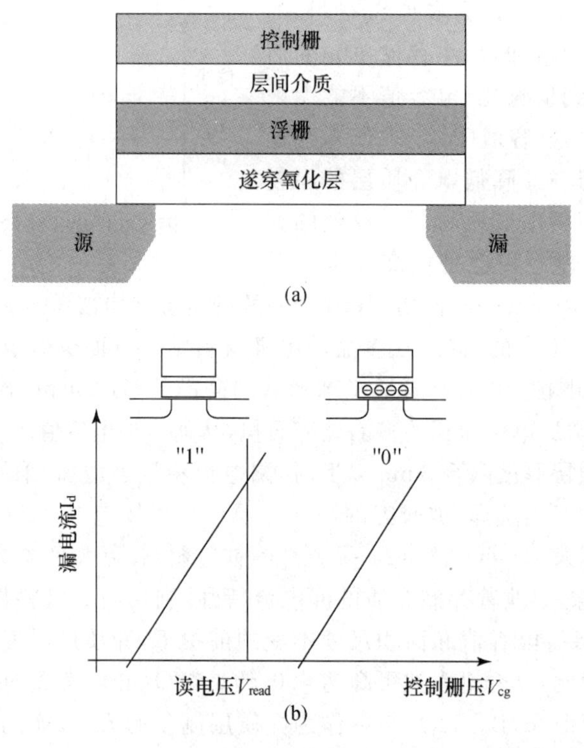

图 5.14 (a)闪存的结构示意图 (b)读写示意图

Flash 具有两种结构 NOR 型和 NAND 型 Flash 结构. NOR Flash 的典型尺寸约为 $10F^2$,F 为工艺特征尺寸. NOR 闪存具有快速的随机读取访问速度,适用于应用到手机的程序等需要高速读取的存储领域. NAND Flash 的结构特点采用串行单元链结构,每个单元链包含多个存储单元,共用一个位线接触孔.而在 NOR Flash 中每个存储单元都有一个接触孔,因此 NAND Flash 有更小的单元尺寸(约为 $4F^2$),具有高的存储密度. NAND Flash 适合于高密度存储的应用领域,比如数码相机、数码录像机、MP3 播放器等.

随着闪存存储密度的快速增加,尺寸不断缩小,传统浮栅结构的 Flash 存储器面临着漏电增加、编程效率下降、可靠性退化及浮栅耦合效应等器件物理问题和技术限制,浮栅存储器技术将很难应用到 32 nm 以下技术节点.

基于陷阱或量子阱存储原理的电荷俘获型闪存技术(Charge Trapping Memory,简称 CTM)采用富含电荷陷阱的氮化硅层代替浮栅型快闪存储器中的浮栅,具有极少量电子操作、器件尺寸小、工艺简单、编程速度快、功耗小、电压低、易于 CMOS 工艺兼容且存储新材料技术相对成熟等优点,被认为是快闪存储器技术发展的重点研发方向. CTM 器件的典型单元结构为 SONOS 结构. SONOS 单元结构通过电子在沟道与氮化物存储层之间的隧穿实现编程和擦除,具有优良的数据保持能力.目前 CTM 技术的研究正朝着采用高 K 材料和能带工程来实现超薄高质量的栅介质结构的方向发展,例如,以富硅氮氧化硅($Si_xO_yN_z$)代替氮化硅作为电荷存储介质层,以氧化铪(HfO_2)、氧化铝(Al_2O_3)等代替氧化硅作为隧穿介质层及阻挡层等. CTM 存储器的研究面临着高 K 介质材料超低漏电、超高可靠性、材料工艺集成以及多值存储等技术的挑战, CTM 存储器有望满足 32～22 nm 工艺节点的要求.

5.6.3　非挥发性铁电存储器(FeRAM)

FeRAM 是利用铁电材料的铁电特性实现存储的.在正电场的作用下,铁电晶体晶格的中心离子偏离平衡位置,形成电偶极子,其电偶极矩的方向与电场方向一致.当施加负电场时,晶格的中心离子可以移动到另一个稳定位置,其形成的电偶极矩的方向沿负电场方向.当去除外加电场后,电偶极矩的方向可以保持.这一特性称为自发极化现象,也称为铁电性.铁电材料的自发极化现象正是由于铁电晶体的晶格中心离子具有两个稳定位置引起的.

铁电材料的自发极化方向随电场发生变化,极化强度值与电场呈非线性关系,出现电滞回线,如图 5.15 所示.在没有加电场时,晶体中具有正电偶极矩和负电偶极矩的晶格数量相等,因此自发极化强度为零.当加一个小的正向电压时,晶体的极化强度与电压成正比.当电压增大时,具有正电偶极矩的晶格数量增多,因此极化强度值迅速升高(AB 段).当所有晶格的电偶极矩都沿电场方向排列时,极化强度达到饱和,将不随电压变化(BC 段),B 点对应的电压为饱和电压 V_s,将 BC 外推可得到饱和极化强度 P_s.减小电压,极化强度随之减小(CD 段).在电场为零时,将有剩余极化值 Pr 存在.经过相反方向的电场达到一定值后,极化值变为零,对应的电压称为矫顽电压 V_c.当晶体中所有晶格的电偶极矩方向沿负电场方向排列时,达到负饱和状态(F 点).当电场从负向扫向正向时,极化强度将沿 FG 方向变化,一直到达正向饱和电压时形成封闭的电滞回线.铁电材料极化后的剩余极化值在不同电场作用下有正和负两种极化状态分别存储 0 和 1 两种状态, FeRAM正是利用了其这一特性. FeRAM 在读取操作时,需要施加一个参考极化方向来判断 FeRAM 的状态,与此极化方向不一致的状态将被破坏,因此读操作是破坏性的.读操作完成后,需对存储单元进行恢复性写操作.

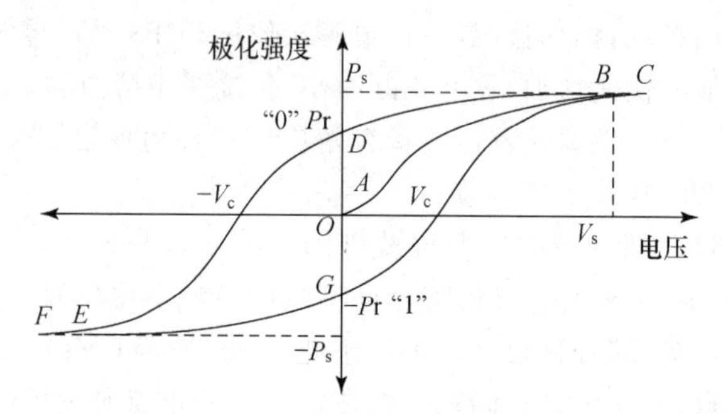

图 5.15 铁电材料的电极化强度随电压变化的电滞回线特性

由于 FeRAM 是通过铁电材料的两个不同稳定结构存储信息"0"和"1",因此具有抗辐射、抗干扰能力强的特点,同时它还兼备了只读存储器(ROM)和随机存储器(RAM)的特性,因此被认为是新一代非挥发存储器的典型代表和发展方向之一. FeRAM 存储单元电路有两种,一种是 2T2C 结构,包含 2 个晶体管和 2 个电容.另一种是 1T1C,包含 1 个晶体管和 1 个电容. 2T2C 结构的存储单元可靠性高,但不容易高密度集成应用. 1T1C 结构需要高的读出灵敏度电路设计,但可实现高的存储密度,成为研究重点.

作为 FeRAM 电容介质层的铁电材料,要求具备较高的剩余极化强度、低的饱和极化电压、快的极化反转响应时间和好的抗疲劳特性(即经许多次极化反转循环,剩余极化强度不出现明显退化的特性).铁电材料主要是具有钙钛矿结构的 $PbZrTiO_3$(PZT)、$SrBiTaO_3$(SBT)和 $BiLaTiO_3$(BLT)等材料. PZT 由于具有大的剩余极化强度、小的极化饱和电压、低的工艺温度,开关速度小于 900 ps,展示出了很大的潜力,成为 FeRAM 材料研究的重点对象.但 PZT 的主要问题在于当利用 Pt 作为电极材料时,抗疲劳特性较差,并且 Pb 的挥发会将对环境产生影响. SBT 铁电材料较 PZT 有好的抗疲劳特性,同时由于不含 Pb 是环保型材料,受到了研究者的重视.然而 SBT 材料需要经过较高温(大于 750℃)的处理工艺,不易与 Si 工艺集成. BLT 材料表现出了优异的铁电特性,具有高的剩余极化、尤其是没有表现出疲劳特性问题.由于疲劳问题直接影响着 FeRAM 性能的稳定和寿命,如何利用与硅工艺兼容的低温制备工艺制备出性能良好的铁电薄膜材料、提高铁电材料的抗疲劳特性等问题是 FeRAM 研究中的重要课题.一些研究结果表明,FeRAM 中氧化物铁电材料层如 PZT 和 SBT 等的电极化性能的退化与所用的电极材料有关.在 FeRAM 器件中,常用的电极材料一般为 Pt、Ti 金属等.深入研究发现,如果采用氧化物导电材料如 $SrRuO_3$、RuO_2、IrO_2、$La_xSr_{1-x}CoO_3$、$YBa_2Cu_3O_7$ 等作为电容电极材料,则 PZT 的抗疲劳特性可得到改善.

目前,FeRAM 研究的主要课题包括:研究影响铁电材料的抗疲劳性能和自发极化强度的因素,提高改进制备工艺,开发新的铁电材料,使铁电材料层具有高的自发极化强度、低的极化饱和电压、高的开关速度和好的抗疲劳特性. FeRAM 是通过电容电荷存储信息的，电容不能随着器件尺寸的减小而不断减小，因此 FeRAM 器件的可持续缩小能力较差，很难做到高密度存储，这也限制了 FeRAM 器件的大规模应用.

利用铁电材料作为 MOSFET 器件的栅介质可制备铁电场效应晶体管(FeFET)，由于 FeFET 具有场效应管的结构，具有很好的可缩小特性，可以实现比 FeRAM 更高容量的存储密度. FeFET 存储器的基本结构为金属-铁电薄膜-半导体场效应晶体管，如图 5.16 所示. 用铁电薄膜作为 FET 中的栅极绝缘材料，利用铁电薄膜的极化状态调制半导体的表面状态，从而调制晶体管源-漏极间的导通状态，对应逻辑态“0”和“1”，以达到存储信息的目的. 当大于矫顽场的外加正向电场(电场方向指向铁电薄膜/半导体界面)加在栅极上时，铁电薄膜产生正向极化，吸引负的补偿电荷到半导体表面. 对于 p 型 Si 衬底，表面呈耗尽直至反型，FET 器件处于导通状态. 当大于矫顽场的负向电场加在栅极上时，铁电薄膜产生负向极化，吸引正的补偿电荷到半导体表面，p 型 Si 衬底表面呈积累态，此时沟道处于关断状态. 因此，对应于铁电薄膜的正负极化态，Si 表面分别呈反型和积累两种状态. 当源-漏极施加电压时，FET 将呈导通和关断两种状态，因此可以实现“0”和“1”的存储. 由于铁电薄膜的极化状态在外电场移走之后，仍能保持，因此可以具有非挥发存储特征. 读取信息时，在源漏极加上偏压，根据源漏电流的相对大小即可读出所存储的信息(“1”或“0”)，而无需使栅极的极化状态反转，因此铁电场效应晶体管存储器具有非破坏性读出的特性.

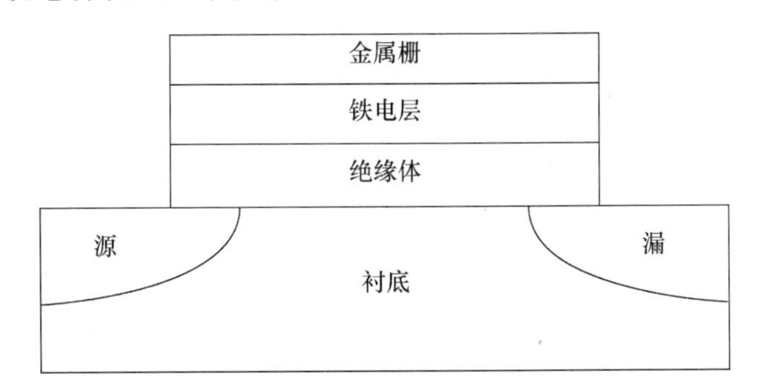

图 5.16 铁电场效应晶体管(FeFET)示意图

Yale 大学的 T. P. Ma 等人提出用铁电场效应晶体管实现动态随机存储器，利用 DRAM 中的刷新电路来保持存储单元的内容，这样得到的存储器称为铁电动态随机存储器(FeDRAM). FeDRAM 是非破坏性读出，具有很多传统的 DRAM 中所没有的优点. 因为铁电场效应晶体管存储单元具有很长的保持时间，因此能够容忍更长的刷新间隔时间，可有效降低刷新频率，提高读写工作的效率；而且 FeDRAM 中不需要用传统的 DRAM 中所必需的电容来存储信息，具有很高的集成度. FeDRAM 的编程速度主要由铁电材料的开关速度决定，它可以非常快，而传统的动态随机存储器的速度却被存储电容的充放电时间所限制. 另外，FeDRAM 中因为取消了存储电容，降低了对刷新电路的要求，电路的功耗也随之降低.

5.6.4 磁随机存储器(MRAM)

MRAM与普通RAM利用电荷存储信息不同,MRAM使用磁场来存储信息. MRAM具有非挥发性、低功耗、高速读取、无限次读写、抗辐射等优点. 最简单的MRAM存储单元是一个磁隧道结(Magnetic Tunneling Junction,简称MTJ). MTJ具有金属三明治结构,包括上下两层铁磁金属和中间一层薄的绝缘体. MTJ的上下两层铁磁金属中一层为自由铁磁层,磁化方向随外加磁场的变化而变化;另一层为钉扎铁磁层,磁化方向不受外界磁场的影响. 在铁磁材料上增加一层反铁磁材料,利用反铁磁层和铁磁层的交换耦合产生偏置场可以实现对铁磁层的钉扎. 当上下铁磁层之间加上电压时,如果绝缘层足够薄,电子隧穿过绝缘薄膜,使得上下磁层之间有电流通过,产生隧穿电流. 隧穿电流的大小与两铁磁层磁化的相对取向有关. 当两层铁磁金属的磁化方向一致时,电子隧穿几率增加,MTJ隧道结具有低的磁电阻(导体在磁场下的电阻值),当两层铁磁金属的磁化方向相反时,电子隧穿几率减小,隧道结具有高的磁电阻,如图5.17所示. MTJ的这一效应称为隧穿磁电阻效应(Tunneling Magnetoresistance,简称TMR). MTJ隧道结的TMR效应同自旋极化电子的隧穿输运有关. MRAM是利用磁隧道结的TMR效应工作的,分别利用隧道结的高和低两种磁电阻状态存储0和1两种信息. 在没有磁场存在时,MTJ的磁电阻状态不会改变,因此具有非挥发存储特性. 常用的铁磁金属材料是Fe、Ni、Co以及它们的合金NiFe、NiCo等. 绝缘层通常为Al_2O_3薄膜. 隧道结磁电阻比通常定义为$\frac{R_{high}-R_{low}}{R_{low}}$,其中$R_{high}$和$R_{low}$分别为高阻态电阻和低阻态电阻. 磁电阻变化一般为20%~40%.

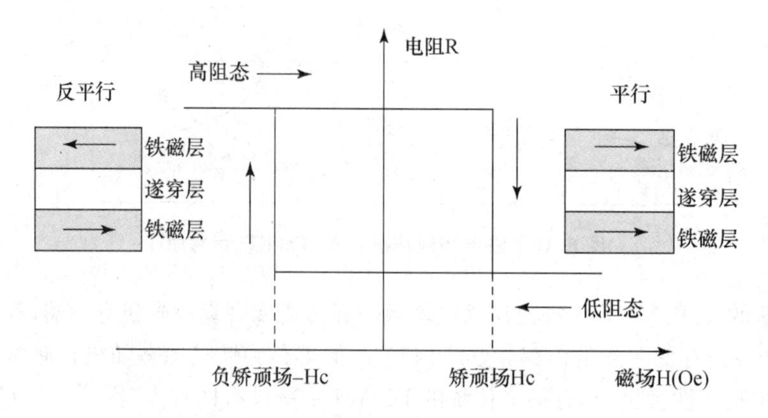

图5.17 MTJ隧穿结的工作原理示意图

上述MRAM的工作模式是以外加磁场的变化为基础的,这类存储器件称为磁场感应磁化翻转(Field-Induced Magnetization Switching, 简称FIMS)MRRAM器件,是第一代磁随机存储器. 这类MRAM器件面临两个主要问题,一个问题是MRAM在写入操作时各存储单元翻转磁场具有不一致性. 对于不同的存储单元,铁磁薄膜的大小、形状等的不同造成翻转磁场有很大的差异，可能引起误操作．因此需要足够大的磁场翻转铁磁层的磁化方向，导致编程电流大．另一个问题是 FIMS MRAM 器件的可持续缩小能力较差．因为 FIMS MRAM 器件的工作是受磁场控制的，当器件越来越小时，器件工作所需的磁场不能随之减小．这也是 FIMS 型 MRAM 器件面临的关键问题．

开发具有高隧穿磁电阻比的隧道结材料可以降低对转变磁场的要求，有助于提高器件的集成密度，因此，可以部分解决器件尺寸缩小的问题．Y. M. Lee 等人报道了利用优化的电极材料组分和结构制备的$(Co_{25}Fe_{75})_{80}B_{20}/MgO/(Co_{25}Fe_{75})_{80}B_{20}$磁隧道结，其隧穿磁阻率在室温下达到了 500％，在 5 K 温度下高达 1010％．图 5.18 示出了$(Co_{25}Fe_{75})_{80}B_{20}/MgO/(Co_{25}Fe_{75})_{80}B_{20}$磁隧道结的隧穿率磁电阻随外磁场的变化特性．尽管已经提出了一些改善 FIMS MRAM 器件性能的方法，但 FIMS MRAM 器件仍然很难应用到 100 nm 以下的集成电路技术代．

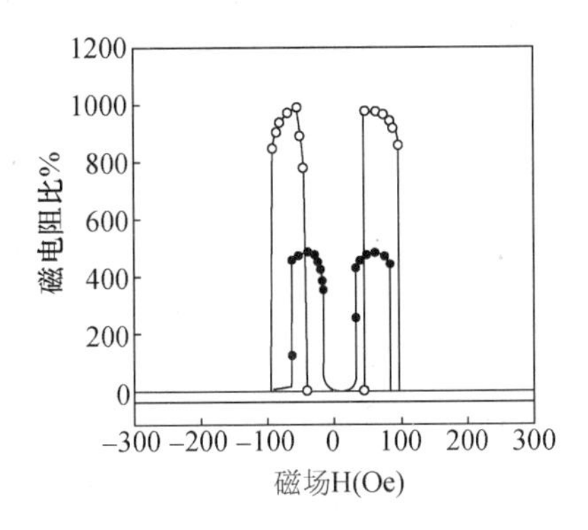

图 5.18　$(Co_{25}Fe_{75})_{80}B_{20}/MgO/(Co_{25}Fe_{75})_{80}B_{20}$磁隧道结的隧穿磁电阻随电场的变化关系(实心圆曲线代表室温下的数据，空心圆曲线代表的是 5K 温度下的数据)

自旋转移扭矩(Spin-Transfer-Torque，简称 STT)器件是第二代 MRAM 器件．在 STT MRAM 器件中，不需要外加磁场，当注入到磁隧道结的电流超过一个临界电流值时，自由铁磁层薄膜的磁化方向可以由注入的自旋极化电流引起翻转．这种情况下，薄膜磁化方向的变化不受磁场的控制，因此这类器件也称为电流感应磁化翻转(Current-induced Magnetization Switching，简称 CIMS)MRAM 器件．由于自旋动量矩转移现象只有在纳米尺寸的磁体里有明显的效应，因此，STT MRAM 很适合纳米尺度的器件制备，可实现高密度存储器应用，成为了磁随机存储器的研究重点．STT MRAM 研究面临的主要问题是编程电流的限制．由于自旋转移扭矩效应存在一个临界电流密度值，STT MRAM 编程电流的大小依赖于临界电流密度．寻找新的具有高磁电阻率的材料降低临界电流密度从而减小编程电流，是 STT MRAM 研究的重要内容．

5.6.5　相变存储器(PCRAM)

硫系化合物相变材料如 $Ge_2Sb_2Te_5$，在电场作用下(焦耳热)可以在晶态和非晶态之间相互转变．相变材料呈晶态结构时，处于低阻态(Low Resistance State，简称 LRS)，材料呈非晶态结构时处于高阻态(High Resistance State,简称 HRS).相变存储器是利用相变材料可在高低两种电阻状态之间相互转变的特性进行信息的写入和存储.当施加一个高电压低脉宽的电压脉冲时,相变材料的局部温度可以升到熔点以上,经快速冷却,可以由晶态(LRS)向非晶态(HRS)转化.当施加一个脉宽长而脉冲电压强度适中的电压脉冲时,相变材料的温度升到了结晶温度与熔化温度之间时,相变材料由非晶态转变为晶态.图 5.19 示出了 PCRAM 工作的基本原理.PCRAM 存储器利用了晶态的低阻特性和非晶态的高阻特性存储“0”和“1”信息.由于相变材料的晶态和非晶态两种结构在常温下都是稳定态,因此 PCRAM 存储器具有非挥发特性.PCRAM 的操作包括编程(Set)和擦除(Reset)两个过程.Set 是指把相变材料熔化发生从晶态到非晶态转变,Reset 是使相变材料从非晶态向晶态转变.读操作可以通过施加一个不引起材料发生相变的脉冲电压、测量相变材料的电阻值来获得其所处的状态.PCRAM 具有高速度、低功耗、循环寿命长($>10^{13}$次)、抗辐照、工艺简单、与 CMOS 工艺兼容等优点.因此,PCRAM 技术是新一代非挥发存储器的重要候选,也被认为是新型通用存储器技术的候选之一.

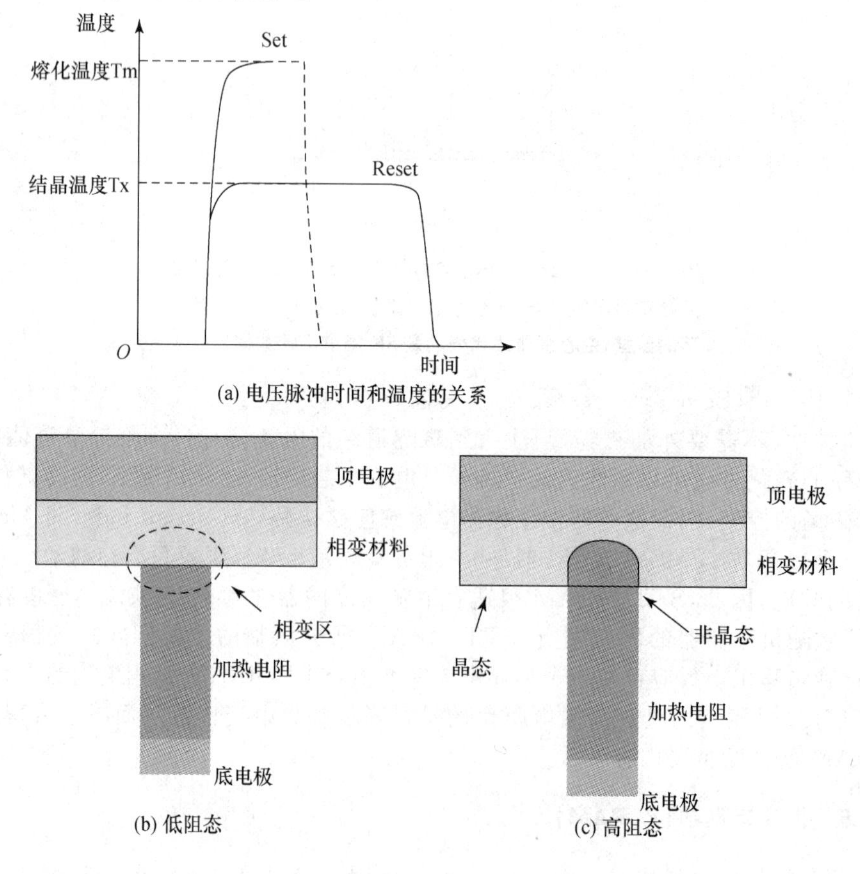

图 5.19 PCRAM 存储器工作原理示意图.

目前研究的PCRAM关键材料是硫系化合物材料，是一种包含硫系元素的合金材料.硫系元素是指在元素周期表中的第ⅥA族元素，包括氧(O)、硫(S)、硒(Se)、碲(Te)、镨(Po).GeSbTe系合金材料尤其是$Ge_2Sb_2Te_5$材料，是研究最广泛的相变材料.相变存储器中电阻态变化依赖于使相变材料在晶态和非晶态之间转变的加热效应.对于一定尺度的相变材料，存在特定的晶态和非晶态转变能量，因此相变所需的加热电流和功耗具有一定的值，导致存储器操作电流大的问题.研究发现当PCRAM器件尺寸缩小时，器件的操作电流密度也随之减小，表明PCRAM存储器件具有很好的尺寸缩小能力.减小操作电流是PCRAM存储器研究面临的重要挑战.研究了N、O、Si、Sn等元素掺杂对基于$Ge_2Sb_2Te_5$的PCRAM器件存储性能的影响，发现掺杂改善了PCRAM器件的相变电阻、结晶温度、晶化速度等特性，提高了器件编程速度.研究提出了减小电极与相变材料的接触面积、提高相变材料的电阻、在电极材料和相变材料之间添加热阻层材料等减小工作电流的技术和方法.研究新型PCRAM器件材料、开发新型器件结构也是PCRAM存储器研究的重要内容.开发了一些新型PCRAM材料，比如GeSb、SbTe和SiSbTe等，实验上表明这些材料具有良好的应用前景.蘑菇型器件结构是常用的器件结构，该结构不容易制备出小电极，导致操作电压比较高.一些新型的器件结构，比如相变纳米线结构、环形电极结构、相变桥结构等相继被提出，用以减小PCRAM的操作电流、改善器件的稳定性.

PCRAM器件的稳定性和可靠性研究是PCRAM研究的重要内容.由于PCRAM器件中信息的写入需要相变材料的熔化与快速冷却过程，经多次擦写后，相变材料与电极材料之间的界面性能变差，将导致器件单元失效.PCRAM存储单元之间的实际结构和尺寸等存在差异，可能造成不同存储单元的电阻不同，将引起存储单元电阻的离散性.随着器件尺寸的减小和密度的增加，器件单元间距离变得越来越小，PCRAM存储单元之间由于热扩散效应将会产生干扰问题.对于PCRAM存储器件电阻离散性和器件失效等可靠性问题产生的物理机制还没有完全搞清楚，尚处于机制研究阶段.PCRAM器件结构及其工艺的优化、加热材料的选择、PCRAM器件失效的物理模型建立以及工艺兼容性等方面的研究，是PCRAM研究工作的重点.

5.6.6　电阻式存储器(RRAM)

电阻式存储器(RRAM)是利用存储介质材料在电场作用下具有高电阻态(HRS)和低电阻态(LRS)两种稳定的电阻态存储信息，当去除电场时，电阻态可以保持，因此具有非挥发性特征.RRAM通常采用简单的MIM结构作为存储单元，其中“M”为各种特定的电子导体作为上下电极，包括各种金属和导电化合物，“I”代表具有阻变特性的存储介质材料，包括氧化物材料和有机物材料.其中采用氧化物薄膜材料作为存储介质的RRAM技术与现行半导体工艺兼容性好，成为RRAM研究的重点.RRAM工作的关键是存储材料的电阻转变和记忆效应.MIM存储单元具有高电阻态(关态，对应“0”)和低电阻态(开态，对应“1”)两种稳定状态，在电压或电流脉冲作用下，MIM单元可在高和低电阻态之间转换，以实现数据的写入和擦除. RRAM 存储器具有高速度、低压低功耗、结构简单、单元面积小、易集成等优点,是新一代通用存储器的候选技术之一,成为研究热点.

对 RRAM 存储材料施加偏压,当超过一定值时,阻变材料的电阻会发生可逆转变,且电压去除后其电阻态可以稳定保持. 电阻从高阻态到低阻态转变的过程称为 Set 过程,即编程操作. 电阻从低阻态转变到高阻态的过程称为 Reset 过程,即擦除操作. 这两种转变过程都有一个关键的电压值,称为 Set 电压和 Reset 电压. 按照转变电压 V_{set} 和 V_{reset} 的极性,可以将阻变分为单极转变(Unipolar Switch)和双极转变(Bipolar Switch)两种类型, 分别如图 5.20(a)和(b)所示. 单极转变时 set 和 reset 电压极性相同,而双极转变时 set 和 reset 电压极性相反. 只需提供幅度合适的电压脉冲或扫描电压,就可以使阻变存储器在高低电阻态之间进行多次稳定的转换,实现数据的写入和擦除. 读操作则通过一个不会干扰阻态的小电压来完成,通常取 0.3～0.5 V.

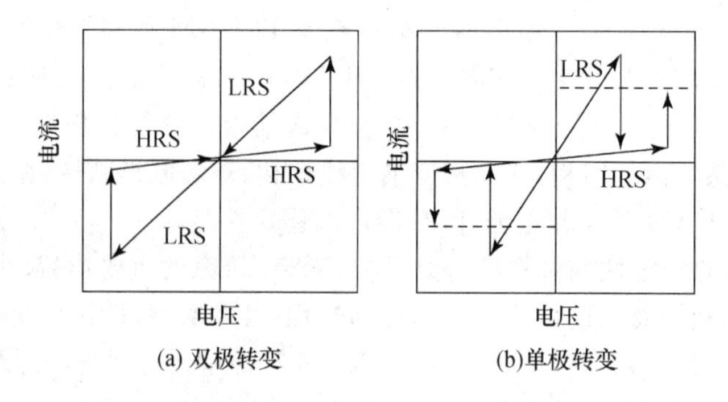

图 5.20　RRAM 存储器的两种单极和双极电阻转变特性示意图

具有阻变性能的 RRAM 存储材料很多,主要包括: 二元金属氧化物如 TiO_2、NiO、Cu_xO、ZrO_x、HfO_2 等;三元或四元的钙钛矿型钛(锆)化合物,如 $SrTiO_3$、$Pr_{0.7}Ca_{0.3}MnO_3$ (PCMO) 等;基于金属离子导电的介质材料,如 Cu_2S、MoO_x:Cu、SiO_2:Ag 等;还有有机化合物材料,如 Poly(N-vinylcarbazole)(PVK)等. 电极材料则可以是 Pt、Ti、Al、W 等金属单质,也可以是 TiN、TaN、IrO_2 等导体. RRAM 的典型存储单元有 1T1R 和 1D1R 两种,1T1R 由一个 MOS 选择管和一个 MIM 阻变电阻组成,而 1D1R 则由一个二极管(单元)选择管和一个 MIM 阻变电阻组成. 图 5.21 示出了1T1R 存储单元阵列示意图.

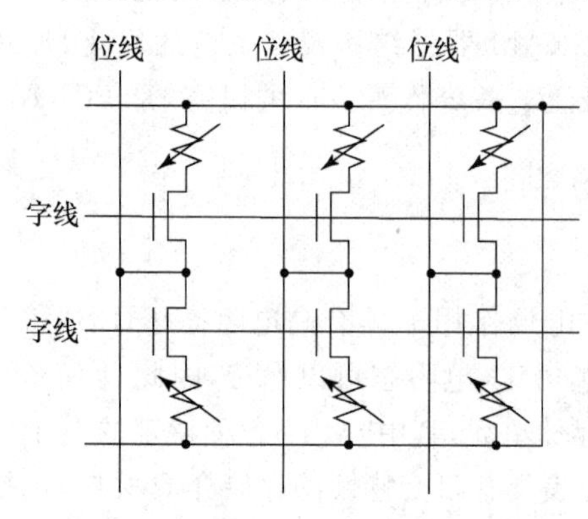

图 5.21　1T1R 存储单元阵列示意图

具有阻变特性的氧化物材料种类繁多,且不同材料之间阻变特性差异较大. 目前对于 RRAM 电极和双极转变的物理机制还没有明确的认识. 国内外的研究小组针对不同材料的阻变特性提出了多种物理机制，包括电场诱导的细丝导电通道(Conductive Filament)机制，肖特基势垒变化引起的阻变机制，电极界面处的电化学迁移机制，陷阱态对载流子的俘获和释放机制以及 Mott 相变机制等. 目前最受认可的是电场诱导的细丝导电通道机制模型. 在该模型中，RRAM 的开态和关态分别对应氧化物薄膜导电细丝的导通和断裂. 在氧化物材料中，氧空位缺陷或者金属离子的排列可构成低阻态时的导电通道. 利用导电的原子力显微镜技术对 RRAM 介质薄膜高阻和低阻状态下导电状态进行了实验观察，也证实了薄膜中导电细丝的存在. 但是对于导电细丝的成分、导电细丝导通和断裂的物理机制还没有完全理解.

基于 HfO_2 的 RRAM 器件，脉冲开关速度可达到 5 ns，工作电流小于 25 μA，耐久性循环次数可达 10^6 次. Ta_2O_5 基 RRAM 器件表现出了高可靠性、耐久性(循环次数大于 10^9 次)，其在 85℃下数据保持特性可达 10 年. WOx 基的 RRAM 存储器单元可具有 4 个稳定的电阻态，表现出稳定的二位操作能力，显示了 RRAM 在多值存储技术应用方面的潜力. RRAM 器件的高/低阻态的比值随着器件尺寸减小而增加，表明 RRAM 存储器件有良好的可持续缩小能力. 这些研究成果表明 RRAM 存储器具有优异的存储性能，显示出了其在新一代非挥发存储器中的应用潜力. RRAM 器件研究也面临一些关键技术和基础问题需要解决. 氧化物 RRAM 器件的电阻转变参数，包括 set 电压、reset 电压、高阻态电阻和低阻态电阻，随循环次数的增加表现出很大的离散性，RRAM 器件的高低阻态保持特性以及器件的均匀性等还不理想. 已经提出利用离子掺杂技术和新型 RRAM 器件结构设计等方法以提高 RRAM 的阻变一致性和保持特性. 目前 RRAM 的研究处于电阻式存储器关键材料和关键技术的开发阶段. 探索存储性能优异的阻变材料、深入研究 RRAM 存储器的电阻转变物理机制、开发 RRAM 新型器件结构和工艺技术、建立 RRAM 器件可靠性模型等，是 RRAM 研究工作的重点.

5.7　互连材料

互连材料包括金属导电材料和绝缘介质材料. 传统的导电材料是铝和铝合金，绝缘介质材料是二氧化硅. 铝连线具有电阻率较低、易淀积、易刻蚀、工艺成熟等优点，基本上可以满足早期集成电路性能的要求. 因此，自集成电路发明以来被广泛采用. 为了提高芯片的性能和降低成本，芯片的面积迅速增大，集成密度进一步提高，器件特征尺寸已经进入深亚微米领域，这就要求金属互连线的宽度也不断减少、连线层数增加. 互连引线在整个集成电路芯片中所占的面积越来越大，已占到整个芯片面积的 80%以上. 随着电路规模的增加，互连线长和所占的面积迅速增加. 连线层数和互连线长度的迅速增加以及互连线宽度的减小，将会引起连线电阻增加，这使得电路的互连延迟时间、信号的衰减及串扰增加. 另外，互连线宽的减小还会导致电流密度的增加，引起电迁移和应力迁移效应的加剧，从而严重影响电路的可靠性. 在 0.25 μm 特征尺寸下，nMOS 和 pMOS 的门延迟分别为 6 ps 和 15 ps，而互连延迟则达到 0.1 ns 左右. 从 0.25 μm 技术代开始,互连延迟已超过器件的门延迟,成为制约集成电路速度的主要因素. 图 5.22 示出了互连延迟随技术代的依赖关系.

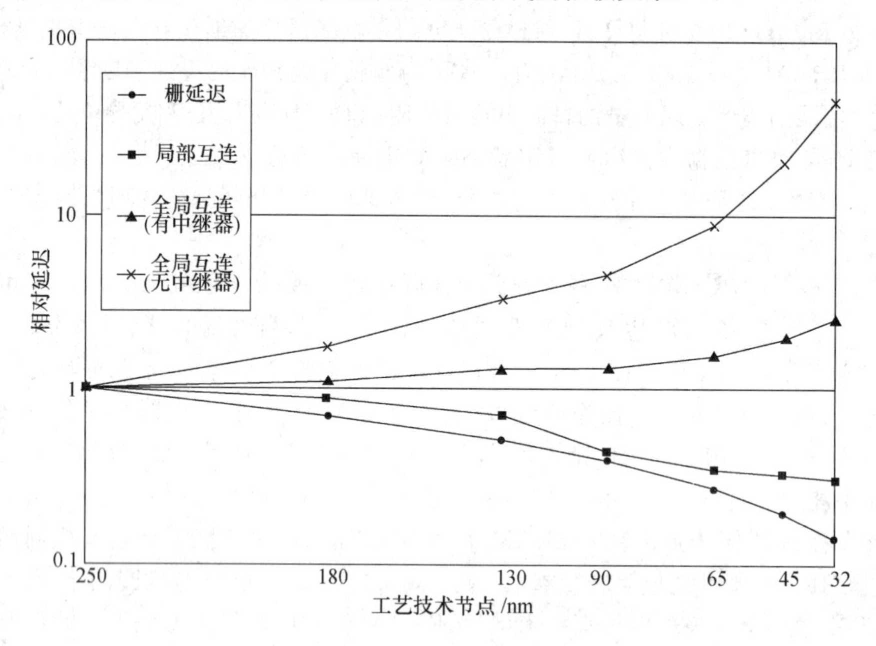

图 5.22 互连延迟与技术代之间的关系

表征互连线延迟时间的物理量为 RC 常数,R 为引线的电阻,C 为互连系统的电容,C 与互连线的尺寸和互连引线下面介质层的介电常数 ε 和厚度 t_{ox} 有关,设连线长度 l,宽度为 w,则

$$C = \frac{\varepsilon w l}{t_{ox}} \tag{5.3}$$

$$RC = \frac{\varepsilon}{t_{ox}} w l R \tag{5.4}$$

因此采用低引线电阻的导电材料和低介电常数的介质材料可以有效地降低系统的延迟时间. 介电常数比 SiO_2 低的介质材料就可称为低 K 介质材料,介电常数一般小于 3.5. 采用低 k 互连介质可以在不降低电流密度的条件下,有效地降低寄生电容 C 的数值,减小 RC 互连延迟时间,从而提高集成电路的速度.

Cu 是比 Al 电阻率更低的金属导电材料. 采用 Cu 作为金属互连导电材料,可以使得电路系统的互连特性得到改善. 在 0.18 μm 技术代,保持相同的互连延迟和以 SiO_2 作为绝缘介质材料,采用 Al 互连需要的金属互连层数为 9,而采用 Cu 互连需要的金属互连层数则可减小到 7. Cu 金属互连与 Al 金属互连相比,还能带来互连可靠性的改善. 与铝相比,Cu 具有电阻率低(室温)、抗电迁移和应力迁移的特性好等优点. 因此,Cu 是一种比较理想的互连材料,利用 Cu 金属互连替代 Al 金属互连是集成电路技术发展的必然结果. Cu 互连技术的引入面临的问题主要有两个.一个问题是Cu的污染问题.Cu在SiO_2介质中的扩散很快,使得SiO_2的介电性能严重退化.另一个问题是Cu的刻蚀问题,很难找到可以刻蚀Cu的技术手段,难以实现Cu引线图形的加工.人们研发出可以阻挡Cu扩散的势垒层材料技术解决了Cu的污染问题,提出了大马士革结构结合化学机械抛光技术(Chemical Mechanical Polishing,简称CMP),解决了Cu引线图形的加工问题.从0.18微米技术代开始,Cu已取代Al成为互连的金属引线材料.

随着金属互连层数和其所占面积的增加,互连金属线之间寄生电容迅速增大,互连介质材料对集成电路性能的影响也变得越来越严重,氧化硅和氮化硅介质层已经不能适应深亚微米集成电路工艺的要求.为了减少寄生连线电容和串扰,需要采用较SiO_2介电常数更低的绝缘介质材料.使用低k材料作介质层,减小了分布电容,对降低互连线延迟时间起到非常重要的作用.因此在Cu多层互连工艺中需要开发新的低k介质材料.随着集成电路技术发展到亚50 nm技术代,由于引线的尺寸缩小将引起Cu电阻率的显著上升.另外,介质材料的k值越低,其可制造性越差、可靠性越低,将带来低k介质的可制造性集成和可靠性问题.目前已经在新型互连材料、新型互连介质以及新的互连技术方面提出了解决的方案.

已提出和研究的低k介质材料主要有k值在2.8～3.5之间的氟化SiO_2氧化物(fluorinated oxide)、SOG旋涂玻璃,k值在2.5～2.8之间的聚酰亚胺(polyimide),2～2.5之间聚对苯二甲基(Parylene),k值小于2.0的石英气凝胶(porous silica aerogel)等.多孔结构的互连介质是新型低k互连介质技术之一.将介质材料加工形成多孔结构,利用多孔结构中空气介电常数接近1的特点,可以获得低k值的介质材料.多孔结构互连介质技术的主要挑战是后续工艺的污染问题,已经提出利用有效的表面孔洞密封技术解决污染问题的方案.由于介质材料的k值越低,其机械性能越差,如何在获得低k介质材料的同时能满足机械加工性能和可靠性是低k介质研究面临的主要课题.新的低k介质材料的可靠性以及是否能够与后续的CMP工艺兼容是影响其在集成电路应用的主要因素.

铜很容易扩散到硅和其他介电材料中,在外加电场作用下铜扩散会增强.必须用金属或电介质做扩散势垒层,防止金属互连间电泄漏和晶体管性能退化.好的势垒层对器件工作可靠性非常重要.势垒层材料是互连材料中的关键材料之一.势垒层材料包括介质势垒层材料和导电势垒层材料两种.介质势垒层材料的作用是防止Cu扩散和作为CMP与刻蚀工艺的停止层,保护Cu薄膜的性能免受后续工艺的影响.介质势垒层材料也需要采用尽可能低的介电常数,以减小势垒层的引入带来的介质电容的增加.介质势垒层材料主要有SiN、SiC等.导电势垒层材料,也称为扩散阻挡层,是作为Cu的扩散势垒防止Cu的扩散,并作为粘附层提供良好的Cu电学接触.因此要求导电势垒层材料具有优异的Cu扩散势垒特性、低的电阻以及与Cu有良好的粘附性.研究的导电势垒层材料主要有Ta、WN、TaN、TiN等,其中Ta和TaN被认为是比较理想的势垒层材料.

三维(3D)集成互连技术、射频(RF)互连技术以及光互连是正在发展的新型互连技术.3D集成互连技术利用多层有源Si层作为CMOS器件的衬底层,每个有源层可有多层互连引线层,不同引线层之间可利用垂直的层间互连与公共的全局互连连接.三维互连技术用距离短的垂直互连线完成互连,有效减小了互连引线的长度,降低了互连延迟时间,同时有助于增加晶体管的封装密度,减小芯片的面积.三维互连结构也为电路的设计、布局和布线提供了较高的自由度.在保证器件性能不退化的前提下实现三维集成互连是三维互连研究的重要问题.近年来发展了 SOI 减薄技术和硅片键合技术相结合的三维集成互连技术,已经成功实现了多层有源 Si 层的互连,3D 互连集成技术的实现正逐渐变为可能.

RF 互连是以微波信号的低损耗、无色散传输和近场电容耦合为基础的新型互连技术,其在传输速度、信号完整性、通信再构等方面具有很大的优点.同时 RF 互连也存在较大的功率损耗、芯片内的信号滤波问题以及芯片外的配套器件问题等.光互连采用光作为数据传递媒质,进行互连通信.光互连具有输入/输出端口密度高、功耗低、互连延迟小、不受高频损耗和信号串扰及电磁干扰影响等优点.同时,光的通信路径很容易通过合适的光学器件实现路由、组合、分离和重构.目前实现光学互连的方式主要有波导互连方式和自由空间互连方式两种.波导互连采用光纤或波导管传送光信号,采用波分复用等方式并行传送多路光信号,完成不同的通信连接.自由空间互连使用自由空间传播信号,能充分利用光的空间带宽和并行性,且不产生相互干扰.同时自由空间互连不受限于物理通道,有很强的可重构性.光互连存在着器件的电-光、光-电转换效率低速度较慢,功耗大等问题.RF 互连和光互连技术尚面临着系统性能、制造成本、可靠性和与 Si 集成电路工艺的兼容性等问题的严峻考验,需要大量的研究工作去缩小其与实际应用之间的距离.

碳纳米管由于结构不同可呈现半导体性或金属性.半导体性碳纳米管可用于研制场效应晶体管、二极管等纳电子器件,而金属性碳纳米管可以应用到电路的互连技术中.碳纳米管具有独特的特性:(1) 载流子在碳纳米管中呈弹道式输运,不与杂质和声子发生散射,其室温下电子平均自由程达到微米量级;(2) 抗电迁移能力很强,且具有很高热稳定性;(3) 具有传导大电流的能力,可承受最高电流密度达 10^9 A/cm^2;(4) 单壁碳纳米管具有很高的热导率(1 750~5 800 W/mK).碳纳米管的导电、导热性能均优于金属,而且没有电迁移,是一种理想的互连材料.但碳纳米管的态密度较低,单根碳纳米管的电阻大、信号传播速度较慢.在碳纳米管用于互连的工艺集成方法、相关模型、可靠性等方面已经做了很多探索工作.碳纳米管的研究需要在可控生长、与金属的欧姆接触问题、与 Si 工艺兼容性等方面进行技术突破.随着纳米技术的快速发展,相信碳纳米管在互连技术应用中有广阔的前景.

参考文献

[1] 黄昆,韩汝琦.固体物理学.北京:高等教育出版社,1988.

[2] 叶良修.导体物理学.北京:高等教育出版社,1983.

[3] 刘恩科,朱秉生,罗晋生.半导体物理学.北京:电子工业出版社,2008.

[4] 邓志杰,郑安生.半导体材料.化学工业出版社,2004.

[5] 王阳元,王永文.我国集成电路产业发展之路-从信息大国走向产业强国.科学出版社,2008.

[6] A. Fox, B. Heinemann, R. Brth, D. Bolze, et al. Tech. Dig. IEEE Int. Electron Devices Meeting, 2008:731～734.

[7] J. J. T. M. Donkers, M. C. J. C. M. Kramer, S. Van Huylenbroeck, L. J. Choi, etal. Tech. Dig. Symposium on VLSI Technology, 2007:655～658.

[8] Scott E. Thompson, Mark Armstrong, Chis Auth, Steve Cea, et al. IEEE Eelectron Device Lett. 2004, 25: 191～193.

[9] H. S. Yang, R. Malik, S. Narasimha, Y. Li, R. Divakaruni, etal. Tech. Dig. IEEE Int. Electron Devices Meeting, 2004:1075～1078.

[10] T. Ghani, M. Armstrong, C. Auth, M. Bost, etal. Tech. Dig. IEEE Int. Electron Devices Meeting, 2003:978～881.

[11] G. D. Wilk, R. M. Wallace, and J. M. Anthony, J. Appl. Phys. ,2001,89: 5243～5275.

[12] H. Y. Yu, J. F. Kang, J. D. Chen, C. Ren, et al. Tech. Dig. IEEE Int. Electron Devices Meeting. 2003:99～102.

[13] C. S. Kang, H. J. Cho, K. Onishi, R. Choi, et al. Tech. Dig. Symposium on VLSI Technology, 2002: 146～147.

[14] J. F. Kang, H. Y. Hu, C. Ren, H. Yang, et al, J. Electrochemical Society. 2007, 154: H927～H932.

[15] H. Y. Yu, C. Ren, Y. C. Yeo, J. F. kang, et al. IEEE Electron Device Lett. 2004, 25:337～339.

[16] V. Narayanan, A. Callegari, FR. McFeely, K. Nakamura, Tech. Dig. Symposium on VLSI Technology, 2004:192～193.

[17] Yoshifumi Nishi, Yoshinori Tsuchiya, Atsuhiro Kinoshita, Takashi Yamauchi and Junji Koga. Tech. Dig. IEEE Int. Electron Devices Meeting, 2008:921～924.

[18] Yoshifumi Nishi, Yoshinori Tsuchiya, Atsuhiro Kinoshita, Takashi Yamauchi and Junji Koga. Tech. Dig. IEEE Int. Electron Devices Meeting, 2007:135～138.

[19] Eric Gerritsen, Nicolas Emonet, Christian Caillat, et al. Solid-State Electronics 49 (2005) 1767 ～1775.

[20] van Dover R B, Schneemeyer L F and Fleming R M , Nature, 1998:392;395.

[21] Eric Gerritsen, Nicolas Emonet, Christian Caillat, Nicolas Jourdan, et al. Solid-State Electronics, 2005, 49: 1767～1775.

[22] Tung-Ming Pan, Chun-I Hsieh, Tsai-Yu Huang, Jian-Ron Yang, et al. IEEE Electron Device Lett. 2007, 28:954～956.

[23] Kwang-Ho Kim, Jin-Ping Han, Soon-Won Jung and T. P. Ma, Semiconductor Device Research Symposium, 2001 International 5～7 pp. 373～376, Dec. 2001.

[24] H. Kohlstedt, Y. Mustafa, A. Gerber, A. Petraru, Microelectronic Engineering, 2005 80: 296～304.

[25] Uong Chon, Gyu-Chul Yi, and Hyun M. Jang, Appl. Phys. Lett. 2001. 78:658～660.

[26] Seung H. Kang, JOM, 60, 28～33, 2008.

[27] David D. Djayaprawira, a! Koji Tsunekawa, Motonobu Nagai, et al. Appl. Phys. Lett. 86, 092502, 2005.

[28] Y. M. Lee, J. Hayakawa, S. Ikeda, F. Matsukura, and H. Ohno, Appl. Phys. Lett. 90, 212507, 2007.

[29] H. Y Lee, P. S. Chen, T. Y. Wu, Y. S. Chen, et al. Tech. Dig. IEEE Int. Electron Devices Meeting,

2008:297～300.

[30] Tzu-ning Fang, Swaroop Kaza, Sameer Haddad, An Chen, et al. Tech. Dig. IEEE Int. Electron Devices Meeting, 2006:297～300 Joe trermal.

[31] K. Aratani, K. Ohba, T. Mizuguchi, S. Yasuda, et al. Tech. Dig. IEEE Int. Electron Devices Meeting, 2007:783～786 Cu ion.

[32] K. Tsunoda, K. Kinoshita, H. Noshiro, Y. Yamazaki, et al. Tech. Dig. IEEE Int. Electron Devices Meeting, 2007:767～770 TiNiO.

[33] W. C. Chien, Y. C. Chen, K. P. Chang, E. K. Lai, et al. IEEE Int. Memory Workshop, 2009:15～16.

[34] Z. Wei, Y. Kanzawa, K. Arita, Y. Katoh, K. Kawai, et al. Tech. Dig. IEEE Int. Electron Devices Meeting, 2008:293～296.

第六章 集成电路设计

集成电路设计是集成电路研制中的另一个重要环节.随着集成度的不断提高,设计成本和设计周期已成为集成电路,特别是超大规模集成电路产品研制成本和产品周期的主要部分.随着集成电路的种类日趋繁多、应用环境的变化,各种设计方法及相应的计算机辅助设计手段在集成电路设计中起着越来越重要的作用,利用电子设计自动化 EDA(Electronic Design Automatic)工具,根据具体的集成电路采用不同的设计方法,可以在尽可能保证设计正确性的同时,大大缩短设计周期,降低设计成本,提高新产品的市场竞争力.

本章将着重阐述集成电路的设计特点和信息描述、设计流程、集成电路的主要设计方法等,并结合设计实例进行介绍,使读者对集成电路设计的相关知识有一个初步认识.集成电路设计的 EDA 系统将在下一章进行专门阐述.

6.1 集成电路的设计特点与设计信息描述

6.1.1 设计特点

集成电路设计是根据电路功能和性能的要求,在正确选择功能配置、电路形式、器件结构、工艺方案和设计规则的情况下,尽量减小芯片面积,降低设计成本,缩短设计周期,以保证全局优化,设计出满足要求的集成电路.集成电路设计的最终输出结果是掩模版图.通过制版和工艺流片最终得到所需的集成电路.集成电路设计成功与否可以通过测试验证及系统应用来确定.由于半导体晶圆片上的单个集成电路通常被称为芯片,因此集成电路设计也称芯片设计.

数字集成电路设计过程主要包括功能设计、逻辑和电路设计、版图设计等方面.与设计分立器件组成的电路相比,集成电路设计具有以下特点:

(1) 集成电路对设计正确性提出了更为严格的要求.由分立器件组成的电路,可以通过替换分立器件或改动电路互连线进行改正;但对集成电路而言,由于很复杂的电路被集成在一个芯片上,如果发现成品错误再加以修改,则需要重新进行设计、制版、工艺流片和测试,需要投入大量的时间与费用.因此,必须避免集成电路设计中的错误.为了做到这一点,可以在芯片中设置容错电路,使芯片具有一定的修正功能;但更为普遍采用的措施是借助完善的设计技术及设计工具,对设计的每个阶段进行反复验证和检查,并对物理因素与电学性能等问题进行综合考虑,以保证设计的正确性.例如,可在集成电路版图设计的最后阶段引入设计的物理因素(如寄生电容、寄生电阻等),进行进一步的设计验证.

(2) 集成电路外引出端的数目不可能与芯片内器件的数目同步增加,这就增加了从外引出端检测内部电路功能的困难,加之电路内部功能的复杂性,在进行集成电路设计时,必须采用便于检测的电路结构,并需要对电路的自检测功能进行考虑.

(3) 与分立器件的电路设计相比,布局、布线等版图设计过程是集成电路设计中所特有的.只有最终生成设计的版图,通过制作掩模版、工艺流片,才能真正实现集成电路的各种功能.而布局、布线也是决定集成电路性能与芯片面积的主要因素之一,对高速电路和低功耗电路尤为如此.

(4) 作为一个高度复杂的电路系统,集成电路在一个芯片上集成了数以万计、亿计的器件,这些器件既要求相互隔离又要求按一定功能相互连接,而且还需要考虑设计提出、设计实现及设计验证过程中所包含的各方面因素.因此,无论是功能设计、逻辑与电路设计还是版图设计,都不可能把几十万个以上的器件作为一个层次来处理,必须采用分层分级设计(hierarchical design)和模块化设计思想.

所谓模块化设计,是将电路分成不同模块进行设计,各模块可以并行设计,不同模块完成不同的功能,最后集成为整个电路,完成所需的功能.所谓分层分级设计,就是将一个复杂集成电路或电路模块的设计问题分解为单元复杂性较低的设计级别,而且这个级别还可以再分解到单元复杂性更低的设计级别;这样一直继续到使最终的设计级别的单元复杂性足够低,也就是说,能相当容易地由这一级设计出的单元逐级组织起复杂的电路.一般来说,级别越高,抽象程度越高;级别越低,细节越具体.

图 6.1 是集成电路设计中典型的 Y 型图,该图从层次和域两方面示意地表示出了集成

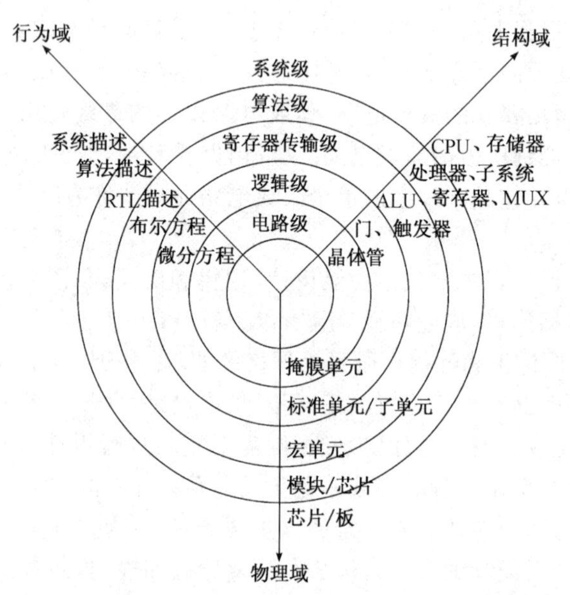

图 6.1　从层次和域方面表示的电路的分层分级设计

电路的分层分级设计思想.从域的角度来看,集成电路设计通常包括行为设计、结构设计和

物理设计三个方面.其中行为域是指集成电路的功能,结构域是指集成电路的逻辑和电路,物理域则是集成电路光刻掩模版的几何特性和物理特性的具体实现.设计域一般分为五个设计层次,即系统级、算法级、寄存器传输级(也称 RTL 级)、逻辑级与电路级,图 6.1 示出了在不同域五个设计层次对应的不同内容.在目前的实际设计过程中,寄存器传输级以上的设计通常包括功能设计;逻辑级和电路级的设计通常是指结构域对应的逻辑设计和电路设计以及物理域对应的掩模版图设计.逻辑和电路设计与相应的版图设计处于同一设计层次,对于有自动转换软件支持的集成电路设计,可以由逻辑设计直接转换得到版图设计;对于没有自动转换软件支持的集成电路设计,从设计步骤上看,一般先作逻辑和电路设计,再作版图设计,这可以看作是一个"同级驱动"的过程.

6.1.2　设计信息描述

集成电路设计信息的描述主要有图形描述和语言描述等方式.表 6.1 示出了各种描述方法.根据集成电路分层分级设计思想,设计过程通常包括功能设计、逻辑和电路设计以及版图设计等几个方面,与此对应的设计描述则有功能描述、逻辑描述、电路描述和版图描述等.

表 6.1　设计信息描述的几种方法

<table>
<tr><th colspan="2">分　类</th><th>内　容</th></tr>
<tr><td rowspan="2">语言描述</td><td>功能设计</td><td>VHDL 语言、Verilog 语言</td></tr>
<tr><td>逻辑设计</td><td>VHDL 语言、Verilog 语言、逻辑网表、其他逻辑描述语言</td></tr>
<tr><td rowspan="5">图形描述</td><td>功能设计</td><td>功能图</td></tr>
<tr><td>逻辑设计</td><td>原理图</td></tr>
<tr><td>电路设计</td><td>电路图</td></tr>
<tr><td rowspan="2">版图设计</td><td>符号式版图</td></tr>
<tr><td>掩模版图</td></tr>
</table>

功能描述和逻辑描述可用图形或语言来描述,其中功能描述可用功能图(如数据流图、有限状态机图、结构图等)或语言(如 VHDL 语言、Verilog 语言等)来描述.例如,一个输入为 B、C,输出为 A 的加法器的功能描述可以用 A<=B+C 来实现.需要说明的是,不管哪种描述,都要有配套的设计工具支持.

逻辑描述可用原理图、逻辑网表或逻辑描述语言来表示,也可以用逻辑级的 VHDL 语言、Verilog 语言来描述.其中原理图反映的是元件及其元件之间连接的情况,便于设计人员应用.以布尔表达式 $x=\bar{a}b+a\bar{b}$ 为例,该表达式可用图 6.2 所示的原理图来实现.对应

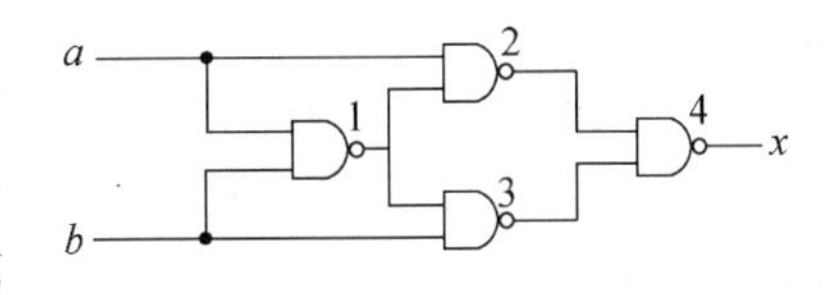

图 6.2　逻辑描述 $x=\bar{a}b+a\bar{b}$ 的原理图

于原理图的 ASCII 或二进制形式称为逻辑网表，一般用 EDIF(Electronic Design Interchange Format)形式表述，主要用于计算机处理，描述所有元件及其连接关系，图 6.3 示出了一个比较器/多路器的网表描述和相应的原理图.

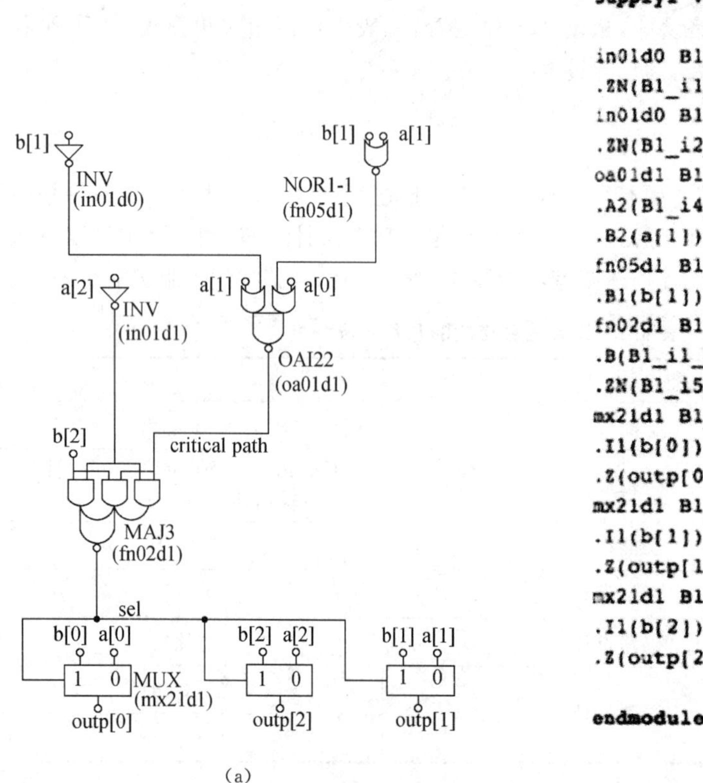

(a)

```
`timescale 1ns / 10ps
module comp_mux_o (a, b, outp);
input  [2:0] a; input  [2:0] b;
output [2:0] outp;
supply1 VDD; supply0 VSS;

in01d0 B1_i1 (.I(a[2]),
.ZN(B1_i1_ZN));
in01d0 B1_i2 (.I(b[1]),
.ZN(B1_i2_ZN));
oa01d1 B1_i3 (.A1(a[0]),
.A2(B1_i4_ZN), .B1(B1_i2_ZN),
.B2(a[1]), .ZN(B1_i3_Z;
fn05d1 B1_i4 (.A1(a[1]),
.B1(b[1]), .ZN(B1_i4_ZN));
fn02d1 B1_i5 (.A(B1_i3_ZN),
.B(B1_i1_ZN), .C(b[2]),
.ZN(B1_i5_ZN));
mx21d1 B1_i6 (.I0(a[0]),
.I1(b[0]), .S(B1_i5_ZN),
.Z(outp[0]));
mx21d1 B1_i7 (.I0(a[1]),
.I1(b[1]), .S(B1_i5_ZN),
.Z(outp[1]));
mx21d1 B1_i8 (.I0(a[2]),
.I1(b[2]), .S(B1_i5_ZN),
.Z(outp[2]));

endmodule
```

(b)

图 6.3 (a) 比较器/多路器的原理图;(b) 比较器/多路器的逻辑网表

电路描述一般用电路图来描述，例如图 6.4 示出了与非门的 CMOS 电路实现形式，可以看到，从逻辑级到电路级，所包含的细节更为具体. 版图描述则通常用设计版图描述，其中符号式版图不考虑版图各部分的物理尺寸，仅提取出结构与位置关系的一种版图，这是在用语言描述版图设计比较困难的情况下的一种折衷. 图 6.5 是一个 CMOS 反相器的掩模版图，由该图可以看出 MOS 管的栅、源、漏位置，也可以看出栅与源/漏在不同的工艺层上.

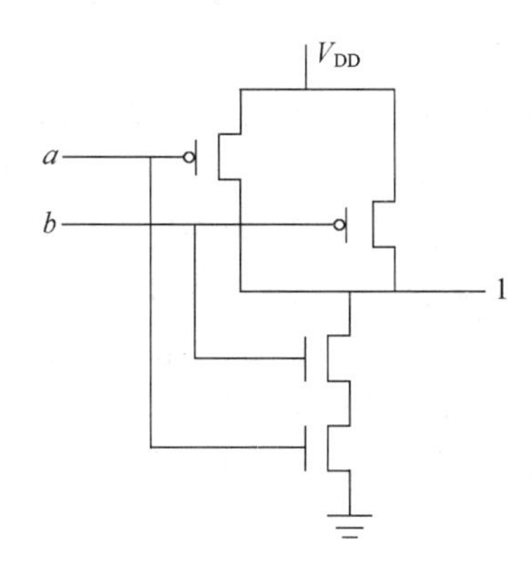

图 6.4　CMOS 与非门的电路图

设计信息的描述是设计思想的载体，各种描述方法在设计过程中紧密联系，例如功能描述可以是逻辑设计的输入，原理图描述可以是逻辑设计的输出，同时又可以是版图设计的输入.依据分层分级设计的思想，集成电路设计可以看作是由高层次描述向低层次描述展开，直至得到版图描述的过程.

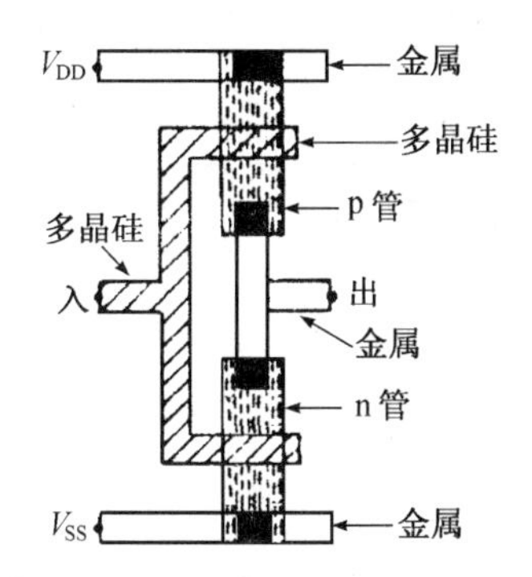

图 6.5　CMOS 反相器的掩模版图

6.2　集成电路的设计流程

如第一章所述，集成电路一般可分为数字集成电路、模拟集成电路和数模混合集成电路三类.由于模拟集成电路和数模混合集成电路，相应的 EDA 工具还不成熟，故下面主要针对数字集成电路介绍相应的设计流程.

对于数字电路来说，基于分层分级设计思想，一般采用典型的自顶向下（top－down）的设计过程，主要包括三个主要阶段：

（1）功能设计（behavioral design）；

（2）逻辑和电路设计（logic and circuit design）；

(3) 版图设计(physical design).

相应的理想化的设计流程如图 6.6 所示.在设计提出后，首先根据设计要求(芯片功能要求、性能指标等)进行功能(行为)编译，得到芯片的性能和功能描述；然后由性能和功能描述直接编译出逻辑和电路描述；再由逻辑和电路描述直接编译出相应的物理版图描述，将包含版图描述的磁带转交掩模版制造工厂制作掩模版后即可进行流片.这是一种最为完善的设计自动化 EDA(Electronic Design Automatic)系统，可以从最高级的系统级描述直接转换为版图设计数据.但由于缺少有效的 EDA 工具，这种技术迄今难以真正付诸实现.目前所谓的硅编译器(silicon compiler)是设计自动化程度较高的一种设计技术，可以从算法级或寄存器传输级行为描述开始进行编译，直接得到掩模版图，但真正实用的硅编译器还很少.

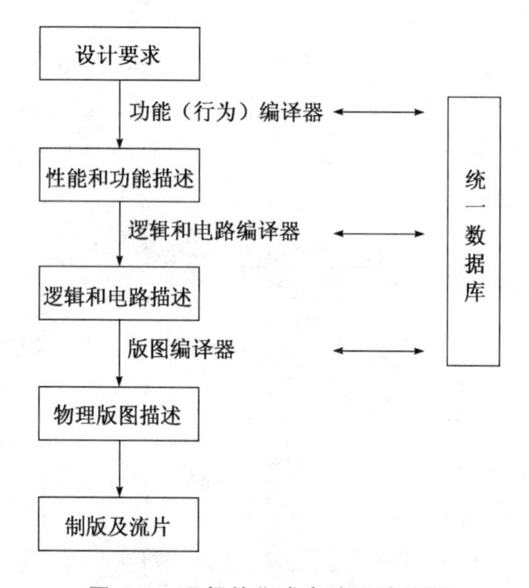

图 6.6　理想的集成电路设计流程

对于数字集成电路而言，目前较典型的实际的分层分级设计流程如图 6.7 所示，它需要较多的人工干预，一些设计阶段目前还没有自动设计软件支持，必须通过模拟(simulation)分析软件来辅助进行相应的设计，各级设计均需要进行验证，由设计人员判断结果是否满足要求.通过统一的数据库管理，可以使各设计阶段的输入/输出相互衔接，并保证转换时的等效性.

这里引入模拟/仿真的概念，所谓模拟/仿真，就是将设计描述(例如一个行为描述或者逻辑电路)输入到计算机中，相关软件会对该描述进行数学建模，通过给出输入激励，用相应的模拟/仿真软件对输入的设计描述进行计算，得到输出结果，由设计人员判断该结果是否满足要求.

图 6.7 中的设计流程给出的是基于单元库的数字集成电路的设计流程，左边部分给出

的是全定制数字集成电路的设计流程.下面将具体介绍.

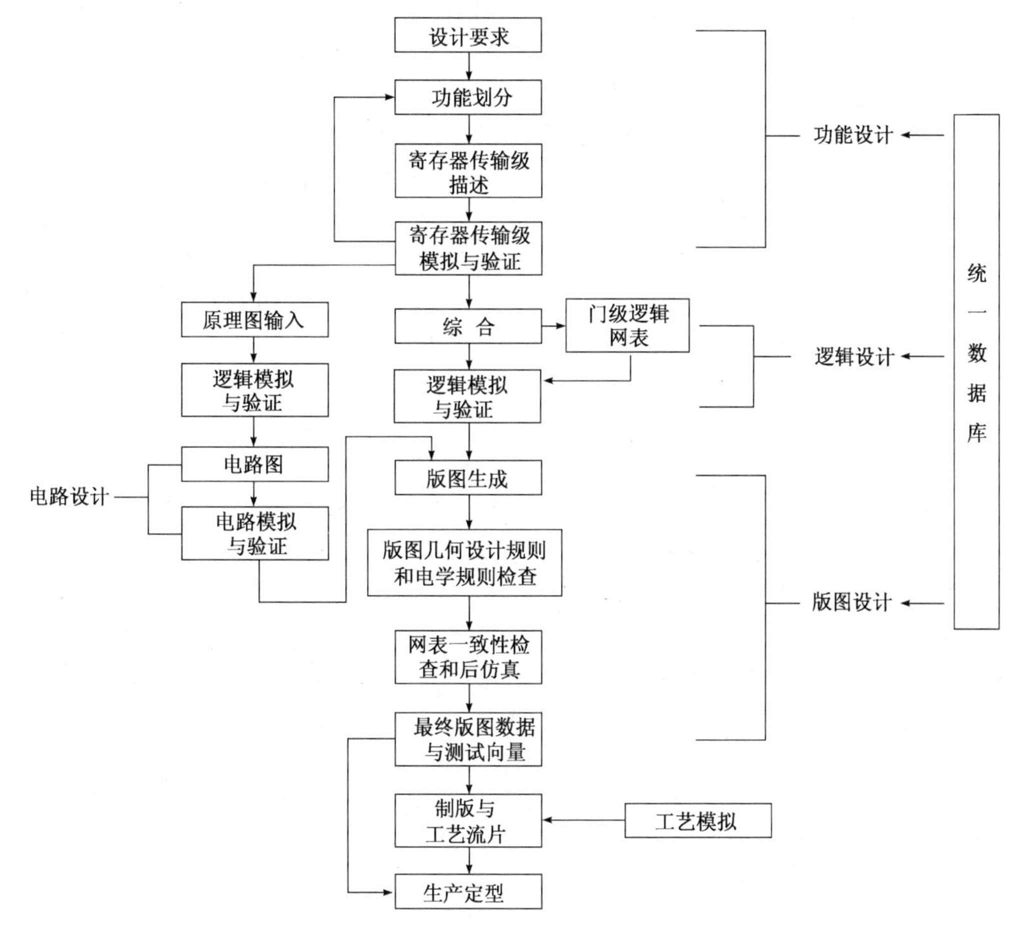

图 6.7 实际的分层分级设计流程

6.2.1 功能设计

功能设计是最高层级的设计,主要包括确定芯片的设计要求(包括芯片功能、性能、允许的芯片尺寸、功耗、成本等),进行功能块(functional block)划分和数据流、控制流设计,实现芯片功能.

功能设计可以在寄存器传输级上进行.如图 6.1 所示,寄存器传输级模块包括加法器、寄存器、译码器等.设计人员根据设计要求,依据自己的系统知识和设计经验对芯片进行功能划分;然后用寄存器传输级行为描述语言(如寄存器传输级 VHDL 语言、Verilog 语言等)对各功能块及相互间的关系进行描述,并通过寄存器传输级模拟检查总体功能的正确性,若结果不满意,可修改设计然后再进行模拟,重复该过程,直到获得较满意的方案为止.

功能设计也可以从算法级开始，通过对芯片进行算法级描述，并在这一级进行模拟验证，直到选取的方案符合总体功能要求. 然后根据结果进行寄存器传输级设计；也可以通过"算法级综合"(即所谓高级综合)将算法级描述转换到寄存器传输级描述. 但算法级综合软件目前尚处于发展阶段，未进入实用化领域. 在这里，"综合"是指通过附加一定的约束条件从高一级设计层次直接转换到低一级设计层次的过程，相关概念将在 7.3 节中进一步阐述.

在功能设计中，需要给出合理的功能块划分. 功能块划分的原则是既要使功能块之间的连线尽可能地少，接口清晰，又要求功能块规模合理，便于各个功能块的独立设计，在功能块最大规模选择时要考虑计算机辅助设计软件可处理的设计级别.

功能设计要确定如何实现芯片功能和如何尽量满足芯片的性能要求，在这方面，目前尚没有成熟的自动设计软件支持，仅有一些仿真软件，较典型的包括 VHDL 仿真器和 Verilog 仿真器等，应用这些软件可以进行功能设计的仿真与验证.

6.2.2 逻辑与电路设计

在上述功能设计完成后，进行逻辑与电路设计. 所谓逻辑或电路设计就是确定满足一定逻辑或电路功能的由逻辑或电路单元组成的逻辑或电路结构，其输出一般是网表和逻辑图或电路图.

对于数字电路，如果是基于单元库的设计，功能设计完成后得到的寄存器传输级描述可以通过逻辑综合软件，与适当的单元库结合，直接得到门级逻辑网表(即元件及其元件之间的连接关系)，然后再通过相应的逻辑模拟软件验证逻辑和时序的正确性，完成逻辑设计. 对于某些难以用逻辑综合软件综合的电路，可以在通过功能(行为)仿真后，由设计人员根据功能设计的结果对逻辑结构进行人工设计，再借助原理图输入软件将其输入到计算机中，并通过逻辑模拟软件的模拟验证完成逻辑设计. 逻辑设计验证通过后，可以生成相应的测试向量，用于完成芯片制备后的测试. 由于有单元库支持，在逻辑设计完成后，可以直接进入版图设计阶段.

在这里引入了一个重要的概念——单元库. 所谓单元库，是一组单元电路的集合，单元库中的单元电路都是经过优化设计、并通过设计规则检查和反复工艺验证的，不仅能实现一定的逻辑和电路功能以及性能，而且适合于工艺制备，可达到最大的成品率. 单元的最小单位是元件，由元件到门，由门到元胞，由元胞到宏单元(功能块)，都可以作为"基本单元". 单元库与工艺直接相关，在 IC 设计前应先确定流片工艺，再选用与该工艺对应的单元库进行设计. 有关单元库的知识在 6.4.3 小节中还会作进一步的详细介绍.

对于全定制数字集成电路设计，则不利用单元库，由设计人员根据功能设计的结果对逻辑结构进行设计，借助原理图输入软件输入计算机，通过逻辑模拟验证完成逻辑设计. 然后根据需要进行电路设计，以期获得最优的电路性能. 一般由设计人员进行初步设计，得到晶体管级的电路输入，通过电路模拟与分析，预测电路的直流、交流、瞬态等特性，之后再根据模拟结果反复修改元器件参数，直到获得满意的结果，得到满足要求的电路结构和元器件参数.

至此都是采用“自顶向下”分层分级方法进行设计的.逻辑模拟、逻辑综合、电路模拟目前已有较成熟的EDA工具,有关内容将在下一章作详细介绍.

6.2.3　版图设计

当逻辑与电路设计完成后,便可进行版图设计.版图设计就是根据逻辑与电路功能要求以及工艺水平要求设计出供光刻用的掩模版图.所谓版图是指一组相互套合的图形,各层版图对应于不同的工艺步骤,每一层版图用不同的图案来表示.版图与所采用的制备工艺紧密相关,在版图设计前,需要确定工艺流程,这样才可能设计出相互套合的掩模版图.

目前大多数电路的版图设计都是在单元库的基础上实现的,这不仅可以提高设计效率,还可以提高设计的正确性.如图6.8所示,版图设计过程主要包括版图生成和版图检查与验证.版图生成过程主要包括布图规划(floorplanning)和布局布线(place&route).首先在功能块划分的基础上进行布图规划,简单地说,布图规划就是对芯片版图进行总体规划布局,布图规划的输入是层级网表,该网表描述了功能块之间的连接、功能块中的逻辑单元(如门、触发器等)及逻辑单元端口,布图规划的输出是物理描述.网表是电路的逻辑描述,布图规划是电路的物理描述,因此布图规划可以看作是逻辑描述到物理描述的映射.

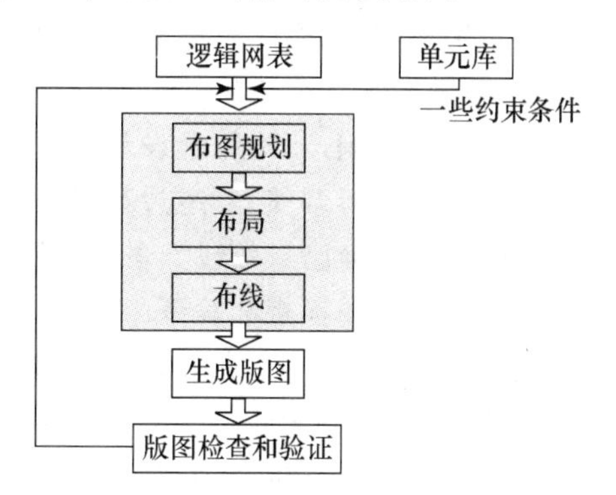

图6.8　版图设计典型过程

布图规划主要完成的工作包括:(1)在芯片上安置功能块,初步确定功能块的面积形状和相对位置;(2)确定输入/输出端口(I/O口)的位置、电源压焊块的位置和数目;(3)初步确定芯片面积和形状;(4)产生布线网格,规划电源、地线以及数据通道分布;(5)初步确定时钟位置及分布;(6)可估算互连延迟,分析布线拥挤通道.布图规划的总的目标是减小芯片面积,降低延迟.

布图规划完成后,进行布局布线.布局布线是版图设计的主要环节.布局是指根据级别最低的功能块中各基本单元之间的连接关系或高级别功能块中各较小功能块之间的连接关系,分配各基本单元或较小功能块的位置,使芯片面积尽可能地小.布线是指进行单元间或功能块间的连接,合理分配布线空间,使布线均匀,而且布通率要达到百分之百.在布局与布线之间有时还需要利用时钟树产生工具获得时钟树的分布.

如果是门阵列、标准单元阵列等规则结构芯片,可以利用布图规划和自动布局布线软件由逻辑网表自动转换生成版图,转换软件通常有人机交互式界面,可以对不满意的地方进行人工调整.

对于全定制设计芯片,需要根据电路图进行人工版图设计,通常采用“由底向上”的设计方法. 主要步骤包括：首先，用人工实现布图规划，然后，根据电路实现的要求，先设计基本单元的版图，明确各单元的外部连接，根据划分的结果，通过人工布局、布线将这些单元组成级别较低的功能块，再由较小的功能块组合成较大的功能块，直至完成整个功能块的版图设计. 最后，按布图规划结果对各功能块的版图进行组装调整，得到总体版图.

版图生成后，必须用 EDA 工具进行版图检查和验证，满足要求后方完成版图设计. 版图检查和验证主要包括对版图进行几何设计规则检查 DRC(Design Rule Check)、电学规则检查 ERC (Electrical Rule Check)、版图与原理图一致性检查 LVS (Layout Versus Schematic)和后仿真(post simulation). 其中一致性检查是指从版图中提取出网表，与逻辑/电路设计得到的网表进行比较，检查两者是否一致. 后仿真是指将版图中的寄生参数(包括寄生电阻和寄生电容)和实际版图参数提取出来，计算出延迟后加入到门级网表中，重新进行模拟，以验证版图设计完成后的电路功能的正确性和时序性能，主要考虑寄生量的影响，尤其是连线延迟的影响，若不符合设计要求，则需调整设计的某些部分，可能还会回到逻辑级、甚至行为级设计进行调整. 上述过程需要反复迭代，直到获得满意的结果.

目前版图设计已有较成熟的 EDA 工具，可用于版图编辑、人机交互式布局布线、自动布局布线以及版图检查和验证.

至此，设计工作基本完成，版图数据送交制版中心制作光刻掩模版，然后进行工艺流片. 完成流片以后，结合设计中产生的测试向量，通过测试仪对芯片进行测试分析及成品筛选，最后将所设计的电路生产定型.

上面给出的是典型的数字集成电路设计流程，不同类型的电路的设计流程会有所不同，但大都是基于分层分级设计和模块化设计思想的. 也正是这样，使得某些新产品的设计只需通过改变某些功能块或调用已有的单元(或功能块)、或采用有知识产权的 IP 模块(Intellectual Property)即可实现，大大缩短了新产品的研制周期.

另外，随着特征尺寸的缩小，集成电路进入超深亚微米 VDSM(Very Deep SubMicrometer)领域. 在 VDSM 集成电路中，互连延迟已超过门延迟，成为制约电路速度的主要因素，时序问题突出，尤其逻辑级设计中已通过的时序在布局布线后可能会由于连线的寄生电容、寄生电阻的影响，而变得不能满足要求，因此需要在较高层级设计中就要考虑物理实现后的问题，尤其是时序问题，这样可以减少迭代次数，提高设计效率，从设计流程上说，会发生一些改变. 一种解决方法是在设计的较早阶段考虑高层级设计和底层设计之间的相互影响，具体来说，就是将逻辑综合优化后得到的网表通过时序分析工具找到关键路径，将关键路径上的延迟以 SDF(Standard Delay Format)格式传给布图规划，经过初步的布图规划，得到连线延迟再输入综合工具，重新进行综合优化，直到考虑布图规划后连线延迟再进行综合得到的网表能够基本满足逻辑功能和时序要求.

对于模拟集成电路设计，一般是采用全定制设计. 首先根据要求确定电路指标，进行针对模拟电路的行为设计和行为仿真. 由于目前尚没有较好的综合软件，在行为仿真通过后一般由设计人员结合自己的设计经验进行电路设计，确定电路结构和基本参数后，借助电路图输入软件输入到计算机中，再利用电路模拟软件进行模拟验证，直到获得满意的结果.对于规模较小的电路，也可以直接进行电路设计.在完成电路设计后，进行全人工的版图设计，并完成版图检查和验证.对于模拟集成电路，电路结构、元器件参数以及具体的版图实现等对于电路的性能影响很大，在EDA工具尚不成熟的情况下，设计人员的经验是十分重要的.

6.3　集成电路的版图设计规则

本节主要介绍设计与工艺的接口——版图设计规则的相关知识.

集成电路设计的最终输出是版图.版图设计规则，即几何设计规则，是集成电路设计和制备工艺之间的重要接口，是版图设计所依据的基础.正是有了设计规则，才有可能使电路设计人员中不必每一个人都熟悉工艺细节就可以成功地设计出集成电路；而工艺制备人员也不需要深入了解电路的内容就能够成功地制备出所需要的电路.

制定设计规则的目的是使芯片尺寸在尽可能小的前提下，避免线条宽度偏差和不同层掩模版套准偏差可能带来的问题，尽可能地提高电路成品率.

设计规则是指考虑器件在正常工作的条件下，根据实际工艺水平（包括光刻水平、刻蚀能力、对准容差等）和成品率的要求，给出一组同一工艺层及不同工艺层之间几何尺寸的限制.主要包括线宽、间距、覆盖、露头、凹口、面积等规则，分别给出它们的最小值，以防止掩模图形的断裂、连接和一些不良物理效应的出现.在版图设计完成后，可以据此用计算机辅助设计软件进行设计规则检查.

设计规则一般有两种表示方法，一种是以 λ 为单位的设计规则，另一种是以微米为单位的设计规则.传统意义上的设计规则一般均以 λ 为单位表示对几何尺寸的限制，λ 与工艺线所具备的工艺分辨率有关，可看作是线宽偏离理想特征尺寸的上限以及掩模版之间的最大套准偏差，一般等于栅长度的一半.随着集成电路工艺的不断发展和器件特征尺寸的不断缩小，以微米为单位的设计规则已经为越来越多的研究人员所采用.下面分别给予介绍.

6.3.1　以 λ 为单位的设计规则

以 λ 为单位制定设计规则的思想是首先由Mead和Conway提出的.在这类规则中，把大多数尺寸约定为 λ 的倍数，然后再根据工艺线的分辨率，给出与工艺相容的 λ 值.因此，版图设计可以独立于工艺和实际尺寸，对于不同的工艺水平，只要改变 λ 的数值即可获得不同的设计规则，使设计规则得以简化.但采用这类规则可能会造成芯片面积浪费或工艺难度增加.

下面以硅栅E/D nMOS版图设计规则为例介绍以 λ 为单位的设计规则.硅栅E/D nMOS工艺共需8层掩模版，图6.9是nMOS横截面的示意图，其工艺过程主要包括：有源区光刻、场区注入、场区氧化;耗尽管光刻、耗尽管注入;增强管光刻、增强管注入;生长栅氧化层;淀积与掺杂多晶硅;多晶硅光刻;源漏注入;淀积低氧层,接触孔光刻与腐蚀;铝淀积与连线光刻;合金;淀积钝化层与压焊块光刻等.

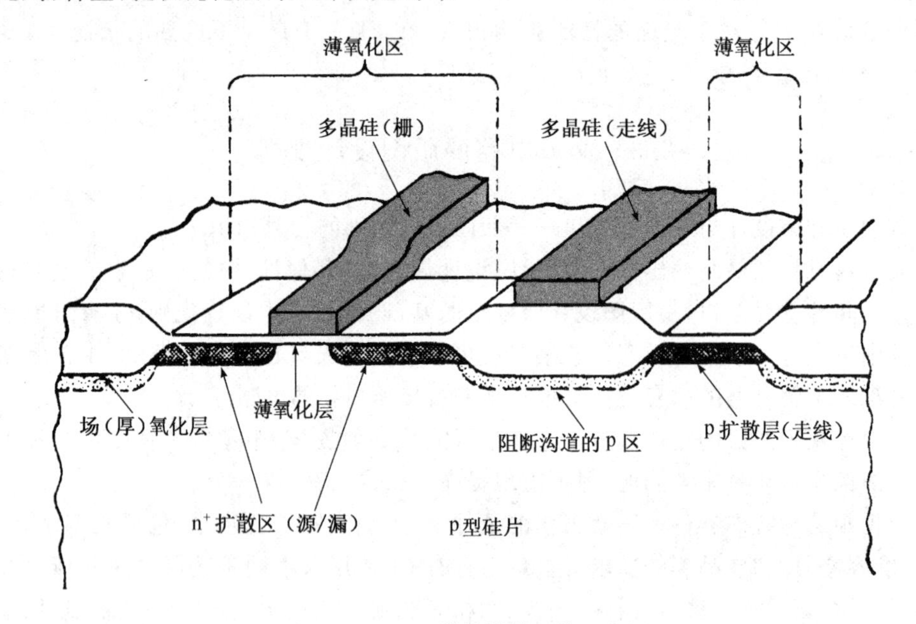

图 6.9 nMOS 器件横截面的示意图

图 6.10 示意地反映了与不同版次相关的设计规则,下面分别给予说明.

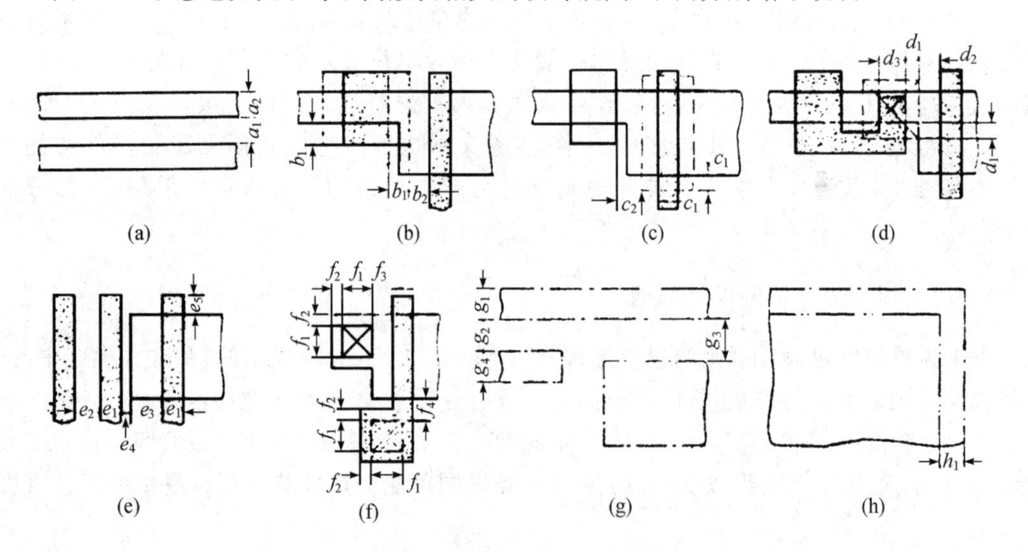

图 6.10 硅栅 E/D nMOS 设计规则示意图(以 λ 为单位)

(1) 有源区版

① 有源区最小宽度 a_1:3λ,以保证有源区尺寸并减小窄沟效应;

② 有源区最小间距 a_2:3λ,以减小寄生效应.

(2) 耗尽注入版

① 耗尽注入对栅区的最小覆盖 b_1:2λ,以保证耗尽管沟道区的阈值调整注入;

② 耗尽注入离增强管的最小距离 b_2:2λ,以防止耗尽注入影响增强管的沟道区.

(3) 增强注入版

① 增强注入对栅区的最小覆盖 c_1:2λ,以保证增强管沟道区的阈值调整注入;

② 增强注入离耗尽管的最小距离 c_2:2λ,以防止增强注入影响耗尽管的沟道区.

(4) 埋孔版

① 埋孔对接触区的最小覆盖 d_1:2λ,以保证多晶硅与耗尽管源区的接触;

② 埋孔与无关栅的最小间距 d_2:2λ,以防止无关栅与埋接触区短路;

③ 埋接触区的最小面积 d_3^2:$(3\lambda)^2$,以保证多晶硅与耗尽管源区的有效接触.

(5) 多晶硅栅版

① 多晶硅栅的最小栅长 e_1:2λ,是器件的基本特征尺寸;

② 多晶硅栅条之间的最小间距 e_2:3λ,以防止多晶硅栅相连引起短路;

③ 多晶硅栅与有源区最小内间距 e_3:3λ,以保证电流在栅宽范围内均匀流动;

④ 多晶硅栅与有源区最小外间距 e_4:1λ,以防止短路与寄生效应;

⑤ 多晶硅栅的最小出头量 e_5:2λ,以保证多晶硅栅与源漏区的断路.

(6) 接触孔版

① 接触孔的最小面积 f_1^2:$(3\lambda)^2$,以保证硅与铝连线的良好接触;

② 源漏区及多晶硅栅对接触孔的最小覆盖 f_2:1λ,以保证良好接触;

③ 源漏区接触孔与多晶硅栅最小间距 $f3$:2λ,以防止源漏与栅短路;

④ 多晶硅栅上的接触孔与源漏区的最小间距 $f4$:2λ,以防止短路与寄生效应.

(7) 铝连线版

① 铝条最小宽度 g_1:3λ,以保证铝连线的良好导电性,以防止电迁移等失效;

② 铝条最小间距 g_2:3λ,以防止铝条连条引起短路;

③ 长铝条最小间距 g_3:4λ,以防止铝条连条引起短路;

④ 铝条对接触孔的最小覆盖 g_4:1λ,以保证良好接触.

(8) 钝化版

压焊块对钝化孔的最小覆盖 h_1:3λ,以防止压焊时对电路其他部分的损伤

6.3.2 以 μm 为单位的设计规则

随着器件特征尺寸的不断缩小,以 λ 为基础的设计规则会出现一些明显的不足.有些尺寸,如压焊块、引线孔尺寸等,不可能一直按比例缩小.因此部分版图尺寸必须独立规定.在

以 μm 为单位的设计规则中，每个尺寸之间没有必然的比例关系，各尺寸可以独立选择，从而使每一尺寸的合理程度得到大大提高. 目前，深亚微米集成电路的设计一般采用以 μm 为单位的设计规则. 不同工艺线、不同工艺技术代都会有一套不同的设计规则数值.

现以硅栅 0.5 μm 准等平面 CMOS 工艺中的阱版、有源区版、多晶硅栅版和 n^+ 注入版为例介绍以微米为单位的设计规则(见图 6.11)，其他各层版设计规则的选择考虑与以 λ 为单位的设计规则类似，具体数值视具体工艺条件而定，这里给出的数值只是为了说明方便.

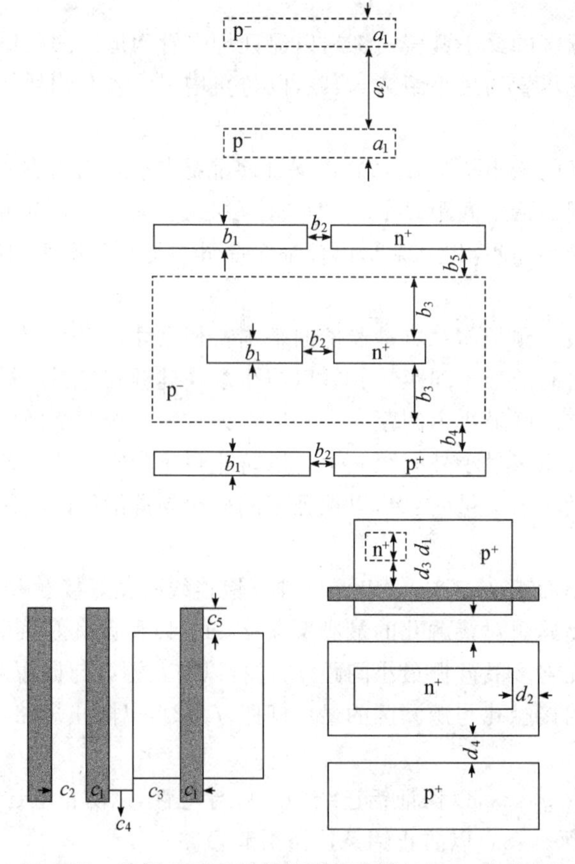

图 6.11 硅栅 CMOS 设计规则示意图(以 μm 为单位)

(1) 阱版

① 阱的最小宽度 a_1：2.4 μm，以保证光刻精度和器件尺寸；

② 阱与阱之间的最小间距 a_2：4.0 μm，以防止不同电位的阱之间的干扰.

(2) 有源区版

① 有源区最小宽度 b_1：0.5 μm，以保证有源区尺寸并减小窄沟效应；

② 有源区最小间距 b_2：0.9 μm，以减小寄生效应；

③ 阱对其中 n^+ 有源区的最小覆盖 b_3:0.4 μm,以保证阱区四周场注入环的尺寸;

④ 阱外 p^+ 有源区与阱的最小间距 b_4:0.5 μm,以保证阱和衬底间的 pn 结特性;

⑤ 阱外 n^+ 有源区与阱的最小间距 b_5:1.5 μm,以减弱寄生效应.

(3) 多晶硅栅版

① 多晶硅栅的最小栅长 c_1:0.5 μm;

② 多晶硅栅条之间的最小间距 c_2:0.6 μm;

③ 多晶硅栅与有源区最小内间距 c_3:0.6 μm;

④ 多晶硅栅与有源区最小外间距 c_4:0.25 μm;

⑤ 多晶硅栅的最小出头量 c_5:0.5 μm.

(4) n^+ 注入版

① n^+ 注入区的最小宽度 d_1:0.6 μm,以保证足够的 n^+ 接触区;

② n^+ 注入区对有源区的最小覆盖 d_2:0.4 μm,以保证完整的源漏注入区;

③ n^+ 注入区距同一有源区中 p 沟道器件多晶硅栅的最小间距 d_3:0.8 μm,以保证 pMOS 源区尺寸;

④ n^+ 注入区距外部 p^+ 有源区的最小间距 d_4:0.4 μm,以防止 n^+ 注入到 p^+ 区中.

6.4 集成电路的设计方法

6.4.1 集成电路的设计方法选择

基于上面介绍的设计流程,对于具体的集成电路会采用不同的设计方法.

在集成电路设计中,具体采用何种设计方法,需要综合考虑设计周期、设计成本、芯片成本、进入市场的时间、设计风险、设计灵活性、保密性和可靠性等因素.其中最主要的依据是设计成本在芯片总成本中所占的比例.一般来说,芯片成本 C_T 可由下式计算得到:

$$C_T = \frac{C_D}{V} + \frac{C_P}{yn}$$

其中 C_D 为设计开发费用,而 C_P 为每片硅片的工艺费用,V 为生产数量,y 为成品率,n 为每个硅片上的芯片数目.可见,对于小批量产品,应着眼于减小设计费用;对于大批量的产品则应着重提高工艺水平,减小芯片尺寸,增大圆片面积.在设计开发费中制版费占很大比例,提高设计成功率和降低制版费都是需考虑的因素.

下面将讨论目前集成电路设计中常用的几种主要的设计方法,包括全定制设计方法、定制设计方法、半定制设计方法、可编程逻辑电路设计方法(包括可编程逻辑器件和现场可编程门阵列方法)等.

就电路类型而言,一般通用集成电路采用全定制设计方法;专用集成电路采用定制设计方法、半定制设计方法、可编程逻辑电路设计方法(包括可编程逻辑器件和现场可编程门阵列方法)等.

通用集成电路包括通用微处理器、存储器等. 专用集成电路(Application-Specific Integrated Circuit,简称 ASIC)是相对于通用集成电路而言的一类集成电路. 所谓专用集成电路 ASIC,是指针对某一应用或某一客户的特殊要求而设计的集成电路,其特点是品种多、批量小、单片功能强,例如玩具用芯片、通信专用芯片、语音芯片、电视机专用芯片等都属于 ASIC. 就 ASIC 设计方法而言,从设计策略和布图风格上看,设计方法可有所不同,或者说,有多种实现途径与方式.

下面分别给予介绍.

6.4.2 全定制设计方法

全定制设计方法一般用于通用数字集成电路、模拟集成电路和数模混合集成电路.

全定制设计方法是指:在电路设计中进行电路结构、电路参数的人工优化;完成电路设计后,人工设计版图中的各个器件和连线,以获得最佳性能(速度和功耗)和最小芯片尺寸. 全定制设计方法是一种以人工设计为主的设计方法,容易出错,除了需要版图编辑工具辅助设计外,一定要有完善的 EDA 工具进行设计检查和验证.

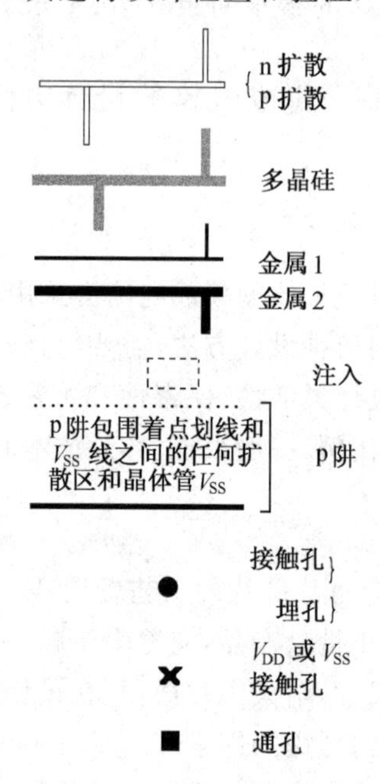

图 6.12 棍图中的棍形符号与相应的版图层次

这种设计技术的周期很长,设计成本很高,一般适用于对性能要求很高或批量很大的产品. 如存储器、微处理器等通用集成电路,一个设计版本可能有几百万块集成电路的批量,每块电路所占的设计成本比例很小. 对于性能要求较高的专用集成电路,通常当批量超过 10

万块时也可以采用这种设计方法. 此外, 由于模拟集成电路、数模混合集成电路的设计软件尚不很成熟, 通常也采用全定制设计方法.

针对全定制方法设计效率不高的问题, 发展了一种符号式全定制版图设计方法. 它采用一组事先定义好的符号表示版图中不同层版的信息, 再通过自动转换程序将这些符号转换成版图.

符号图有棍图、固定栅图、虚网格图等不同形式. 这里以棍图为例进行介绍. 顾名思义, 棍图就是采用一组棍形符号来表示不同版图层次(见图 6.12), 也可以采用不同颜色来表示不同的掩模层. 图 6.13 是 CMOS 反相器的单色棍图和相应的版图, 多晶硅层和有源区层交叉处即为 MOS 管, pMOS 管的源端接电源 V_{DD}, nMOS 管的源端接地, 两者的栅极相连, 作为输入端; 两者的漏端相连, 作为输出, 组成 CMOS 反相器.

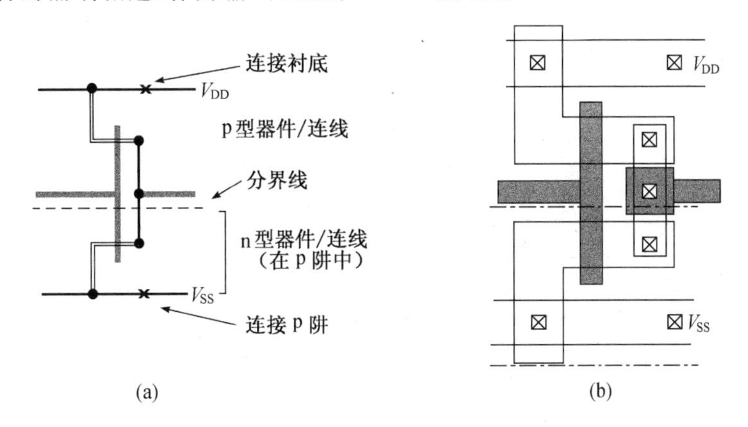

图 6.13　(a) CMOS 反相器的棍图; (b) 相应的掩模版图

符号式版图设计一般不必考虑设计规则的要求, 因此可显著减少版图错误, 同时保持较大的设计灵活性. 由于设计描述采用符号形式, 当改变制造工艺时, 只需要修改工艺文件, 就可以得到相应新工艺的掩模图. 由于符号间的间距并不固定, 符号图设计完成后必须在设计规则的约束下进行版图压缩, 以获得较小的芯片面积, 因此需要一个完善的版图压缩程序进行支持.

6.4.3　标准单元设计方法(SC 方法)和积木块设计方法(BBL 方法)

本节将介绍专用集成电路的主要设计方法. 设计方法的具体选择依据如上所述, ASIC 对于提高系统的市场竞争力有重要的作用, 因此, 对于 ASIC 而言, 除了性能、成本以外, 投入市场的周期也很重要. 本小节至 6.4.5 小节将按照设计效率提高以及设计开发费降低的顺序, 介绍标准单元(standard cell)设计方法和积木块(building block layout)设计方法、门阵列(gate array)设计方法和可编程逻辑电路设计方法(包括可编程逻辑器件和现场可编程门阵列方法), 最后将对它们作一个综合比较.

本小节介绍标准单元设计方法和积木块设计方法.标准单元设计方法和积木块设计方法均属于定制设计方法,需要设计出电路制备所需要的所有掩模版.

1. 标准单元设计方法(SC方法)

标准单元设计方法是目前应用最广泛的ASIC设计方法之一.它是指从标准单元库中调用事先经过精心设计的逻辑单元,并排列成行,行间留有可调整的布线通道,再按功能要求将各内部单元以及输入/输出单元连接起来,形成所需的专用电路.图6.14是一种典型的标准单元阵列的芯片版图布局示意图.它主要由中间单元区、布线通道及外围输入/输出单元组成.芯片中心是单元区,相应的输入/输出单元和压焊块分布在芯片四周,标准单元的基本单元具有等高不等宽的特点,单元本身的输入/输出端位于单元的上下端,而且布线通道区没有宽度的限制,利于实现优化布线.

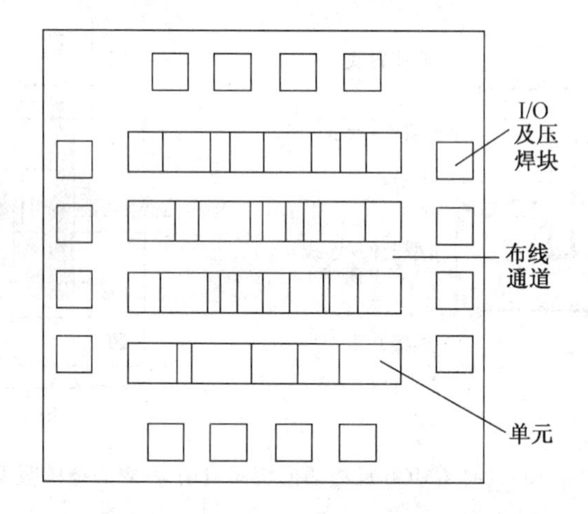

图6.14　一种典型的标准单元阵列的版图布局

标准单元设计的主要资源是标准单元库,单元库中单元的多少和设计质量直接影响到系统的设计能力.下面将对标准单元库以及标准单元设计技术的特点进行介绍.

(1) 标准单元库

标准单元库是单元库的一种,根据布图风格不同,单元库可以有标准单元库以及下面将要介绍的BBL单元库等.首先介绍单元库的有关知识,标准单元库的主要特点是单元为等高不等宽的结构.一般而言,单元库中的单元是采用人工优化设计的,力求达到最小的面积和最好的性能.单元的电学性能通常用电路模拟软件进行模拟分析,在满足电性能要求的情况下,得到优化的设计参数.单元库通常与某一工艺线相对应,并经过设计规则和电学性能验证,同时还需要得到实际流片结果的验证.

单元库实际是描述电路单元在不同层级属性的一组数据.单元可以用功能描述(或者是行为模型)、逻辑符号、电路原理图、拓扑版图和掩模版图等形式来描述,一般还包括Verilog和/或VHDL模型、详细的时延模型、线负载模型、布线模型等信息,在不同的设计阶段调用单元不同层级的描述和不同的模型.例如图6.15给出了反相器的几种描述形式,单元的逻辑符号主要用于原理图输入,包括单元名称与符号,并标出输入/输出端;单元的功能描述用于逻辑模拟;单元的拓扑版图不考虑版图的具体细节,仅描述版图的主要特征,包括拓扑单元名、版图单元的宽度和高度、输入/输出端的名称、位置及宽度等,通常采用拓扑版图进行布局布线,可以大大减少数据量,提高设计效率,也有助于设计人员直观检查;用拓扑版图完成布局布线以后,通过转换程序,将所有内部单元、I/O单元和压焊块的拓扑版图转换成相应的掩模版图.另外,单元的行为模型主要用于较高层级的设计;单元的时延模型主要用于逻辑模拟,以确定ASIC中关键部分的性能;为了在实际完成布线前预测连线的寄生电容,需要对电路模块中的线网电容进行统计预测,因此需要有单元的线负载模型支持;对于较大的单元,由于版图设计比较复杂,需要布线模型,将相应该单元可以连线的连接位置、形式和不能连线的区域等信息提供给自动布线工具.

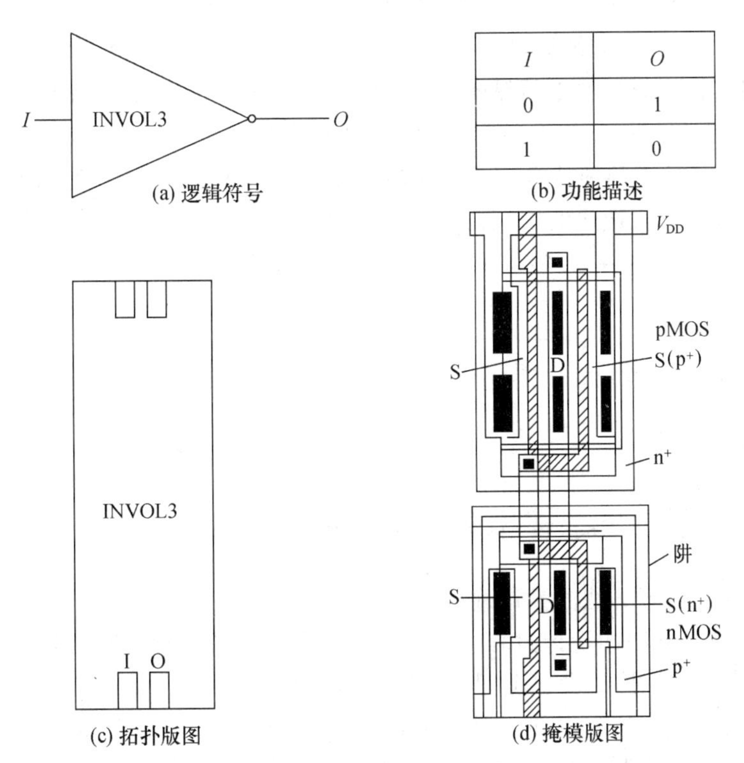

图6.15　一种反相器单元的不同描述

单元库中单元的规模不同,有与非门、或非门、触发器等基本单位,也可以有加法器、乘法器、除法器等较大规模单元.为适应不同性能的要求,同一功能的单元常常有几种类型供选择,以适应不同的应用,例如,反相器可以有输出级、输入级、缓冲级等,输出级的反相器需要考虑驱动,而输入级则不需作此考虑.

单元库可以来自于 FOUNDRY、第三方单元库提供商、EDA 公司或自行建立. FOUNDRY 提供的单元库一般是一种仿真单元库,单元是空的盒子(BOX),但包含版图设计所需要的足够的信息,例如边界、引线端等. 当设计中心将网表交与 FOUNDRY 时,由 FOUNDRY 填充空盒子,再进行制版流片. 第三方单元库提供商提供的单元库一般基于 FOUNDRY 工艺. 至于自行建立单元库,尽管建库费用很高,很多大的电子产品公司等多采用这种方式,以保证产品的竞争力.

就标准单元库而言,由于标准单元等高不等宽的结构,标准单元的版图设计比较特殊,它具有如下特点: ① 电源线和地线一般位于单元的上下边界,以便于相互连接;同行或相邻两行的单元互连可通过单元行的上下通道或行间通道走线实现;如果有隔行单元之间需要进行垂直连接时,需要在单元内设置走线通道或者在同一行的单元之间设置专门的走线通道单元(feed-through 单元). 对于多层金属布线工艺,由于增加了布线资源和应用跨单元布线技术,可以大大减小布线区域,提高芯片利用率;② 由于 pMOS 管和 nMOS 管尺寸不同,不采用阱区等高结构,但必须保证单元拼接时阱区能互相连接,因此可采用单元边缘处阱区等高的方法(见图 6.16(a))或阱区与单元边缘之间留有一定间距的方法(见图 6.16(b)). ③ 为了防止闩锁效应,各单元内部可设计 n^+ 和 p^+ 隔离保护环,并且在衬底和阱内增加连接到电源线或地线的接触孔.

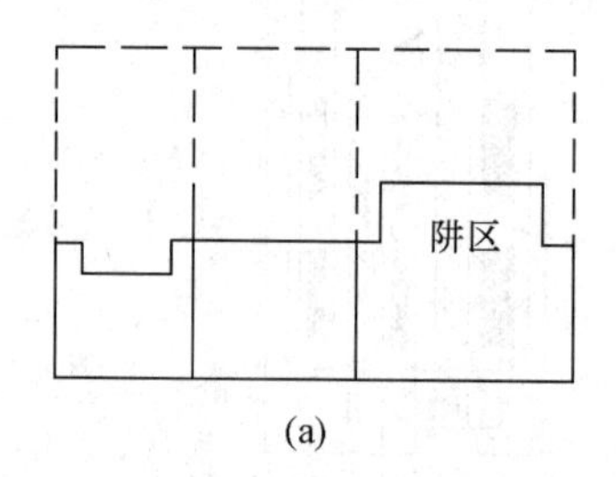

(a)

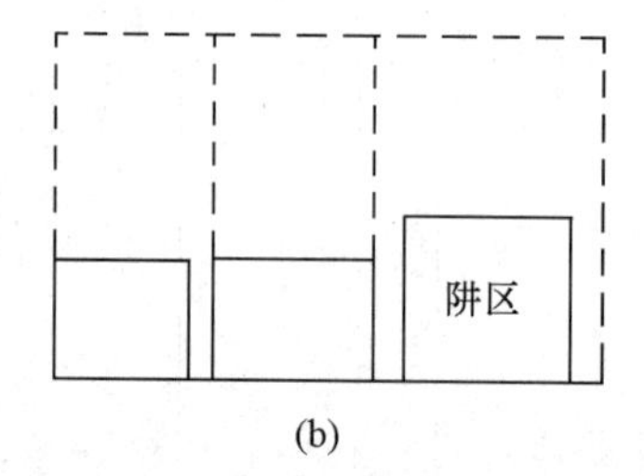

(b)

图 6.16 标准单元设计中版图单元拼接示意图

(2) 标准单元设计方法的设计过程和特点

标准单元设计方法的设计过程大体与 5.2 节中讨论的类似,即包括功能设计、逻辑设计和版图设计等,其主要设计过程如图 6.17 所示,可见设计部门和电路制备部门(Foundry)分别承担了集成电路设计不同阶段的工作,这是集成电路技术不断发展的结果. 随着特征尺寸的不断缩小,生产线的成本越来越高,出现了专门从事集成电路制备的部门和专门进行集成电路设计的设计中心(fabless design center). Foundry 一般拥有多种类型和多个技术代的成熟工艺(包括不同技术节点的 CMOS、BiCMOS 工艺等),可以满足不同设计的需要,并提供多种单元库. 而设计中心则处于 fabless(没有制造工艺线)状态,它只需要根据用户提出的系统和电路要求进行设计,最后向 Foundry 提交电路连接网表或版图数据(对全定制设计而言),由 Foundry 完成工艺制造工作. 在这种情况下,集成电路的制备与设计被有效地分开,不同的设计阶段可以由不同单位承担,可提高 ASIC 的设计开发效率.

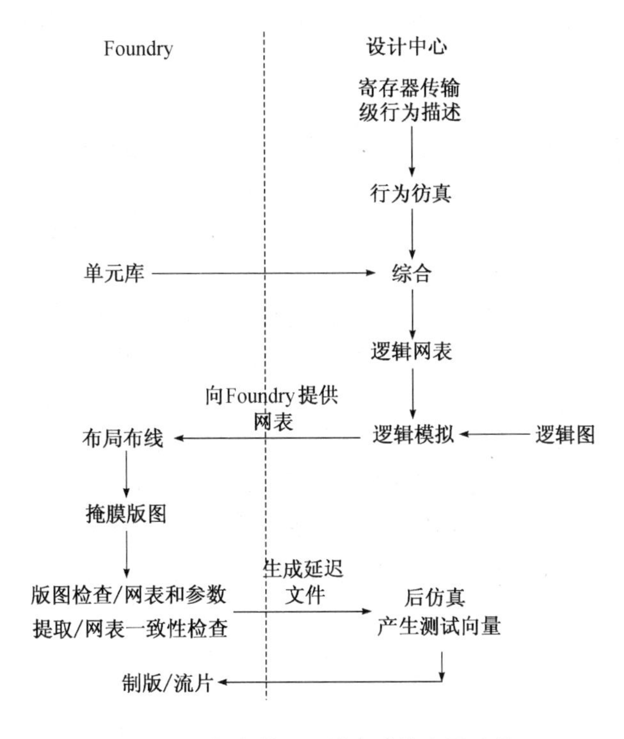

图 6.17　标准单元设计方法的主要过程

从图 6.17 可以看出,设计者首先需要确定电路所要采用的工艺以及 Foundry,并从 Foundry 中获得相应的单元库信息. 设计者根据电路要求进行功能设计,从寄存器传输级行为描述开始对电路进行行为仿真,然后通过逻辑综合与优化,得到门级逻辑网表,据此进行逻辑模拟,直到获得满意的结果. 对于规模较小的电路,设计者也可以基于 Foundry 提供的单元库直接进行逻辑设计,并利用原理图输入软件输入原理图,进行逻辑模拟. 设计者将最终产生的逻辑网表送交 Foundry. Foundry 利用 EDA 工具进行布局布线,从逻辑网表转换到版图,给予必要的人工调整,并对得到的版图进行版图检查、版图网表和寄生参数提取、网表一致性检查,得到一个相应于该版图的延迟文件送交设计部门. 设计部门将此延迟文件反标(back-annotation)到网表中,进行后仿真,并产生测试向量,确定无误后便可由 Foundry 进行芯片制备. 必要时可以对逻辑设计作适当调整,并重新进行逻辑模拟,重复上述过程,直至得到满意的结果. 当然,设计中心也可以自行完成版图设计,将最终版图送交 Foundry.

由于标准单元库中的单元都是经过验证的,由 EDA 工具可以保证互连的正确性,因此与全定制方法比较，标准单元设计方法可以大大提高设计效率.但这种技术需要全套制版，研制费用较高.而且这种方法依赖于标准单元库的发展，建立标准单元库需要较高的成本和较长的周期；且当工艺更新时，需要花费较大代价进行单元修改和更新.此外，芯片面积利用率不很高.标准单元法一般适用于中等批量或者小批量但对性能要求较高的芯片设计.

2. 积木块设计方法(BBL 方法)

积木块设计方法(又称宏单元设计方法)中，可以采用任意形状的单元，而且没有布线通道的概念，单元可以放在芯片的任意位置，因此可以得到更高的布图密度.由于算法实现比较困难，目前可处理的单元一般为矩形，单元的宽度和高度均可以变化，也允许处理"L"型单元.

积木块单元(也称宏单元)通常比标准单元大，一般是规模较大的功能块(或子系统)，如 ROM、RAM、ALU 等.就积木块单元本身而言，可以用不同的方法来设计，例如可以用全定制方法或标准单元方法来实现.一个芯片可以由几个功能块组成，如图 6.18 所示.也可以根据电路的特点，将标准单元与积木块单元结合起来，对电路的不同部分采用不同的方法分别设计，再进行相互连接，一般采用标准单元方法，将小的单元排列成行，用布线通道分开，大的积木块单元(功能块)则安置在易与周围单元连接的地方，其平面布局图如图 6.19 所示.

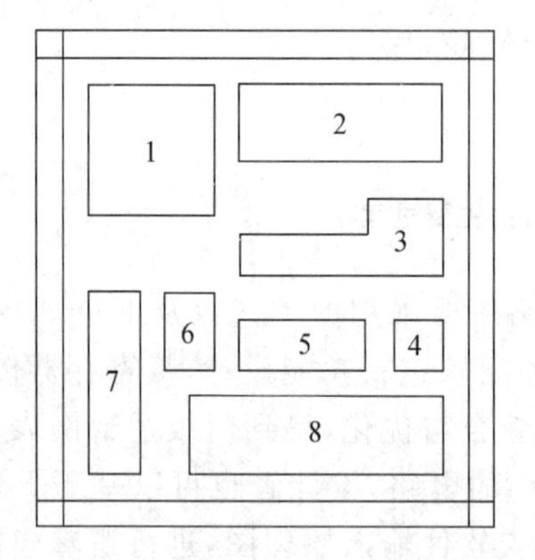

图 6.18 积木块单元设计的芯片布局示意图

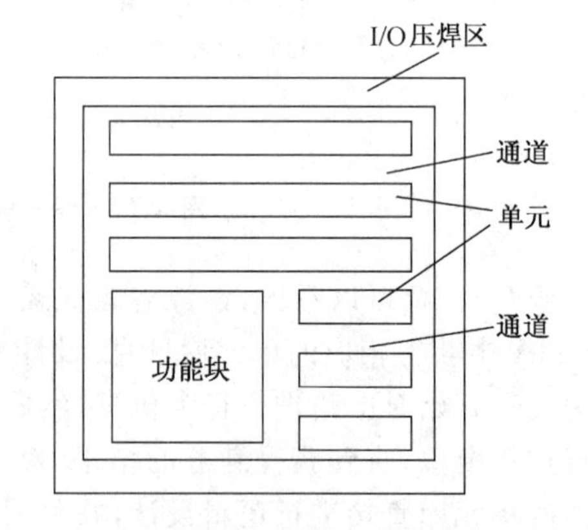

图 6.19 标准单元与积木块单元结合设计的芯片布局示意图

由于积木块设计方法具有较大的设计自由度，可以在版图和性能上得到最佳的优化.但这种方法在布图时单元位置不规则，通道不规则，连线端口在单元四周，其布图算法比较复杂，这是目前 EDA 技术研究领域比较活跃的一个研究方向.

6.4.4　门阵列设计方法(GA 方法)

1. 门阵列结构

门阵列设计技术是一种母片半定制技术. 它是在一个芯片上把结构和形状相同的单元排列成阵列形式,每个单元内部包含若干个器件,单元之间留有布 线通道,通道宽度和位置固定,并预先完成接触孔和连线以外的所有芯片加工步骤,形成母片. 然后根据不同的应用,设计出不同的接触孔版和金属连线版,在单元内部通过不同的连线使单元实现各种门的功能,再通过单元间连线实现所需的电路功能. 通过制作接触孔和金属连线掩模版、工艺流片、封装、测试完成专用集成电路制造.

图 6.20 给出了一种典型的门阵列版图布局图,可见它与标准单元方法的布局类似. 但门阵列中的单元是形状大小完全相同的,布线通道的位置和宽度以及压焊块的位置和数目是完全固定的.

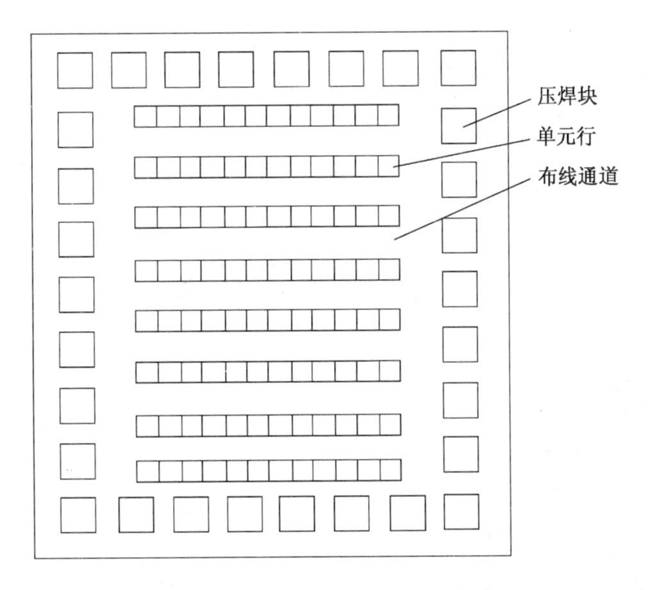

图 6.20　典型的门阵列版图布局

下面以 CMOS 门阵列为例介绍其内部结构.

(1) 单元区结构

图 6.21 给出了六管单元 CMOS 门阵列的一种单元结构. 它由左面 3 个 nMOS 管和右面 3 个 pMOS 管各自串联而成,nMOS 管和 pMOS 管的栅成对地连在一起(见图 6.21),电源 V_{DD}和接地端 V_{SS}采用金属线分别穿过 p 管区和 n 管区. 该图中标出的参考孔表示的是预留的接触孔的位置,但还未形成实际的接触孔. 因此,门阵列单元只是晶体管的集合,不具有电学属性.

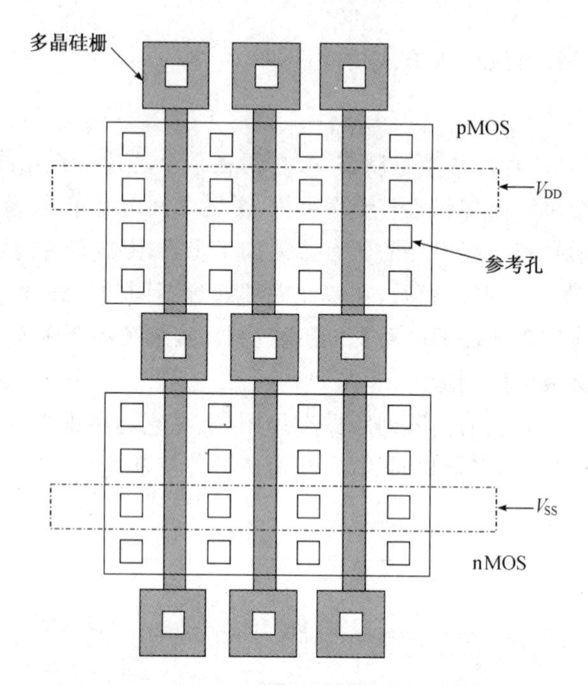

图 6.21　CMOS 门阵列六管单元基本结构

由这样的单元结构可以很容易地实现各种 CMOS 门电路，如与非门、或非门、反相器、传输门等. 图 6.22(a)是由这种单元结构实现的三输入或非门版图，图 6.22(b)是相应的电路图.

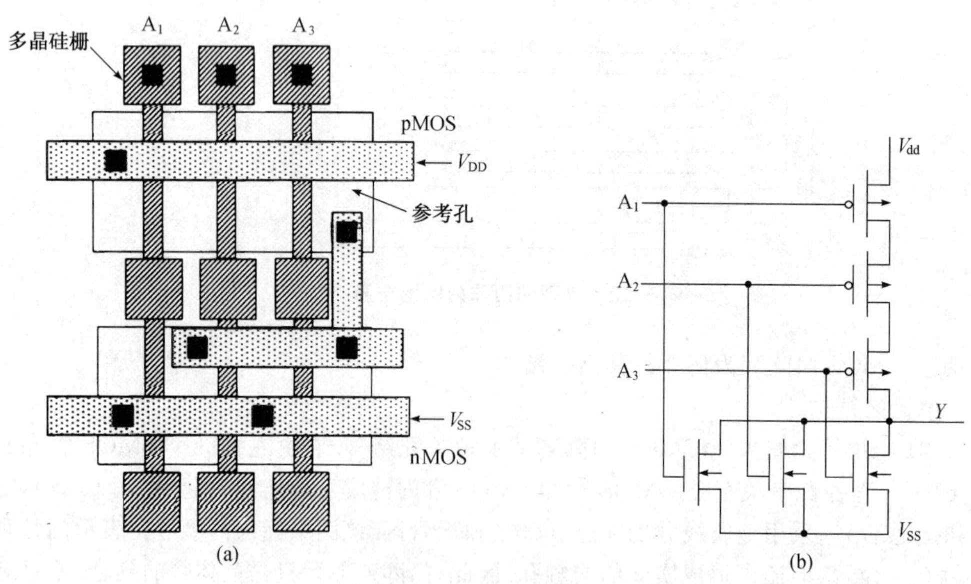

图 6.22　(a) 六管单元组成的三输入或非门版图示意图；(b) 相应的电路图

CMOS门阵列的基本单元结构除了有上面介绍的六管单元外,还有四管单元、晶体管阵列等.晶体管阵列中所有的器件均相互独立,完全靠掩模编程实现所需功能,通用性较好.

(2) 输入/输出单元

输入/输出单元一般位于芯片的四周,通过改变金属连线可以分别满足输入、输出和电源等单元的要求.图6.23给出了一种典型的输入/输出单元的版图.

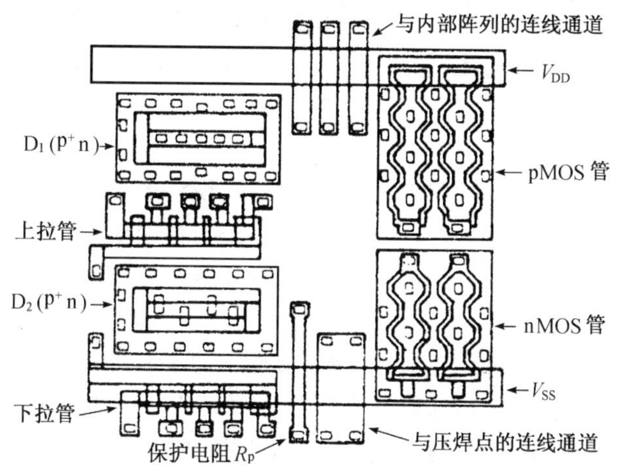

图6.23　一种典型的输入/输出单元版图

当作为输入时,输入/输出单元要具有防栅静电击穿输入保护的作用.这是由于MOS电路的栅极、栅氧化层和沟道可看作是一个理想的MOS电容,这个MOS电容的绝缘电阻很高($10^9\sim10^{14}\ \Omega$),存储的电荷不易泄漏,同时由于电容量较小,存储少量的电荷就可以产生较高的电压,在生产、存放、运输过程中输入栅电极很容易被杂散的静电或偶然加上的高

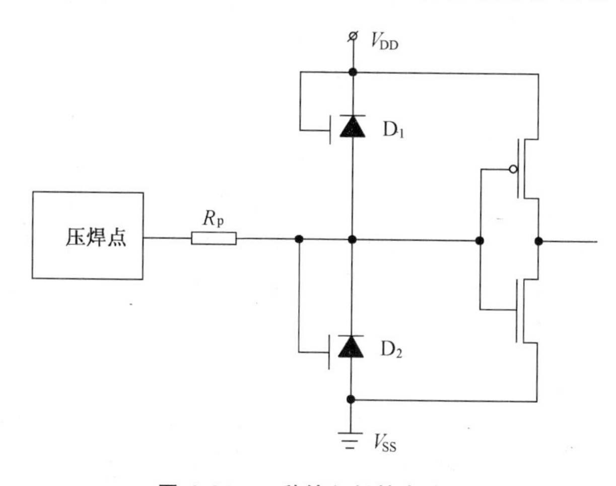

图6.24　一种输入保护电路

电压所破坏，因此引入输入保护电路是很必要的. 图 6.24 是一种输入保护的电路图，其中嵌位二极管 D_1、D_2 分别在输入电压过高及过低的情况下起保护作用，D_1 一般用 p^+n 管，D_2 一般用 n^+p 管. 多晶硅电阻 R_p 用来限制过大的输入电流.

当作为输出时，为了得到合适的上升、下降时间，输入/输出单元对给定的电容负载要有一定的驱动能力. 因此，通常采用具有较大宽长比的器件作输出驱动，例如可以选用梳状或马蹄状图形，在提高器件宽长比的同时，减小芯片面积. 图 6.23 中选用了马蹄状图形. 当作为电源压焊点时，输入/输出单元不需考虑保护电路，直接连接到适当的总线上即可.

2. 门阵列设计方法的特点

与标准单元设计方法相比，在门阵列设计方法中，设计者首先需要根据电路规模等多个因素选择母片，并获得相应该母片的门阵列单元(一般也称宏单元)库信息，整个设计围绕该母片展开，设计过程与标准单元方法类似，只是最终不需要产生全套掩模版，仅需要产生接触孔版、金属连线版等层版.

标准单元方法中的单元数、压焊块数、通道间距取决于功能要求和芯片要求，布局布线的自由度较大；而门阵列设计方法需要事先选用一个合适的母片，具有固定的单元数、压焊块数和通道间距. 因此，与标准单元设计方法相比，门阵列设计方法的设计灵活性较低，门的利用率也较低；而且单元中某些器件会空置，这在上述输入/输出单元设计中可以很明显地看出，如果该单元作为输入，用于输出驱动的器件部分就被闲置；反之，如果作为输出，用于输入保护的部分就被闲置，造成芯片面积浪费；此外，由于布线通道的限制，互连线的布通率较低，在某些情况下需要花费大量时间进行人工布线；为适应不同的要求，单元中的器件尺寸一般较大，因而速度较低，功耗较大.

但由于所需掩模版数目的减少，工艺相应减少，与标准单元设计方法相比，门阵列设计方法具有设计周期短、设计成本低、设计风险低等特点，一般适用于设计规模适当、中等性能、要求设计时间较短、数量相对较少的电路.

3. 门海技术

针对门阵列中芯片面积利用率较低的问题，人们提出了“无通道”概念的门海结构，单元四周均可以布线，而且布线通道可调. 门海结构中的基本单元为一对不共栅的 nMOS 和 pMOS 器件，组成 nMOS 器件链和 pMOS 器件链，如图 6.25 所示. 门海技术中连线是通过将基本单元链的某些部分改为无用区来实现，即在这些单元链部分不开接触孔，保留绝缘层，连线走在绝缘层上面，这样可以根据情况灵活地调整布线通道. 通过连线将基本单元连接起来实现一定的功能，组成不同单元，再通过单元之间的连接完成整个电路的功能. 单元之间的隔离不是采用氧化隔离或浅槽隔离技术，而是通过将基本单元结构中 pMOS 器件的栅接电源 Vdd，nMOS 器件的栅接地来实现的，在这种情况下这两种器件均不导通，完成隔离. 相比于氧化隔离，这种方法可以节省面积.

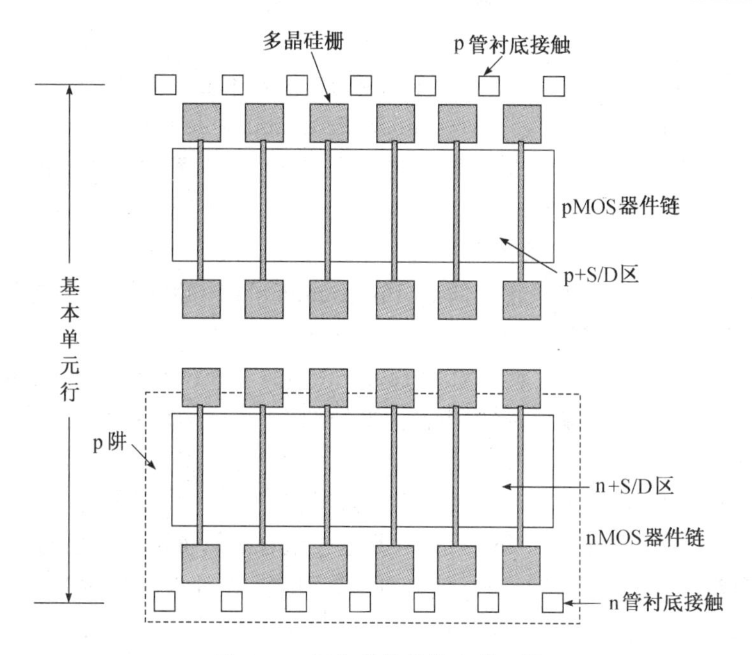

图 6.25　门海结构的基本单元链

门海技术的引入可以有效地提高芯片面积利用率，并提高设计灵活性. 值得指出的是，门海技术的布线通道虽然可调，但是由于连线是走在无用基本单元区上，布线通道宽度是基本单元高度的整数倍，这会带来布线通道的浪费.

4. 激光扫描阵列

激光扫描阵列方法是一种特殊的门阵列设计方法，它利用激光扫描切断连线来实现具体的电路功能. 对于该特殊结构的门阵列母片，片上晶体管和逻辑门之间都有电学连接，在完成 ASIC 设计后，用专门的激光扫描光刻设备切断不需要连接处的连线，从而实现 ASIC 功能. 这种方法只需一步刻铝工艺，加工周期短；由于采用激光扫描曝光，省去了常规门阵列方法中的掩模版制作工艺. 激光扫描阵列方法一般用于小批量（200～2 000 块）ASIC 的制造.

6.4.5　可编程逻辑电路设计方法

可编程逻辑电路设计方法是指用户通过生产商提供的通用器件自行进行现场编程和制造，对通用器件进行再构，得到所需的专用集成电路. 现场编程是指设计人员采用熔断丝、电写入等方法对已制备好的通用器件实现编程，得到所需的逻辑功能.

这种方式不需要制作掩模版和进行微电子工艺流片，只需要采用相应的开发工具就可完成设计，有些器件还可以多次擦除，大大方便了系统和电路设计. 因此，与标准单元设计方法、积木块设计方法、门阵列设计方法相比，可编程逻辑电路方法的设计周期最短，设计开发费用最低.

可编程逻辑电路设计方法主要包括可编程逻辑器件设计方法(Programmable Logic Device,简称 PLD)和现场可编程门阵列(Field Programmable Gate Array,简称 FPGA)方法等,并分别针对 PLD 和 FPGA 通用器件进行电路设计. 下面分别给予介绍. 需要指出的是在本节器件指的不是晶体管.

1. 可编程逻辑器件(PLD)设计方法

可编程逻辑器件以可编程只读存储器(Programmable ROM)为基础,包括 EPROM(Erasable PROM)、EEPROM(Electro-Erasable PROM)、可编程逻辑阵列 PLA(Programmable Logic Array)、可编程阵列逻辑 PAL(Programmable Array Logic)、通用阵列逻辑 GAL(General Array Logic)等可编程器件. 下面主要介绍 PLA、PAL、GAL 器件等.

(1) 可编程逻辑阵列

与门阵列方法和标准单元方法相同,可编程逻辑阵列也主要用于实现数字逻辑功能. 可编程逻辑阵列的基本结构如图 6.26 所示,它是基于组合逻辑可以转换成与-或逻辑的思想,由输入变量组成"与"矩阵,并将其输出馈入到"或"矩阵,设计人员通过对与-或矩阵进行编程处理,得到所需要的逻辑功能.

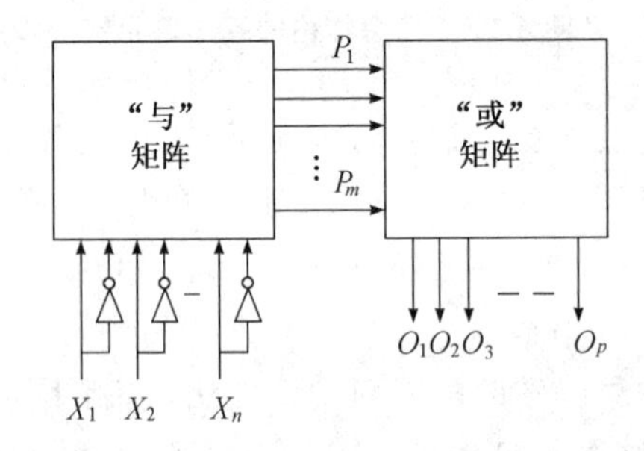

图 6.26 可编程逻辑阵列的基本结构

下面以 PLA 器件实现组合逻辑的设计为例进行介绍. 如图 6.26 所示,n 个输入变量(X_1, X_2, …, X_n)及其反变量(经过反相器产生)进入"与"矩阵,它们有选择地连接到乘积项线上,得到 m 个输入变量某些组合的乘积($m<2^n$),这些乘积项作为"或"矩阵的输入,通过"或"矩阵的选择可得到 p 个输出量(O_1, O_2, …, O_p). PLA 的规模是 $n \times m \times p$. 因此将"与"矩阵和"或"矩阵的格点上是否有晶体管作为选择,可以得到任意逻辑组合. 也就是说,采用不规则的晶体管位置实现一定的逻辑,但晶体管可能的位置是有规律的. 晶体管的选择可以通过对 PLA 器件的电编程实现,例如,如果 PLA 格点上 MOS 管的栅极用熔丝连接,对不需要 MOS 管的位置通以较大的脉冲电流,将熔丝熔断,则该格点不连通,从而实现编程.

现举例说明,为了简单起见,假设有 2 个二进制输入变量 a 和 b,希望得到组合逻辑逻辑的表达式为,$Q_1=ab+\bar{a}\bar{b}$,$Q_2=a\bar{b}+\bar{a}b$. 对于 MOS 电路,"或非"门比"与"门和"或"门易于实现，在保证逻辑功能等价的情况下，通常尽量采用“或非”门. 根据逻辑代数定理，“与”等于变量反相的“或非”，即：

$$O = x_1 \cdot x_2 \cdot x_3 \cdots x_n = \overline{\overline{x_1} + \overline{x_2} + \overline{x_3} + \cdots + \overline{x_n}}$$

因此将输入量及其反变量输入到或非门矩阵，得到的乘积项再输入到另一个或非门矩阵，其输出经反相可得到和“与-或”矩阵最终输出相同的结果. 图 6.27 是利用 CMOS 或非门 PLA 实现上述逻辑的电路图，其中与输入量相连的反相器用逻辑符号代替.

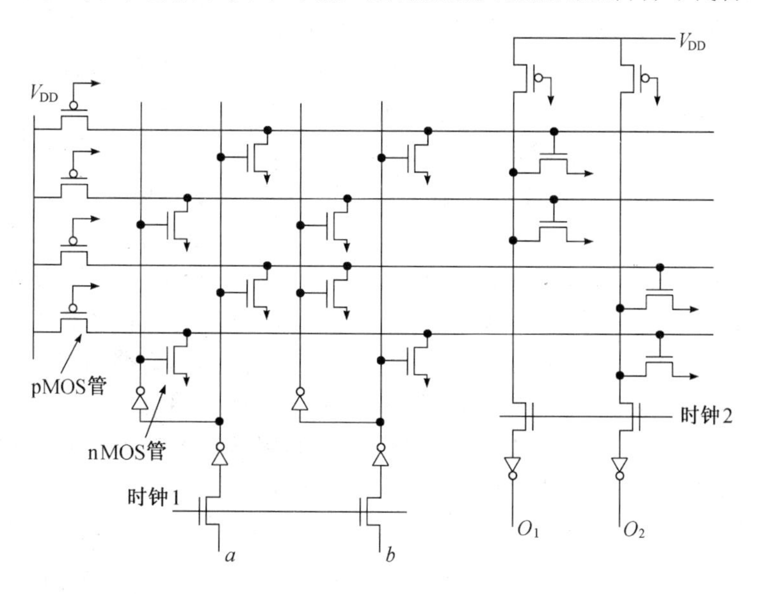

图 6.27　2×4×2 PLA 的电路结构

利用 PLA 器件可以实现组合逻辑和时序逻辑. 时序逻辑电路的状态不仅取决于当前输入，也与以前的输入和输出状态有关. 图 6.28 是利用 PLA 实现同步时序逻辑的基本结构. 将“或”矩阵的某些输出量连入某一寄存器，该寄存器的某些输出量通过另一寄存器反馈到“与”矩阵的输入端，可以实现特定的时序逻辑. 有关同步和非同步时序逻辑的具体设计在此不再介绍，采用 PLA 器件设计时序逻辑的基本思路与上面的讨论类似.

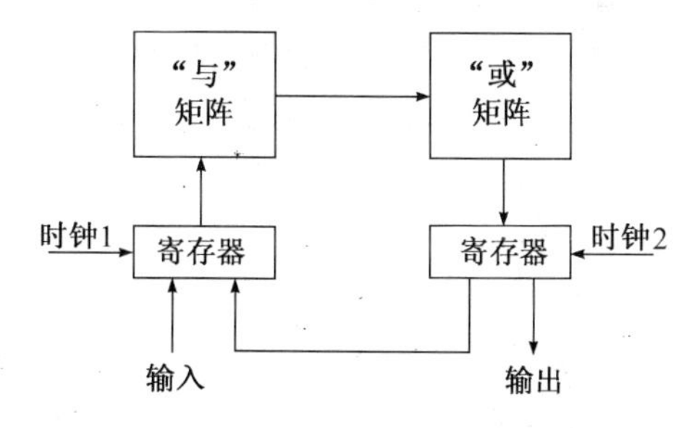

图 6.28　用 PLA 实现同步时序逻辑的基本结构

PLA器件对于逻辑功能的处理比较灵活，但在实现逻辑功能较简单的电路时比较浪费，相应的编程工具花费也较大. 因此在PLA器件的基础上，继续发展了PAL(Programmable Array Logic)器件和GAL(General Array Logic)器件等PLD.

(2) 可编程阵列逻辑(PAL)和通用阵列逻辑(GAL)器件

PAL器件和GAL器件采用现场编程方法进行编程处理. PAL器件基于8个"或"矩阵输入端，即乘积项输入，就可以满足逻辑组合要求的原理，采用可编"与"矩阵和固定"或"矩阵的形式. "与"阵列的可编程使输入项数增多，"或"阵列的固定使器件结构简化，体积减小，速度变快. 而且与PLA器件相比，PAL器件的工艺简单，易于编程和加密. PAL器件采用的仍是熔丝工艺，一旦编程，无法改写，而且对于不同的输出结构要求选用不同型号的PAL器件.

GAL器件是20世纪80年代初发明的，与其他PLD相比，GAL在功能和输出结构上具有更高的通用性和灵活性. 它具有与PAL器件相同的基本结构形式，但采用CMOS浮栅工艺，提高了编程速度和器件速度，使电擦写编程成为可能，而且可以重复编程，不需要窗口式的封装.

GAL器件与传统nMOS器件结构类似，但采用双层栅结构，下层为浮栅，被二氧化硅包围，上层为控制栅. 它采用FN隧穿效应实现电编程，即当氧化层很薄时，在高电场作用下，一定数量的电子将获得足够的能量隧穿通过氧化层，并向正极移动. 当在控制栅上施加足够高的电压且漏端接地时，浮栅上将存储负电荷，管子的阈值电压增大，正常读取时晶体管无法导通；当控制栅接地而漏端加适当的正电压时，浮栅将放电，管子的阈值电压降低，正常读取时晶体管导通. 这样可以实现电编程/擦除.

GAL器件具有可编程可重新配置(reconfigurable)的输出逻辑宏单元(Output Logic Macro Cell，简称OLMC)，使得GAL器件对复杂逻辑设计具有极大的灵活性. 输出可以设置成组合逻辑输出或寄存器输出，而且除了具有输出允许控制外，输出端是双向的，当输出禁止时，原来的输出端可以作为输入. 此外，GAL器件还具有加密功能以及锁定保护、输入缓冲、输出寄存器预置和上电复位等特性，其中输出寄存器预置和上电复位功能保证了GAL具有100%的功能可测试性.

由于编程电压较高，PAL和GAL器件的编程一般需要在特定的编程器上进行，不能在系统的电路板上进行. 针对这一问题，LATTICE公司开发了一种新型可编程逻辑器件，即系统内可编程逻辑器件IS-PLD(In-System PLD)，将编程器的擦除/写入等控制电路和产生高压编程脉冲的电路集成到PLD中，从而这种器件的编程、配置可直接在系统内或PCB板上进行，实现在线编程，使一块电路板可以有不同功能，实现了硬件软件化，而且使电路板级的测试易于实现.

2. 现场可编程门阵列(FPGA)

FPGA是近年来迅速发展起来的一种ASIC设计方法，它采用现场编程方式，与上述PLD相比，FPGA集成度高，集成规模最高可达几百万门，而且使用灵活，引脚数多(可多达1000多条)，可以实现更为复杂的逻辑功能.

FPGA结构可分为逻辑单元阵列结构(LCA)和复合PLD结构(CPLD)两类，前者包括可配置的逻辑块(Configurable Logic Block,简称 CLB)、可配置的输入/输出功能块(IOB)和可配置的互连区等,如图 6.29 所示;后者包括 PLD 逻辑块和互连区.这里的配置的概念与上面讲的编程的概念相同.下面主要介绍 LCA 结构的 FPGA.

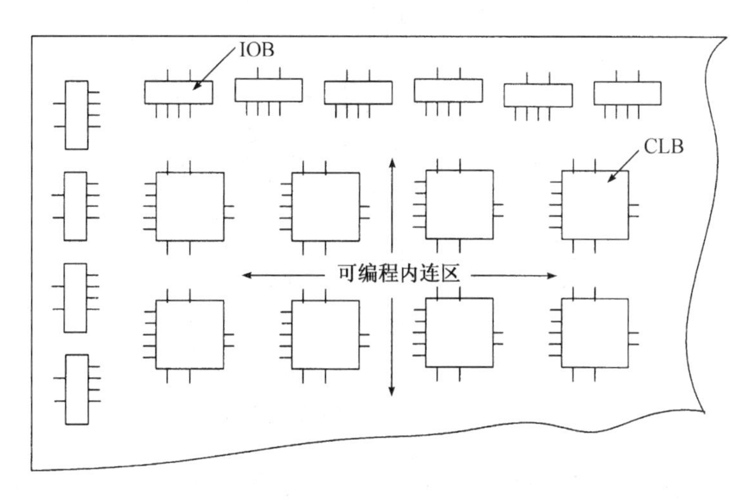

图 6.29　LCA 结构的 FPGA

由图 6.29 可以看到,LCA 结构的 FPGA 不是 PLD 中的"与或"矩阵形式,在 LCA 结构中,可配置的逻辑功能块 CLB 排成阵列,四周为可配置的输入/输出功能块 IOB,功能块之间为可编程的互连区.通过 CLB 和 IOB 的配置端来配置逻辑功能块 CLB 和输入输出功能块 IOB,使不同的 CLB 和 IOB 可以实现不同的功能;通过控制专门设计的传输晶体管(pass transistor)组成可编程的互连点和开关矩阵实现编程内部连线,将具有不同功能的逻辑块和输入输出功能块连接起来,以实现所需的电路功能.图 6.30 是通过开关矩阵和互连点实现可编程内连的示意图,其中互连点通过控制传输晶体管导通来实现.

在了解了 FPGA 的基本结构后,来看一下编程方式,即如何基于这种通用器件实现不同电路功能.LCA 结构的 FPGA 主要采用基于静态随机存储器(SRAM)的编程和熔丝编程两种编程方式.基于 SRAM 的编程,允许用户多次编程和动态编程,便于修改设计,但不易保密.熔丝编程方式是利用特殊工艺在 FPGA 中加入许多可熔通的连接点,由于熔通是不可逆的,这种方式不能修改,但有利于保密.

下面主要介绍基于 SRAM 的编程方式.FPGA 基于 SRAM 工艺制备,其中 CLB 和 IOB 的配置和内连的编程是基于存储器单元阵列实现的.CLB 通过查找表技术,基于存储阵列实现编程.即,根据网表定义的不同功能块的逻辑功能,形成配置数据,通过功能块的可配置端对功能块进行配置,将所有输入情况对应的输出结果存入存储器.功能块的输入信号等于一个存储器输入地址,找出地址对应的存储器中的内容,然后输出,即可实现相应的逻辑功能.

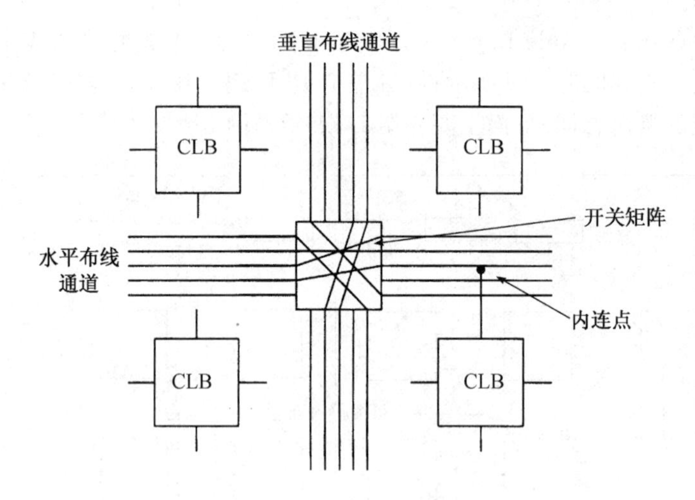

图 6.30 通过开关矩阵(switch matrix)和互连点实现 LCA 结构中可编程内连的示意图

也就是说,通过电路设计形成配置数据,下载静态存储器单元中的数据,可决定各 CLB、IOB 的功能以及传输晶体管的状态和开关矩阵的连接关系,从而得到所需的电路. 因此采用通用的 FPGA,通过不同的配置数据可以实现不同的电路.

下面从采用 FPGA 设计电路的主要过程说明配置数据的来源. 对于现场编程方式,生产商在提供器件的同时,也提供相应的开发软件. 图 6.30 给出了基于 LCA 结构 FPGA 的示意图. 如该图所示,以 XILINX 系列 FPGA 的开发软件 XACT 为例,从 VHDL 描述或者原理图输入开始进行设计,选用 FPGA 器件,由开发工具可以进行综合,将 HDL 描述或者原理图转换生成 XNF 网表(FPGA 器件专用网表),进行模拟验证,然后将该网表转换成 CLB 和 IOB 相应的 LCA 文件,完成模拟验证后进行自动布局布线,版图生成后进行功能和时序验证,直到获得满足要求的结果,再由开发工具根据生成的版图生成位流(bitline)文件,构造相应的配置数据,通过 FPGA 开发器下载到 FPGA 中,完成所需电路的设计. 现有的 FPGA 综合工具包括 Synopsys 的 DC Compiler, 面向 FPGA 的 FPGA Express,Synplicity 公司的 Synplify 等.

3. *可编程逻辑电路设计方法的特点*

如前所述,可编程逻辑电路设计方法一般通过选用通用器件进行现场编程来实现电路功能,不需要掩模版和微加工,这从 FPGA 设计的主要过程可以看出,PLD 的设计过程与 FPGA 类似,只是转换网表是针对相应 PLD 的网表,经过模拟验证后,通过开发软件(或称编程软件)最终编译成相应的编程文件,输入到硬件编程器完成编程,从而得到所需要的 ASIC.

可编程逻辑电路方法设计效率很高,设计周期很短,而且一些器件具有多次擦除功能,适用于新产品的开发. 但对于实现的电路,其中冗余器件较多,而且就现在应用较多的 LCA 结构的 FPGA 而言,由于特殊的内连编程方式,增加了很多内连延迟,性能难以提高,兼之 FPGA 器件一般价格较高,通常对需要产品快速上市和极小批量(200 块以下)的 ASIC 选用这种方法.

6.5 几种集成电路设计方法的比较

以上简单介绍了目前集成电路设计中几种比较主要的设计方法,包括全定制设计方法、标准单元设计法、积木块设计方法、门阵列设计方法、可编程逻辑器件、现场可编程逻辑阵列等设计方法.本节对它们进行综合比较.

图6.31描述了在层级设计中不同设计方法对应的层次,也反映了设计的自动化程度,可以看出,全定制设计方法的设计自动化程度最低,硅编译法的自动化程度最高.

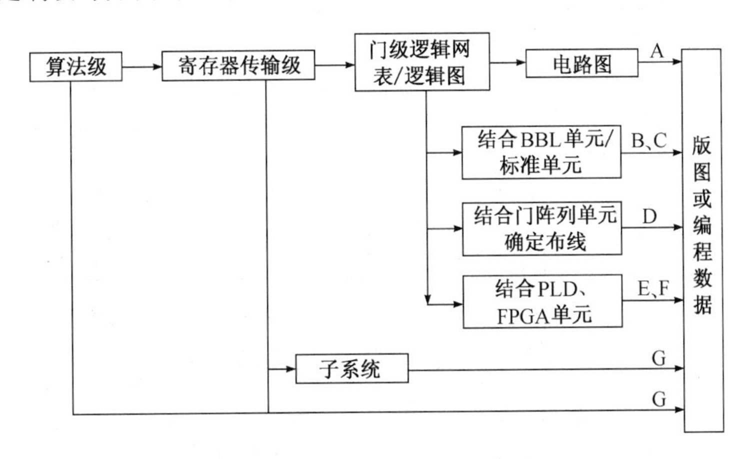

A: 全定制法,B: 积木块法,C: 标准单元法

D: 门阵列法,E: 现场编程 PLD 法,F: FPGA 法,G: 硅编译法

图 6.31 设计方法与设计层次之间的关系

图6.32反映了采用不同设计方法时成本与产量之间的关系,设计人员可以根据预计的

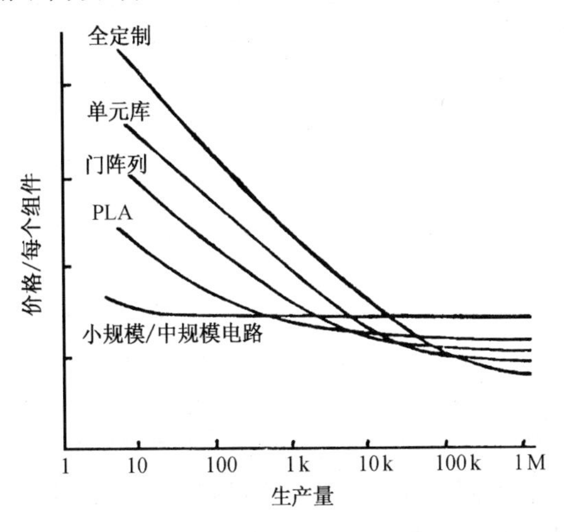

图 6.32 对于不同的设计方法,成本与产量之间的关系

产量，综合芯片性能要求、设计周期等多方面因素，选用合适的设计方法.例如只有当产量超过10万块时，才可能采用全定制设计，以保证较低的芯片成本；而对于门阵列芯片，产量只要超过1万块就有很好的竞争力.

表6.2综合比较了不同设计方法的特点及其适用情况，现场编程PLD的特点与FPGA类似，没有特别列出.

表6.2 不同设计技术的特点及适用情况的综合比较

(＋＋：最高；＋：高；－：中等；－－：较低；－－－：最低)

设计技术	全定制	积木块	标准单元	门阵列	FPGA
定制情况	全定制	定制	定制	半定制	
要求IC生产商提供	工艺文件及设计规则	BBL单元库	标准单元库	门阵列单元库	FPGA
向IC生产商提供	版图数据	逻辑网表及测试向量	逻辑网表及测试向量	逻辑网表及测试向量	
基片状况	无	无	无	有	无
基于单元情况		基于BBL单元	基于标准单元	基于门阵列单元	
单元的几何形状		任意形状的矩形或L型	等高不等宽的矩形	完全相同的矩形	
单元的电路属性		可有子系统功能	有单元电路功能	无电路属性	
布线状况		BBL布线	宽度可变的布线通道	等宽的布线通道	
掩模版数目(单层金属)	全套	全套	全套	1～2	0
功能/面积	＋＋	＋	－	－－	－－－
电路速度	＋＋	＋	＋	－	－－－
设计出错率	＋＋	＋	－－	－－	－－－
重新设计的可能性	－－－	－	＋	＋	＋＋
可测性	－－	－	－	－	＋＋
设计效率	－－－	－－－	－	＋	＋＋
适合批量	10^5	10^4	10^4	10^3	10^2

从以上分析可以看出，不同设计方法有各自的优势，如果在同一芯片设计中能把它们优化组合起来，则有望克服各自的不足，设计出性能良好的电路.兼容设计方法的思想也正源

于此. 根据系统不同电路模块的特点和要求采用不同的设计方法进行设计，最终组合在同一芯片上，兼容设计方法是一种很有优势的设计技术，在目前的系统设计中应用较多.

6.6　可测性设计技术

集成电路测试主要是指对制造出的电路进行功能和性能检测，用尽可能短的时间挑选出合格芯片. 采用特定方法可以进一步检测并定位出电路的故障. 由于集成电路的自身特点，集成电路测试与分立器件组成电路的测试有很大差别. 对于故障检测，分立器件电路可以任意设置测试节点或断开电路，对测试节点或加外部激励或检查该处输出，分段排除，找到故障. 而集成电路只有有限的一些压焊点或外部引脚，显然不能采用这种方法. 但如果采用一般的测试序列，对于有 20 个输入量的组合逻辑、有 24 个量从输出时序电路反馈到组合逻辑的电路，如果要对所有输入和内部状态进行测试，需要 2^{44} 个测试向量，假设以 1 μs 1 次的高速度整天进行测试，也需要 6 个月才能完成全部测试向量的测试，而且还只是对一个芯片(die). 因此，需要对集成电路进行可测性设计，而且在进行功能设计时就必须给予考虑. 随着集成度的增大尤为如此，这是降低集成电路测试成本的一种有效方法.

可测性设计主要是指在尽可能少地增加附加引线脚和附加电路，并使芯片性能损失最小的情况下，满足电路可控制性和可观察性的要求. 可控制性是指从输入端将芯片内部逻辑电路置于指定状态，即复位与置位能力；可观察性是指直接或间接地从外部观察内部电路的状态.

典型的可测性设计技术主要包括扫描途径测试技术、特征量分析测试技术、边界扫描测试技术、自测试技术等.

扫描途径测试技术的基本思想是将时序元件和组合电路隔离开，解决时序电路测试困难的问题. 具体地说，就是将芯片中的时序元件(如触发器、寄存器等)连接成一个或数个移位寄存器(即扫描途径)，在组合电路和时序元件之间增加隔离开关，如图 6.33 所示，用专门信号控制该开关，或者使移位寄存器工作，或者连接组合逻辑的反馈输出和时序元件，从而使芯片工作于正常工作模式或测试模式. 当芯片处于正常模式时，组合电路的反馈输出作为时序元件的输入，移位寄存器不工作；当芯片处于测试模式时，组合电路与时序元件的连接断开，可以从扫描输入端向时序元件输入信号，并可以将时序元件的输出移出进行观察，这样使时序元件的状态变得可以观察

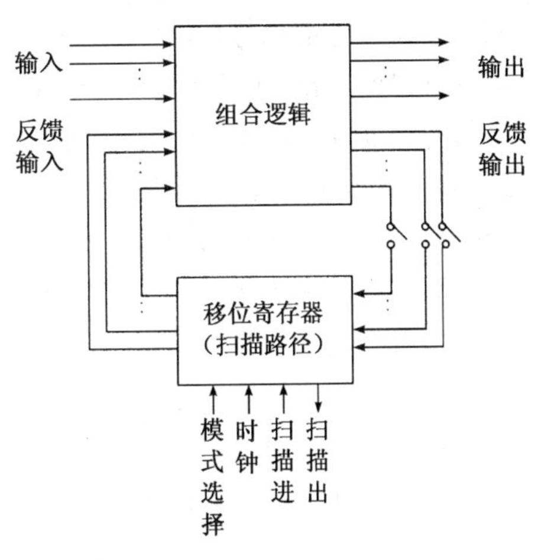

图 6.33　扫描测试技术示意图

和控制.

首先使芯片工作于测试模式,把已知的测试序列输入移位寄存器(扫描途径),观察其输出图形的正确性,以检测扫描途径是否正确;然后将位数与移位寄存器中存储单元数相同的测试序列(或称测试向量)移入移位寄存器,将时序元件置于某个状态,待稳定后给组合电路输入一个测试序列,与时序元件的反馈输入一起通过组合逻辑,观察组合逻辑的输出,与期望值比较;然后将芯片转为正常工作模式,组合电路的反馈输出送入时序元件;再通过将电路转为测试模式把时序元件中的内容从扫描途径中移出,也与期望值比较,与上述组合逻辑的输出一起用来检查芯片的功能,同时将新的测试序列送入扫描途径.如此反复完成所有测试.测试序列可以针对具体的电路用确定性算法自动生成.

扫描途径测试技术需要增加控制电路数量和外部引脚,而且需要将分散的时序元件连在一起,引起芯片面积增加和速度降低;此外,由于是串行输出结果,测试时间较长.

特征量分析测试技术是一种内建测试技术,在芯片内部设计了“测试设备”来检测芯片的功能,避免了扫描途径测试技术中数据需要串行传输到外部设备的问题.所谓特征量分析测试,就是把对应输入信号的各节点响应序列压缩,提取出相应的特征量,保存在寄存器中,然后把实测电路各节点的特征与标准特征量进行比较,以判断电路工作是否正常.这种测试技术不必对实测节点的全部响应序列与正常序列进行比较,只需比较两者的特征量,可以减少计算机内存,提高测试速度.常用的特征量测试技术一般在芯片中用线性反馈移位寄存器实现伪随机序列发生器,选择适当的反馈点,可以产生最长为(2^n-1)个序列长度,如图6.34(a)所示,该伪随机序列发生器再加上一个异或非门和外输入端组成特征量分析器,如图6.34(b)所示,在这里附加的异或非门与伪随机序列发生器中的异或非门已经合并.图6.34(b)是特征量分析测试示意图,首先对应伪随机序列发生器的一个已知状态,初始化被测芯片或功能块的输入端,电路进入正常工作状态,将若干选定的测试节点的输出与分析器中某些反馈点上的信号(此例中是A和B)一起送到三输入异或非门,经过一定时钟周期后将该分析器的输出(A、F、G、B)与电路正常时的预期值比较,以确定芯片功能是否正确.这种技术的长处在于增加的芯片面积不多,但故障检测和诊断的有效率还需提高.为了解决该问题,后来发展了一种将扫描途径测试与特征量分析测试技术结合起来的BILBO(Built-In Logic Block Observation)结构.

自测试技术一般在芯片内部建立自测试结构电路,不需要外部激励.常见的一些自测试结构包括表决电路、错误检测与校正码技术等.表决电路采用冗余技术,对数个完全相同的电路的输出进行比较,由多数决定最终的输出.错误检测与校正码技术是依据特定规则,在数据中增加一些检测及校正的附加位实现功能检测.

除了上面介绍的测试技术外,还有穷举测试、综合测试、边界扫描测试等测试技术,限于篇幅在此不予介绍.

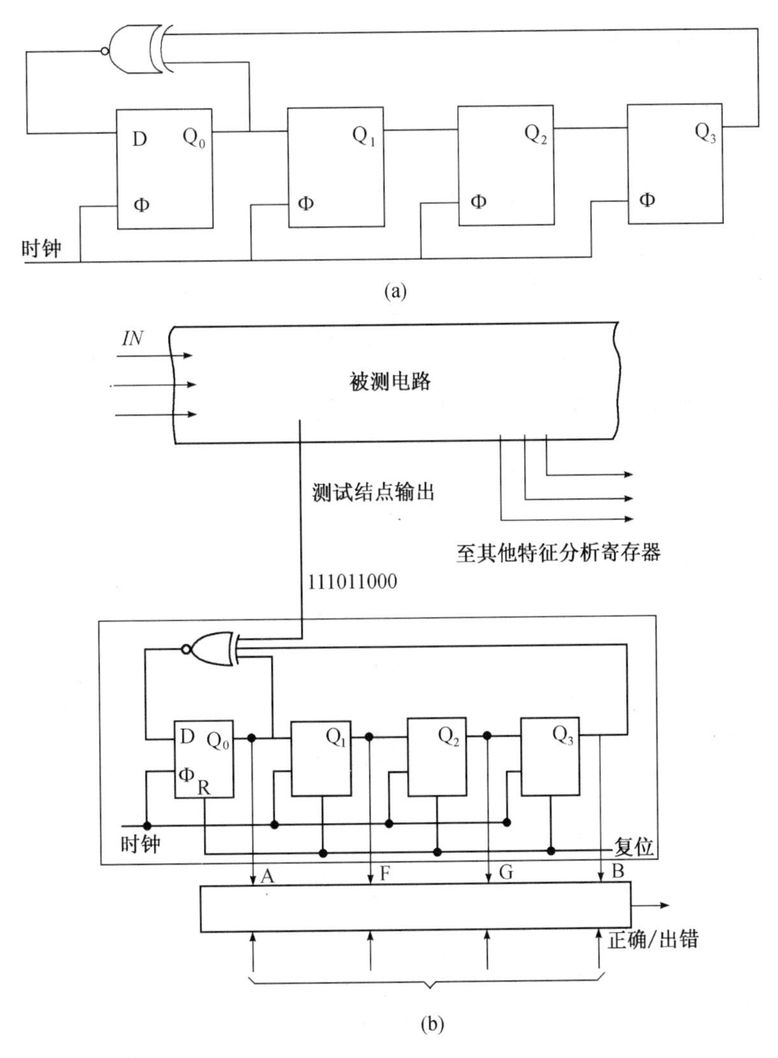

图 6.34　(a) 伪随机序列发生器

(b) 特征量分析测试示意图(虚框内为特征量分析器)

6.7　集成电路设计举例

本节介绍具体的设计实例,以一个自动饮料机的控制电路为例说明典型的数字集成电路设计流程.

例:自动饮料机控制电路的设计流程.

一个自动饮料机销售的饮料价格为 2.5 元,一次只能投入 1 枚 0.5 元或者 1 元的硬币.要求当顾客投入的硬币金额达到或者超过饮料价格时售出一瓶饮料.若有余额则找回零钱.

现需要设计该自动饮料机的控制电路.

1. 功能设计

首先进行功能设计，利用有限状态机图描述要实现的电路功能. 电路包含五个状态，分别为：

(1) idle 状态：没有投硬币的初始状态；

(2) one 状态：接受硬币总额为 0.5 元；

(3) two 状态：接受硬币总额为 1 元；

(4) three 状态：接受硬币总额为 1.5 元；

(5) four 状态：接受硬币总额为 2 元.

利用有限状态机图描述该控制器的功能如图 6.35 所示.

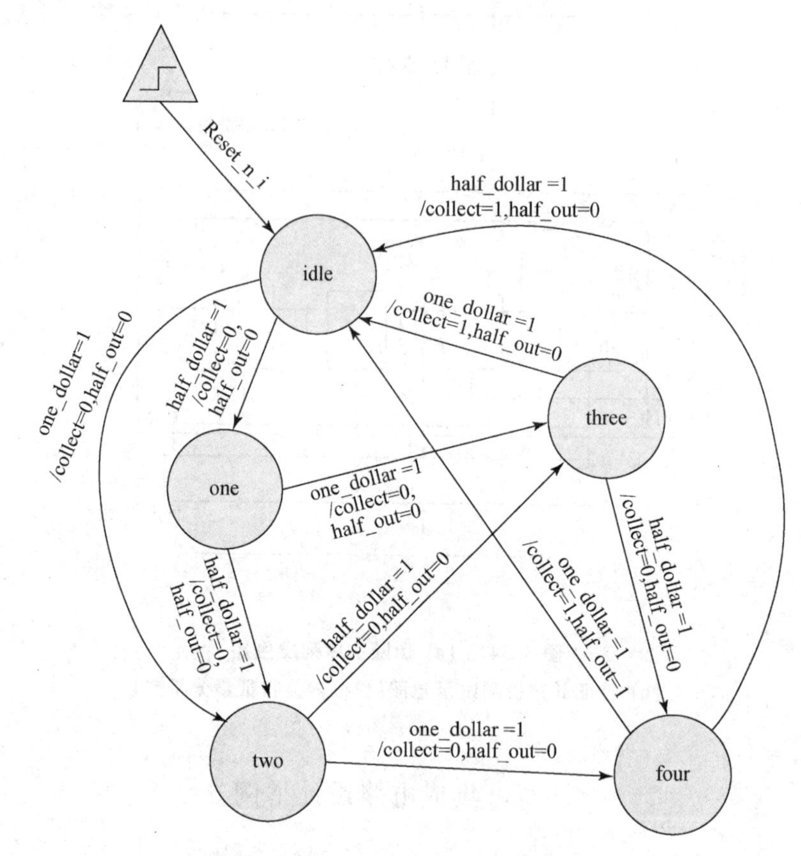

图 6.35　自动饮料机的有限状态机图

利用 Verilog 语言(参考第六章集成电路的 EDA 系统)，进行行为描述，如图 6.36 所示.

```
module
vendor(clk_i,reset_n_i,half_dollar_i,one_dollar_i,half_out_o,collect_o,state) ;   //top module
    parameter idle='d0,one='d1,two='d2,three='d3,four='d4;//状态参数化, idle=初始状态,one指已投入0.5美元,two='指已投入一美元,three指已投入1.5美元,four指已投入两美元
    input clk_i,reset_n_i,half_dollar_i,one_dollar_i;
    output collect_o,half_out_o;
    output [2:0] state;        //状态编码
    reg collect_o,half_out_o;
    reg [2:0]state,nextstate;
    reg collect,half_out;
        always @(posedge clk_i)
        begin
            if(!reset_n_i)
            begin
                state<=idle;
            end
            else begin
                state<=nextstate;
            end
        end
        always @(posedge clk_i)
        begin
            if(!reset_n_i)
            begin
            {collect_o,half_out_o}<=2'b00;
            end
            else begin
            {collect_o,half_out_o}<={collect,half_out};
            end
        end
```

(a)

```
always @(state or half_dollar_i or one_dollar_i)//组合逻辑过程赋值
        begin:machine
        case (state)
        idle:begin
                (half_dollar_i)
                                =one;
                else if(one_dollar_i)
                nextstate=two;
        end
        one:begin
                if(half_dollar_i)
                nextstate=two;
                else if(one_dollar_i)
                nextstate=three;
            end
        two:begin
                if(half_dollar_i)
                nextstate=three;
                else if(one_dollar_i)
                nextstate=four;
            end
        three:begin
                if(half_dollar_i)
                nextstate=four;
                else if(one_dollar_i)
                nextstate=idle; //卖出一瓶饮料
            end

        four:begin
                if(half_dollar_i)
                nextstate=idle;
                else if(one_dollar_i)
                nextstate=idle;
            end
            default:begin
                nextstate=idle;
                end
        endcase
        end
```

(b)

```
always @(state or half_dollar_i or one_dollar_i)//组合逻辑过程赋值
begin:out_put
case (state)
idle:begin
                        if(half_dollar_i)
                        {collect,half_out}=2'b00;
                        else if(one_dollar_i)
                        {collect,half_out}=2'b00;

        end
one:begin
                        if(half_dollar_i)
                        {collect,half_out}=2'b00;
                        else if(one_dollar_i)
                        {collect,half_out}=2'b00;

        end
two:begin
                        if(half_dollar_i)
                        {collect,half_out}=2'b00;
                        else if(one_dollar_i)
                        {collect,half_out}=2'b00;
```

(c)

```
three:begin
                        if(half_dollar_i)
                        {collect,half_out}=2'b00;
                        else if(one_dollar_i)
                        {collect,half_out}=2'b10; //
卖出一瓶饮料
        end
four:begin
                        if(half_dollar_i)
                        {collect,half_out}=2'b10;
                        else if(one_dollar_i)
                        {collect,half_out}=2'b11;
                        end

default:begin
                {collect,half_out}=2'b00;
        end
        endcase
        end
endmodule
```

(d)

图 6.36 自动饮料机的 Verilog 描述

采用 HDL 仿真器,进行 Verilog 仿真,产生输入激励的 Verilog 测试代码如图 6.37 所示.

```
`timescale 1ns/10ps //设定时间单位和最小精度。
module vendor_tb;
reg half_dollar_i,one_dollar_i,reset_n_i,clk_i;
wire collect_o,half_out_o;
wire [2:0] state;

vendor drink_machine(.state(state),
          .clk_i(clk_i),
          .half_dollar_i(half_dollar_i),
          .one_dollar_i(one_dollar_i),
          .reset_n_i(reset_n_i),
          .collect_o(collect_o),
          .half_out_o(half_out_o));//饮料机实体化。
  initial

begin
#10 clk_i<=0;
#20 reset_n_i<=0;
#10 half_dollar_i,one_dollar_i}<=2'b00;
end
```

(a)

```
always
begin
#20 reset_n_i<=1;//清零。
#23 {half_dollar_i,one_dollar_i}=2'b00;
#25 {half_dollar_i,one_dollar_i}=2'b10;
#85 {half_dollar_i,one_dollar_i}=2'b01;
#160 {half_dollar_i,one_dollar_i}=2'b10;
#260 {half_dollar_i,one_dollar_i}=2'b01;
#365 {half_dollar_i,one_dollar_i}=2'b10;
#465 {half_dollar_i,one_dollar_i}=2'b01;
#560 {half_dollar_i,one_dollar_i}=2'b01;
end
initial
        begin
        #4000 $finish;//仿真结束。
        end
always
        begin
        #15 clk_i=~clk_i;
end

endmodule
```

(b)

图 6.37　自动饮料机的测试平台

得到的 Verilog 仿真结果如图 6.38 所示，满足设计要求.可以进入逻辑设计阶段.

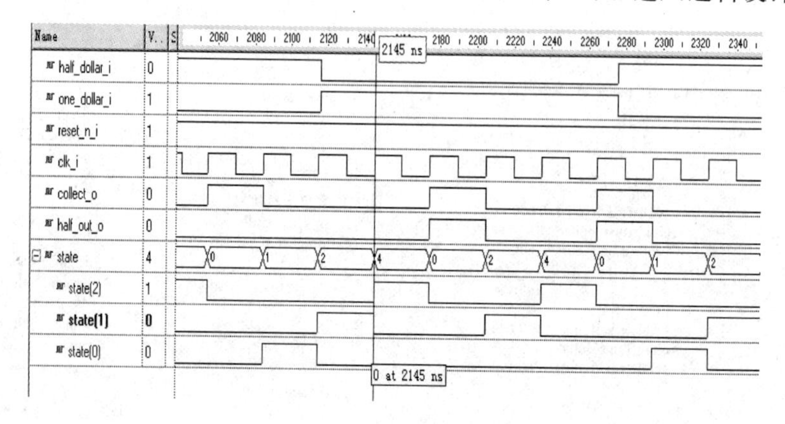

图 6.38　行为级仿真波形

2. 逻辑设计

然后，进行逻辑设计.利用逻辑综合软件将行为描述转换成逻辑网表，然后进行逻辑模拟和时序分析，如果不满足要求重新进行综合，重复这一过程，直到得到的结果满足要求.

对上述自动投币饮料机，利用得到的 Verilog 行为描述语言用 0.35 μm 的单元库综合，给出时序约束(包含时钟频率、输入延迟和输出延迟等)，通过图 6.39 所示的逻辑综合命令过程文件，得到相应的逻辑网表和逻辑图，如图 6.40 所示.

```
set LSI_LIB ../../ambit/lib
read_alf $LSI_LIB/lca500k.alf
read_verilog vendor.v
do_build_generic
set_global target_technology lca500kv
read_library_update $LSI_LIB/lca500k.wireload3
set_top_timing_module vendor
set_current_module vendor
set_clock IDEAL_CLOCK -period 20.0 -wave { 0 10.0 }
set_clock_arrival_time -clock IDEAL_CLOCK -rise 0.00 -fall 10.00 -early clk
proc all_inputs {} {find -port -input -noclocks "*"}
proc all_outputs {} {find -port -output "*"}
set_data_arrival_time 3.5 -clock IDEAL_CLOCK [all_inputs]
set_drive_resistance 0 [all_inputs]
set_data_required_time 14.00 -clock IDEAL_CLOCK [all_outputs]
do_optimize
report_timing > reports/timing.rpt
report_area -hier -cells > reports/area.rpt
report_design_rule_violations > reports/drc_violations.rpt
report_fanin out >reports/fanin.rpt
report_fanout mode >reports/fanout.rpt
report_hierarchy > reports/hierarchy.rpt
report_fsm > reports/fsm.rpt
write_verilog -hier .source.vg
```

图 6.39 逻辑综合命令过程文件

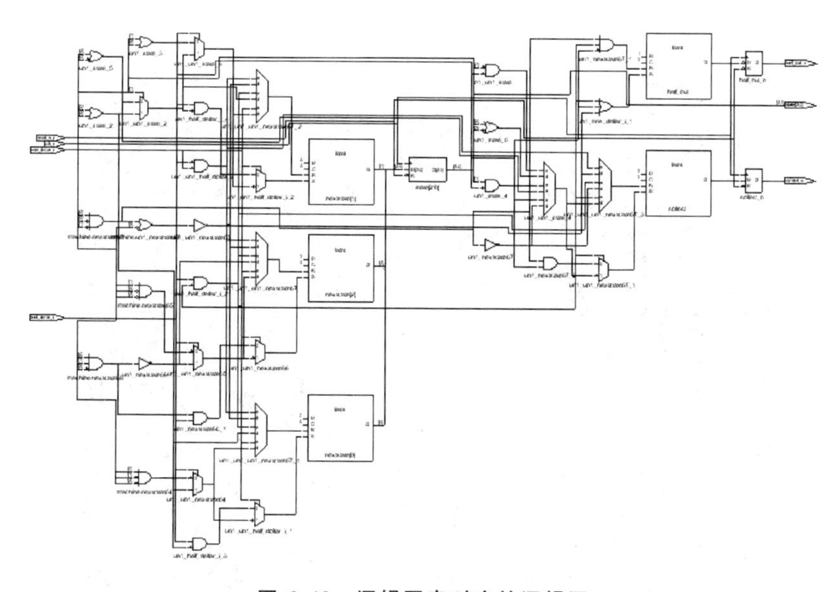

图 6.40 逻辑网表对应的逻辑图

对利用逻辑综合工具得到的逻辑网表，需要利用逻辑模拟和时序分析工具，验证综合后的网表是否与所要求的功能一致，并同时验证加了门级电路延迟后的时序是否满足要求. 采用与行为级模拟相同的激励文件，得到门级仿真输出波形如图 6.41 所示.

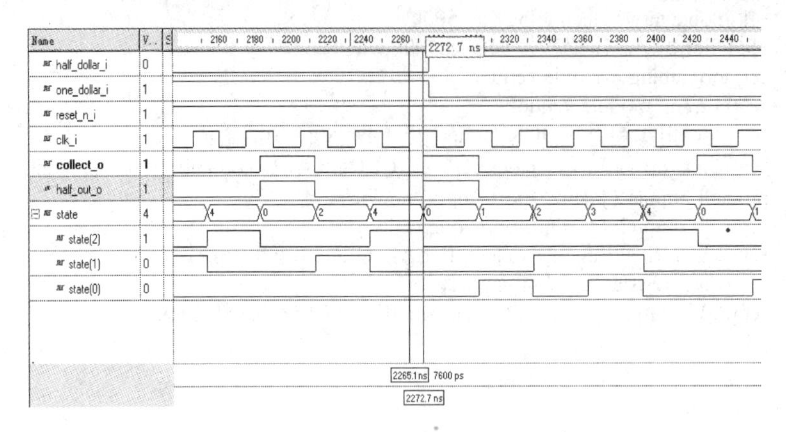

图 6.41 门级仿真输出波形

3. 版图设计

接着，将得到的满足要求的逻辑网表输入到自动版图设计工具中，结合选定的单元库，通过布图规划、布局布线，得到自动转换生成版图，如图 6.42 所示. 进行版图检查和验证(DRC、ERC、LVS 和后仿真)，如果不满足要求，重新进行布局布线，或者修改逻辑和电路设计，通过迭代优化，直到结果满足要求，得到最终的版图数据，可交付 FOUNDRY 进行工艺流片，对实际得到的电路进行测试，如满足要求则完成该电路设计.

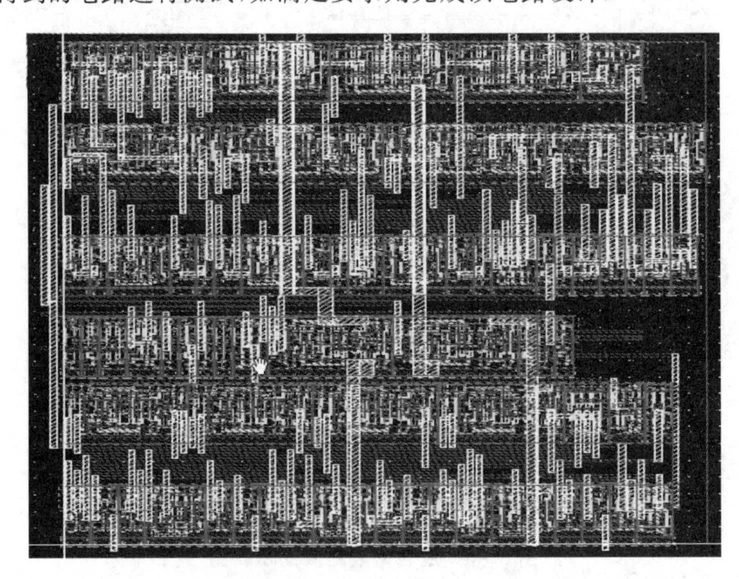

图 6.42 自动投币饮料机的版图

本章主要介绍了集成电路设计的特点、设计流程、全定制集成电路设计方法及专用集成电路的几种主要的设计方法，文中所述内容均是针对一些典型情况而言.集成电路设计是一个极富机遇和挑战的领域，设计人员可以根据具体的系统制定不同的设计策略，以期达到最佳的设计效率.而且设计策略与EDA工具发展紧密相关，随着EDA工具不断向前发展，IC设计人员可以从烦琐的低层次设计中解放出来，有更多精力从事高层次设计.随着集成电路特征尺寸不断缩小，超深亚微米集成电路的设计更加突出对速度、功耗等的考虑以及多方面性能折衷.另一方面，集成电路技术向系统芯片发展，系统芯片的设计和实现方兴未艾.这些都是目前集成电路设计发展的一些主要趋势.

参考文献

[1] Michael John Sebastian Smith, Application-Specific Integrated Circuits, Pearson Education, Inc., 1998.

[2] Jan M. Rabaey, Digital integrated circuits: a design perspective, Prentice-Hall Inc., 1996.

[3] D. A. 帕克内尔，K. 埃什拉吉安.超大规模集成电路设计基础系统与电路.科学出版社，1993.

[4] 张建人.MOS集成电路分析与设计基础.电子工业出版社，1994.

[5] 吉利久.ASIC设计方法学.电子科技导报.

[6] 杨之廉.超大规模集成电路设计方法学导论.清华大学出版社，1999.

[7] 庄镇泉，戴英侠，王荣生.大规模集成电路计算机辅助设计.中国科技大学出版社，1990.

[8] 童勤义.微电子系统设计导论.东南大学出版社，1990.

[9] 渡边诚，浅田邦博，可儿贤二，大附辰夫.超大规模集成电路设计Ⅰ电路与版图设计.科学出版社，1988.

[10] 洪先龙，吴启明.计算机辅助电路分析-算法及软件技术.清华大学出版社，1983.

[11] 杨士元.数字系统的故障诊断与可靠性设计.清华大学出版社，1989.

[12] 曾芷德.数字系统测试与可测性.国防科技大学出版社，1992.

第七章　集成电路设计的 EDA 系统

7.1　集成电路设计的 EDA 系统概述

随着集成电路功能的日益复杂，规模日益增大，集成电路的 CAD 技术在集成电路设计中的作用也越来越重要.

集成电路相关的 CAD 技术主要包括 ECAD(Electronic Computer Aided Design)和 TCAD(Technology Computer Aided Design)技术.

第一代 IC CAD 工具出现于 20 世纪 60 年代末期，如 Calma、Applicon 和 Computer Vision 等，主要用于版图编辑和设计规则检查；第二代 IC CAD 系统出现于 20 世纪 80 年代初，以 Daisy 公司推出的 Daisy 系统、Valid 公司推出的 Scald 系统和 Mentor 公司推出的 I-dea 系统为代表，包括逻辑原理图输入、逻辑模拟、电路模拟、版图编辑与验证以及用于门阵列和标准单元的布图系统等，这时，由于 IC CAD 系统已涉及到电学性质，更多的被称为 EDA 系统；第三代 IC CAD 系统出现于 20 世纪 90 年代初，比较流行的主要包括 Cadence、Synopsys、Mentor Graphics、Viewlogic 等. 该代 EDA 系统涵盖了集成电路设计的主要过程，从寄存器传输级行为描述输入到版图生成，主要特点是推出了包括 VHDL、Verilog 等硬件描述语言的高层级设计工具和逻辑综合工具，电路的设计能力可达每个芯片几十万到上百万门. 数字电路的 EDA 系统更为成熟.

目前 EDA 系统在向第四代推进，推出了行为级描述仿真、高级综合和布图工具，可支持系统级、算法级设计，使集成电路设计可以在更高层级展开. 但是还不够成熟.

理想的 EDA 系统是一种完全自动化的设计系统，即从最高级的系统描述开始直接转换为所需的版图数据. 目前的 EDA 系统还不能做到这一点，真正能够实际应用于集成电路设计的工具还仅限于逻辑综合和物理综合工具，前者主要完成从寄存器传输级功能描述到逻辑网表的转换，后者完成从网表到版图的转换(版图设计)，而且均需要一定的人工调整. 大部分 EDA 工具还只是用于设计的验证.

总的来说，目前的 EDA 系统在设计信息输入、设计实现和设计验证等方面起着非常重要的作用，可以利用 EDA 工具将设计信息输入计算机，然后用相应的综合工具(也称综合器)或验证工具(也称模拟器)完成设计实现或设计验证，以确定设计的正确性，得到所需的设计.

对应于集成电路的层级设计特点和目前 EDA 系统所能处理的级别，EDA 系统有不同级别的设计信息输入工具，主要包括高层次描述的图形输入编辑工具(如 VHDL 的功能图输入等)、原理图/电路图输入编辑工具、版图输入编辑工具以及语言输入编辑工具等.

设计验证主要是为了验证设计结果是否符合对系统/电路功能或性能的要求,并保证设计结果符合设计规则的要求.设计的每个阶段都需要进行验证,对于利用综合工具自动生成的设计结果也必须进行验证.验证的方法主要包括模拟(也称仿真)和规则检查等.模拟是指对获得的设计输入进行编译并抽象出模型,然后施加外部激励信号或数据,通过观察该模型的输出结果判断该级设计是否达到了预期要求.不同的设计级别有不同的模拟工具.规则检查主要包括设计规则检查和电学规则检查.

整个设计过程就是把高层次的抽象描述逐级向下进行综合、验证、实现,直到物理级的低层次描述,即制出掩模版图.各设计阶段是相互联系的,例如寄存器级描述是逻辑综合的输入,逻辑综合的输出又可以是逻辑模拟和自动版图设计的输入,版图设计的结果则是版图验证的输入等.因此,除了上面介绍的设计工具外,一个完整的 EDA 系统还包括统一的数据库,以便于对各设计工具进行统一管理,当然用户界面以及流程管理等部分也是不可缺少的.

EDA 技术介入了包括功能设计、逻辑和电路设计以及版图设计等在内的集成电路设计的各个环节.在本章的以下几节将依着 IC 层级设计的思路,简要介绍 EDA 系统的各部分软件,主要包括高层级描述及模拟、综合、逻辑模拟、电路模拟、时序分析、版图设计、器件模拟以及工艺模拟等 EDA 工具,同时还将介绍计算机辅助测试技术.

7.2　高层级描述与模拟

集成电路设计是从电路的功能设计开始的,对于较小规模的电路采用人工方式进行功能设计,然后从输入原理图开始进行 EDA 设计工作.随着集成电路规模的增大和复杂度的提高,直接把总体结构用逻辑图或布尔方程在逻辑级上进行硬件描述显得过于复杂,因此需要在更高层次上对系统进行描述,而逻辑图和布尔方程都不便于在更高抽象层次上使用.因此逐渐出现了多种其他硬件描述语言 HDL(Hardware Description Language),以解决上述问题,如 HHDL、ISP、BLM 等 HDL 语言.硬件描述语言主要特点是对电子实体可以进行抽象的行为描述,也可以进行结构描述,主要用于高层级设计阶段.但上百种硬件描述语言给用户带来了信息交换和维护等诸多不便.1987 年 IEEE 接受 VHDL 作为标准的硬件描述语言,即常称的 IEEE Std 1076～1987.另一种较流行的硬件描述语言是 Verilog.

VHDL 和 Verilog 分别有不同的优势,是目前两种主要的商用硬件描述语言,有 Verilog 和 VHDL 仿真器支持设计仿真验证.

7.2.1　VHDL

VHDL 是在美国国防部超高速集成电路计划中开发出的一种硬件描述语言.可以抽象地进行电路行为描述,也可以描述电子实体的结构,进行结构描述.在描述中可以进行嵌套的层次化描述,VHDL 支持从系统级到门级和器件级的电路描述,并具有在不同设计层次上的仿真验证机制，同时可作为综合软件的输入语言，支持电路描述由高层次向低层次的转换.

1. 基本结构

VHDL 的基本结构包括设计实体和结构体，如例 7.1 所示，其中设计实体可以是整个系统、一个芯片、一个宏单元或一个门电路，例 7.1 中设计实体描述的是一个计数器单元.

设计实体用于实体命名以及实体与外部环境的接口描述，但未涉及其内部行为及结构. 结构体用于建立设计实体输入与输出之间的关系，给出设计实体的结构和行为.

如前所述，实体的功能通常是在 VHDL 的结构体中实现. 结构体描述可以有行为描述、数据流描述、结构描述等描述风格，也支持它们之间的混合描述. 其中行为描述表示输入和输出之间转换的行为（包括数据传输和时序关系），例如基于函数表的描述是一种行为描述，它不需要包含具体的结构信息；结构描述则具体表示部件及其相互间的连接关系；数据流描述在行为表示的同时，也表示出了进程间的通信，隐含了结构表示.

一个设计实体可以有很多结构体，不同的结构体代表实体的不同实现方案. VHDL 这种设计实体/结构体的语言风格使它能够方便地在高层次描述硬件. 设计实体和结构体可以单独编译并入设计库，为其他设计单元描述时调用.

【例 7.1】

```
ENTITY count IS                                          ——设计实体 count
   GENERIC (tpd : Time:=10ns);
   PORT(clock : IN Bit; q1,q0: OUT Bit);
END ENTITY count;
ARCHITECTURE arch of count IS                            —— count 实体的结构体
BEGIN
   count_up : PROCESS(clock)                             ——进程体 count_up
   VARIABLE count_value: Natural: =0;
BEGIN
   IF clock='1' THEN
   Count_value :=(count_value+1) MOD4;
   q1 <=bit'Val(count_value/2) AFTER tpd;
   q0 <=bit'Val(count_value MOD 2) AFTER tpd;
   END IF;
END PROCESS count_up;
END ARCHITECTURE arch;
```

2. 进程概念的提出和并行性分析

作为设计的开始，设计人员首先将注意力集中在电路抽象行为的设计上，暂不考虑设计的结构细节. 从整个电路看，需要反映不同的行为引起信号的变化、组合和传播. 在 VHDL 中提出了进程概念，用于描述电路的行为. 进程是行为描述的基本单元. 在实际电路中同一时刻可能有多个事件发生，行为的一个主要特点就是并行性，因此进程之间也是并行的，但进程内部是顺序执行的．也就是说，进程语句本身由一系列的顺序语句组成，如例7.1所示．

进程概念的引入使得并行分析成为可能．进程的执行是并行的，为保证模拟进程的同步性，引入了δ延迟概念，这对功能仿真是很重要的．考虑某一模拟时刻包括若干δ延迟，模拟时钟在每个模拟时刻停下，处理当前时刻所有被激活的进程，进程可以发生在同一时刻的某一δ延迟点，这些进程的处理与执行顺序有关，处理完全部被激活的进程以后，模拟时钟才再向前走一个时刻，这样就保证了进程发生的并行性．

基于这种进程概念，VHDL模型可以表示成并行执行的进程网络，进程之间通过信号或共享变量进行通信．因此用这种模型可以表示出很复杂的信号流，使VHDL适于较高抽象层次的描述．

3．信号和延迟描述

实际电路中的互连线在VHDL中用信号的概念来抽象，它是各进程和部件之间通信和数据传输的通路．信号的状态可能影响与信号相关的进程或部件的状态，信号的赋值有一定延迟；为了便于并行处理，信号赋值至少要有δ延迟．

信号的一个主要特点就是延迟．延迟主要是指信号在逻辑元件中传输时产生的延迟时间，简单地说，就是如果元件输入端在时刻t发生变化，其输出端不能同时发生相应的变化，如果输出端在时刻$t+\Delta T$发生变化，ΔT就是元件的延迟时间．对延迟特性的考虑有利于建立精确的电路硬件模型．

4．行为描述

在VHDL的行为描述风格中，用进程表示行为，信号作为进程之间的数据通路，两者结合起来反映电路的情况．具体来说，结构体由说明部分和并行语句组成．其中对象说明可以传递电路状态，并行语句主要包括进程语句等，进程体中包括了一系列的顺序语句，如信号赋值语句、断言语句、过程调用语句等．例7.1就是一个行为描述风格的例子．

5．结构描述

在VHDL的结构描述风格中，需要描述若干部件及其相互连接，以形成一个电路．这里部件之间的互连、部件与实体端口之间都是通过信号连接的，某一部件输出值的变化，会影响以此信号为输入的其他部件．部件是通过对某个元件的调用及配置来实现的，部件可以嵌套，进行层次化描述，一个设计实体可以将其他设计实体作为元件来调用．

例7.2给出了一个全加器设计实体用结构描述风格描述的结构体例子．在这里，结构体仍由说明部分和并行语句部分组成．元件说明部分指定了可能被调用的元件，元件代表另外某个实体的某种结构，只有元件名称、输入、输出端口及类型等外观说明，没有具体结构．例7.2中给出了半加器、或门两个元件，其中半加器有in1、in2两个输入端口，sum、carry两个输出端口．可以认为，一个元件说明是一个符号，代表一种类型的元件，一旦与某个实体的某种结构对应后，会代表具体的结构．

在结构体中并行语句是元件例化语句，用于完成元件调用．元件例化语句的格式为：

〈例元标号〉:〈元件名〉〈外观映射表〉(给出例元各端口实际所连的信号名)

元件例化其实也就是将元件的各个端口映射到实际信号线上,反映了不同元件之间是如何连接的,例如,例 7.2 中表明半加器例元 u1 的一个输出端口 a 连到或门例元 u3 的一个输入端口.

【例 7.2】

```
Architecture structural_view OF full_adder IS
    Component half_adder                                    元件说明部分(元件外观)
    PORT (in1,in2 : IN Std_logic; sum, carry : OUT Std_logic);
    End Component;
Component or_gate
    PORT (in1,in2 : IN Std_logic; out1: OUT Std_logic);
    End Component;
    Signal a,b,c : Std_logic;                               说明连接元件所用的内部信号
Begin
    u1: half_adder PORT MAP (x,y,b,a);                      元件引用,生成例元
    u2: half_adder PORT MAP (c_in,b,sum,c);
    u3: or_gate  PORT MAP (c, a, c_out);
End structural_view;
```

例元一般直接引用元件,而不是实体,也就是说还是一个符号,部件的具体实现还需要进一步通过元件配置来完成.元件配置就是指出元件所用的设计实体和结构体.例 7.3 给出了一个针对例 7.2 中的全加器元件配置的例子.元件配置的格式一般为

For〈例元标号〉:〈元件名〉

USE ENTITY〈库名〉.〈实体名〉(结构体名)

这样就指出了例元所引用的元件对应于某个指定库的某个实体的某个结构体.这种方式将元件、实体、结构体独立分开,使结构描述比较灵活.在例 7.3 中,将实体 full_adder 的配置,命名为 PARTS,采用结构体 structural_view 作为实体 full-adder 的结构体,该结构体中例化的两个元件 u1、u2 采用来源于 WORK 库的实体 half-adder 的结构体 behav,u3 则采用来源于 WORK 库的实体 or-gate 的结构体 arch1.

【例 7.3】

```
Configuration parts of full_adder IS
  For structural_view
    For u1,u2 : half_adder
      USE ENTITY WORK.half_adder(behav);
    End For;
    For u3 : or_gate
      USE ENTITY WORK.or_gate(arch1);
```

```
    End For;
  End For;
    End parts;
```

7.2.2 Verilog

Verilog 硬件描述语言是由 Gateway Design Automation 在 1983 年到 1984 年间设计并实现的. 1989 年,Cadence 收购了 Gateway,并在 1990 年将这种语言公众化. Verilog 语言在门级仿真的效率很高,支持层次化结构建模.

Verilog 描述的基本单元是模块,将电路实际上描述成一组模块及其连接. 每个模块具有一个名称、由一组命名端口组成的接口(各自有其相应的类型和方向)、一组局部网络和寄存器以及一个实体(行为描述或者结构描述). 其中实体可以包含如与门、或门等基本门电路、触发器,还可包含其他模块,进行层次化结构建模.

图 7.1 给出了一个模块,其功能为: 在时钟 clk 的上升沿,完成 a 和 b 相与,将结果赋给 c,例 7.4 给出了 Verilog 描述.

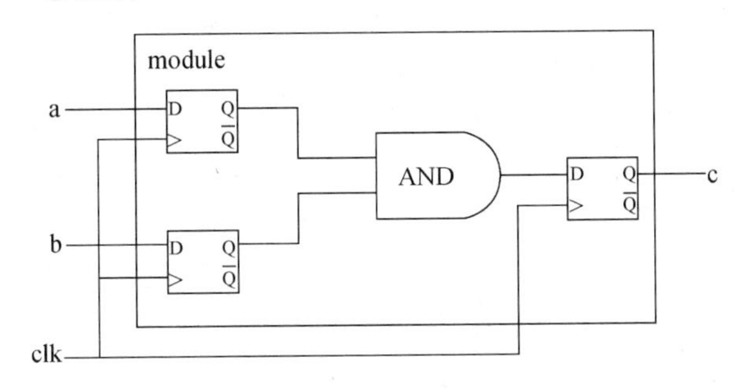

图 7.1 功能模块图

【例 7.4】

```
module (a,b,c,clk);
  input a;
  input b;
  input clk;
  output c;
  wire c_temp;
  reg a_reg;
  reg b_reg;
  reg c_reg;
  always@(posedge clk)
  begin
  a_reg<=a;
```

```
    b_reg<=b;
    c_reg<=c_temp;
    end
    assign c_temp=a_reg&b_reg;
endmodule
```

Verilog 和 Vhdl 两种硬件描述语言在描述能力上类似. 与 VHDL 相比，Verilog 语言比较自由，也容易出错. VHDL 的语法较严格，但是语言冗长，而且 VHDL 更适合系统级、算法级等高层级描述. Verilog 和 VHDL 都在不断发展和完善中.

7.3 综　　合

综合是指通过附加一定的约束条件，结合相应的单元库，从设计的高层次向低层次转换的过程，是一种自动设计的过程. 根据转换的设计层次不同，综合可以相应地分为高级综合（从算法级到寄存器传输级）和逻辑综合（也称 RTL 级综合，从寄存器传输级到逻辑级）. 综合技术的出现使设计人员从烦琐的低层次设计中解放出来，可以有更多时间进行高层次设计.

高级综合是指结合 RTL 级单元库，将算法级描述转换成寄存器传输级结构描述. 核心是调度（scheduling）和分配（allocation），其中分配是指确定相应的 RTL 级单元来实现各操作，产生相应的数据通道，也就是将行为（如数据处理、存储及传输等）与元件对应起来；调度是指将数据流图中的操作赋给各控制步，确定相应的时序. 分配和调度是紧密联系在一起的. 高级综合的结果是由一些与工艺无关的通用 RTL 级单元组成的结构描述，需要通过工艺映射、逻辑综合，才能进一步得到逻辑图. 目前高级综合技术还在发展完善中.

逻辑综合过程一般通过逻辑综合器结合单元库（包含若干逻辑门、触发器等），将 RTL 级描述转换成逻辑级描述. 逻辑综合的输入包括可综合的 HDL 描述、单元库文件（包括单元的延迟等多方面信息）、设计约束（如延迟约束、扇入/扇出约束等）.

具体来说，在逻辑综合过程中，对逻辑综合器输入 HDL 描述（VHDL 或 Verilog），综合器首先对输入的描述进行分析并编译形成一种逻辑结构，该结构是由逻辑单元（如与非门、或非门、触发器等）组成的逻辑，可实现与行为描述同样的功能. 这样完成了初步转换，但该电路与工艺无关. 然后再对该结果进行逻辑优化，优化的结果仍与工艺无关，逻辑优化类似数学方程的化简，可以降低面积，提高速度，在优化中可以采用软件默认的优化设置，也可以根据需要重新设置设计约束等. 接着通过逻辑级工艺映射（mapping），综合器会将优化后的逻辑映射到一个与特定工艺相关的目标单元库（如标准单元库或 FPGA 单元库等），这样就将逻辑结构转换成由目标单元库的逻辑单元组成的逻辑网表，完成与工艺相关的设计. 由此可进一步生成逻辑图. 在工艺映射中，需要在满足时延、功耗等用户约束条件的同时降低面积.

综合具有多值性，相同的功能可以由多种不同的逻辑网表实现，出现“一对多”的情况. 因此优化是综合技术中的关键. 就逻辑综合而言，由寄存器级描述语言自动生成逻辑网表，经过若干次优化迭代得到最终结果. 优化的目标函数包括逻辑延迟长度、逻辑元件数目和可测试性等，用户可以根据需要对这三个函数赋以不同的权重.

目前所用的综合系统一般都以 VHDL、Verilog、HardWareC 等语言作为输入描述. 就 VHDL 而言，由于它是基于模拟的语言，一些如测试台技术、断言语句等难以综合，还有一些如指针、多维数组等结构目前也不能综合，因此一般建议在编写用于综合的 VHDL 时，最好采用 VHDL 的可综合子集.

7.4　逻辑模拟

有关逻辑设计的 EDA 工具包括逻辑综合和逻辑模拟，对于逻辑综合得到的结果必须通过逻辑模拟进行验证，设计人员也可以直接将自己设计的逻辑结构输入计算机，通过逻辑模拟进行验证.

7.4.1　逻辑模拟的基本概念和作用

逻辑模拟一般指门级模拟，主要模拟对象是与门、或门、非门、与非门、或非门等基本逻辑门和触发器等逻辑单元，主要用于验证逻辑功能和电路时序关系的正确性，预先检查电路运行时是否会出现门延迟引起的竞争冒险等现象，在电路制备前排除设计中的逻辑错误.

逻辑模拟是指通过逻辑图输入或直接用硬件描述语言将所设计的系统输入到计算机中，或者针对上节所述逻辑综合得到的门级逻辑描述，用软件方法形成硬件模型，然后给定输入激励波形，利用该模型计算出各节点和输出端的波形，由设计者判断其正确性. 其中激励波形可以用波形描述语言定义.

简单来说，逻辑模拟就是以软件建立的硬件模型为基础，在输入逻辑描述后，通过适当的模拟算法模拟逻辑电路的运行情况，检查逻辑和时序的正确性.

因此，逻辑模拟主要包括逻辑描述、逻辑模拟模型的建立、逻辑模拟算法等几个关键环节. 其中逻辑输入描述包括通过逻辑综合得到的门级网表、原理图输入或逻辑描述语言. 逻辑模拟模型包括逻辑元件模型和信号模型. 下面简单介绍逻辑模拟模型，对逻辑模拟算法感兴趣的读者可参见相关文献.

7.4.2　逻辑模拟模型

如前所述，逻辑模拟模型主要包括元件模型和信号模型.

1. 元件模型

逻辑元件模型一般由单元库提供. 由于逻辑模拟不仅要验证逻辑关系的正确性，还要检查时序关系，以正确反映信号毛刺、冒险和竞争等现象. 因此，除了包含基本的功能模型外，还需要较精确的延迟模型. 为了进行功耗分析，有时还包含元件的功耗模型.

对于延迟模型而言，模型越精确，模拟精度越高，但模拟程序也越复杂. 这里介绍两种延迟模型：指定延迟和最大-最小延迟.

（1）指定延迟是指对不同的逻辑元件或不同的元件类型分别指定不同的延迟时间.另外，由于器件电参数的影响，脉冲信号通过器件时的上升、下降时间各不相同，引起脉冲宽度的变化，因此在指定延迟模型中，也对上升和下降时间指定了不同的延迟时间.这种模型的模拟结果比较接近实际，可用于进行尖峰分析.

（2）最大-最小延迟是对每种元件指定最大和最小延迟时间，如图7.2所示.当采用这种模型时，会出现模糊区域，如该图中阴影区所示，这一区域存在不确定值，可用于分析电路出现竞争的条件.

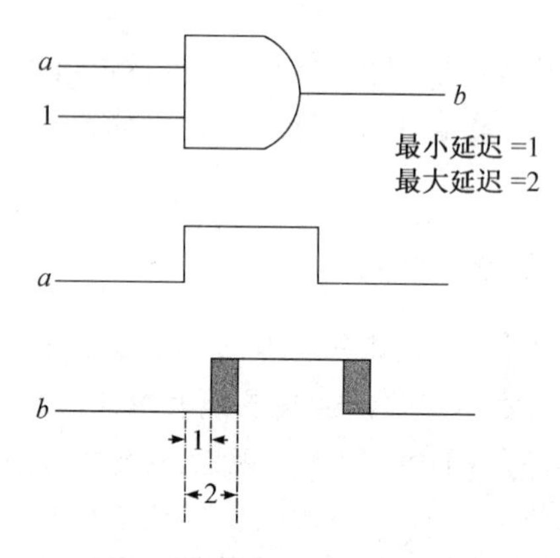

图 7.2 最大-最小延迟模型的输入输出波形图

（假设最大延迟为2，最小延迟为1；这里延迟用某种公共延迟单位的倍数进行赋值.例如，如果以5 ns为一个延迟单位，10 ns的延迟就用$\Delta T=2$来表示）

2. 信号模型

信号模型主要包括逻辑模拟中信号的逻辑值和逻辑强度.实际逻辑电路都是以0和1两个状态进行工作的，也称二值逻辑，但这不是实际电路中的电压或电流值，是根据阈值转换成的逻辑值，在实际信号传播过程中，会出现非0非1的状态，需要引入新的逻辑值.在逻辑模拟中，用二值逻辑难以反映信号状态的过渡过程，无法模拟出延迟和竞争冒险等现象.可以采用三值逻辑、四值逻辑、五值逻辑或更多值逻辑进行模拟.

与	0	1	μ
0	0	0	0
1	0	1	μ
μ	0	μ	μ

图 7.3 三值逻辑真值表

（1）三值逻辑

三值逻辑是除了0、1两个逻辑状态外，引入第三个逻辑状态μ，用来表示电路中的不确定态，如记忆元件未指定的初始态、不可预测的振荡态和一些无关态等，其真值表如图7.3所示.

三值逻辑模拟可以用来检查电路中的静态

冒险,但不能检查动态冒险.静态冒险包括静态0冒险和静态1冒险.前者是指在稳定的0信号状态下产生1脉冲;后者是指在稳定的1信号状态下产生0脉冲.动态冒险包括动态0冒险和动态1冒险,动态0冒险是指信号由0变化到1的过程中产生1脉冲,即出现0-1-0-1的信号变化;动态1冒险是指信号由1变化到0的过程中产生0脉冲,即出现1-0-1-0的信号变化.

三值逻辑还可以用来表示电路或信号流的无关态,大大减少了模拟量和模拟时间.例如,对于 N 个触发器系统复位功能的模拟,如果用二值逻辑,需要 2^N 次模拟,如果用三值逻辑,模拟时只考虑被激活的电路,只要一次模拟就可以确定尚未复位的触发器,因为未复位触发器的输出仍保持状态 μ 不变.

(2) 四值逻辑

四值逻辑是除了0、1、不定态 μ 外,再引入一个高阻态Z,高阻态可以用来反映信号与源断开后的状态,其真值表如图7.4所示.

与	0	1	μ	Z
0	0	0	0	0
1	0	1	μ	μ
μ	0	μ	μ	μ
Z	0	μ	μ	Z

图7.4 四值逻辑真值表

采用更多值的模拟,如八值模拟可以检查出动态冒险,但逻辑状态过多会使真值表比较复杂,模拟速度降低.目前采用较多是三值逻辑模拟和时序分析结合使用,时序分析将在7.6节介绍.

(3) 信号的逻辑强度

信号的逻辑强度反映信号的驱动能力,可以用来处理多个元件的输出线连接在一起(也称线或)时汇点的信号情况.

与信号逻辑值类似,信号的逻辑强度也可以分成3级、4级、8级等不同种级别,级别越多,模拟越准确,但模拟效率越低.以3级逻辑强度为例,从强到弱,可以分为驱动级、电阻级、高阻级,三值逻辑与三级逻辑强度结合,可以组成9种逻辑状态,在线连时逻辑强度高的信号占优势.如果线连时不同信号线的逻辑强度相等而信号值不同,则线连点信号的逻辑强度不变,逻辑值取未知态.

7.5 电路模拟

7.5.1 电路模拟的基本概念

电路模拟主要用于电路设计.电路设计是指根据电路所要求的性能,包括直流特性、交流特性、瞬态特性等,确定相应的电路结构和元件参数.目前,除了少数特殊类型的电路外,还没有自动的电路设计软件,在电路设计方面的EDA工具主要都是电路模拟软件.设计人员依据电路性能指标的要求,初步确定电路结构和元件参数,再采用电路模拟软件进行模拟分析,并根据模拟结果作相应的修改,经过多次反复修改,最后得到满意的电路结构和优化的元件参数.

简单地说,电路模拟就是根据输入的电路拓扑结构和元件参数,将需要分析的电路问题转换成适当的数学方程并求解,根据计算结果检验电路设计的正确性.

就电路模拟在集成电路设计中起的作用而言,它对于全定制数字集成电路设计和模拟集成电路设计都是十分重要的,既可用于电路设计的验证;也可用于版图设计之后的"后仿真",保证电路性能在考虑寄生参量的情况下依然符合要求.此外,电路模拟在建立单元库的过程中起着重要作用,单元库中的单元必须经过电路模拟的验证,完成相应的电路结构和元件参数的设计.

对于用户而言,用户输入电路图或者电路描述语言,定义电路结构和元器件参数,并指定需要进行的电路分析,通过电路模拟软件完成电路模拟.对于较大规模电路,可以直接进行电路图输入,模拟软件中相应的编译程序会进行处理;对于简单电路可以用电路描述语言完成电路描述.

目前最具代表性、应用最广泛的电路模拟软件是 SPICE 程序(Simulation Program with Integrated Circuits Emphasis).下面以 SPICE 程序为例,介绍电路模拟软件的基本功能、电路模拟程序的基本结构.

7.5.2 电路模拟的基本功能

SPICE 电路模拟程序可以对电路进行非线性直流分析、非线性瞬态分析和线性直流分析、交流分析、线性瞬态分析、噪声分析、失真分析、傅里叶分析以及温度特性分析等.

在利用 SPICE 进行分析的电路中,可以包括如下元器件:电阻、电容、电感、互感、独立电压源、独立电流源、传输线、四种类型的受控源(电压控制型电流源、电流控制型电流源、电压控制型电压源、电流控制型电压源)以及四种通用的半导体器件:二极管、双极晶体管、结型场效应管和 MOS 场效应管等.

SPICE 电路模拟软件所能完成的分析功能为:

1. 直流分析

典型的直流分析一般是指求解电路直流转移特性的分析.它可以在输入端施加一定步长的扫描电压或扫描电流,求出输出端和其他节点的电压或支路电流;也可以进行直流工作点分析,即对输入端加某一固定电压的情况下进行直流求解;此外,还可以进行直流小信号传输特性分析和直流小信号灵敏度分析,前者是指输入端有一个直流小信号变化量,求直流小信号传输函数值、输入电阻和输出电阻;后者是指通过直流求解,确定各个指定输出变量对每个电参数的直流小信号灵敏度.

在进行瞬态分析之前,SPICE 程序先自动进行直流分析,以确定瞬态分析的初始条件,在进行交流小信号分析前,也先自动进行直流分析,以确定非线性器件的线性化小信号参数.但这些直流分析结果一般不打印出来,如果需要了解瞬态分析的工作点和非线性器件的小信号模型参数,就要用工作点分析.

2. 交流分析

交流分析通常是指以频率为变量，例如输入正弦信号，在不同频率点上求出稳态下输出端和其他节点的电压或支路电流的幅值和相位. 此外，还可以利用交流小信号分析进行噪声分析和失真分析.

噪声分析是指求解不同频率点的输出噪声和等效输入噪声，即噪声频谱，并可求出每个噪声源对输出噪声的影响. 失真分析是指在输入端施加一个或两个信号频率，在输出端求差频、和频、倍频等失真量，并可求出所有非线性器件对总失真的影响.

3. 瞬态分析

瞬态分析是指以时间为自变量，在输入端加一个随时间变化的信号，求出输出端和其他节点电压和支路电流的瞬态值. 此外还可以进行傅里叶分析，求出输出信号的直流分量和傅里叶展开的前九个分量.

4. 温度特性分析

温度特性分析是指在不同温度下进行上述分析，通过比较求出电路的温度特性. 它主要用于分析元件由于参数受温度影响而引起的电路特性变化. 在不加说明时，默认温度为 300K.

7.5.3　电路模拟软件的基本结构

不同的电路模拟软件的基本结构大都类似. 程序主要由五部分组成：输入处理、器件模型处理、建立电路方程、求数值解和输出处理. 本小节将对这五部分内容作简单介绍.

1. 输入处理

电路模拟软件的输入处理部分主要用于对用户输入的电路图或者按程序规定编写的电路描述语言（即输入文件）进行编译，建立一定的数据结构，并将输入数据分类存储. 此外，输入处理部分还要完成节点处理、子电路展开、拓扑关系检查和一些元件预处理等.

2. 模型处理

在电路模拟软件中，对电路中出现的各种元器件均有相应的数学模型进行描述，即用数学公式描述器件的电流电压特性以及与器件参数之间的关系. 这些模型事先已经编入软件的模型库，用户只要在输入描述中给出模型选择描述和参数就可以调用相应的模型. 对于用户自行定义的新模型，则可以根据软件的结构编写相应的模型计算子程序，将该模型嵌入到软件中供调用.

电路模拟软件的模型处理部分主要包括对非线性元件，如二极管、双极型晶体管、MOS 管、非线性电阻、非线性电容等的模型建立与处理.

例如，SPICE 中的 MOS 管的模型有多个级别，依次有 1 级、2 级、3 级、……. 级模型，目前用得较多的 SIM3、BSIM4 模型适合于超深亚微米器件，模型考虑了 MOS 器件阈值电压的短沟、窄沟效应、漏感应势垒下降（DIBL）效应、迁移率的纵向电场效应、载流子速度饱和效应、沟道长度调制效应、源漏寄生电阻效应、衬底掺杂的非均匀分布、体电荷效应和热载流子效应等效应. 随着器件和电路的发展，电路模拟软件包括的器件模型也在不断发展中.

电路模拟的精度除了取决于模型本身外,还取决于模型参数的准确性.参数提取是建模的重要环节,目前也有专门的参数提取软件,如BSIMPRO、ICCAP等软件.

3. 建立电路方程

电路模拟软件能够根据电路结构、元件参数和分析要求自动建立相应的电路方程.电路方程建立的基本原理是欧姆定律和基尔霍夫定律.基尔霍夫电流定律的内容是:电路中每个节点的所有支路电流的代数和为零,一般定义流出节点的电流为正,流入节点的电流为负.基尔霍夫电压定律的内容是:回路电压的代数和为零.对于不同的分析要求和不同的电路网络,电路方程的建立方法各不相同.

方程建立的方法主要有节点法、拓扑矩阵法、状态变量法、混合法、稀疏表格法和这些方法的变形和改进.

以改进节点法为例,先对节点编号,除了节点电位作未知量以外,引入电压源电流、受控元件的控制电流、电感电流及其他支路电流作为未知量,建立相应的方程组,其矩阵表示为:

$$\begin{bmatrix} Y_n & B \\ C & D \end{bmatrix} \begin{bmatrix} V_n \\ I_i \end{bmatrix} = \begin{bmatrix} I_n \\ V_i \end{bmatrix}$$

其中 Y_n 为节点导纳矩阵,V_n 和 I_i 为未知节点电位和未知支路电流向量,I_n 和 V_i 为已知电流和已知电位向量,B、C、D 为关联矩阵.

状态变量法则以电容电压和电感电流作为独立变量建立微分方程组,它适用于瞬态分析.

4. 电路方程求解

电路模拟软件中主要有三类数值解法:线性代数方程组解法、非线性方程组解法和常微分方程组解法.下面针对线性电路的直流分析、非线性电路的直流分析、交流分析和瞬态分析的求解方法进行介绍.

(1) 电路的直流分析:线性电路的组成元件均为线性元件,所建立的电路方程组是一个线性代数方程组,采用选主元的高斯消去法或LU分解法进行求解,可以一次求得其解.当节点较多时,系数矩阵中的大部分元素都是零元素,采用稀疏矩阵技术,可以避免存储零元素,避免对零元素作长运算,以节省存储量和计算量.

(2) 非线性电路的直流分析:如果电路元件中有非线性元件,则所建立的方程组为非线性方程组.对非线性元件则利用它们的伴随模型进行线性化处理,并求出其线性化小信号模型参数,对于伴随模型的获得,有兴趣的读者可以参阅文献[2].这样可以得到线性方程组,经过线性化处理后的矩阵元素和已知电流电压的向量元素不全是常数,有些是未知量的函数,因此要用迭代法求解.通常采用牛顿-拉夫森方法进行迭代.

(3) 交流分析:在考虑交流情况时,会出现容抗和感抗,因此电路方程组是复变的线性方程组,系数矩阵是复数矩阵.对于线性电路,求解方法与直流分析类似,只是在某一频率范围内对不同的频率点进行计算;对于非线性电路,在求得直流工作点和非线性元件的交流小信号模型参数后,求解方法与非线性电路的直流分析类似.

(4) 瞬态分析:瞬态分析建立的是一个常微分方程组.需要采用数值积分法进行求解.

其基本思想是把某个时间间隔分成离散的时间点，根据数值积分公式对电容、电感等储能元件进行离散化，求出等效电导和等效电流值，从而将微分方程转换成代数方程，如果转换后的电路方程是线性方程组，就按线性方程组的解法求解；如果转换后的电路方程是非线性方程组，就按非线性方程组用牛顿-拉夫森方法迭代求解．从初值开始，逐点计算每个时间点上的节点电压或电流值，直到覆盖整个时间间隔．

5．输出处理

电路模拟软件的输出处理部分可以根据用户要求选择输出内容和输出方式．输出内容包括直流特性、幅频和相频特性、瞬态响应、传输特性、噪声量、失真量、灵敏度分析等，输出方式包括表格和曲线．

综上，本节以SPICE软件为例介绍了电路模拟软件的基本功能、基本结构等．除了SPICE以外，近年来出现了一种新的用于电路模拟和优化的模拟器——HSPICE软件，它是在SPICE的基础上发展起来的，它对电路模拟、优化覆盖范围可以从直流到微波频段（>200 GHz）．HSPICE与各种SPICE软件兼容，而且具有以下特点：(1) 快速收敛；(2) 具有多种精确的器件模型；(3) 采用层次化方法命名节点；(4) 可以为多种分析类型输出波形图；(5) 可以依据电路性能要求和测量数据进行参数优化；(6) 具有良好的建立单元库的功能；(7) 可以进行统计容差分析，分析元件及模型参数变化对电路性能的影响；(8) 支持最坏情况（worse-case）设计．

其他的电路仿真软件，如Cadence中的SpectreRF还提供蒙特卡罗分析．蒙特卡罗分析是指在不同的工艺角变化、不同的温度以及不同的电源电压下进行上述分析，它主要用于分析元件参数受工艺的变化、温度的变化和电源电压的变化引起的电路特性的变化．蒙特卡罗分析可用于分析成品率分析．

7.6 时序分析

逻辑模拟的基本单元是逻辑门、触发器等，主要用于验证逻辑功能的正确性，并通过延迟的考虑，能在一定程度上反映竞争、冒险等现象，模拟速度比SPICE快三个数量级，但不能详细地模拟晶体管级的变化情况．电路模拟的基本单元是晶体管、电阻、电容等元器件，可以较精确地获得电路中各节点的电压或电流，但对于较大的电路，采用这种方法会包括很多的迭代求解过程，需要很大的存储空间和很长的计算时间．

随着集成电路进入到超深亚微米尺度，晶体管本身的延迟大大减小，而互连线所引起的延迟在整个单元延迟中所占的比例越来越大，时序不收敛是超深亚微米集成电路设计中最常见的问题之一．在逻辑设计中仿真分析后功能和时序都正确的网表，常常会由于布线设计后互连引线延迟与逻辑设计中使用的模型不一致，造成时序不再满足约束要求，需要多次循环设计，设计周期加长．因此，专用于时序关系分析的时序分析在设计中很重要．

时序分析比门级逻辑模拟的功能要强，它能提供详细的波形和时序关系，可用于版图设计前和版图设计完成后电路的时序验证，其求解速度比SPICE电路模拟软件快两个数量级，当然精度要低一些，通常比 SPICE 低 10%. 但与带延迟模型的逻辑模拟软件相比，时序分析软件的模拟精度要高得多. 一般在功能仿真通过后，进行时序性能的分析.

时序仿真有两种：静态时序分析和时序模拟器. 静态时序分析一般是指器件静态工作情况下，计算每一条路径的延迟，通过求出相邻两个触发器间最长路径延迟(即关键路径)，得到静态下电路的最高工作频率. 静态时序分析不需加测试向量激励，适合同步系统，模拟速度较快. 时序模拟器是一种动态模拟器，需要输入激励，主要用于版图生成后的后仿真.

通过时序分析可寻找最坏情况下的关键时延路径，保证在一定时钟频率下电路能正确工作；并且可发现时序逻辑电路的建立时间和保持时间问题，如图 7.5 所示. 所谓建立时间是指在时钟有效沿作用之前可靠地建立数据信号所必须的时间；保持时间是指在时钟沿作用之后，数据信号需要保持稳定的时间. 如果这两者不能满足要求，可能导致错误的触发，因此建立时间和保持时间也称为电路的时序约束.

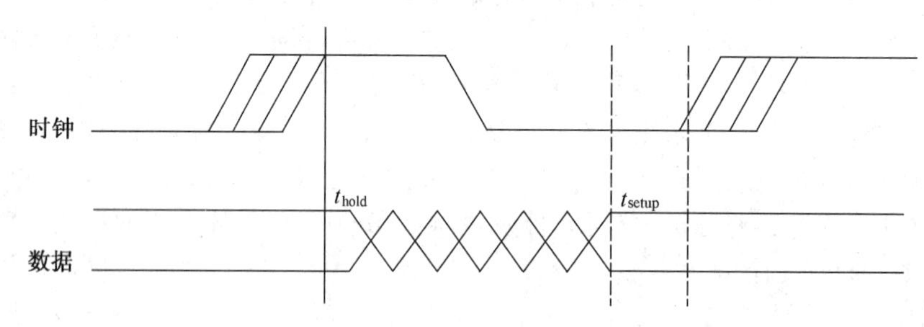

图 7.5 建立时间和保持时间

基于时序约束和最小-最大算法，可进行电路最坏情况的模拟，也就是对数据路径和时钟路径的最坏情况结合起来考虑. 所谓最小-最大算法，是指对于数据路径取最大延迟，同时时钟路径取最小延迟，不违反建立时间约束；对于数据路径取最小延迟，同时时钟路径取最大延迟，不违反保持时间约束. 在分析中，根据电路拓扑关系，确定数据路径和时钟路径，通过采用路径寻迹和约束分析的方法穷尽所有路径，并计算该路径上是否违反时序约束；同时可以分析电路中最长延迟，给出关键路径及延迟.

目前的 EDA 系统中一般都包含时序分析工具，如 Synopsys 软件中的"Prime Time"、Cadence 软件中的"Envisia"、Mentor Graphics 公司的"SST Velocity"等.

逻辑模拟、电路模拟、时序分析三者各有特点，对于一个电路，并不是所有部分都必须精确模拟. 为此，可以考虑将三者结合起来进行混合模拟.

7.7 版图设计的 EDA 工具及制版

7.7.1 版图设计的基本概念

简单地说，版图设计是根据电路功能和性能的要求以及工艺条件的限制(如线宽、间距、制版设备所允许的基本图形等)，设计集成电路制造过程中必需的光刻掩模版图. 版图设计与集成电路制造工艺技术紧密相连，是集成电路设计的最终目标.

版图设计是电路功能和性能的物理实现，布局布线结果决定了电路的工作速度和芯片面积. 尤其是布线，随着器件特征尺寸的不断缩小，决定芯片速度的主要因素不是器件本身的工作速度，而是互连线延迟，布线方案将直接影响芯片速度. 版图设计在集成电路设计中起着重要的作用.

通常认为，一个好的版图设计方案应在保证各部件间互连线百分之百实现的情况下使芯片面积最小. 一般在版图设计中所涉及到的限制条件和评价函数十分复杂，而且难以给出明确定义，在利用 EDA 工具进行处理时，即使对部分问题作了分解，大部分仍然很难处理，求解这些问题所花费的时间按问题的规模指数增长，为 NP 完全问题. 目前采用较多的是启发式算法，求得近似解.

版图设计的 EDA 工具按工作方式可以分为三类：自动设计、半自动设计和人工设计. 下面将分别给予介绍，并简要介绍版图设计的检查与验证、版图完成后的制版以及版图数据交换格式等.

7.7.2　版图的自动设计

自动版图设计就是通过相应的 EDA 软件，将电路的逻辑描述形式自动地转换成版图描述形式. 其中逻辑描述可以是逻辑综合得到的逻辑网表，也可以是由软件指定的原理图输入方式或逻辑描述语言. 版图描述是一组描述版图几何图形和不同掩模层信息的数据，用户可以在计算机屏幕上直接看到生成的版图图形. 在典型的 EDA 软件，如 Cadence、Synopsys、Mentor Graphic、Panda 等设计系统中都具有自动版图设计功能.

自动版图设计主要包括逻辑划分、布图规划、布局、布线等过程，并允许人工调整，如图 7.6 所示. 系统依靠单元库的支持，将逻辑描述转换成各功能块、子功能块间的互连，然后进行布图规划，并在此基础上完成布局布线工作. 布图规划、布局布线结果均可以进行验证，以减少迭代次数. 对于某些电路可以直接进行布局布线. 自动版图设计主要是针对标准单元和门阵列等具有规则版图布局的布图系统，积木块自动布图系统处于发展中.

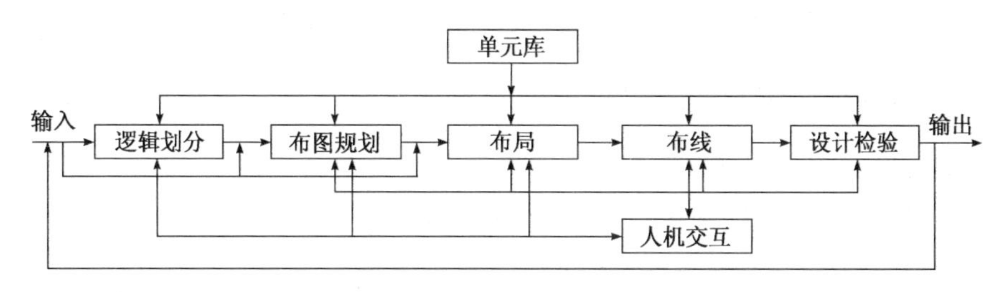

图 7.6　版图设计的层级处理方法

布图过程是一个反复迭代的过程，从对布图结果的影响来说，布局是最重要的，其次是布线．布局就是根据电路的功能、性能以及几何要求（如布局前规定的版图结构对单元相对位置的要求和单元间布线通道的要求）等约束条件，将各部件放置在芯片的适当位置上，实现芯片面积最小的总体目标．

布局方案的优劣一般通过以下三个标准判断：(1) 布线总长度最短；(2) 布通率达到100％；(3) 布线密度均匀．布线总长度和布线密度直接影响芯片的面积，后者是避免出现过于拥挤的布线区域而间接实现芯片面积最小．研究表明，通道区布线均匀更易实现总体目标．当然这些标准需要到布线完成后才能较准确地确定出，因此需要在布局时通过近似算法估计出布线占据区域的大小，以确定布局方案．

布线是指在满足工艺规则和布线层数限制、线宽、线间距限制等电性能约束的条件下，根据电路的连接关系将各单元和输入/输出单元用互连线连接起来，并在限定区域内保证100％布通的情况下，使芯片面积最小．

布线质量的好坏一般由以下几方面来评价：(1) 在限定区域内达到100％的布通率；(2) 布线面积最小；(3) 布线总长度最小，以减小芯片面积，还可以降低信号的延迟；(4) 通孔数少，通孔是用于连接不同连线层之间的互连，限于工艺条件，通孔处容易引起接触不良或断路，为提高电路的可靠性，应尽量降低通孔数目；(5) 布线均匀，以保证电路的速度．

由于金属连线与芯片衬底之间以及金属连线之间存在寄生电容，会引起信号在连线上的传输产生较大延迟，从而降低芯片的工作速度，因此不仅对连线总长度，而且对最长连线的长度也有一定限制．此外，由于电源线和地线上流过的电流密度往往较大，为防止由于过热引起的断路，电源线和地线的宽度一般要比较大．

自动设计很大程度上受限于近似算法与版图结构．当自动设计不能满足设计要求时，可以利用人工干预方式进行人工布局布线，主要包括设计中未布局的单元、未布线的连线、布线过密的地方和引起延迟不当的地方等．一般的设计软件中都包括这些功能．

随着深亚微米技术的不断发展，互连线延迟已经成为决定电路延迟的关键因素，例如，当采用 0.25 μm 工艺时，连线延迟已经超过门延迟．因此，在布图系统中引入时延模型与时延分析，发展了时延驱动(timing driven)的布局布线算法，以性能优化、时延最小作为首要优化目标．此外，针对多层布线技术的出现，也发展了适合多层布线的多种算法．

7.7.3 版图的半自动设计

版图设计是一个由底向上的层级设计过程．对于底层单元，通常采用人工设计优化每个器件的器件参数，以获得最佳性能和最小芯片面积．支持自动版图设计的单元库中的单元就是通过这种方式完成的．但这种人工设计技术设计周期较长，因此，为了提高设计效率，提出了用符号进行版图设计，即符号式版图设计，有关内容在第五章中已经作了介绍．与此相对应的 EDA 工具称为版图的半自动设计软件．

简单地说，利用半自动版图设计软件，设计人员可以在计算机上用符号进行版图输入，以反映不同层版的版图信息，再通过自动转换程序将这些符号转换成版图，并在满足设计规则和保证芯片面积尽可能小的情况下进行版图压缩，这样产生的版图数据便可以送交制版中心进行制版.

7.7.4　版图的人工设计

全人工版图设计在全定制数字集成电路电路版图设计、单元库单元版图设计以及模拟集成电路的版图设计等方面发挥着重要作用. 采用这种方法设计电路，对版图结构没有限制，通常可以获得优化设计结果. 在典型的 EDA 系统中，如 Synopsys、Cadence、Mentor Graphics、Panda 等设计系统中都可以进行人工版图设计，通过计算机进行版图编辑和生成.

版图图形都是由一些基本图形单元（如矩形、多边形、连线以及某些特殊图形等）组合而成的. 设计系统提供强大的图形编辑功能，包括图形的放大、缩小、平移、旋转等几何操作功能和图形的生成、移动、增加、删除、拷贝等功能，极大地方便了设计工作.

在人工设计系统中具有图形数据库，可以提供带有掩模层分层信息的单元版图图形数据，用户可以随时调用，也可以将自己设计好的单元版图图形存入图形库中，并且单元之间可以嵌套. 这些对于由底向上的版图设计尤为有利.

值得指出的是，对于自动版图设计系统，有相应的工艺文件和与工艺直接相关的单元库支持；而在进行版图的人工设计时，设计人员必须选择相应的工艺文件，在一定的设计规则限制下进行设计，考虑线宽、间距、重叠、出头等特定的要求.

7.7.5　版图检查与验证

通用数字集成电路目前基本都是以人工设计为主，而自动版图设计由于电学性能和工艺条件的约束往往不能一次得到满意的结果，常常需要人工修改及补充布线. 人工的介入不可避免地会出现一些错误. 另一方面，完成版图设计的电路性能由于诸多物理因素的介入，与逻辑设计、电路设计的结果相比会有一定的变化，因此必须应用 EDA 工具进行版图检查和验证，主要包括几何设计规则检查（DRC）、电学规则检查（ERC）、网表一致性检查（LVS）、电路功能和性能验证（后仿真）等部分，如图 7.7 所示.

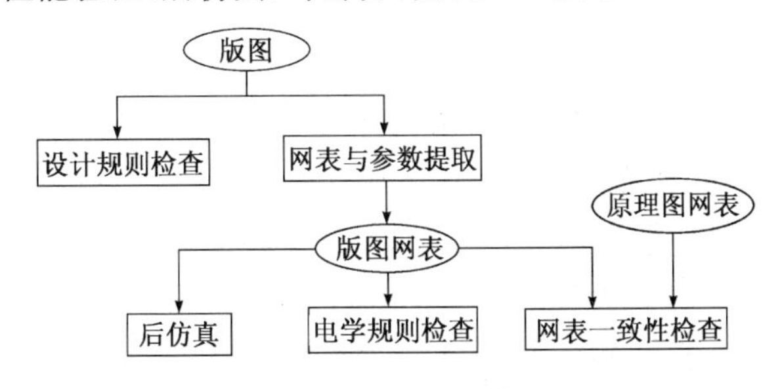

图 7.7　版图检查和验证

通过对图形元素进行图形运算可以进行设计规则检查;通过网表和参数提取工具可以从版图得到相应的电路网表、器件参数、寄生参数等,据此可以进行版图的电学规则检查、网表一致性检查、电路功能和性能验证.

图形运算包括逻辑运算、分割运算、拓扑运算、几何运算等.逻辑运算包括与、或、差、非、异或、或非、与非等;分割运算包括图形分割,如多边形分割成矩形或梯形;拓扑运算包括包含、面重叠、分离、边重叠、相交等;几何运算包括扩宽、压缩、求间距、求宽、求面积、求周长等.例如,MOS管可以通过逻辑"与"运算来识别,根据多晶硅层与注入层之间的"与"运算可以识别出沟道区,通过注入层、金属化层以及接触孔层的"与"运算可以识别出漏、源引出端."与"运算的示意图如图7.8所示.

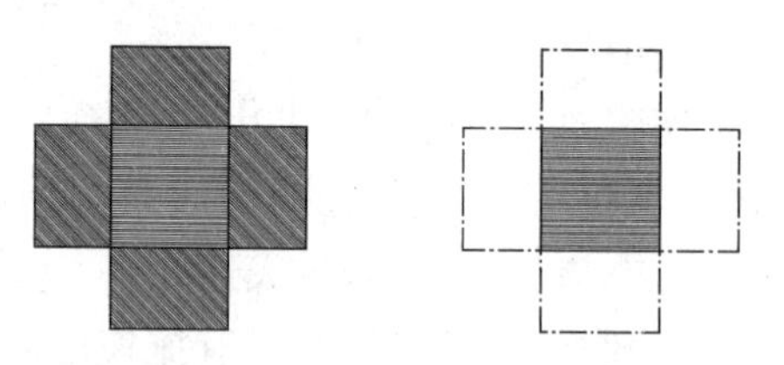

图7.8 版图图形"与"运算示意图

网表和参数提取LPE(layout parameters extraction)工具可以提取节点、器件参数和寄生参数等,进行逻辑连接复原.在对寄生参数的提取中,连线电阻和连线电容的提取是很重要的,对于深亚微米电路尤为如此.电阻电容除了几何提取方法外,常采用的方法是基于电磁场理论,在一定边界条件下求解拉普拉斯方程,得到某区域的电势分布、电场分布和电流分布,从而得到电阻和电容值.

下面对版图检查和验证的主要内容分别进行介绍.

1. 几何设计规则检查(DRC)

几何设计规则检查是以给定的设计规则为标准,对最小线宽、最小图形间距、最小接触孔尺寸、栅和源漏区的最小交叠等工艺限制进行检查.常用的几何设计规则检查程序是DRC程序.它通过线与线之间的距离计算检查出违反设计规则的错误.用户可以根据具体工艺条件对版图图形的几何限制,按指定的输入语言格式编写DRC检查文件,通过运行DRC程序完成设计规则的检查.

2. 电学规则检查(ERC)

经过几何设计规则检查的电路不一定能正确地工作,还需要进行电路功能和电路性能等行为级分析.电学规则检查介于几何设计规则检查和行为级分析之间,其主要作用是在电路功能和性能检查前检测提取出的电路网表是否有无电路意义的连接错误.

电学规则检查不需涉及电路行为,在完成元器件和电路连接关系识别后,针对以下错误进行检查:短路、开路、只有一个引出端的布线、孤立布线、孤立接触孔、非法器件(如接地的负载晶体管、CMOS电路中源接地的pMOS管或源接电源的nMOS管)等.电学规则检查一般在网表提取后进行，由相应的程序完成，常用的是 ERC 程序.

3. 网表一致性检查(LVS)

网表一致性检查是指通过网表提取工具对版图作电路连接复原，然后将提取出的电路网表与从原理图得到的网表进行比较，检查两者是否一致. 网表一致性检查主要用于保证进行电路功能和性能验证之前无物理设计错误. 通常需要先进行网表一致性检查，再进行寄生参数提取. 它的功能比 ERC 强大，可以检查出 ERC 无法检查出的设计错误，也可以实现错误定位.

网表一致性检查通过 LVS 工具完成. 它是一个同构比较问题，主要需要解决逻辑等价而拓扑不等价问题，并保证网表错误不扩散，当发现不匹配节点时并不影响网表其他部分的比较.

4. 后仿真

版图验证的另一个重要环节是电路功能和性能的验证，必须考虑设计出的版图引入的寄生量的影响，在前面讨论的逻辑模拟仅考虑了逻辑单元延迟，没有互连延迟，因此已经验证正确的电路可能在布局布线后不能满足要求，这就需要在版图生成后进行精确的后仿真，以保证设计出的电路版图能满足电路功能和性能的要求.

通过参数提取程序提取出实际版图参数和寄生电阻、寄生电容等寄生参数，进一步生成带寄生参数的器件级网表，对此进行模拟分析；也可以将提取得到的寄生参数文件和单元延迟文件结合，通过延迟计算器生成一个以 SDF(Standard Delay Format)形式提供的延迟描述文件，该文件被反标到门级网表中，再进行相应的模拟分析. 这些都是后仿真方法，具体采用哪种方法视具体电路而定.

对于数字电路，后仿真可以通过对提取出的带有寄生参数的器件级网表进行 SPICE 模拟实现；对于大规模的电路，也可以用时序分析工具对此电路网表进行时序分析，并计算电路中的延迟情况，找到影响电路性能的关键路径，再对关键路径进行精确的 SPICE 模拟；或者由提取得到的延迟文件反标到门级网表，再进行相应的仿真(如 Verilog 门级仿真等).

对于模拟电路，后仿真一般对提取出的带寄生量的器件级网表采用 SPICE 模拟实现.

随着个人通信和便携式计算机等的迅速发展，集成电路的功耗也成为衡量电路性能的重要指标之一. 目前发展了一些功耗分析工具，在版图验证阶段可以用相应的功耗分析工具计算电路的功耗及功耗分布，检查电路在功耗方面的性能是否符合设计要求.

7.7.6　制版

版图完成后进行制版. 传统的掩模版制备技术是先画出比实际掩模版大几百倍的总图，然后把总图覆盖到红膜上，经过扎孔、刻图、揭膜、初缩照相和分步精缩等工序得到实际掩模版. 对于大规模电路难以采用这种方法，必须进行计算机辅助制版. 专用制版设备包括光学图形发生器、电子束制版机等. 通常由 EDA 工具产生的版图数据必须通过一定的接口程序转换成相应制版设备的输入格式，才能用于制版.

光学图形发生器是将光通过一个位置和尺寸可变的光阑(光线可通过的窗口),作用在涂有感光胶的铬版上,从而在铬版上获得所需的版图图形,图形的基本形状与光阑的形状有关.通常光阑是矩形的,因此需要将版图图形分割成一些尺寸不同的矩形,并由这些矩形数据控制光阑尺寸和位置的变化.为提高制版效率,分割出的图形还需要进行排序,以避免光阑的来回运动.版图图形的分割和排序可以通过制版设备的接口程序完成.

电子束制版机通过计算机控制电子束的扫描进行曝光、制版.它可以处理的基本图形包括矩形、平行四边形和梯形等.版图图形也必须经过分割和排序.电子束制版具有分辨率高、精度高等特点,适合于小尺寸集成电路的要求.

7.7.7 版图数据交换的格式

为了便于与制版设备以及其他 EDA 系统进行数据交换,出现了一些较通用的版图数据交换格式,主要包括 GDS-Ⅱ格式、CIF 格式和 EDIF 格式等.

GDS-Ⅱ格式进入商用阶段较早,它可以表示版图的几何图形、拓扑关系和结构、层次以及其他属性.作为一种二进制流格式,GDS-Ⅱ格式占用的空间较少,但可读性较差.

CIF 格式用一组文本命令来表示掩模分层和版图图形,可读性强,具有无二义性的语法.通过对矩形、多边形、圆、线段等基本图形的描述、图样定义描述、附加图样调用功能,可以实现版图图形的层次性描述.由于采用字符格式,CIF 格式可以独立于具体机器,可移植性强.

GDS-Ⅱ格式和 CIF 格式在通常的版图设计 CAD 系统中都可以生成,但两者都是中间格式,必须用相应的处理程序进行转换才能用于制版.

7.8 器件模拟

前面介绍了集成电路设计有关的 EDA 系统.本节和下节介绍 TCAD (Technology CAD)工具,主要包括两种:器件模拟工具和工艺模拟工具.

7.8.1 器件模拟的基本概念

集成电路几乎全部是由晶体管组成的,器件性能对电路性能有直接影响.因此,只有深入研究器件机制、掌握影响器件性能的各种结构、工艺和工作条件等因素,才能更好地控制器件性能、优化器件设计.目前还不能根据器件的电学性能和工艺水平要求自动设计出器件结构和参数,只能进行模拟分析,通过调试参数来实现性能要求.

所谓器件模拟,就是在给定器件结构和掺杂分布的情况下,采用数值方法直接求解器件的基本方程,从而得到器件的直流、瞬态、交流小信号等电学特性和某些电参数.

器件模拟是相对于器件的解析模型而言的,解析模型是基于器件物理,通过一定的物理近似得到的器件特性的解析表达式.通常,利用解析模型难以得到精确解,但它具有运算速度快、适合于电路模拟的特点. SPICE 电路模拟中采用的多是解析模型,其模拟精度很大程度上取决于模型和模型参数选取的合理性. 器件模拟则直接求解器件的基本方程,求解精度高,但模拟速度较低.

器件模拟通常用于研究结构参数、工艺参数(如掺杂分布等)对器件性能的影响,进行器件性能预测;并可用于对器件物理机制的研究,通过一些无法或难以测量的器件性能,如内部载流子浓度分布、电流密度分布、电位分布、电场分布等,分析器件的物理机制. 目前的商用软件大多可以将器件模拟程序和工艺模拟程序联系起来. 通过工艺模拟得到的器件结构以及器件中的杂质分布、氧化层厚度等参数可以直接送入器件模拟程序,直接研究工艺条件对器件性能的影响. 此外,器件模拟也可以进行小规模的电路分析,直接分析工艺条件、器件结构对电路性能的影响,如 CMOS 反相器、CMOS 中的闩锁效应等.

目前较通用的器件模拟软件有 SENTAURUS、DESSIS、MEDICI、SILVACO 等,可以进行二维和三维的器件分析.

下面将以 MEDICI 为例,对器件模拟的基本原理、基本功能及所用模型进行介绍,并结合一个实例,说明输入文件的格式.

7.8.2　器件模拟的基本原理

器件模拟实际就是利用数值方法,根据一定的边界条件求解器件的基本方程. 器件的基本方程包括泊松方程、电子和空穴连续性方程、热扩散方程、电子电流和空穴电流的漂移-扩散方程(对于较大尺寸的器件)/能量输运方程(对于深亚微米器件),求解的基本量包括静电势、电子浓度、空穴浓度、电子温度、空穴温度、晶格温度. 这六个未知量通过上述的六个基本方程可以解出. 由这些量可以进一步求出其他的器件特性.

这些基本方程都是偏微分方程,需要首先进行方程离散化,通常在空间上将器件作网格划分,而且可以根据杂质分布或电势分布等对网格进行局部加密、网格优化,网格划分直接影响到求解的精度和速度.

可处理的器件边界包括欧姆接触、肖特基接触、绝缘接触等,并且在接触端可以加上集总电阻、电容、电感或分布接触电阻等,也可以指定一定的电压或电流. 基于相应的边界条件,可进行方程求解.

基本方程离散后得到一组非线性方程组,用于求解该非线性方程组的数值方法主要有 Newton 方法(耦合法)和 Gummel 方法(解耦法),前者将所有基本方程用牛顿-拉夫森法联合求解,后者则对各方程依次求解,重复循环直到收敛. 实际应用中一般将两种方法结合起来.

7.8.3　器件模拟的基本功能及所用模型

本小节以 MEDICI 软件为例,介绍器件模拟可处理的器件类型、材料、可完成的电学分析、可获得的电学特性和电学参数以及所用的模型等.

1. 器件类型

MEDICI可以处理的器件类型有以下几种：二极管(包括肖特基二极管)、双极晶体管(包括多晶硅发射极晶体管、可控硅器件等)、场效应器件(包括MOSFET、MESFET、JFET、TFT等)、MOS电容器、多层结构器件(包括采用SOI材料制备的MOS器件和双极器件等)、光电器件(包括太阳能电池等)、可编程器件(包括FLASH存储器单元等)以及其他一些新型器件等.

2. 可模拟的材料

MEDICI可以模拟的器件构成材料包括硅、多晶硅、金刚石、GaAs、GeSi、AlGaAs、SiC、α-Si、ZnSe、ZnTe、GaAsP、InGaP、InAsP、AlInAs等. 因此可以利用它来模拟异质结器件,研究化合物半导体器件的性能. 此外,可以模拟的MOS器件栅极材料包括多晶硅、铝、钼、钨、钼或钨的化合物等. 对于有些软件中不包括的材料用户也可以自定义,通过改变材料参数来实现模拟.

3. 可完成的电学分析

MEDICI模拟软件可以进行器件的常规稳态分析、瞬态分析及交流小信号分析,还可以进行热载流子分析(包括栅电流计算等)、可编程器件的FN电流分析、光电分析、陷阱分析(用于深能级、深施主/受主态以及寿命分布计算等)、辐照分析,同时可在考虑温度效应引起的热产生和传递情况下,进行晶格温度分析,模拟SOI器件自加热效应等现象. 此外,还可以进行相关电路的直流及交流分析.

4. 可获得的电学特性和电学参数

通过模拟可以获得的端特性包括：端电流密度与偏压的关系(对于MOS器件,包括漏端电流随栅压或漏压的变化);带回扫的端电流与偏压的关系;晶体管截止频率与偏压的关系;S参数;结电容与偏压的关系;MOS电容与偏压的关系;MOS电容器Si/SiO_2界面处与衬底中电子、空穴和净电荷与偏压的关系;栅电流与偏压的关系;可编程器件的FN隧穿电流与偏压的关系;单色光与多谱光的直流响应以及电路的直流及交流响应等.

可以获得的内部特性包括：能带图随器件深度的变化;电势、电场在器件内部的分布(包括器件深度、器件长度方向);电子浓度、空穴浓度及净掺杂浓度在器件内部的分布;电子和空穴准费米能级在器件内部的分布;电子电流、空穴电流、位移电流、总电流密度在器件内部的分布;碰撞电离、带带隧穿的电子-空穴对产生率、光致电子-空穴对产生率在器件内部的分布;电子、空穴温度和平均速度在器件内部的分布;电子、空穴注入到氧化层的概率在器件中的分布;电子和空穴寿命在器件内部的分布;热电子和热空穴注入电流和总的热载流子注入电流在器件内部的分布;陷阱密度和被填充陷阱密度在器件内部的分布;常量电子和空穴迁移率以及常量电导率在器件内部的分布等.

可以获得的电学参数包括给定偏压下的各薄层电阻、器件参数(如MOS器件的阈值电压、亚阈斜率等)、集总净电荷、集总净载流子浓度、集总电子和空穴浓度、集总复合速率、截面电阻、某电极上的净电荷、某电极或边界上的电子和空穴电流以及碰撞电离产生的电子空穴对等.这些参数可以依据模拟结果优化提取获得.

5. 所用模型

MEDICI所考虑的物理机制通过所用的模型反映,其中包括复合机制、产生机制、碰撞离化机制、带带隧穿和FN隧穿机制、迁移率模型、重掺杂引起的禁带变窄、速度过冲、热载流子注入、热离化电流、量子修正等,可以处理Fermi-Dirac统计和Boltzman统计,考虑杂质不完全电离情况,还可以处理浮栅、光电互连等问题.

其中,复合机制包括SRH复合、Auger复合、直接复合、表面复合等;迁移率模型考虑了低场迁移率、高场迁移率以及表面散射、非本地(non-local)电场等因素的影响.在SENTAURUS软件中,针对纳米量级MOS器件模拟,引入密度梯度(Density Gradient)模型来考虑量子化的影响,还提供了全能带Monte-Carlo模拟器.

在应用中,根据所需分析的器件特性,选取合适的模型以及相应的参数进行求解,选取的模型对求解的精度有较大影响.

7.8.4 器件模拟的输入文件

器件模拟所需的输入信息包括器件结构、材料成分、掺杂分布、偏置条件等,通过选择模型和数值方法,对所需分析的特性进行求解,并选择一定的方式输出,供用户查看.

软件在接受输入文件后,可以进行相应的模拟分析.例7.5是一个用于计算一个nMOSFET输出特性的MEDICI输入文件.

【例7.5】 MEDICI模拟输入文件

```
TITLE        nMOSFET OUTPUT CHARACTERISTICS
COMMENT      Specify a rectangular mesh
MESH         SMOOTH=1
X.MESH       WIDTH=3.0      H1=0.125
Y.MESH       N=1      L= -0.025
Y.MESH       N=3      L=0
Y.MESH       DEPTH=1.0      H1=0.125
Y.MESH       DEPTH=1.0      H1=0.250

COMMENT      Eliminate some unnecessary substrate nodes
ELIMIN       COLUMNS      Y.MIN=1.1

COMMENT      Increase source/drain oxide thickness using SPEAD
SPREAD       LEFT   WIDTH=0.625 UP=1 LO=3 THICK=0.1 ENC=2
SPREAD       RIGHT   WIDTH=0.625 UP=1 LO=3 THICK=0.1 ENC=2
COMMENT      Use SPREAD again to prevent substrate grid distortion
SPREAD       LEFT   WIDTH=100 UP=3 LO=4 Y.LO=0.125

COMMENT      Specify oxide and silicon regions
```

```
REGION      SILICON
REGION      OXIDE  IY.MAX=3
COMMENT     Electrode definition
ELECTR      NAME=Gate  X.MIN=0.625 X.MAX=2.375 TOP
ELECTR      NAME=Substrate   BOTTOM
ELECTR      NAME=Source  X.MAX=0.5   IY.MAX=3
ELECTR      NAME=Drain   X.MIN=2.5    IY.MAX=3
COMMENT     Specify impurity profiles and fixed charge
PROFILE     P-TYPE N.PEAK=3E15 UNIFORM
PROFILE     P-TYPE   N.PEAK=2E16 Y.CHAR=.25
PROFILE     N-TYPE N.PEAK=2E20 Y.JUNC=.34 X.MIN=0.0 WIDTH=.5
+           XY.RAT=.75
PROFILE     N-TYPE N.PEAK=2E20 Y.JUNC=.34 X.MIN=2.5 WIDTH=.5
+           XY.RAT=.75
INTERFAC    QF=1E10
COMMENT     Specify contact parameters
CONTACT     NAME=Gate N.POLY
COMMENT     Specify physical model to use
MODELS      CONMOB FLDMOB SRFMOB2
COMMENT     Symbolic factorization and initial solution
SYMB        CARRIERS=0
METHOD      ICCG DAMPED
SOLVE
COMMENT     Do a Poisson solve only to bias the gate
SYMB        CARRIERS=0
METHOD      ICCG DAMPED
SOLVE       V(Gate)=3.0
COMMENT     Use Newton's method and solve for electrons
SYMB        NEWTON CARRIERS=1 ELECTRON
COMMENT     Setup log file for IV data
LOG         OUT.FILE=IV.O1
COMMENT     Ramp the drain voltage
SOLVE       V(Drain)=0.0 ELEC=Drain VSTEP=.2 NSTEP=15
COMMENT     Plot Ids vs. Vds
```

```
PLOT.1D        Y.AXIS=I(Drain) X.AXIS=V(Drain) POINTS COLOR=2
+              TITLE="Example 1D - Drain Characteristics"
LABEL          LABEL="Vgs=3.0V" X=2.4 Y=0.1E-4

COMMENT        Potential contour plot
PLOT.2D        BOUND JUNC DEPL FILL SCALE
+              TITLE="Example 1D-Potential Contours"
CONTOR         POTENTIA MIN=-1 MAX=4 DEL=.25 COLOR=6
LABEL          LABEL="Vgs = 3.0V" X=0.2 y=1.6
LABEL          LABEL="Vds = 3.0V"
```

文件开头是 TITLE 语句，对输入文件作简单说明；接下来一般是网格划分语句和网格优化语句(MESH 和 ELIMIN、SPREAD 语句)、区域定义语句(REGION 语句)以及电极定义语句(ELECTROD 语句)，用以定义整个器件的结构：

首先定义初始网格(第 3～8 句)，其中 SMOOTH=1 表明对网格采用三角形平滑，保持所有区域的边界固定，这主要是由于后面采用 SPREAD 优化语句，可能会出现钝角三角形而导致没有物理意义的解或者引起运算收敛困难；WIDTH、DEPTH 的值表示区域的宽度和深度；H1=0.125 表明网格线均匀分布，间距为 0.125 μm；*N* 表示网格线数，*L* 表示具体的尺寸，单位为 μm.

然后对网格进行优化，ELIMIN 语句用于去除深度大于 1.1 μm 区域的列网格线；前两条 SPREAD 语句(第 12～13 句)将源漏区从顶层向下三根网格线的距离由 0.025 μm 变为 0.1 μm；由于这些变化可能会导致网格扭曲，为保证长方形网格，将第四根网格线位置定在 0.125 μm 处(第 15 句).

区域定义语句和电极定义语句定义出了栅氧化层位置、厚度以及栅、衬底、源、漏电极的位置.其中 X.MIN、X.MAX 和 Y.MIN、X.MAX 用以定义 *X* 方向和 *Y* 方向的最小值和最大值，从而定义出一个区域.器件的结构可以是任意几何形状，也可以是多层结构，如 SOI 结构、异质结结构等，而且对平面或非平面形状均可处理.

在定义器件结构以后，定义掺杂分布和界面电荷.掺杂分布可以来自工艺模拟结果，也可以按软件指定的方法生成，包括恒定杂质分布、余误差分布、高斯分布等分布形式，并可考虑杂质的横向分布(用 XY.RAT 表示)，杂质种类包括硼、磷、砷、锑等.在例 7.5 中，沟道区给出了峰值浓度和杂质分布的特征长度，源漏区则给出了峰值浓度、结深、横向分布的特征长度，由此可以得到相应各区的杂质分布.

接着选择所用模型(MODEL 语句)以及合适的数值方法(SYMBOLIC 语句、METHOD 语句)，首先求初始解，再给定一定的偏置条件求解所需的特性(SOLVE 语句)，例 7.5 中求解当栅电压为 3 V、漏端电压以 0.2 V 步长增加到 3 V 时对应的漏端电流变化情况.模拟结果可以通过选择一定的方式输出(PLOT 语句)表示，除了上述电学特性、电学参数外，还可输出网格、界面、电极位置等.

图 7.9 是例 7.5 模拟得到的输出特性曲线和等势线曲线. 其中等势线曲线从 −1 V 到 4 V, 间隔为 0.25 V.

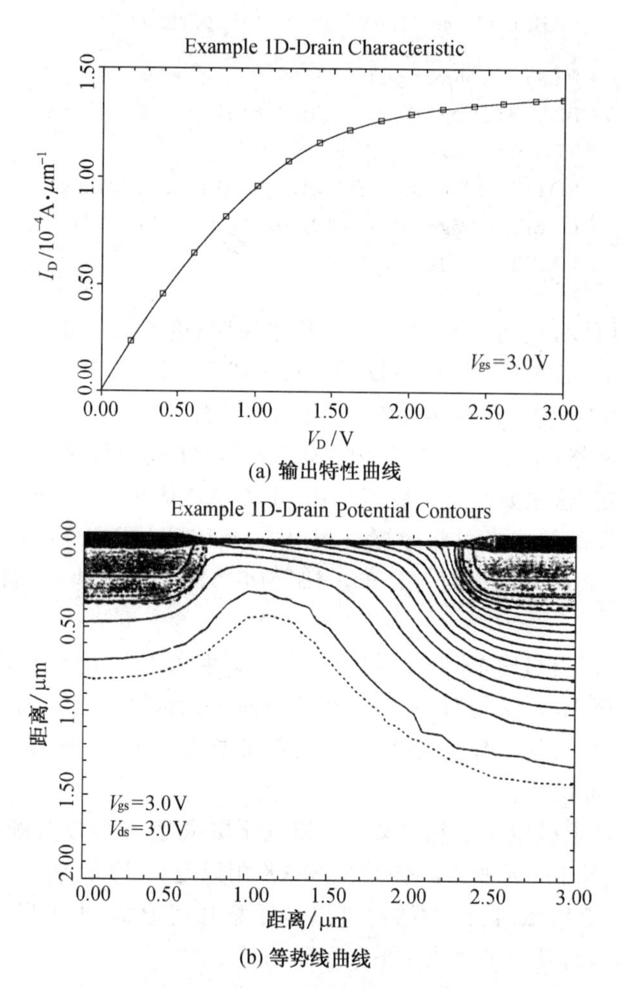

(a) 输出特性曲线

(b) 等势线曲线

图 7.9　例 7.5 模拟得到的输出特性曲线和等势线曲线

7.9　工 艺 模 拟

7.9.1　工艺模拟的基本概念

为了获得性能好、可靠性高的集成电路, 需要选择合理的工艺过程和优化的工艺条件. 如果通过实验性工艺流片来确定, 往往需要花费很长的周期和很高的成本, 有时还难以得到满意的结果. 采用工艺模拟可以改善这一状况.

所谓工艺模拟，就是在深入探讨各工艺过程物理机制的基础上，对各工艺过程建立数学模型，给出数学表达式，在已知某些工艺参数的情况下，对给定工艺过程进行数值求解，计算出经过该工序后的杂质浓度分布、结构特性变化或器件中的应力变化. 其中结构特性变化是指工艺过程引起的各材料层厚度和宽度的变化.

通过工艺模拟，可以在不经过实际流片的情况下，得到半导体器件中的杂质浓度分布、器件结构变化(如不同层的厚度)、氧化/薄膜淀积以及其他热过程引起的应力变化等，并可以得到与杂质浓度分布有关的电学参数如结深、薄层电阻、MOS阈值电压等，还可以预测工艺参数偏差对工艺结果的影响. 此外，如果工艺模拟与器件模拟、电路模拟相结合，可以获得工艺条件变化对器件性能、电路性能的影响信息. 因此，工艺模拟可以作为优化工艺流程和工艺条件的手段，有利于缩短工艺开发周期，提高工艺成品率.

目前较通用的工艺模拟软件主要有SUPREM、DIOS等，其中SUPREM-Ⅰ、Ⅱ、Ⅲ限于一维分析，SUPREM-Ⅳ可以进行二维分析，三维工艺模拟正在不断发展完善中. 下面以SUPREM-Ⅳ软件为例进行介绍.

7.9.2　工艺模拟的基本内容

SUPREM-Ⅳ软件可以处理的工艺过程包括离子注入、预淀积、氧化、扩散、外延生长、低温淀积、光刻、腐蚀等. 这些工艺过程可以分为两类：一类是高温处理过程，如氧化、扩散、外延、预淀积等，需要考虑杂质扩散和再分布，氧化和外延过程还要考虑氧化层和外延层厚度的增加以及界面的移动；另一类是非高温处理过程，如离子注入、低温淀积、光刻、腐蚀等，除了离子注入会影响杂质分布外，其他非高温处理过程可以不考虑杂质再分布，但会引起器件结构的变化. 在模拟多步工艺过程时，每一过程采用的杂质分布均是上一过程的计算结果.

SUPREM-Ⅳ可以处理的材料包括单晶硅、多晶硅、二氧化硅、氮化硅、氮化氧硅、钛及钛硅化物、钨及钨硅化物、光刻胶、铝以及用户自定义的其他材料等，可以掺杂的杂质包括硼、磷、砷、锑、镓、铟、铝以及用户自定义的其他材料等.

不同的工艺过程有相应的工艺模型，工艺模型就是用数学方法表示工艺过程，目前很多模型都是经验公式. 工艺模型是工艺模拟的关键，直接影响到模拟的精度. 用户在写输入文件时根据工艺情况进行模型选择.

用户通过输入文件向软件提供工艺流程、与各工艺过程有关的工艺参数以及计算要求(包括选用的模型). 一个完整的输入文件应该包括与该文件有关的注释语句、结构说明语句、参数语句、工序语句(包括选用的模型)、算法语句和输出打印语句等. 软件根据输入文件完成所需的模拟分析工作.

7.10　计算机辅助测试(CAT)技术

集成电路测试是集成电路设计和制造中的关键问题之一. 集成电路测试的目的是对制

造出的电路进行功能、性能检测，发现电路中的错误，用尽可能短的时间挑选出合格芯片，用于电路筛选.

产生错误的原因可能是在芯片加工过程中引起的物理故障，如信号线短路或开路等；也可能是封装过程的键合问题和机械应力等在输入/输出处引起的故障；或者是外界使用条件或环境引起的故障，如器件老化、环境温度、湿度变化或光、射线等的干扰.

计算机辅助测试技术包括测试向量生成、故障诊断（包括故障检测和定位）和可测性设计等. 首先生成可以检测出电路是否发生错误的测试向量；通过对实际电路加测试向量（测试输入激励），观察相应的输出结果，如果偏离电路的预期性能，则认为电路出现错误. 此外，可以利用故障模拟器，计算测试向量的故障覆盖率，并根据获得的故障辞典进行故障定位，给出故障报告. 对于一些难测故障要进行可测性设计，使测试生成和故障诊断比较容易实现，可测性设计的有关内容在 6.6 节中已给予介绍. 在集成电路设计 EDA 系统中通常均包括测试向量自动生成系统、故障模拟器和可测性辅助设计工具等.

下面首先介绍一些通用的故障模型，然后介绍包括测试向量生成、故障模拟和故障诊断等有关内容.

7.10.1 故障模型

通过对物理故障构造逻辑故障模型，可以使故障分析与工艺无关而适用于不同的工艺. 常用的故障模型有以下几种：

（1）固定型故障：固定型故障是假设元件的某个输入、输出端被固定在逻辑 0(s-a-0)或逻辑 1(s-a-1). 这是最常用的故障模型，包括了一般的物理故障，如对电源或地线短路、电源线开路等，通常不改变电路的拓扑结构.

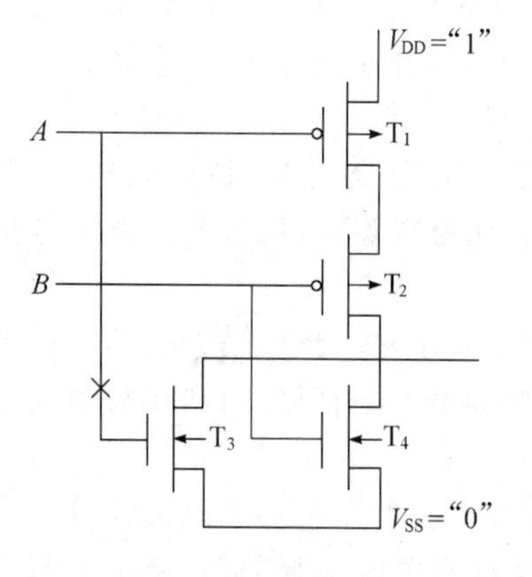

图 7.10 有故障的或非门

（2）桥接故障：桥接故障是指当逻辑电路中的某两条线发生短路时，会导致信号“线与”、“线或”，从而改变器件的逻辑关系，并且可能造成反馈回路，使组合电路变成时序电路.

（3）开路故障：这是 CMOS 数字电路中特有的故障，不能用一般的固定型故障来等效，通常在开关级处理. 如图 7.10 所示的或非门，假设 T3 管输入开路，$A=1$、$B=0$ 时，输出保持原来的值，或非门变成了锁存器.

在这几种故障中，固定型故障分析最简单，也比较具有代表性，研究表明，如果固定型故障的覆盖率达到 90%以上，其测试向量集也可以用于检测其他类型的故障. 目前典型的测试向量自动生成系统几乎都是采用固定型故障模型.

7.10.2　测试向量生成

测试向量生成主要考虑在保证向量产生时间的情况下，产生最少或较少的一组输入信号来测试所设计的电路，同时尽量达到最大的故障覆盖率. 所谓故障覆盖率，是指测试向量所检测出的故障与按照故障模型设立的电路故障总数之比. 测试向量生成方法的有效性通常是利用测试向量集的大小和它能覆盖故障的百分比来衡量的.

测试向量自动生成是目前采用较多的测试向量产生方法. 下面针对组合逻辑电路介绍一种典型的测试向量自动生成算法：路径敏化算法.

路径敏化算法的基本思想是从故障点到电路输出选择一条或多条适当路径，并使该路径敏化. 所谓敏化就是将故障效应传播到输出端. 大多数情况下故障是沿着两条或多条路径传播的，如果采用单路径敏化算法，可能无法满足要求，不能求出测试向量，采用多路径敏化法可解决这一问题.

D-算法是一种常用的多路径敏化算法. 其基本思想是先定义节点(或电路)的输出，然后再确定产生这种输出所需要的输入. D-算法中引入符号 D 表示正常值为 1 而故障值为 0 的信号，符号 $\overline{D}$ 表示对 D 进行"非"运算. 该算法采用立方代数而使算法公式化. 在确定原始 D-立方和传播 D-立方后，通过 D-交运算建立敏化路径. 所谓原始 D-立方是指将故障处作为某一元件的输出，该元件的输入值在正常情况下产生的输出与故障相反. 原始立方可以通过正常情况下的奇异立方和故障情况下的奇异立方相交得出(奇异立方就是元件的真值表). 例如对于二输入或非门，为了检测输出端的 s-a-0 故障，输入必须为 0 0，原始 D-立方为 0 0. D. 所谓传播 D-立方是指元件的输出只取决于一个或几个输入信号，将这些输入信号的错误传播到输出. 例如，对于三输入与非门，如果一个输入端为信号 D，其余两个输入端信号待定，其传播 D-立方应为 1 1 D. $\overline{D}$.

以图 7.11 的电路为例，D-算法的具体过程如下：

(1) 对假定故障选择一个原始 D-立方. 假设 f 节点处存在固定 0 故障，原始 D-立方可选为 c d. f：1 0. D；

(2) 导出电路中每个元件的传播 D-立方，敏化从故障源到输出的所有可能路径，即 D-驱动，D-驱动一直进行到某个输出端为 D 或 $\overline{D}$；将原始 D-立方与 G_3 的传播立方求交，则得 c d e f. g：1 0 1 D. $\overline{D}$. 输出端为 $\overline{D}$，D-驱动完成.

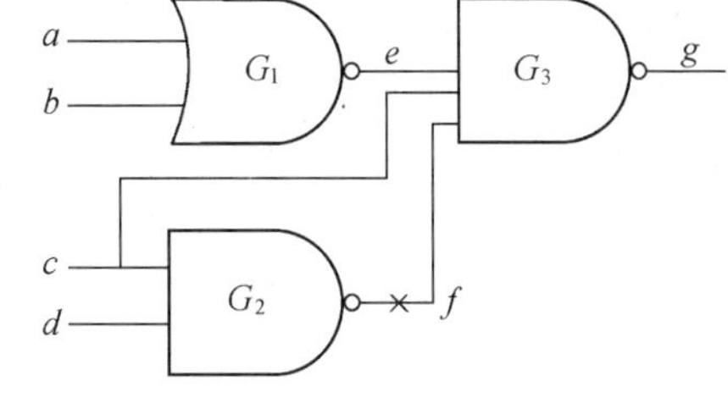

图 7.11　有故障的逻辑电路图

(3) 线合理性操作，导出相应的输入端逻辑值，它满足 D-驱动所要求的逻辑. 由 $e=0$ 与 G_1 的奇异立方相交，可得 a b ：0 0. 这样，得出 f 节点处固定 0 故障的测试向量为：0 0 1 0.

需要指出的是，当立方求交结果不存在时，需要重新选择立方；当线合理性要求不能满足时,就需要退到前一个元件,甚至可能需要重新选择 D-驱动路径,或者重新选择故障的原始 D-立方,采用哪种方法视具体情况而定.在 D-算法基础上还发展出 PODEM 算法、FAN 算法等算法,进一步提高算法有效性和速度.

7.10.3 故障模拟和故障诊断

在得到测试向量后,可以通过故障模拟器衡量这些测试向量所能达到的故障覆盖率,并获得故障辞典,进行故障定位.故障模拟实质上是一种逻辑模拟,具体地说,就是针对测试输入向量集,对被测电路在不同故障状态下进行逻辑模拟,得到所能检测出的故障集,从而获得故障覆盖率.

故障模拟的方法主要包括并行故障模拟、演绎故障模拟和并发式故障模拟.并行故障模拟通过故障注入,把某信号线设为故障状态,然后针对测试输入进行编译方式的逻辑模拟,得到相应的输出响应,与正常电路下的输出响应比较,如果不同则认为该故障可被该测试向量测出.在整个模拟过程中,故障注入与处理是并行的.这种方法可以并行地确定一个测试向量所能检测出的所有故障;演绎故障模拟是指在某一测试向量下,只对正常电路进行模拟,利用各元件的故障表将故障向电路的原始输出端传播,演绎出该测试向量对应的可测故障.其中元件的故障表是指对应于元件的测试输入向量在元件的输出端所能检测出的故障集;并发式故障模拟可以对电路的正常状态和故障状态同时进行模拟,不同于演绎故障模拟,它可以对每个故障分别处理,这样仅当某个故障引起某个功能块或逻辑门的输出与正常电路不同时,才继续模拟该故障存在时的故障电路,大大减少了计算量.

通过故障模拟,可以获得故障辞典,即测试输入向量集所能测出的故障集以及各测试输入相应各故障的输出响应向量.如果用 a_{ij} 表示第 i 个测试向量对第 j 个故障测试在某一输出端的响应值,则 $a_{ij}=1$ 表示第 j 个故障可以被第 i 个测试向量测出,$a_{ij}=0$ 则表示不能被测出.对于多输出端电路(假设 m 个输出),a_{ij} 变为 m 位向量.于是,对被测实际电路加载测试向量,得到输出响应向量,该向量与正常电路的输出响应向量进行异或,得到的值与故障辞典中的值(a_{ij})相比较,即可完成故障定位.

对于需要进行可测性设计的难测电路,利用 IC 设计软件,可以自动地将可测逻辑加到所设计的电路中去,一般是加到电路的层级网表中,可测逻辑包括扫描途径电路、边界扫描通路、内建测试逻辑、特征量分析测试电路等,设计人员可以根据需要进行选取.各种可测逻辑可以从软件的网表库中调用生成,也可以由用户自行产生.测试向量自动生成工具可以对不同结构的可测逻辑产生相应的测试向量.

本章从 IC 层级设计角度,对集成电路设计的 EDA 系统进行了较为详细的介绍.随着集成电路的发展,EDA 系统也在不断发展,主要表现在以下几个方面.

目前 EDA 系统一方面朝着提高自动化程度的方向发展,有关综合优化技术、尤其是高级综合技术以及综合与布图技术的结合的研究方兴未艾;另一方面,随着深亚微米技术的发展,时延驱动的布图算法、多层布线算法以及布图压缩技术的研究日益活跃,基于物理的深亚微米单元优化设计技术也受到广泛重视. 此外,个人通信设备和便携式计算机等的广泛应用对集成电路的功耗指标提出了更为严格的要求,低功耗设计技术的研究逐渐深入,很多研究人员致力于功耗分析工具与功耗降低技术(包括各设计层次的功耗优化)的开发,如时延功耗双重驱动布图算法等.

随着数模混合电路的不断发展,尤其是在深亚微米条件下,数字电路和模拟电路的界限将会逐渐变得模糊,需要发展能够提供数模混合信号联合仿真和实现的 EDA 工具;随着电路工作频率的不断提高,片上系统的工作频率逐步进入微波时代,传统的设计方法已经不能满足系统设计的需要,相应的微波 EDA 工具在不断发展中,以进行微波元器件与微波系统的设计;随着系统芯片(SOC)逐渐进入主流产品,针对 90 nm 或以下的千万门级的系统芯片的设计更加依赖于 EDA 供应商提供全新的设计工具和方法,SOC 的 EDA 工具正处于蓬勃发展的进程中.

参考文献

[1] Michael John Sebastian Smith, Application-Specific Integrated Circuits, Pearson Education, Inc. , 1998.

[2] 洪先龙,刘伟平,边计年等. 超大规模集成电路计算机辅助设计技术. 国防工业出版社,1998.

[3] 杨之廉. 超大规模集成电路设计方法学导论. 清华大学出版社,1990.

[4] 庄镇泉,戴英侠,王荣生. 大规模集成电路计算机辅助设计. 中国科技大学出版社,1990.

[5] 王小军. VHDL 简明教程. 清华大学出版社,1997.

[6] 刘明业,张东晓,叶梅龙,李雁. 专用集成电路高级综合理论. 北京理工大学出版社,1998.

[7] R. E. Bryant, A switch-level simulation model and simulation for MOS digital system, IEEE Transactions on Computers, c-33(2), 1994.

[8] T. M. Lin and C. A. Mead, Signal delay in RC networks, IEEE Transaction on CAD, CAD-3(4), 1984.

[9] Yu Hua Cheng, Chenming Hu, MOSFET Modeling and BSIM3 User's Guide, Kluwer Academic publishers, Norwell, MA, 1999.

[10] Synopsys MEDICI 手册, Synopsys 公司,2000.

[11] Synopsys SUPREM 手册,Synopsys 公司,2000.

[12] 杨士元. 数字系统的故障诊断与可靠性设计. 清华大学出版社,1989.

[13] 曾芷德. 数字系统测试与可测性. 国防科技大学出版社,1992.

第八章　系统芯片(SOC)设计

前面我们介绍了集成电路设计及其 EDA 系统方面的知识,微电子芯片一直是以集成电路(IC)为基础进行设计的,然后再利用这些 IC 芯片通过印刷电路板(PCB)等技术实现完整的系统.随着计算技术、通信技术、数字消费产品的飞速发展,信息系统加速向高速度、低功耗、低电压和多媒体、网络化、移动化趋势发展,要求系统能够快速地处理各种复杂的智能问题,除了数字集成电路以外,需要根据应用需要加入其他技术,如图像传感器、RF 部件、嵌入式 DRAM 等.传统的芯片设计方法正在进行一场革命——系统芯片 SOC(System-on-Chip)技术迅速兴起.

在传统的信息系统中,尽管 IC 的速度可以很高、功耗可以很小,但由于 PCB 板中 IC 芯片之间的延时、PCB 板的可靠性以及重量等因素的限制,使现在的很多系统无法满足人们日益提高的要求.20 世纪 90 年代,人们提出了将整个系统集成在一个或几个芯片上,构成系统芯片(System on Chip),实现集成系统(Integrated System)的概念,以克服多芯片板级集成出现的问题,提高系统性能,而且在减小尺寸、降低成本、降低功耗、易于组装方面有突出优势.

一般而言,如果将系统中的多个集成电路集成在一个芯片上,称为系统芯片.如果将组成系统的几个集成电路采用多芯片组装(Multi Chip Mounting,简称 MCM)封装在一起,称为 SIP(System-In-Package),这也是目前的热点之一.本章主要介绍系统芯片的相关内容.

SOC 是技术推动和市场牵引共同作用的结果.从市场角度看,为了适应市场竞争,需要缩短产品上市时间,并不断提高性能,降低成本,增强产品竞争力,使得 SOC 应运而生.例如,将 CPU、存储器和外设集成在单一芯片上可以降低一个用户专用标准产品(CSSP)所需要的各部件数目,从而降低成本;IBM 公司发布的逻辑电路和存储器集成在一起的一种系统芯片,速度相当于 PC 处理速度的 8 倍,存储容量提高了 24 倍,存取速度也提高了 24 倍;而 NS 公司推出的全球第一个单片彩色图形扫描仪,将原来 40 个芯片集成为 1 个芯片,价格降低了近一半.更重要的是,用 SOC 技术,具体地说,采用 IP 核复用技术,可以大大缩短产品进入市场的时间,而且可以充分利用当前先进的工艺技术,改善设计技术大大落后于工艺技术的情况.

SOC 的出现,导致 IC 业进一步分工,出现了系统设计、IC 设计、第三方 IP、电子设计自动化和加工等多种专业,它们紧密结合,尤其第三方 IP 供应商的出现可以缩短 fabless 设计中心和 IDM(垂直集成)公司产品上市周期,促进 SOC 不断发展.

从技术方面看,硅集成技术按摩尔定律稳步发展保证了这一加速过程.目前 0.18 μm CMOS SOC 可以集成 10^{10} 个晶体管,可以开发与消费品市场价格相比拟的电子系统,21 世纪的微电子技术将从目前的3G逐步发展到3T(即存储容量由G位发展到T位)、集成电路器件的速度由GHz发展到THz、数据传输速率由Gbps发展到Tbps(注：$1G=10^9$、$1T=10^{12}$、bps：每秒传输数据位数). 工艺技术的发展为SOC的快速发展奠定基础，提供了技术上的可能性.

系统芯片(SOC)与集成电路(IC)的设计思想是不同的，它是微电子设计领域的一场革命，SOC与集成电路的关系类似于过去集成电路与分立元器件的关系，对微电子技术的推动作用不亚于自20世纪50年代末快速发展起来的集成电路技术. 专家预测，21世纪将是SOC快速发展的时代，SOC将成为市场的主导，大大加速产品的更新换代. 而SOC设计将成为IC设计业发展的大趋势在业界已达成共识.

本章将主要介绍SOC的基本概念和特点，介绍SOC的主要设计过程，并讨论SOC中的关键技术及目前面临问题，最后展望SOC的发展趋势.

8.1　系统芯片的基本概念和特点

SOC第一次出现在1998年CICC会议设立的SOC分会上，继而在1999年的ITRS ROADMAP中出现. 那么究竟什么是SOC呢？SOC的定义有很多，争论也很多，早期的SOC仅限于集成计算引擎、存储器及逻辑电路，但这个概念已不够准确，目前SOC集成了多种功能，可以满足各种不同的不断扩大的应用需要，例如模拟及混合信号、射频、MEMS、光电、生物电及其他非传统部件在一个芯片上的集成. SOC基本的概念及特点目前已逐渐趋于一致. 顾名思义，系统芯片就是将一个系统的多个部分集成在一个芯片上，能够完成某种完整电子系统功能的芯片，也称为System LSI.

一般而言，系统芯片广义地讲可将信息获取、信息处理、信息存储、交换甚至执行的功能集成在一起，而狭义地讲则主要集中信息处理、存储和交换等功能在一起. 图8.1示出了一个单芯片蓝牙SOC的例子. 蓝牙技术是一种无线数据和语音通信的全球标准，用于低成本短距离无线连接，如图8.1所示，整个系统包括微处理器、复杂的模拟和数字接口、存储器、RF电路、数字基带处理器、多种音频和数据接口等，还包含了存储必要程序的ROM，所有

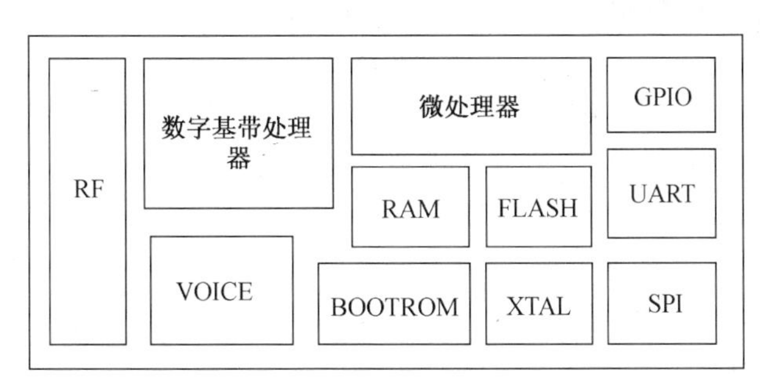

图8.1　单芯片蓝牙SOC系统框图

这些部分都集成在一个芯片中，其中嵌入式微处理器是核心，实现有关应用与协议层的部分功能；数字基带处理器用于实现跳频、调制/解调、编解码等功能，RF 电路主要用于芯片与外界的无线通信. 其他 SOC 的例子包括 PDA、手机、数码相机、MP3 播放机、DVD 播放机等.

一般而言，系统芯片应具有如下特征：含有可实现复杂功能的超大规模集成电路（VLSI）；使用了一个或多个嵌入式 CPU 和 DSP；采用 IP 核进行设计；采用超深亚微米（VDSM）技术；具有可从外部对芯片进行编程的功能.

SOC 设计的三大支撑技术包括软硬件协同设计技术、IP 设计和复用技术、超深亚微米（VDSM）设计技术等.

SOC 实现的是软硬件集成的系统，需要建立软硬件协同设计理论和方法；而 IP 是 SOC 中最重要的概念之一，SOC 的很多特点是通过 IP 设计和 IP 复用来表现和实现的. 所谓 IP（Intellectual Property），是指具有知识产权的经过了验证、性能优化、可以被复用的功能模块或子系统. IP 有时也称 IP 核（core）、IP 模块（module）、系统宏单元（macro）或虚拟部件（VC）. 所谓 IP 复用，就是指对系统中的有些模块直接用现成的 IP 来实现，不必所有模块都从头设计，采用 IP 核进行系统设计，可以大大缩短产品设计时间，减小设计风险；超深亚微米技术是 SOC 的技术基础，集成度的提高可以保证 SOC 实现的可能性，而 VDSM 技术会直接影响到布图规划、时延驱动布图、低功耗设计、寄生参数分析与提取、信号完整性等多方面问题，并且可能使已验证了时序的系统在布图后出现时序问题而需要重新设计. 因此对 SOC 的 EDA 技术提出了更高的要求.

根据 SOC 的特征，SOC 的设计与目前的集成电路设计应有所不同. 主要表现在以下几个方面：

第一，SOC 的关键目标之一是提高设计产能，为了保证一定的设计产能，采用 IP 设计复用技术是主要的设计方法. 设计人员可以借鉴和使用已成熟的设计为自己的产品服务，这在 SOC 上市时间的紧迫性成为主要要求的情况下尤为重要. 这样，SOC 设计从以功能设计为基础的传统设计流程转变到以功能组装为基础的设计方法，设计人员更加关注的是应该如何进行软硬件划分、选择哪些功能模块、如何使用这些模块、如何进行模块互连、如何进行系统验证等.

第二，SOC 设计与传统的集成电路设计和板级系统设计有着本质区别，传统的系统设计中软件和硬件分别进行设计，只有当硬件部分的设计全部实现后再进行软硬件的合成联调，并进行软件调试，如图 8.2 所示. 而对于 SOC 设计，为了保证设计能满足对功能、性能、上市时间以及开发成本等方面的要求，对系统设计的要求更为严格，在系统设计阶段中需要进行软硬件划分，以使软硬件可以同时进行设计调试，如图 8.3 所示，这样可大大缩短设计周期，提高了设计效率.

第三，SOC 集成了逻辑、模拟、存储、射频、MEMS、光电、生物电及其他非传统技术，由于各自要求不同，会给设计技术带来很大变化，需要考虑不同系统之间的兼容问题，例如数字电路主要考虑速度，存储电路主要考虑集成度，模拟电路主要关注精度，混合信号电路需要关注兼容性等. 设计人员需要有丰富的系统知识，在设计中需要考虑多种因素，除了功能正确外，还要考虑时序、功耗、可靠性、可制备性、信号完整性及可测试性的要求.

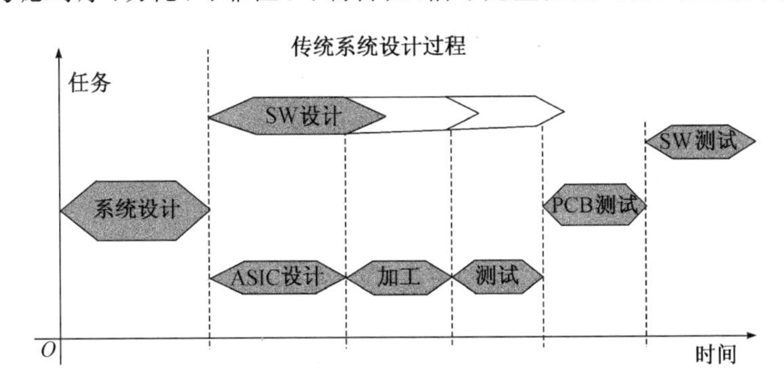

图 8.2　传统的系统设计

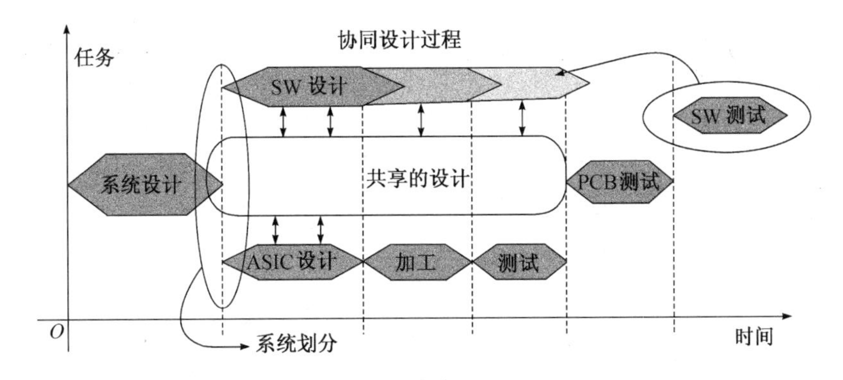

图 8.3　软硬件协同设计

第四，由于 SOC 集成了许多原来集成电路的功能，规模庞大，结构复杂，出错后再检查十分困难，因此对设计阶段验证提出了很高要求，尤其在顶层设计必须完成系统仿真验证，保证在最底层模块设计前系统的功能已经过验证. 而且需要进行不同类型子系统集成后多层次的验证.

第五，VDSM 技术的采用使设计从面向逻辑的设计向面向互连的设计方法转变.

第六，辅助 SOC 设计的 EDA 工具还不成熟，都处于改进完善阶段，设计人员的经验显得十分重要.

第七，为了完成完整的系统功能，必须将嵌入式软件集成到 SOC 中. 而且未来的 SOC 功能非常复杂，实际应用时可能与设计预设情况有所差别，需要作必要修改，需要考虑嵌入式软件，将软件和硬件同时集成在系统中. 嵌入式软件是 SOC 设计的关键因素，而且产品的软件所占比例及成本不断增加，有预测，未来的 SOC 中嵌入式软件将占 80%左右. 目前嵌入式软件存在的问题主要包括在不同设计层次的软硬件协同设计、软件的验证、软件 IP 以及软件可靠性等.

总的来说,系统芯片主要通过 IP 核复用来提高设计产能,通过系统集成来涵盖不同的技术,进行混合技术设计,包括嵌入式存储、高性能或低功耗逻辑、模拟、射频等技术的集成.

8.2 SOC 设计过程

图 8.4 给出了一个 SOC 的设计过程,主要包括:(1) 首先对系统进行分析,确定系统设计要求,进行系统描述,得到初步的设计规格说明;(2) 根据系统描述,设计高层次算法级模型,对算法进行测试验证并改进,直到满足要求;(3) 对系统进行软硬件划分,定义接口情况. 在划分中需要对软硬件完成的功能进行平衡,达到系统代价与性能的合理折中,对划分后的软硬件分别进行描述,其中硬件描述(或称规格说明)定义了硬件需要实现的功能,用行为级模型来表述,软件规格说明将是软件开发的指导文档,进行嵌入式软件的原型设计. 这里对软硬件描述需要用统一的系统描述语言,以便于软硬件的协同设计、协同仿真验证;(4) 进行软硬件协同仿真验证和性能估计,如果不满足要求,重新进行软硬件划分,这个处理过程迭代直到满足要求. 最终得到系统的硬件体系结构和软件结构. (5) 对于硬件进一步划分成数个宏单元,独立进行宏单元设计或者购买宏单元,通过宏单元集成及相关验证,最终完成物理设计、时序验证、功耗分析以及最终的物理验证,从而完成硬件实现;对于软件进行嵌入式软件开发. (6) 最后进行系统集成,完成相关验证测试.

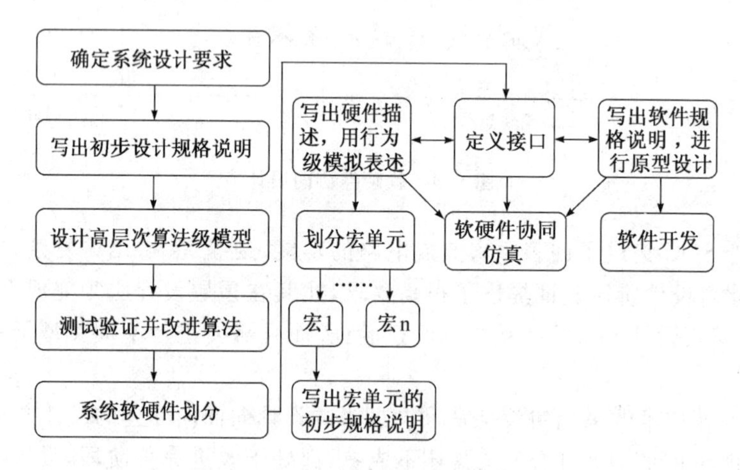

图 8.4 SOC 的主要设计过程

其中,系统设计需要体系结构设计工程师、软件和硬件设计工程师共同完成,设计人员的经验及具备的系统知识对设计质量影响很大. 在系统设计过程中,许多系统构件或者由已有的宏单元(即 IP 核)组成,或者由 IP 核衍生得到.

对于宏单元设计，如果有适用的IP或通过划分可以由已有的IP构成，则直接选用相应的IP. 如果没有IP支持，则需要进行宏单元(即IP核)的开发. 宏单元设计过程如下. 首先确定宏单元的设计规格，然后建立行为级的模型和测试环境，对行为级的设计进行验证. 在此基础上将宏单元划分成更小的子单元，并确定每个子单元的设计规格，在RTL级设计实现这些子单元，并进行测试验证、时序分析、功耗分析、可测试性分析等，直到满足要求. 完成的宏单元可以在系统集成中采用.

用宏单元(IP核)进行集成时，如果是自行开发的新的IP，可能会出现功能故障(bug)；如果IP来自于其他地方，集成中可能会出现文件不全，IP接口与系统要求不匹配，模型可能不完整或性能不好，IP供应商所提供的技术支持有限等问题. 目前一般采用的方案是在早期阶段就设计接口，对于采用总线结构来实现集成的情况，需要对总线进行标准化. 这在8.3节中还将作进一步说明.

从SOC的EDA工具看，一些EDA公司，如Synopsys、Cadence、Mentor Graphics已推出一些系统级设计工具，如Synopsys公司的COCENTRIC系统工具，Cadence公司的VIRTUAL COMPONENT CO-DESIGN和更新的SIGNAL PROCESSING WORKSYSTEM等，一些系统公司根据自己需要也开发了一些自己的SOC开发平台. 但都还不够成熟，SOC的EDA工具还在不断发展中.

8.3　SOC关键技术及目前面临的主要问题

针对上面讨论的SOC设计过程，本节将主要介绍SOC中的关键技术及目前面临的主要问题. SOC的关键技术主要包括软硬件协同设计、具有知识产权的IP复用技术、SOC验证、SOC测试、物理设计等方面问题.

8.3.1　软硬件协同设计

SOC设计的系统包括软件和硬件部分. 传统的系统设计中两部分是分开的，最终的集成一般要到硬件流片实现后进行，发现问题的时间较晚，改正错误的代价很高. 如果出现错误，而通过软件又不能修改，就需要通过修改硬件、重新流片来解决，设计周期很长，因此，需要在设计阶段的早期进行软硬件集成和验证，即进行软硬件协同设计.

软硬件协同设计主要包括软硬件划分、协同指标定义、协同分析、协同模拟、协同验证以及接口综合等方面. 协同设计过程可参见图8.4. 软硬件协同设计理论现在还很不成熟，需要建立一个完善的软硬件协同设计理论，通过分析系统要求和所需资源，从系统描述出发，采用转换方法可以生成符合系统要求、符合实现代价约束的硬件和软件架构，使软硬件完成的功能比较平衡，从而使达到系统优价与性能的合理折中，这种设计理论面对着以前集成电路设计中没有碰到的问题，应该说是一个全新的领域.

在软硬件协同设计过程中，首先要解决的问题就是系统描述语言. 随着SOC芯片复杂度不断增加，软件所占比例逐渐提高，如果没有良好的软硬件协同验证，可能需要多次设计迭代，无法保证 SOC 的上市时间. 系统描述语言对协同模拟、协同验证有重要作用，采用统一的系统描述语言，相当于在设计早期阶段就建立了一个集成软件和硬件的虚拟样机，可以进行软件的集成与调试，无需等到硬件实现再调试软件. 传统的 HDL(VHDL、Verilog)语言作为硬件描述语言，与软件设计语言不一致，难以将软件和硬件连接在一起进行协同的设计、验证和测试. C/C++语言是较有前景的一种系统描述语言，关键是如何基于 C/C++语言进行硬件建模，并在 C/C++语言环境下可以进行系统验证、模拟，而且最后可以自动转换成可综合的 HDL 语言. 但是传统 C++语言在描述硬件时不能满足硬件的一些要求，如硬件中的并行性、时间概念、重新启动机制等；此外，C 语言也不能提供硬件设计库.

针对这些问题，一些 EDA 公司采用了语言扩展的方法，如 Synopsys 公司推出的 SystemC 语言在抽象的 C++类中增加了并行性，提供了几种进程，实现并行性描述，并且增加了端口、信号、事件的处理以及一些适合硬件描述的数据类型和数据结构. 使 SystemC 语言可以在系统级统一描述软件、硬件行为，允许在系统级、RTL 级建模，而且测试代码可以复用. 另外，Unified Modeling Language(UML)语言也是一种系统描述语言的尝试. 系统描述语言目前还在发展中，究竟哪一种语言会成为业界标准还没有定论.

此外，目前也缺乏较好的 SOC 设计开发平台，这也是亟待解决的问题. 其他，如协同设计理论与已有 IC 设计理论之间的接口，如何确定最优性原则(包括面积、速度、代码长度等)，如何进行系统功能验证、功耗分析，尤其是软件运行引起的动态功耗分析等，都是目前软硬件协同设计中需要探索解决的问题.

8.3.2 IP 复用技术

本小节先介绍 IP 复用概念、IP 复用种类，然后介绍 IP 核的生成、使用、IP 核保护等方面内容.

1. IP 复用概念

由于设计复杂度的提高和产品上市时间的限制，如果任何设计都从头开始会浪费大量的人力物力，采用前人成功的经验和设计成果是事半功倍的有效途径，而且有望提高系统性能，设计复用思想正是基于此诞生的，例如，处理器内核的复用可以使设计人员从繁重的处理器设计中解脱出来，更加关注于系统功能的实现和系统性能的提高. IP 复用可以提高设计能力，节省设计人员，从而大大缩短上市周期，同时可以更好地利用现有工艺技术，降低成本，在 SOC 设计中具有重要作用.

IP 复用技术的引入使 IC 领域发生了很大的变化. 从 IC 业发展历史来看可以发现 IC 业分工经历了两次较大的变化，一次是 20 世纪 80 年代设计与加工业的分离，出现了 fabless 设计中心和专门进行加工的 FOUNDRY；另一次是 20 世纪 90 年代末出现独立的 IP 供应商，可以说这是在 SOC 发展推动下促成的，由于 SOC 设计复杂度很高，采用已通过验证的第三方 IP 核可以简化多功能芯片设计. 目前由 EDA 工具、库、IP 核、加工等公司构成的一个紧密的相互联系的网络,保证了产品性能更高、产品周期更短以及一次流片完成设计.

IP复用技术在某些方面类似于第五章中介绍的积木块设计方法,但IP核规模更大,范围更广,而且积木块设计方法中复用的设计是针对同一个公司或同一个工艺进行的,是在一个封闭的设计流程中,而IP不专门针对某一个公司或某一个工艺,它可以为多个用户服务,并通过多工艺检测.

2. IP复用种类

从应用角度看,IP核种类繁多,例如,微处理器类IP核有RISC(MIPS、ARM、ARC公司)和x86 CISC等; DSP类IP核有TI、LUCENT、ADI公司的OAK和PINE核等;MCU有8051及衍生和其他8位、16位、32位MCU;一些其他专用功能模块的IP核有音频/视频处理模块、调制/解调单元、MPEG3解压器、Turbo码编译码器、数据压缩、加密、语音编码模块等;模拟电路方面的IP核有PLL、A/D、D/A等.

从描述层次上分,IP核可分为三种:软核、固核、硬核,也称软IP、固IP、硬IP.

(1) 软核以HDL描述,性能通过时序模拟验证,不依赖于工艺和实现技术,具有很大灵活性,可复用性高,用户可以将软核映射到自己的工艺上.软核的主要问题是当软核用于SOC设计时需要更多的设计投入,设计人员需要对IP核嵌入以及版图转换等全过程负责,IP核性能的可预测性较差,需承担的风险较大,是否可以将软核不加修改地映射到任何工艺上也还是个问题.

(2) 硬核以版图形式描述,电路和工艺是固定的,完成了全部的前端和后端设计,性能和面积经过优化,而且经过工艺流片验证.与软核相比,硬核在面积、功耗、时延等方面易于预测.硬核特别是存储器和混合信号电路模块多采用全定制设计.当硬核用于SOC设计时所需设计投入较少,但硬核与工艺的相关性决定了整个SOC的设计也需要使用该工艺,在布局布线时需要注意硬核的物理限制;硬核的灵活性差,在具体功能和性能方面难以修改,难以移植到不同工艺中.

(3) 固核介于软核和硬核之间,以网表形式描述,并进行了硬件验证(可以用FPGA等进行验证),固核相应于某一个工艺有最优的面积和性能特性,其时序特性经过严格检验,只要保证布局布线中关键路径的分布参数不引起时序错误就可以保证芯片设计的正确性,但固核与工艺相关性限制了其使用范围,由于网表难读,会使设计中发生时序错误时难以修改.

对于嵌入式软件,软件的硬核、固核和软核分别用二进制码、C++程序及算法来描述.

3. IP核生成

IP核可以是公司自己开发的,也可以来自第三方IP供应商.IP核设计的总的过程与IC设计类似,但是对生成的IP核要求比IC设计严格.例如IP核输出的波形毛刺由于应用环境不同可能会导致电路错误,必须设计无毛刺电路.因此IP核设计与验证会比IC设计复杂.另一方面,由于IP需要为不同用户重用,因此需要具备完整的文档说明、测试、验证方案等方面内容.一个好的IP核要求可复用、可靠、易于使用和评估(实现了文件化)等.设计的

IP核经过验证、达到上述要求才可认为是完成IP核的生成.

一个IP的基本部分包括设计规格和目标规格、设计描述(包括行为级模型、对于软核的RTL级描述、对于硬核的物理版图和SPICE网表)、测试验证方案等.

4. IP复用

SOC设计普遍采用基于IP核复用技术的设计方法，即将各种IP进行集成组成系统，可以说，面向SOC的芯片设计是IP核和IP接口级的设计，而不是传统的门级设计，设计人员将更加关注整个系统，而不必考虑各模块的细节.IP核的使用不同于单元库的使用，它涉及到测试、验证、功耗等各个方面.

IP核的复用不是IP核的简单堆砌，各个IP核设计完成后，当集成在一起时，可能会出现一些问题，尤其接口和时序问题可能会引起系统故障.而且由于集成中存在信号完整性、功耗等问题，IP复用不当会使IP核无法发挥优势.

总的来说，IP复用包括IP选择和IP集成两个方面.选用的IP要与其他模块和电路很好配合，如果需要进行大量修改，可能会使工作量大大增加，因此IP选择在SOC设计中是一个需要做仔细考虑的问题.一般IP选择有几个原则，主要包括选择的IP要适于设计复用，要有完整的文件说明，有较好的测试验证环境(如测试平台、测试向量、测试模型)，可灵活适应系统结构修改，对于硬IP的选择还要注意物理限制，如时钟、功耗等.

IP集成方面最主要的问题就是IP接口问题.随着SOC越来越复杂，IP模块越来越多，在一个系统中的IP一般来自于不同的供应商，而IP开发者采用不同设计环境，一个SOC设计可能是多厂商IP核的组合，必须确定相兼容的IP，因此，IP接口标准对于高效率完成IP集成，加快设计速度是十分重要的.VSIA(Virtual Socket Interface Alliance虚拟插件接口联盟)和ASIC Council是目前比较有影响的IP标准化组织.

在早期的SOC设计中，设计接口和通信协议数基本与IP模块数相等，需要用胶连逻辑(glue logic)来集成各主要部件，有时会丧失经过设计验证的IP模块的优点.总线结构是目前常用的IP接口的一种形式，比较有影响的片上总线包括AMBA、AVALON、OCP、WISHBONE、Coreconnect等.例如，ARM的AMBA和IBM的Coreconnect总线大多采用主从结构，支持可变宽度的数据线和地址线，数据吞吐量较大，功耗低.总的来说，片上总线目前尚处于发展阶段.此外，IP接口的验证也是需要考虑的问题.

IP复用设计对EDA工具提出了更高的要求，例如，不同类型电路的IP如何集成(如数字、模拟、射频IP的集成)，如何进行验证，包括时序和功耗的验证、物理验证以及测试都是需要解决的问题.由于门数大幅度增加，EDA工具是否能胜任也是个问题.

5. IP保护

IP的保护是IP复用技术中另一个重要内容，主要的保护形式有专利和版权，目前保护形式还未标准化，除了专利和版权形式外，还有带密钥的可访问的内容等，一般用于IDM公司.IP保护的关键是同时保护IP厂商和用户，使用户既能合理使用又不侵犯IP厂商的专利.

8.3.3 SOC 验证

SOC 验证工作是缩短 SOC 上市时间、提高设计成功率的关键. 随着系统规模与复杂度的增加,验证问题逐渐成为另一个瓶颈问题. 在整个 SOC 的设计过程中,验证的工作可以占到 40%~70%. 传统的功能验证方法在 SOC 设计中会遇到很大困难,飞速增加的门数、复杂的不同的功能模块及其不同的仿真模型都会使传统的仿真验证技术陷入困境. 由于 SOC 集成不同类型的电路,SOC 验证可以说是 SOC 设计中最困难的问题,如何进行包括数字电路、模拟电路、存储电路等的系统的验证,并进行时序、功耗、信号完整性的验证、版图设计后仿真等都是需要解决的问题. 所有这些因素都使得 SOC 的验证工作成为一种新的技术挑战.

下面先介绍 SOC 中常用的验证技术,然后,根据 SOC 验证的过程和层次,对不同设计层次的相关验证,即系统级、模块级、门级网表和物理级验证进行简单介绍.

1. 主要的验证技术

在 SOC 的验证中,所采用的验证技术主要包括模拟、形式验证技术、静态验证技术等.

(1) 模拟(simulation)方法

有关模拟的概念在第六章中已经介绍过,这也是验证中最常采用的方法.

对于数字电路,模拟方法可以同时检测被测模块在功能和时序方面的响应情况. 对于模拟电路而言,传统上模拟电路一般只能用电路模拟进行验证,而无法像数字电路进行行为级验证,设计效率较低. SOC 设计对模拟电路的行为级模拟提出了更为迫切的要求,模拟电路的行为级模拟在自上而下的模拟电路或混合信号电路设计中是十分重要的. 有了行为级模拟,在设计的早期阶段就可以对整个芯片的设计思想进行验证,而不涉及具体的实现方案,到设计的最后阶段才需要完整的电路级网表,可以加速验证过程. 目前可以基于 VERILOG-A 描述的模型对模拟电路进行行为级模拟,但是更精确的模拟电路的行为级模型的建立以及相应的模拟电路的行为级模拟工具开发仍是需要解决的问题.

就混合信号电路模拟而言,有 AMS 混合模拟器支持. 该模拟器中一般用 SPICE 或快速 SPICE 来模拟模拟电路,用 VERILOG 或 VHDL 模拟器模拟数字电路,另外还包含有模拟电路的行为级模拟. 从 20 世纪 80 年代混合模拟器就开始研究,但目前还不成熟. 存在的问题主要有模拟和数字模拟器之间的同步问题、数字/模拟电路接口处信号的转换问题以及接口处双向耦合问题等.

对于混合信号电路,到底采用 SPICE 模拟还是混合信号模拟器呢? 由于涉及到网表划分、信号从数字到模拟和从模拟到数字的转换模型等,可能会引入错误结果,而且模拟电路和数字电路模拟器之间的附加通信会使性能变差,混合信号模拟器应用起来比较困难. 所以一般可以采用 SPICE 模拟. 另外一种比较理想的验证方案就是采用多层级混合信号模拟,数字电路用 VERILOG/VHDL 模拟,模拟电路首先用 VERILOG-A 来验证,然后用 SPICE 或快速 SPICE 模拟.

(2) 静态验证和形式验证

除了模拟的方法外,还可以采用静态验证方法和形式验证方法进行设计验证.

静态验证中比较常用的方法包括语法检查和静态时序分析等.在静态时序分析中不需要提供测试激励,而是通过对各种时序路径进行计算,看它们是否能满足时序关系的要求来分析设计的时序正确性,但静态时序分析并不能保证功能的正确性.

形式验证一般基于数学推导.常见的形式验证技术包括形式等价性检查等.形式等价性检查是比较两种设计之间的功能等价性,例如 RTL 设计与 RTL 设计之间、RTL 设计与门级设计之间、门级设计与门级设计之间等.形式验证方法也不需要测试激励向量,但对时序方面的因素考虑较少.

静态验证方法和形式验证方法可以处理规模比较大的电路,处理的速度也可比模拟的速度快,但静态验证方法和形式验证方法由于其功能的局限性,并不能取代模拟技术,需要和模拟技术共同完成设计的验证.

2. 不同设计层次的验证

SOC 的验证方法有多种,包括自顶向下(Top-Down)、自底向上(Bottom-Up)和基于平台的验证等.根据设计过程和层次,SOC 的验证可以包括系统级、模块级、门级网表和物理级验证等.在不同的验证层次中可以采用不同的技术.下面我们结合上述的验证技术介绍不同设计层次的验证.

系统级验证一般在完成了系统功能和体系结构设计后进行,主要验证系统设计是否符合设计要求.关键问题是建立软硬件协同验证环境,如 8.3.1 小节所述,相关技术正在研究发展中.

模块级的验证是指对设计中使用的模块和 IP 进行验证,它是保证 SOC 设计成功的基础,因为只有所使用的模块或 IP 在嵌入到系统中之前经过了完善的验证,才能保证它在 SOC 中能够正确工作.模块级验证中很大一部分工作是对 RTL 级设计的正确性进行验证,通常采用的方法包括模拟、静态分析方法和形式验证等.对于不同类型的电路,如数字、模拟、存储或数模混合电路等,采用的验证方法是不同的.在所有模块都进行了验证后,验证工作主要是要进行模块之间的接口、总线和互连的验证.

门级验证的工作主要是检查设计的门级网表在功能和时序方面的正确性.这时已经知道设计中使用的具体逻辑门、触发器等单元,因此对驱动能力、时序等的计算可以更精确一些,但由于设计复杂度更高,通过模拟技术进行验证所需要的时间和代价都会变大.因此在门级验证中可以先采用形式等价性检查的方法,比较门级网表与 RTL 设计或其他相关门级网表之间的一致性.由于形式等价性检查中不考虑时序方面的问题,所以还需要使用静态时序分析工具验证是否满足时序方面的要求,并可以采用模拟进行更为完全的验证.

在物理级验证中,主要针对芯片版图的正确性进行验证.除了常规的 DRC、ERC、LVS 以外,后仿真内容由于 SOC 版图的特点也有所不同.随着工艺特征尺寸的不断缩小,在提取寄生参数时不仅要考虑以前通常处理的二维效应,还需要考虑三维效应,另外由于信号变化速度的提高和互连线长度的增加,寄生电感的耦合效应也成为需要考虑的因素.而电感的提取和模拟比电容要困难得多.这些寄生量会引起附加延迟,寄生电阻、电容还会引起附加功耗,线间电容则会引起耦合噪声.寄生电感还可能引起振荡,导致功能失效.这些问题在设计中都要予以考虑.另外,还需要考虑信号完整性问题.相关内容及设计方面的考虑在8.3.5小节中作进一步介绍.

8.3.4　SOC测试

由于SOC复杂度高,测试工作变得很复杂,SOC的测试所涉及的问题很多,测试成本占了芯片研制成本中的很大一部分.在SOC中会遇到不同类型的功能模块的集成,包括数字电路、模拟电路、存储电路和混合信号电路等,这些模块有些是利用其他厂家的IP设计,有些是自行设计完成的,针对它们有不同的测试方法和策略,使SOC的测试变得十分复杂.另外,由于设计与工艺技术的进步,芯片的集成度和速度也不断提高,为了达到所需要的故障覆盖率和测试速度,仅通过外部测试设备来完成,无论从成本和技术难度上都是很困难的,必须在设计中就考虑芯片的可测性设计技术.

下面我们主要针对SOC的测试方法与技术进行讨论,对于一般的模块测试技术不再进行阐述.

SOC测试所涉及到的问题包括:IP核本身的测试(core-level test)、IP核的测试访问(core test access)和IP核测试外壳(core test wrapper).IP核的测试要完成的是对独立IP核的测试;IP核的测试访问要解决对SOC中IP核的访问问题,包括给IP核提供测试向量和观察其输出的方法;IP核测试外壳主要是在嵌入的IP核与其SOC环境之间提供接口,这三部分如图8.5所示.该图中测试源将测试激励提供给待测的IP核,测试接收端观察激励产生的响应,测试源和接收端可以在片外通过测试设备实现,也可以是芯片上实现,或是采用两种方法的结合.下面分别讨论这三部分的内容.

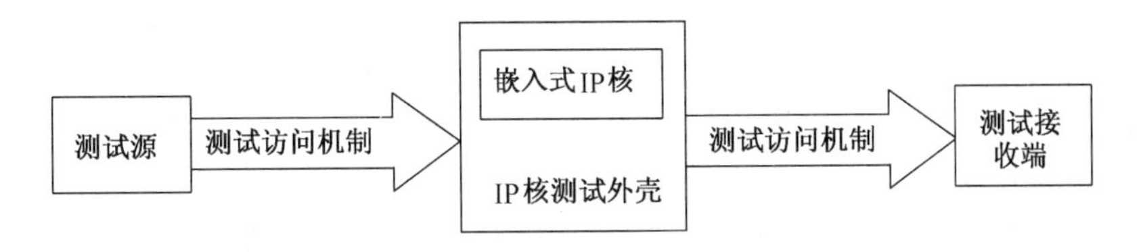

图8.5　SOC中IP核的测试

1. IP核的测试

IP核的测试需要有测试机制和测试向量,并需要根据IP核的种类(数字逻辑、存储器还是模拟电路)确定故障模型、测试要求和方法等,这与一般的模块测试类似.为了便于测试,IP核设计者可以在IP核中加入可测试性设计支持,如边界扫描、BIST等.除了测试向量之外,测试的协议和测试流程也要在这里确定.IP核测试的内容主要由IP核的设计者完成，并随 IP 核一起提交给使用者.

单固定型故障对于复杂 SOC 的测试效率很低，需要建立新的故障模型，以处理串扰以及来源于多层金属的新的失效模型等. 而且，对于模拟电路、数字/模拟混合信号系统还没有像数字电路中那样被普遍采用的故障模型，模拟电路中关心的是电压、电流、增益、噪声等参数，这些信号范围、种类、参数指标等都比数字电路复杂，不同的模拟电路模块的测试需按照不同的参数要求进行测试，需要发展相关的新的测试技术.

2. IP 核测试访问途径

由于 IP 核是嵌入在 SOC 芯片内的，为了对它们进行测试需要能够访问这些 IP 核，也就是要完成对 IP 核提供测试激励和将测试响应从 IP 核传送出来的功能，这需要提供测试访问的路径，并设计控制模式来使用这些测试路径.

测试访问路径是将测试源提供给被测 IP 核和将测试 IP 核的响应传递出来的路径. 这个路径可以是并行的，也可以是串行的. 采用哪种方式需要根据对数据传递带宽/速度的要求和所需要的费用进行权衡. 在设计测试访问路径时，可以使用已经有的功能来传递测试向量，也可以设计专门的测试访问路径硬件. 这些路径可以穿过 SOC 中的其他模块到达被测试的 IP 核，也可以是绕过其他模块到达待测的 IP 核. 测试访问路径在芯片上实现的方式有多种，下面举例介绍其中的一些.

为了进行测试访问，一种简单的方法是通过并行的信号线接口直接进行 IP 核的测试访问，包括进行测试向量的输入和测试响应的输出等. 为了使用这种方法进行测试，可以将 SOC 芯片的管脚在正常工作模式和测试模式之间进行复用，以便通过这些管脚施加测试向量和传递测试响应. 这种方法称为直接并行访问，使用这种方法需要对输入和输出管脚的逻辑进行相应的修改. 这种方法比较简单直接，但代价很高，需要很大的芯片面积完成信号的布线和复用逻辑. 特别是当有些 IP 核的输入/输出数量很大，超过了芯片的管脚数目时还要特别进行设计.

宏模块测试(macro test)是将芯片按结构划分成可以测试的宏模块，通过对每个宏模块提供测试访问路径，使得这些宏模块的测试向量可以通过原始输入由测试访问路径施加，其响应可以在原始输出获得. 在这种方法中将测试分解成测试协议和测试向量，其中测试协议是施加测试向量和观察响应的方法. 测试访问路径是通过在每个在宏模块之间传递的信号上加上测试接口单元来实现的，这些接口单元在控制信号作用下有三种操作模式，分别在正常工作、输入采样与保存和串行移位的情况下工作，其中后两种情况在测试中使用，可以完成测试激励的输入和响应的输出，从而提供测试的访问.

利用 IP 核的透明性进行测试的方法要求每个 IP 核有一个透明模式，以便使测试数据可以从这个 IP 核的输入直接传递到输出. 当进行某个 IP 核的测试时，从 SOC 原始输入到这个 IP 核的输入所涉及的 IP 核和从该 IP 核的输出到 SOC 原始输出所涉及的 IP 核都应当处于透明状态. 这样就分别构成了测试访问的路径，从而可以测试嵌入在 SOC 系统中的模块. 为了使 IP 核能够处于透明状态，在设计中就要进行专门的考虑. 这种方法对一些 IP

核来说可能不太适合，因为要加入透明模式相关的逻辑比较困难. 另外在进行测试访问时会遇到信号在透明 IP 核中传递时间过长等问题.

在 SOC 的设计中，很多采用了片上总线用来完成片上各个模块之间的通信，如前所述，常见的 SOC 总线包括 AMBA、CoreConnect™、OCP-IP、WISHBONE 等. 这些 SOC 总线也可以在测试中用来传递测试的激励和响应结果.

3. IP 核测试外壳

IP 核测试外壳是 IP 核与系统芯片中其他逻辑之间的接口，它将 IP 核的端口连接到周边逻辑和测试访问途径. IP 核测试外壳有几个必须支持的工作模式，包括正常操作模式、IP 核测试模式和互连测试模式等. 在正常操作模式中 IP 核测试外壳不起作用，不进行相关的测试工作；在 IP 核测试模式中，测试访问途径连接到 IP 核上，可以对 IP 核施加激励和观察其响应，从而完成 IP 核的测试；在互连测试模式中，测试访问途径连接的是互连逻辑和信号线，测试激励施加在 IP 核的输出上，对这些激励的响应在相关 IP 核的输入观察，即可测试 IP 核之间的互连. 除了这些必须支持的模式之外，还有一些可选模式，如分离模式、旁路模式等. 分离模式是将 IP 核与 SOC 中的其他逻辑和测试访问途径断开；旁路模式是使测试绕过某些 IP 核的方法. 由于测试访问途径实现的情况不同，上述模式中的一些可能是相同的. 例如，当测试访问途径采用已有的功能实现时，正常操作模式和 IP 核测试模式就是一致的.

IP 核测试外壳将 IP 核端口连接到测试访问途径，这种连接的宽度可以由 SOC 设计者根据测试时间与实现费用进行考虑，不必与 IP 核的输入/输出端口的数量完全相同. 如果测试访问途径使用的信号宽度小于 IP 核的端口宽度，则 IP 核的输入需要使用串到并的转换，其输出则需要并到串的转换. 目前对 IP 核测试外壳的研究与应用都在不断的发展中.

为了进行 IP 复用和 SOC 的测试，很多组织已经完成和正在制订一些标准，这些组织包括 IEEE、VSIA 等.

目前 IEEE 制定的与 SOC 测试相关的标准包括 IEEE 1149. X、IEEE 1450 和 IEEE 1500 等. 其中 IEEE 1149. X 规定了边界扫描测试体系结构；IEEE 1450 主要描述测试接口语言，可以作为数字测试向量产生工具和测试设备之间的接口；IEEE 1500 是对 IP 核测试内容的传递和对 IP 核的测试访问进行标准化，其主要内容有两个：一个是要定义一种传递测试相关信息的标准语言，另一个是要定义标准化的可配置的 IP 核测试外壳体系结构.

VSIA(虚拟插件接口联盟)组织的标准规定一个 IP 至少应当提供以下四种操作模式：正常模式，安全状态(隔离模式)，外部测试模式和内部测试模式. 在正常模式中，IP 按照其预先定义好的功能或操作模式进行工作，其中的可测性设计电路不工作. 在安全状态(隔离模式)中，IP 将与其周围逻辑以及其他 IP 模块隔离，因而处于一个安全状态. 在外部测试模式中，可以对一个 IP 和其他 IP 之间的互连进行测试. 内部测试模式是对 IP 本身进行测试.

SOC 的测试涉及到多方面的技术，随着 IP 复用技术的发展，必须通过标准化的方法来支持 SOC 的测试.

8.3.5 SOC的物理设计考虑

由于集成了不同电路以及采用超深亚微米技术,SOC中会出现许多新的问题,需要在物理设计中进行考虑.其中比较突出的包括天线效应、电迁移问题、信号完整性问题等.

天线效应(antenna effect)是指金属连线会起到类似天线的收集电荷的作用,电压升高,最后可能导致晶体管的栅氧化层击穿,也可能因为将载流子注入到氧化层中而导致阈值电压的变化.天线效应会影响成品率和可靠性,必须在设计和工艺中进行改进.在实际设计中,避免天线效应的技术包括:在连线上插入反向偏置的二极管对积累的电荷进行放电;在长的连线上加入缓冲器使其变短等.

电迁移效应是在以前的设计中就存在的问题,只是由于超深亚微米技术的采用,使它的影响更为突出.电迁移是金属线在电流和温度作用下产生的金属迁移现象,它可能使金属线断裂,从而影响芯片的正常工作.电迁移在高电流密度和高频率变化的连线上比较容易产生,如电源、时钟线等.为了避免电迁移效应,可以增加连线的宽度,以保证通过连线的电流密度小于一个确定的值.

信号完整性是电路中信号产生正确响应的能力.由于电源电压的下降、信号频率的提高、特征尺寸的减小以及不同电路之间的集成,信号完整性问题成为SOC设计中必须考虑的问题.信号完整性在串扰(crosstalk)和因电流电阻引起的电压降(Current-resistance drop,IR Drop)等问题方面表现比较明显.串扰是芯片中两条线上信号之间的相互作用,一条线上信号的变化可能因为耦合电容的作用而引起另一条线上信号的变化,从而影响信号的质量,过大的串扰可能导致电路失效.减轻串扰的方法包括增加缓冲器、加大可能产生串扰的连线之间的间距或加宽连线等.IR Drop是由于电源线本身的电阻引起的电源网络中节点电压的下降,在地线上也存在同样的问题,只是出现的情况是地线电压的上升,有时称为地线反跳(ground bounce).由于超深亚微米设计中采用的电源电压一般较低,所以IR Drop会在驱动能力、噪声容限、延迟时间等方面产生不利的影响.通常情况下5%的电源电压IR Drop可以引起门延迟增加15%.为了避免IR Drop产生的不利影响,应当在设计的早期阶段就进行相关分析,发现其中可能存在的问题,并调整电源、地线的布线网络以免出现不良影响.

另外,版图设计引入的寄生电阻、寄生电容、寄生电感等在设计中都要予以考虑,这在上一节中已有讨论.

此外,芯片设计中还需考虑封装、功耗设计、热耗散问题、管脚间距等问题.

8.3.6 FPGA SOC

SOC设计一般基于固定的ASIC,采用定制等方法实现,如果要对原始设计进行修改,则需要重新设计,代价昂贵.而可编程逻辑电路可以灵活修改,成本相对较低,因此人们又提出基于FPGA的SOC,即片上可编程系统(System-on-a-Programmable-Chip),使SOC设计易于修改,而且可以实现不同功能.基于FPGA的SOC是指SOC中某些模块用FPGA来实现,便于修改调试,如图8.6所示.

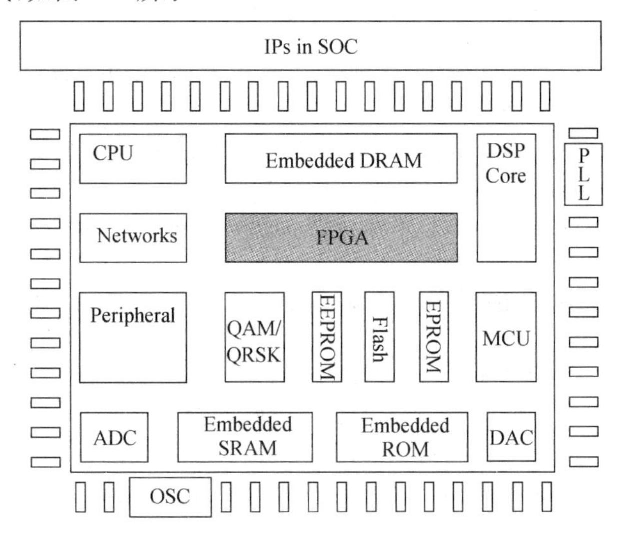

图8.6　FPGA SOC的框图

8.4　SOC的发展趋势

目前SOC技术正在迅速发展,但同时面临着许多挑战,SOC对包括数字、模拟、存储器等不同系统进行集成,兼顾不同系统的要求,又要尽可能地不降低各子系统的性能,需要发展新的设计和验证方法.在软硬件协同设计技术、IP复用技术、SOC综合、SOC验证、SOC测试、SOC物理设计、SOC封装等方面都还有很多问题有待解决.

作为一个新兴技术,SOC正蓬勃发展,其发展趋势可以总结为以下几个方面:

(1) 在软件和硬件设计中都将用IP复用技术和基于平台的技术,IP核的重要性日益突出,以满足复杂系统的要求,提高设计效率.

(2) 不同系统的集成,需要硬件-软件,模拟-数字、固定-可编程、芯片-封装之间的划分及协同设计,考虑整体的优化.

(3) 系统功耗方面将采用新的技术,如动态功耗控制、灵活的模块关断及重新启动、片上电压动态可变、功耗管理等.

(4) 嵌入式软件日益重要,成为系统中最重要的部分,主要研究内容包括与硬件的协同设计、软件验证与分析,软件复用及软件IP等.

(5) SOC的EDA工具和相应的验证测试技术还正在发展和完善.

SOC的发展依靠的是非常宽阔的广谱背景.微电子技术从IC向SOC转变不仅是一种概念上的突破,同时也是信息技术发展的必然结果,它必将导致又一次以微电子技术为基础的信息技术革命.21 世纪将是 SOC 技术真正快速发展的时期.

参 考 文 献

[1] Frank Vahid, Tony Givargis, Embedded System Design-A Unified Hardware/Software Introduction, John Wiley & Sons, Inc. , 2002.

[2] Michael Chen, "SOC/IP design methogology", SOC/IP 设计方法学高级技术研讨会,北京,2002 年 11 月.

[3] Magarshack, "Improving SoC design quality through a reproducible design flow", IEEE Design & Test of Computers, p. 76～83, 2002.

[4] H. Chang et al, "Surviving the SOC revolution-a guide to platform-based design", Kluwer Academic Publishers,1999.

[5] 王迎春,吉利久."SOC 设计过程的质量保证".电子产品世界,p. 26～29, No. 1, 2002.

[6] 魏少军."SOC 设计方法学".电子产品世界,p. 36～38, N0. 5, 2001.

[7] 魏少军."SOC 设计方法学".电子产品世界,p. 35～37, N0. 6, 2001.

[8] Synopsys,"SOC 集成电路设计的新纪元",Semiconductor Technology, Vol. 26, No. 7, p. 17～20, 2001.

[9] 高泰,周祖成."混合 SOC 设计".半导体技术, Vol. 27, No. 2, p. 17～19,2002.

[10] Tienfu Chen, "Overview of SOC design", National Chung Cheng University.

[11] System Level Design Language Homepage, http://www.immet.com/SLDL/.

[12] M. Keating and P. Bricaud, "Reuse methodology manual for system-on-a-chip designs", Kluwer Academic Publishers, 1999.

[13] L. Bening and H. Foster, "Principles of verifiable RTL design", Kluwer Academic Publishers, 2000.

[14] Design and Reuse Homepage, http://www.design-reuse.com.

[15] Terry Thomas, "Technology for IP reuse and portability", IEEE Design & Test of Computers, 16 (4):7～13, 1999.

[16] Virtual Socket Interface Alliance Homepage: http://www.vsi.org.

[17] Prakash Rashinkar, Peter Paterson, Leena Singh, "System-on-a-Chip Verification - Methodology and Techniques", Cadence Design Systems, Inc. , Kluwer Academic Publishers, 2001.

[18] Rochit Rajsuman, "System-on-a-Chip: Design and Test", Advantest America R&D Center, Inc. , Artech House, 2000.

[19] N. K. Jha, S. Gupta, "Testing of Digital Systems", Cambridge University Press, 2003.

[20] Michael L. Bushnell, Vishwani D. Agrawal, "Essentials of Electronic Testing for Digital, Memory and Mixed-signal VLSI circuits", Kluwer Academic Publishers, 2000.

[21] IEEE Std 1149.1-1990, IEEE Standard Test Access Port and Boundary-Scan Architecture.

[22] IEEE Std 1450-1999, IEEE Standard Test Interface Language (STIL) for Digital Test Vector Data.

[23] IEEE Std 1450.2™-2002, 1450.2™ IEEE Standard for Extensions to Standard Test Interface Language (STIL) (IEEE Std 1450™-1999) for DC Level Specification.

[24] Indradeep Ghosh, Niraj K. Jha, and Sujit Dey, "A Low Overhead Design for Testability and Test Generation Technique for Core-Based Systems-on-a-Chip, IEEE Transactions on computer-aided design of integrated circuits and systems", Vol. 18, No. 11, pp. 1661~1676, November 1999.

[25] Indradeep Ghosh, ,Sujit Dey, and Niraj K. Jha, "A Fast and Low-Cost Testing Technique for Core-Based System-Chips", IEEE Transactions on computer-aided design of integrated circuits and systems, Vol. 19, No. 8, AUGUST 2000, pp. 863~877.

[26] Chris Feige and Jan Ten Pierick, "Integration of the Scan-Test Method into an Architecture Specific Core-Test Approach", Journal of Electronic Testing: Theory and Applications, 14(1/2), 1998, pp. 125~131.

[27] Lee Whetsel, An IEEE 1149. 1 based test access architecture for ICs with embedded cores, Proc. Int. Test Conf. , 1997, pp. 69~78.

[28] E. J. Marinissen, Y. Zorian, R. Kapur, T. Taylor, L. Whetsel, Towards a standard for embedded core test: an example, Proceedings. International Test Conference, 1999. pp. 616~627.

[29] ITRS roadmap for semiconductors, 2001 edition, system drivers.

[30] ITRS roadmap for semiconductors, 1999 edition, system-on-a-chip.

第九章　光电子器件

光电子器件是光子和电子共同起作用的半导体器件，主要包括三大类：(1) 将电能转换成光能的半导体电致发光器件；(2) 以电学方法检测光信号的光电探测器；(3) 利用半导体内光电效应将光能转换为电能的太阳能电池.

光电子器件的主要功能涉及到光子和半导体中电子的相互转换过程，其中得到广泛利用的光电效应有光电导效应、光生伏特效应和光电发射效应.

光电导效应和光生伏特效应属于内光电效应，是半导体吸收光子后产生的一种光电效应，通常的光子吸收过程为：价带中的电子在吸收光子后跃迁到导带成为导带电子而在价带中留下空穴，从而形成电子-空穴对；施主能级上的束缚电子受激跃迁到导带，或价带中的电子受激跃迁到受主能级，产生自由电子或自由空穴，这些由光激发的载流子通称为光生载流子，由此改变半导体电导率的现象称为光电导效应，而产生电动势的现象称为光伏效应.

光电发射是指电能转换为光能的现象. 当系统受到外界激发后，电子从稳定的低能态跃迁到不稳定的高能态，经过一段短时间后，电子由不稳定的高能态重新回到稳定的低能态并释放出能量，如果其能量是以光的形式辐射出来，就产生发光现象. 光电发射有两种类型的发射，一种为自发发射过程，另一种为受激发射过程. 半导体发光二极管利用注入 pn 结的少数载流子与多数载流子复合发光，是一种直接把电能转换成光能而没有经过任何中间形式的能量转换的固体发光器件，起支配作用的有效过程为自发发射；而半导体激光器中光电发射则主要是受激发射过程.

广义地说，半导体发光二极管应该包括半导体激光二极管，但目前人们所指的发光二极管通常不包括激光二极管，而是指发射近红外光和可见光的器件，尤其是指发射可见光的器件.

9.1　固体中的光吸收和光发射

光具有波粒二象性，光也可以看作是粒子，量子理论认为，光是由能量被量子化了的光子组成的，其能量大小为 $h\nu$，h 为普朗克常数，ν 为光子的频率，则有：

$$E = h\nu = \frac{hc}{\lambda} = \frac{1.24}{\lambda}(\mathrm{eV}) \tag{9.1}$$

其中能量 E 的单位为 eV，λ 为光的波长，单位为 μm. 在以下的分析过程中，光吸收和发射过程都会用到光子的概念.

在固体中，光子和电子之间的相互作用有三种基本过程，即光吸收、自发辐射和受激辐射. 简单地讲，当入射光辐射的能量接近固体能带间隙所对应的能量时，固体的原子或分子将吸收入射光子的能量而跃迁到较高的能级或能带，此时出现光吸收. 而到达不稳定激发态的原子或分子则会通过自发辐射或受激辐射的方式回到稳定的基态，以光子的形式释放出相应的多余能量，该过程为自发或受激辐射，如图 9.1 所示.

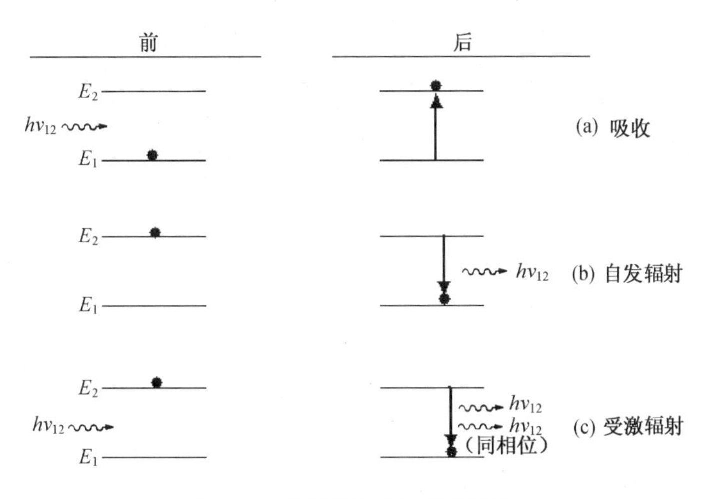

图 9.1　光子的吸收和发射过程

9.1.1　固体中的光吸收过程

图 9.2 显示了电子在半导体中的基本跃迁过程，当半导体受到光照时，光子被吸收. 如果光子的能量等于禁带宽度，即 $h\nu$ 等于 E_g，则会产生电子空穴对，如图 9.2(a)所示. 如果光子的能量 $h\nu$ 大于禁带宽度 E_g，除了产生一个电子空穴对以外，多余的能量将作为热量($E_g-h\nu$)耗

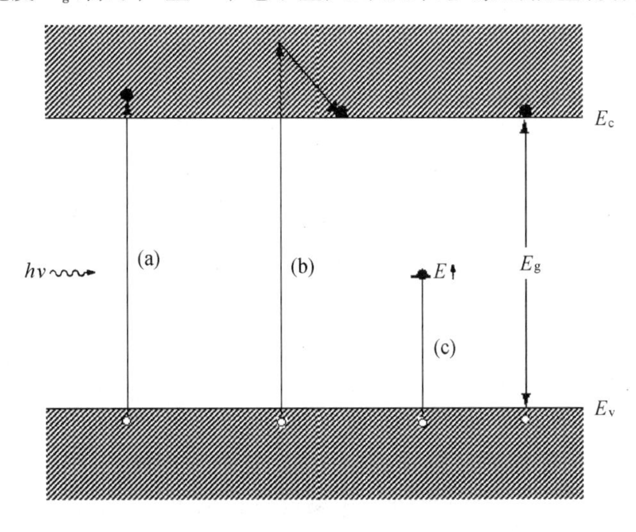

图 9.2　半导体中的光吸收过程

散掉，如图 9.2(b)所示. 图 9.2 中的过程(a)和(b)均为从价带到导带的本征跃迁. 如果光子能量 $h\nu$ 小于 E_g，则只有在禁带当中存在杂质或由物理缺陷引起的能态时，光子才能被吸收，如图 9.2(c)所示，该过程为非本征跃迁. 与光吸收过程相反，光发射的过程是一个逆过程，例如一个位于导带底的电子与一个位于价带顶的空穴相复合，将发射出一个能量等于禁带宽度的光子.

除了图 9.2 所示的基本吸收过程外，还存在着其他的吸收过程，一般认为光吸收过程涉及价带电子、内壳层电子、自由载流子、局域杂质和缺陷能级上的束缚电子等，相关的吸收过程有：

(1) 本征吸收：这是最主要的吸收过程. 价带电子吸收光子后，从价带跃迁到导带，产生电子-空穴对. 显然，光子的能量必须等于或大于禁带宽度才能产生本征吸收，依据半导体能带结构的不同，对应于直接带隙和间接带隙半导体，电子跃迁又可分为直接跃迁和间接跃迁. 本征吸收的特点是吸收系数高，可达 $10^5 \sim 10^6\ \text{cm}^{-1}$. 由于各种材料能带结构的差别，本征吸收区可能处于红外波段、可见光波段以至紫外光波段.

(2) 激子吸收：在电介质晶体特别是离子晶体中激子吸收尤为显著.

(3) 自由载流子吸收：这是由电子在导带中和空穴在价带中吸收所引起的，称为自由载流子吸收，这是一种能带内的跃迁，它可以扩展到整个红外波段和微波波段. 吸收系数的大小是电子(或空穴)浓度的函数. 对于金属，由于载流子浓度很高，载流子吸收系数可以很高. 而对半导体，自由载流子吸收较小.

(4) 晶格吸收：它是由入射光子和晶格振动之间的相互作用所引起的. 如果晶体是离子性的，其吸收系数可达 $10^5\ \text{cm}^{-1}$的量级.

(5) 杂质吸收：与杂质吸收相联系的吸收过程是多种多样的，视固体材料及材料中的杂质种类而异. 由于浅能级杂质的电离能很小(约为 0.01 eV)，杂质吸收只能在较低的温度下才能被观察到.

9.1.2 固体中的光发射过程

早在 1907 年就发现了 SiC 固体中的光发射现象. 随着固体发光技术的发展，在通信、显示、显像、光电子器件、辐射场探测等方面得到了广泛的应用，其中半导体发光器件得到快速发展，已经成为科学技术、工业生产中十分活跃的领域.

正如前面提到的，当电子从高能级向低能级跃迁时，释放出的能量是以光子的形式存在，我们称它为发光现象. 当电子处于高能级时，系统往往处于不稳定状态，而这是光发射的前提条件. 因此光发射的前提是需要先有某种激发机制存在，然后再通过电子从高能级向低能级的跃迁形成发光现象. 前一过程称为激发过程(见图 9.1(a))，其中电子跃迁到的高能级称为激发能级；后一过程称为发射过程(见图 9.1 中(b)和(c)，$h\nu_{12} = E_2 - E_1$). 处于激发态的系统是不稳定的，经过一段短时间后，如果没有任何外界触发，电子将从激发能级回到基态能级，并发射一个能量为 $h\nu_{12}$的光子，该过程为自发发射过程(见图 9.1(b)). 当一个能量为 hv_{12}的光子入射到已处于激发态的系统时，位于不稳定高能级上的电子会受到激发而跃迁到基态能级，并发射出一个能量为 $h\nu_{12}$ 的光子，且该光子的相位和入射光子的相位一致，这种过程称为受激发射(见图 9.1(c))，由于这些光子都具有相同的能量 $h\nu_{12}$，而且相位都相同，因此受激发射出的光为相干光. 在发光二极管(LED)中起支配作用的有效过程是自发发射，而半导体激光器中的主要过程为受激发射.

自发发射可以有不同的激发方式，主要可为以下几类：(1) 光致发光：它是由光激发而引起的发光，日光灯便是典型一例. 在半导体材料研究中，常常采用光致发光的方法研究材料的光学性质. (2) 阴极射线发光：它是由电子束轰击发光物质而引发的发光，如电视显像管中荧光屏发光. (3) 放射线发光：它是由高能的 α、β 射线或 X 光线轰击发光物质而引发的发光. (4) 电致发光：发光物质在电场作用下引起的发光，它是将电能直接转变为光能的一种发光现象，如发光二极管的发光.

近 20 年来，电致发光的研究取得了很大进展，尤其是在半导体化合物的研究方面，已制成了许多实用化的发光器件. 其中半导体发光二极管是目前应用最广的一种结型电致发光器件，其正常工作的激发方式是电致发光，利用正向偏置 pn 结少数载流子注入现象，形成非平衡载流子(维持少数载流子电子或空穴处于激发状态)而实现复合发光.

半导体中导致光辐射的非平衡载流子复合有如下几种过程：(1) 带间跃迁：导带底电子跃迁到价带顶与空穴复合(见图 9.3(a))，按照能带结构的不同(间接和直接带隙)还可分为间接和直接复合跃迁. (2) 非本征跃迁：它是有杂质缺陷参与的跃迁，导带电子跃迁到受主能级与空穴复合(见图 9.3(c))；中性施主能级上的电子跃迁到价带与其中的空穴复合(见图 9.3(d))；中性施主能级上的电子跃迁到中性受主能级，与受主能级上的空穴复合(见图 9.3(e)). (3) 带内电子跃迁，如图 9.3(f)所示.

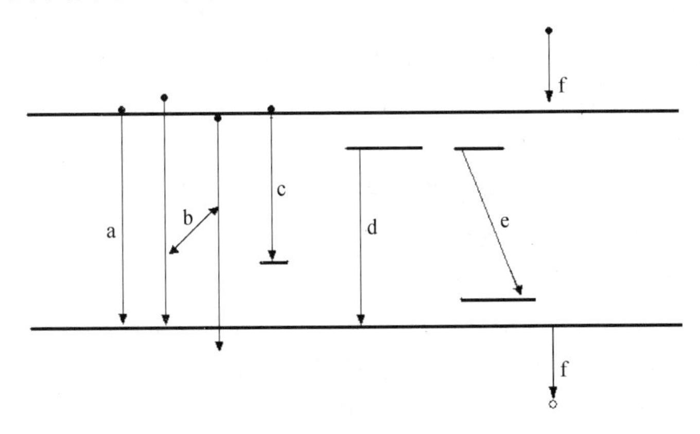

图 9.3　半导体中导致光辐射的几种非平衡载流子复合过程

电子从高能级向低能级的跃迁过程可以是辐射的(发射光子)，也可以是非辐射的(不发射光子). 但在发光材料中，只有辐射复合占优势，才有可能制成发光器件，因此辐射发光的一个主要参数是辐射效率. 辐射效率是由非平衡载流子辐射复合率和非辐射复合率的相对大小来决定的，其中各种复合过程的复合率和非平衡载流子寿命成反比. 产生光子的辐射效率(也称内量子效率)为：

$$\eta_r = \frac{\text{单位时间内产生的光子数}}{\text{单位时间内注入的非平衡载流子数}} \tag{9.2}$$

发射光子的辐射跃迁是光子吸收跃迁的逆过程，大多数的吸收跃迁可以产生相应的辐射跃迁，二者具有相近的光谱特征. 但是，发射光谱和吸收光谱之间有所不同，在吸收过程中，电子可以向所有非填充的能级跃迁，因此其光谱范围较宽；而由某种激发方式产生的非平衡载流子往往集中于某个能级上，因而发射光谱就只占比较窄的光谱范围.

9.2 半导体发光二极管

半导体发光二极管由能够自发辐射紫外光、可见光或红外光的 pn 结构成，是目前应用最广的一种结型电致发光器件.

对半导体电致发光的研究有着悠久的历史. 早在 1907 年罗昂德(H. J. Round)观察到电流流过金刚石晶体时有发黄光现象. 1923 年洛谢夫(O. W. Lossew)观察到在 SiC 的点接触处发光，经过多年研究后，他推断 SiC 发光是 pn 结发光. 1952 年海恩斯(J. R. Haynes)等人观察到 Ge 和 Si 的 pn 结发光. 1955 年沃尔夫(G. A. Wolff)首次在Ⅲ-Ⅴ族化合物 GaP 中观察到可见光发射，但辐射效率非常低. 半导体发光器件的进展和Ⅲ-Ⅴ族化合物半导体材料的进展密切相关. 在 20 世纪 60 年代，对发光二极管所作的大量研究工作集中于获得高效率的可见光器件，当时的研究工作可归结于两个方面：一方面是旨在寻找新材料，要求材料既要有高发光效率的直接跃迁能带结构，又要具有足够大的禁带宽度以获得可见光发射，这便促使 GaPAs 和 AlGaAs 固溶体的出现；另一方面集中在解决间接跃迁材料 GaP 的纯度和性质. 在器件研究方面，这一时期最早出现的是 GaP 红色发光二极管，以后又有掺杂 Zn 的 GaP_xAs_{1-x}红色发光二极管，特别是 GaP_xAs_{1-x}器件在 GaAs 衬底上异质外延生长工艺的成功使得发光器件进入了新的时代. 同时，液相外延技术的发展和完善，为 GaP 高效发光器件的制作奠定了工艺基础.

自 1968 年 GaPAs 发光二极管以红色灯泡形式商品化以来，绿色和黄色、橙色的发光二极管也相继进入了商品市场. 目前红色 GaP 发光结的外量子效率已提高到 12.6%，而且从掺氮的 GaP 结上实现了有效的绿色发光. 从磷光体覆盖的 GaAs 红外光源上先后获得了有效的绿色和蓝色光. 此外还出现了能显示红、橙、黄、绿四种颜色的多色发光二极管，丰富了半导体发光器件的颜色，为彩色显示开辟了道路.

20 世纪 70 年代开始了世界性的光纤通信研究热潮，促进了作为光源使用的近红外发光二极管的发展. 双异质结 InGaAsP/InP、AlGaAs/GaAs 发光二极管相继问世. 与半导体激光器相比，发光二极管虽然是一种非相干光源，具有谱带较宽、光发散角较大的缺点，但发光二极管的结构简单，易调制，可靠性好，并且对温度不甚敏感，因而在短距离的窄带光纤通信中得到了广泛的应用.

半导体发光二极管得到迅速发展和广泛应用是由于它具有许多优点：(1) 工作电压低(1.5～1.2 V 左右)，耗电量小，每一发光单元不到 10 mA 的电流下，在室内就能提供足够亮度；(2) 性能稳定，寿命长(一般在 10^5～10^7 小时)；(3) 易于和集成电路匹配使用；(4) 与普通光源相比，单色性好，光谱半宽度一般为几十纳米；(5) 能通过电流(或电压)进行亮度调制，响应速度快，一般为 10^{-6}～10^{-9} s；(6) 抗冲击、耐震动性强；(7) 重量轻、体积小、成本低.

半导体发光二极管可分为可见光和红外发光二极管等. 可见光发光二极管广泛用于电子仪器的信息显示，红外发光二极管则主要用在光隔离和光纤通信方面.

9.2.1　半导体发光二极管的工作原理

半导体发光二极管是电致发光器件，靠正向偏置 pn 结的少数载流子注入作用，使电子和空穴分别注入到 p 区和 n 区. 当非平衡少数载流子与多数载流子复合时，以辐射光子的形式将多余的能量转变成光能，因此发光二极管也称作注入式发光二极管. 无论是同质 pn 结还是异质 pn 结，其发光过程总包括正向偏置下的载流子注入、复合辐射和光能传输三个过程.

当 pn 结上加正向偏压后，引起少数载流子在结区的注入，形成 pn 结的正向电流，它包括扩散电流、空间电荷区复合电流、隧穿电流和表面复合电流等电流分量，其中扩散电流分量对发光有重要贡献. 同质结和异质结的发光机理是相同的，下面以同质 pn 结为例来说明其发光的载流子注入机制.

图 9.4 是正向偏置下简并 pn 结的能带图，该图中标出了在正向偏置下的扩散电流(1)(其中包括电子扩散电流和空穴扩散电流)和空间电荷区复合电流(2). 外加正向偏置电压 V 的大小决定了费米能级 E_{Fn} 和 E_{Fp} 能量相差的大小以及耗尽区的宽度 w.

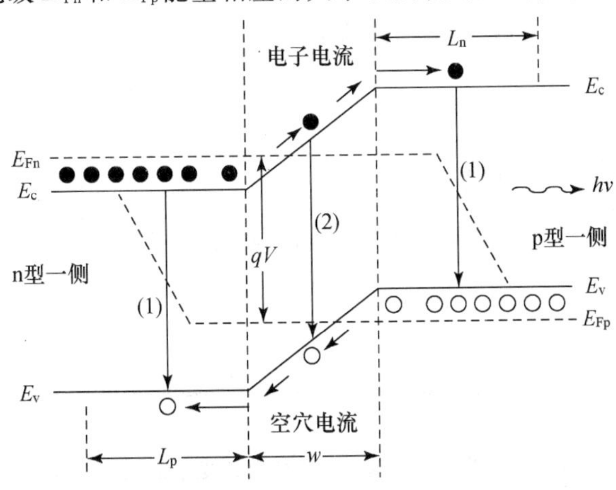

图 9.4　正向偏置时的 pn 结能带图

从图 9.4 可以看出，pn 结上加正向偏置后，pn 结势垒下降，耗尽层内的电场减小，电子从 n 区注入 p 区，空穴则从 p 区注入 n 区，形成了非平衡少数载流子. 通常，势垒区宽度 w 远小于电子与空穴的扩散长度 L_n、L_p，位于耗尽区内的电子和空穴复合所形成的复合电流很小，可以忽略不计；而注入的非平衡少数载流子在耗尽区两侧 L_n、L_p 扩散长度内形成的扩散电流是导致发光二极管辐射复合的主要电流.

发光二极管中一个主要参数是辐射效率. 除了前面提到的内量子效应可以影响辐射效率外，还存在着外量子效应.

在发光二极管工作时，外加电压加在器件两端，电子(空穴)从 n(p)型区域穿过耗尽区进入到 p(n)型区域，成为少数载流子. 这些少数载流子在中性区域的扩散过程中会与多数载流子复合，如果复合是直接带间复合，则会发射出光子，因此辐射出的光子密度正比于理想二极管的扩散电流. 在砷化镓器件中，辐射主要发生在结的 p 型一侧，这是因为电子的注入效率高于空穴的注入效率.

内量子效率，即发光二极管的内量子效率，为产生辐射的电流占总电流的比例. 内量子效率是注入效率的函数，也是产生辐射的复合电子-空穴对数占总的电子-空穴复合数之比的函数. 内量子效率与 pn 结内部的掺杂浓度有关.

外量子效率是发光二极管的另一个重要参数，其定义为从半导体中实际发射出的光子数占产生的总光子数的比例. 与内量子效率相比，外量子效率的数值通常非常小. 如果在半导体内部产生光子，一般存在三种机制可导致光子消失：半导体内部的光子吸收；弗雷斯内尔(Fresnel)损耗，即发射损耗；临界角损耗. 此外，管芯的形状、封装等也会影响出光效率. 外量子效率对二极管的发光效率非常关键，例如 GaAs 发光二极管的内量子效率可高达 50%，而外量子效率仅 1%左右.

图 9.5 给出的是一个 pn 结发光二极管. 结附近产生的光子会向各个方向发射，且光子的能量一定大于 E_g，因此进入半导体内的部分光子会被半导体内的束缚电子吸收. 在实际器件中，产生的大部分光子都会被半导体所吸收.

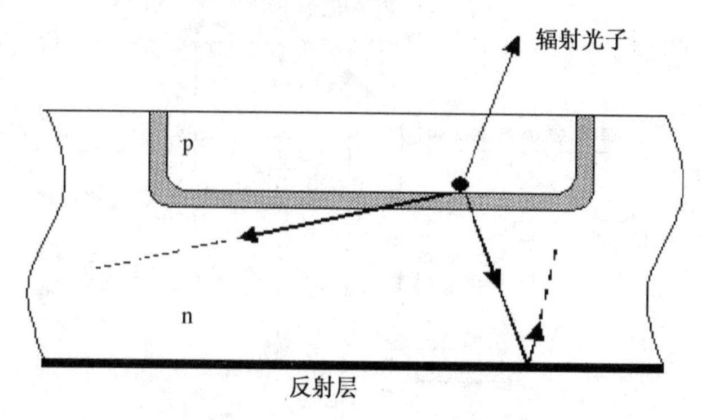

图 9.5　发光二极管中 pn 结上的光子发射示意图

图 9.6(a)和(b)分别给出了外量子效率与 p 型掺杂浓度和结深的关系曲线，从该图中可以看出，外量子效率在 1%～3%之间.

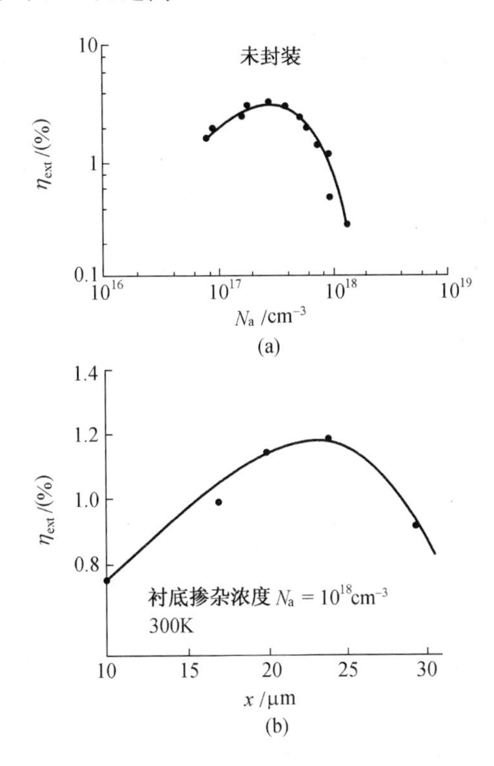

图 9.6　(a) 一个 GaP 发光二极管的外量子效率与掺杂浓度的关系；(b) 一个 GaP 发光二极管的外量子效率与结深的关系

9.2.2　半导体发光二极管的材料

目前发光二极管的材料主要为Ⅲ-Ⅴ族化合物半导体单晶，特别是 GaAs，GaP、$GaAs_{1-x}P_x$ 及 $Al_xGa_{1-x}As$ 三元晶体. 因为这些晶体的带宽适合于发出可见光和近紫红外光，并且具有其他适宜的电学和光学性质. 用于制作发光二极管的晶体材料必须具备下列条件：

(1) 具有合适的禁带宽度 E_g：在发光二极管中，pn 结注入的少数载流子复合发光时释放的光子能量，小于或等于半导体禁带宽度 E_g，因此材料的禁带宽度 E_g 必须大于所希望的光波长对应的光子能量. 可见光波长范围为 380～760 nm，最大光波长为 760 nm(对应最小的光子能量 1.63 eV)，因此发光二极管的禁带宽度 E_g 应大于 1.63 eV. 人眼视觉灵敏度峰值在 555 nm 处，因此要得到可见光发光效率高的发光二极管，应采用 $E_g \approx 2.3$ eV 的晶体. 如果发光二极管与光探测器组合来传递光信号，例如光耦合器，由于硅光探测器的灵敏度在波长 900 nm 左右出现峰值，长波限由硅的 E_g(=1.12 eV)确定，短波方向灵敏度缓慢减小，因此,采用禁带宽度稍大于硅的 GaAs 作为红外发光二极管晶体较为合适.

(2) 可获得电导率高的 n 型和 p 型晶体：为了制备优良的 pn 结,要有 n 型和 p 型两种晶体,而且这两种晶体的电导率应该很高.尽管Ⅱ-Ⅵ族化合物晶体的禁带宽度适当,但由于工艺上的难度,通常只能呈现出 n 型(或 p 型)导电性,所以一般不宜用于制作发光二极管.

(3) 晶体完美性好：晶体的不完美性对发光有很大影响.所谓不完美性是指晶体中存在着能缩短少数载流子寿命并降低发光效率的杂质和晶格缺陷.完美晶体是制作高效率发光二极管的必要条件,晶体的性质和晶体的生长方法均与晶体完美性有关.例如,虽然 SiC 能满足上述(1)、(2)两个条件,但 SiC 晶体的生长温度很高,不能得到完美性好的晶体,这就为研制 SiC 发光二极管带来障碍.

(4) 发光的辐射复合几率大：发光的辐射复合几率大对提高发光效率是必要的,因此普遍采用直接跃迁晶体材料制作发光二极管.对于间接跃迁晶体,近年来的研究发现,掺入适宜的杂质对提高间接带隙材料的发光效率十分有效.这是因为这些杂质可以使电子-空穴复合过程成为类似的直接跃迁,而无需声子参与,从而获得较高的发光效率.

如果按上述条件寻找可见光或近红外光的发光二极管晶体材料,在直接跃迁晶体材料中除 GaAs 外还有 GaN、InN、InP 等.在间接跃迁晶体材料中有 AlAs、AlP、AlSb、GaO 等,但 AlP、AlAs、AlSb 在空气中不稳定.为了将 GaAs 的直接跃迁带隙扩展到可见光波段,可以采用 GaAs-GaP 混晶和 GaAs-AlAs 混晶,这两个混晶系在全部组分范围内都是完美的固溶体.下面简要介绍一下几种主要发光材料及其发光机理.

1. GaAs 晶体及其发光机理

GaAs 是直接跃迁半导体,其直接跃迁几率很高.室温时的禁带宽度为 1.42 eV.其发光机理主要是带间直接跃迁复合发光,发射光子的能量接近禁带宽度,其峰值波长为 870 nm 左右,属于近红外辐射光.

基于 GaAs 的红外发光二极管主要有 GaAs:Si(GaAs 中掺 Si)和 GaAs:Zn(GaAs 中掺 Zn)两种.GaAs:Si 红外发光二极管的发光峰值波长在 940 nm 左右.硅在 GaAs 中是两性杂质,当硅替代镓时,形成施主杂质,而硅替代砷形成受主杂质.在液相外延过程中,正是利用了硅的这一性质来制备 GaAs:Si 的红外发光二极管 pn 结.在 GaAs 衬底芯片与掺硅的镓溶液接触的高温外延生长过程中,硅会置换镓形成施主,随着温度的降低,硅又置换砷形成受主.这样,只需一次外延,在降温的过程中便形成了 GaAs 的 pn 结.其中硅杂质会引入一个起复合发光中心作用的深能级,从导带(或施主能级)跃迁到该受主能级辐射的光子能量为 1.30 eV,相应辐射的峰值波长在 940 nm 左右.在 n 型衬底上采用 Zn 扩散的方法制成 GaAs:Zn 红外发光二极管,其中 Zn 作为受主杂质,其峰值波长在 870 nm 附近.

2. GaP 晶体及其发光机理

GaP 是间接跃迁半导体,室温下的禁带宽度为 2.26 eV.间接跃迁材料的特点是几乎所有发光都与杂质有关,GaP 的发光就是通过禁带中的发光中心来实现的.根据掺杂的不同,主要有红色发光中心和绿色发光中心,此外还有橙黄色发光中心.

掺锌和氧的 p 型 GaP(GaP:Zn,O)在室温下发射峰值波长为 700 nm 的红光,掺镉和氧的发射峰值处的光子能量要略低 0.03 eV 左右. 掺入 GaP 中的锌(镉)原子一般替代镓原子形成受主能级,而氧原子替代磷原子形成施主能级. 在掺入杂质的过程中,锌和氧的结合力要比锌-磷或氧-镓的结合力更强,因此在 GaP 中掺入的锌原子与氧原子处于最紧邻位置时比分离存在时更为稳定,组成的锌-氧复合体是一个等电子陷阱. 氧原子的亲和力非常强,即使形成锌-氧复合体后依然能够俘获电子而带负电,因为库仑引力又可以俘获空穴而形成束缚激子,由该束缚激子复合产生的发光波长在红色区域. 在 GaP:Zn,O 的发光过程中,Zn-O 复合体的激子复合发光为主要的辐射复合过程.

GaP:N 是高效率发射绿光的晶体,这是因为掺氮后形成等电子陷阱产生激子复合发光. 掺入的氮原子会替代晶格上的磷原子,由于氮的亲和力大于磷,因而可俘获电子. 氮原子俘获电子后,又因库仑引力作用而俘获空穴,从而形成束缚激子. 该激子复合能量接近 GaP 禁带能量而成绿色辐射. 氮作为绿色发光中心的最大优点是它能掺杂到很高的浓度($\approx 10^{19}\ \mathrm{cm}^{-3}$),且不致于影响自由载流子浓度,且能够减弱由俄歇复合造成的非辐射复合.

在 GaP 中掺入铋,形成的也是一种等电子陷阱. 铋的亲和力比磷小,故与氮的作用相反,铋起到空穴俘获中心的作用,俘获空穴后带正电,之后因库仑作用而俘获电子形成束缚激子,该激子复合产生的辐射波长≈600 nm,属于橙黄色区域.

3. GaAs1-yPy 晶体及其发光机理

为了将 GaAs 的直接带隙辐射扩展到可见光波段,可采用 GaAs-GaP 混晶. 该晶系在全部组份范围内都是完全的固溶体,其能带结构会随组分的变化由一种化合物半导体过渡到另一种化合物半导体.

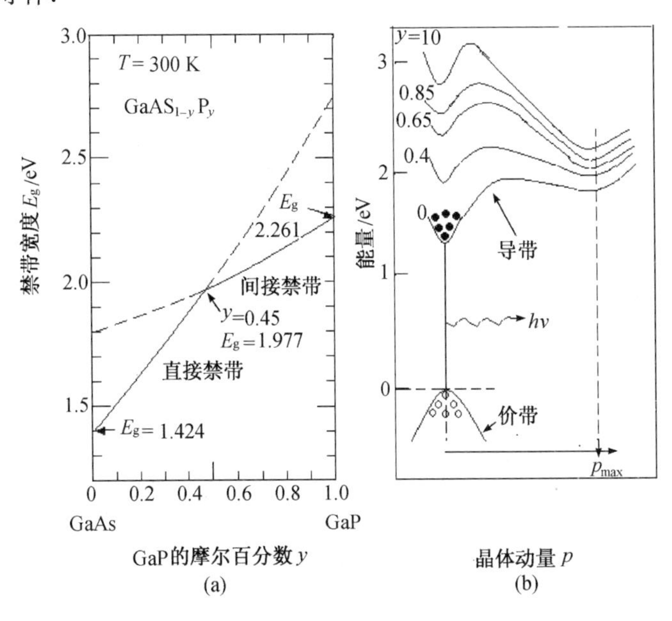

图 9.7 (a) $GaAs_{1-y}P_y$ 的禁带宽度随摩尔百分数 y 的变化关系;
(b) 不同 y 值对应的 $GaAs_{1-y}P_y$ 的能量与晶体动量的函数关系

图 9.7(a)表示出 $GaAs_{1-y}P_y$ 的禁带宽度和元素摩尔百分数 y 的函数关系.当 $0<y<0.45$ 时,晶体为直接禁带半导体,且禁带宽度从 $y=0$ 时的 $E_g=1.42$ eV 到 $y=0.45$ 时的 $E_g=1.977$ eV.当 $y>0.45$ 时,为间接禁带半导体.图 9.7(b)为几种组分相对应的能带结构.该图中所示的导带有两个极小值,一个是在动量 p=0 时直接带隙对应的极小值,另一个在动量 p_{MAX} 处,是间接带隙对应的极小值.

$GaAs_{1-x}P_x$ 发光二极管采用 $x<0.45$,则晶体的发光为直接带隙复合辐射,其发光波长取决于不同 x 值对应的禁带宽度,其发光峰值波长为 650～670 nm 左右的红光.当 $x>0.45$ 时,$GaAs_{1-x}P_x$ 三元固溶体的能带变为间接能带,材料的性质比较接近 GaP.为了提高发光效率,可掺入氮形成等电子陷阱以实现激子复合发光.掺氮后可适当选择 x 值,改变禁带宽度而得到不同颜色的发光,在 $x\approx0.5$ 时发橙色光($\lambda\approx610$ nm);$x\approx0.85$ 时,发黄色光($\lambda\approx590$ nm).

$GaAs_{1-x}P_x$ 的工艺技术是比较成熟的,因此它是目前可见光发光二极管领域应用最广泛、最有效的材料.

9.2.3 半导体发光二极管的结构

为了提高器件的出光效率,需要减少吸收损耗,可采用杂质补偿的方法,或改变三元化合物的组分使从发光区到出光面的禁带宽度逐渐增大,或采用异质结结构,从而减少材料的吸收率;另一方面需要减少吸收层的厚度.

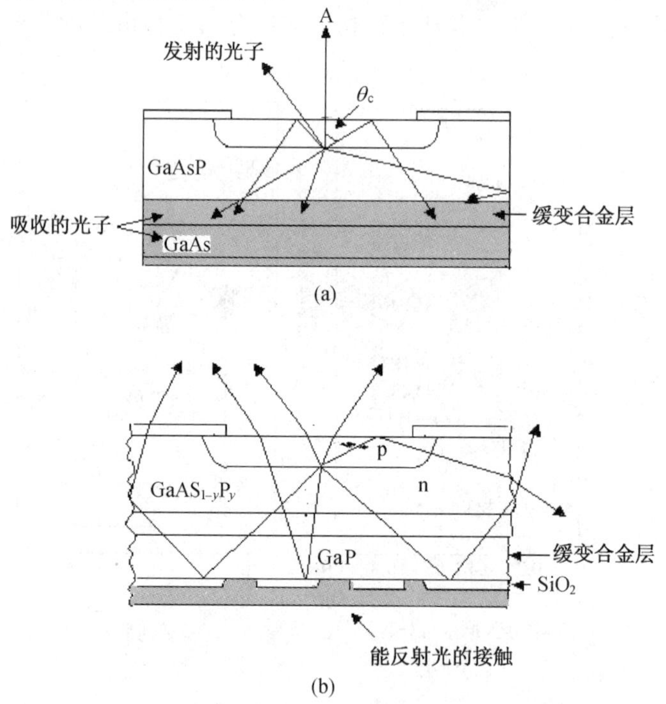

图 9.8 (a)不透明衬底和(b)反射衬底对器件发光的影响

增大表面透过率对提高发光二极管的出光率也很重要，由于半导体材料折射率与环境媒质折射率的不同，未被吸收的光子到达半导体表面后，只有极少部分的光子能发射出去，大部分光子会反射回半导体中而被材料所吸收.改善器件结构可以提高器件的出光率，图9.8(b)示出一个具有反射光背面接触的pn发光结，这样不仅可以利用正面发出的光，还可以使背面发出的光得到利用.另外，通过选用折射率比半导体晶体材料低且吸收系数小的透明材料(一般为树脂)作封装材料，同时使树脂具有适当的曲率，也可提高光的透光率，并改进发光二极管发光的方向性.

9.3　半导体激光器

与发光二极管不同，半导体激光器中光的发射是受激辐射过程，因此半导体激光器是一种相干辐射光源.和非相干光源相比，它具有相干性好、方向性强、发射角小和能量高度集中等特点.此外，半导体激光器还具有体积小、效率高、能简单地利用调制偏置电流方法实现高频调制等独特优点.由于这些独特的性质，半导体激光器是光纤通信中最重要的光源之一，另外在要求装置轻便并对激光输出功率要求不高的场合，如短距离激光测距、引爆、污染检测等方面有广泛的应用前景.

和其他激光器一样，要使半导体发射激光，必须具备三个基本条件：(1) 建立粒子数反转分布，即高能态的载流子数要远大于低能态的载流子数，以产生受激辐射.(2) 有一个能起光反馈作用的谐振腔，以产生激光振荡.(3) 满足一定的阈值条件，使得光增益大于损耗，以形成振荡.

为了满足第一个条件，半导体激光器通常采用的激励方式有pn结注入电流激励、电子束激励、光激励、碰撞电离激励等.目前研究和应用最多的是pn结注入电流激励，采用这种激励方式的半导体激光器称为激光二极管，也称为注入型半导体激光器.

9.3.1　半导体激光器的工作原理

激光器能够发光需要满足粒子数反转的条件.图9.9中为简并掺杂的半导体pn结，其中p型一侧的费米能级低于价带顶，n型一侧的费米能级高于导带底.二极管为正向偏置时，电子从n区注入到p区，空穴从p区注入到n区，当外加正向偏压足够高时会出现大注入情况，即高浓度的电子和空穴进入到跃迁区，即图中标出的区域.在该区域内，导带出现高浓度的电子，而价带出现高浓度的空穴，该状态能够满足激光器工作时需要的粒子数反转条件.对带间复合发光的情况，辐射光子的最小能量是E_g，因此出现粒子数反转的必要条件为$E_{Fn}-E_{Fp}>E_g$.

图9.1显示出位于高能级(E_2)状态的电子受到入射光子的激发回落到低能级(E_1)状态，并发出一个与入射光相同能量和相位的光子.在热平衡状态，半导体中的电子分布满足

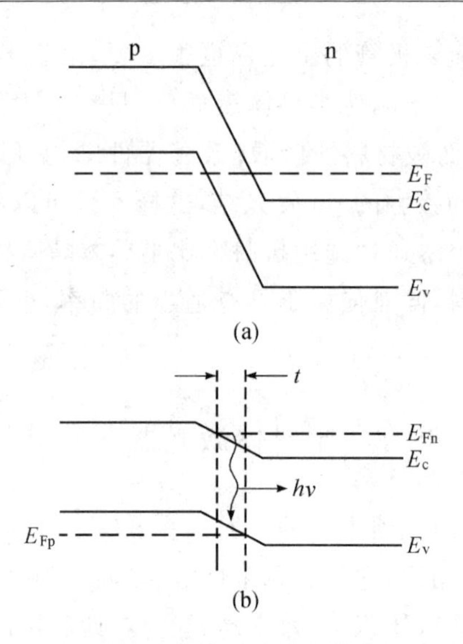

图 9.9 (a) 零偏置条件下的简并掺杂 pn 二极管;(b)正向偏置条件下简并掺杂 pn 二极管,伴有光子发射过程

费米-狄拉克统计分布,如果采用玻尔兹曼近似分布,则可以得到两个能级上的电子浓度关系:

$$\frac{N_2}{N_1} = \exp\left[\frac{-(E_2 - E_1)}{kT}\right] \tag{9.3}$$

这里 N_1 和 N_2 分别为处于能级 E_1 和 E_2 的电子浓度,且 $E_2 > E_1$. 因此在热平衡状态,$N_2 < N_1$,这意味着光子的吸收几率与光子的发射几率相同,其中吸收的光子数目正比于 N_1,而受激发射的光子数目正比于 N_2. 为了达到光倍增或激光发射的要求,需要满足 $N_2 > N_1$,即粒子数反转.

粒子数反转只是满足激光器工作的一个条件. 为了得到相干辐射输出,还需要采用进行光反馈的谐振腔,其作用在于提供光学正反馈,以便在腔内建立并维持自激振荡,并能控制激光束的特性. 谐振腔的几何参数可控制激光束的横向分布特性、光斑尺寸、谐振频率和光束发散角等,改变腔的几何参数和反射镜的反射率可以控制激光器的输出功率.

一个谐振腔包括两个相互平行的反射镜,即熟知的法布里-铂罗光谐振腔,如图 9.10 所示. 在该器件的某两端解离或研磨出一对垂直于(100)晶向的平行平面,光子在结附近沿 z 方向在两个平面间来回反射. 实际上,反射镜只是部分反射光子,以允许部分光波能从结中辐射出来.

在一定条件下,谐振腔中会出现光振荡现象,这强化了垂直于镜面方向上的受激辐射. 另外,为了消除非主要方向的共振现象,需要将该二极管的其余两个面弄粗糙. 从图 9.10 中可以看出,半导体激光二极管的发光区域局限在二极管结附近的区域内,形成的谐振腔平行于 pn 结. 为了在腔内出现稳定的光振荡,腔的长度 L 需要满足:

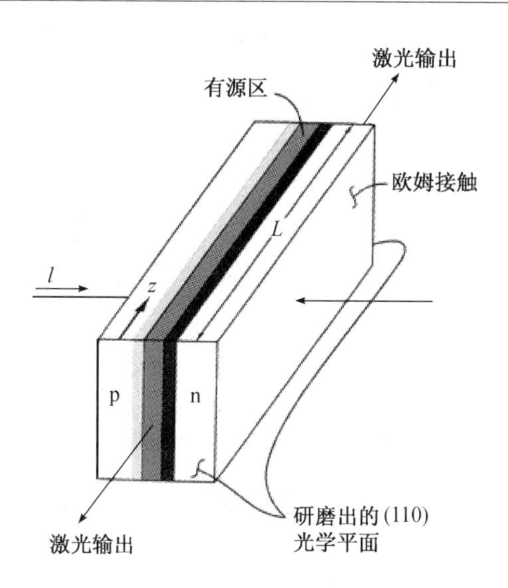

图 9.10　pn 结激光器的示意图，分别在半导体两端的(110)晶面研磨出光学反射镜面以形成法布里-珀罗光谐振腔

$$L = N\frac{\lambda}{2} \tag{9.4}$$

其中，N 为整数，λ 为光波波长. 由于 λ 小而 L 相对很大，因此腔中通常存在着许多振荡模式，图 9.11 给出了振荡模式随波长的变化情况.

当在 pn 结上外加一个正向偏置电压时，首先出现自发辐射现象. 自发辐射波谱相对比较宽，并叠加在可能的激光模式上，如图 9.11(b)所示. 为了得到激光辐射，自发辐射增益必须大于光损耗. 而谐振腔中提供的光学正反馈，导致在几个特别的光波长上出现共振模式，如图 9.11(c)所示.

现在讨论形成激光的第三个条件，阈值电流密度. 在注入型半导体激光器中，当外加正向偏置电压时，出现自发辐射，产生不同相位和方向的光子. 部分光子会穿出 pn 结的有源区，但也有一小部分光子几乎是严格地在有源区内穿行，而且可以激发产生受激辐射以形成光增益，这些光子在端面的平行镜面间不断地来回反射. 但同时腔内的激光振荡也存在着损耗，主要是由于半导体内的光子吸收、反射镜上的部分穿透或部分反射等. 由于光增益随注入电流的增大而增大，当光强足够小时，增益系数为常数；而当光强增大到一定程度时，增益系数随光强的增加而下降，出现增益饱和现象. 当饱和增益等于损耗时，会出现稳态振荡. 只有增益系数高于某一最低限度，才足以克服损耗，产生振荡，输出激光. 产生受激辐射时对应的最小电流密度即为阈值电流密度.

通常条件下，阈值电流密度与工作温度的关系密切，对于同质 pn 结，阈值电流密度随温度升高而迅速增加，室温下的典型值约为 $5\times10^4\ \mathrm{A/cm^2}$，如此大的电流密度意味着激光器在室温下连续工作是非常困难的. 为降低阈值电流密度，半导体激光器广泛采用异质结构.

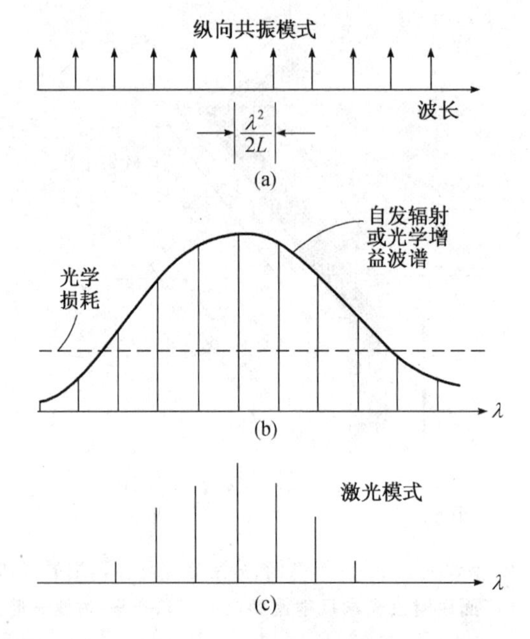

图9.11 (a)长度 L 的谐振腔的共振模式;(b)自发辐射曲线;(c)激光二极管的辐射模式示意图

9.3.2 半导体激光器的结构和特性

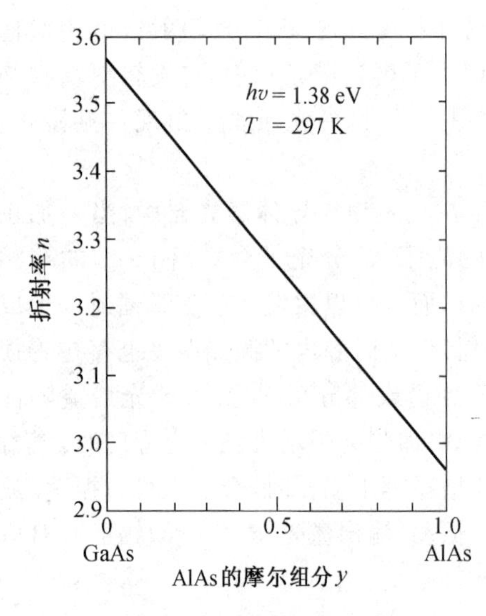

图9.12 $Al_yGa_{1-y}As$ 的折射率与摩尔百分数 y 的变化关系

在同质发光二极管中,光子会向各个方向发射,这会降低器件的外量子效率.如果能够将发射的光子局限在结附近,则能够明显地提高器件的性能.通常采用异质结结构形成光学介质波导,起到束缚光子的作用.基本的器件结构为三层的双异质结结构,即熟知的双异质结激光器.对一个介质波导来说,需要满足中间材料层折射系数大于两边介质层折射系数的条件.图9.12显示出AlGaAs系材料的折射率,其中GaAs的折射率最大.

图9.13(a)给出了一个双异质结激光器的结构图,在p-AlGaAs和n-AlGaAs两层之间夹着一个p-GaAs薄层,垂直于n型AlGaAs和p型GaAs异质结方向,在半导体两端研磨出两个反射镜面形成谐振腔.图9.13(b)画出了该器件正向偏置条件下的能带图结构.电子从n型AlGaAs注入到p型

GaAs中，由于p-GaAs和p-AlGaAs导带势垒阻止了电子扩散到p-AlGaAs层中，因此在p型GaAs中很容易出现粒子数反转条件，而且光子辐射主要局限在p型GaAs中.由于GaAs的折射系数大于AlGaAs的折射系数，因此光波的传播也被局限在GaAs层中.这些限制作用增强了受激辐射并大大降低了阈值电流密度.

图9.14给出了典型的输出光强与二极管电流的变化曲线，将曲线拐点处的电流定义为阈值电流.在低电流情况(小于阈值电流)下，输出的光谱非常宽，属于自发辐射；当二极管电流稍大于阈值电流值时，可以观察到各个振荡频率的激光输出；当二极管电流进一步增大时，器件将工作在单一的主要振荡模式条件下，其输出光谱带宽非常窄.

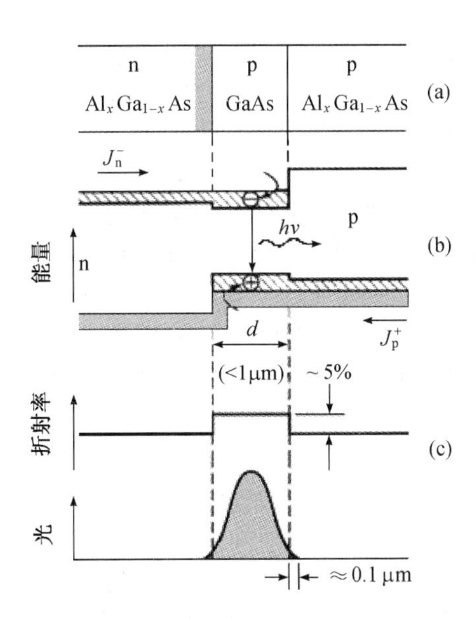

图9.13 (a)双异质结的基本结构；(b)正向偏置下的能带图；(c)介质波导中的光束缚情况

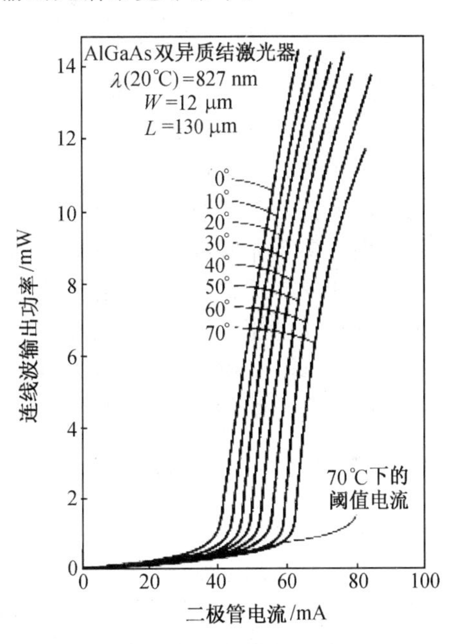

图9.14 不同温度下激光二极管输出光功率与二极管电流的函数关系

如果器件结构中采用非常窄的复合区域和略宽一点的光波导，可以进一步提高二极管激光器的性能，目前已经制备出具有复杂结构(多层化合物半导体材料)的高性能半导体激光器.

9.4 光电探测器

光电探测器的主要作用是将入射光信号转换为电信号，随后这些电信号可以被放大、显示和/或再传输.通常固态探测器具有光敏、紧凑、工作电压低和成本低等特点，因此在许多探测系统中都采用固态光电探测器.

在不同的应用系统中，对探测器的要求是不同的.在成像应用系统中，探测器的关键指标是信噪比、尺度分辨率、灰度分辨率(在黑白对比度中区别不同灰度的能力)、可探测输入光波范围和光谱响应速度等.而在光波通信系统中,探测器的设计要求是确保信号识别率、避免信号间的干扰和保持高工作速度或宽带宽等.在光通信系统中关键的因素是探测器的响应速度.相比较,在绝大多数的成像应用中,响应速度相对而言并不太重要.

光电探测器主要有光电导、光电二极管、光电晶体管、光电金属-半导体-金属(Metal-Semiconductor-Metal,简称 MSM)等几种器件.每种器件分别有其优缺点,对于光电晶体管,优点是可以通过晶体管放大功能获得高增益,它的缺点则是制作工艺复杂和所需的面积较大;光电导的制作工艺简单、适合低压工作并且与平面集成电路工艺完全兼容;光电二极管,特别是雪崩光电二极管,相对于光电导器件能够提供更高的增益带宽特性,相对于光电晶体管具有较小面积和制造简单的优点,而且该器件具有高增益和低噪声的特点,因此光电二极管具有广泛的应用;对于光电 MSM,则具有设计简单、与集成电路工艺兼容、适合于在片探测应用等特点.

针对于通信和系统集成芯片探测的应用,MSM 结构和雪崩光电二极管应该是最有应用前景的半导体光电结构.二者都具有较大的工作带宽、广的频谱范围、高增益、高频率响应并且与集成电路制造工艺兼容等特点.MSM 和光电二极管探测器的增益、带宽和频率响应对器件的设计参数非常敏感,器件尺寸、偏置、掺杂浓度等的变化会严重影响器件特性.

关于光探测器的材料,由于化合物半导体具有较宽的频谱范围和直接带隙的特点,因此特别适合制作光电探测器.光的吸收和辐射主要出现在直接带隙半导体材料中,如 GaAs、InP、GaInAs、GaN、ZnS 等,这是因为直接带隙半导体中的光电转换效率高、吸收系数大等.根据不同的禁带宽度,直接带隙半导体检测光的范围可以涵盖远红外到紫外光的光谱范围.

9.4.1 基本的光电效应

半导体光电探测器是用来探测光子的器件,其功能是将光信号转换成为电信号,该类器件主要利用了两类光电效应,即光电导和光生伏特效应.光电导效应和光生伏特效应都属于内光电效应,价带中的电子在吸收光子后,若跃迁到导带,则产生电子-空穴对;假若施主能级上的束缚电子受激跃迁到导带,或价带中的电子受激跃迁到受主能级,则产生自由电子或自由空穴.这些由光激发的载流子通称为光生载流子.

光生载流子将使半导体的电导率增大,这便是光电导效应;利用光电导效应的探测器,称光电导探测器.在 pn 结、肖特基势垒等具有内建电场的半导体器件中,光生电子和空穴将受内建电场的作用作漂移运动.如果器件开路,则在器件两端产生光生电动势,这就是光伏效应;假若在外部把器件连接起来,则有光电流流过.利用光伏效应的探测器有 pn 结光电二极管、PIN 光电二极管、肖特基势垒二极管、雪崩倍增光电二极管、光电晶体管和光伏探测器等.

半导体光电探测器是利用半导体材料的内光电效应来接收和探测光信号的器件.随着现代科学技术的发展,所探测的相干或非相干光源的波长,已从可见光波段延伸到红外光区和紫外光区.半导体材料只能探测具有足够能量的光子,即该材料长波限以下的光子.图 9.15给出了有关半导体材料与所能探测光谱波长范围的关系.其数学关系为:

$$\lambda \leqslant \lambda_{\max} = \frac{1.24}{E_g}(\mu\mathrm{m}) \tag{9.5}$$

式中 λ 为能被探测的光波长，λ_{max} 为半导体材料之长波限，E_g 为材料的禁带宽度，单位为 eV.

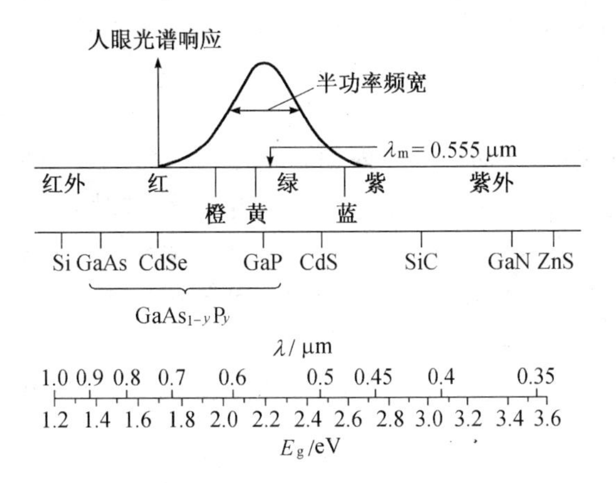

图 9.15　光谱对应的波长和能量，包括人眼对光谱的响应情况

半导体光电探测器中有三个基本过程：(1) 光子入射到半导体中激励产生载流子；(2) 载流子输运及倍增；(3) 电流经过外电路作用后输出信号，完成对光子的探测过程.

9.4.2　光电导探测器

前面已经介绍，当入射光照射到半导体时，产生的电子-空穴对会增加半导体的电导率. 这种光照引起的电导率改变是光电导的基本工作原理，具有光电导效应的物体称为光电导体. 图 9.16 显示了一个光电导探测器的示意图，光电导体两端为欧姆接触电极. 在两端加上电压，则体内产生电场，形成电流；这时若有一束光照射到该光电导体上，则导体内产生光生载流子，从而导致电流发生变化，通过检测该电流即可判断光照的情况.

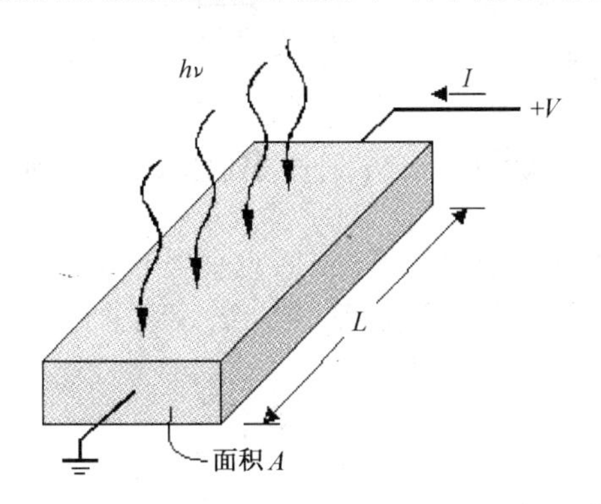

图 9.16　光电导探测器

由于光生载流子产生与消失均有一个延迟过程，因此光照开始后，光电流不会突然阶跃增加，而是一个指数增加的过程；同样，当光照结束后，光电流也不会马上消失，而会随时间成指数下降,其特征时间参数即为少数载流子寿命,因此光电导的开关速度反比于少数载流子寿命.显然,为了顾全增益和速度两个指标,需要对光电导半导体进行折中设计.

9.4.3 光电二极管

光电二极管工作时需要外加一个反向偏置电压,这样在 pn 结附近的耗尽区内存在较大的电场,当入射光进入到 pn 结中时,激发产生的电子-空穴对会在电场作用下向相反方向漂移.这时,如果二极管开路,则在器件两端产生光生电动势(开路电压);若是器件短接,则有短路光电流流过;假若外接负载,则有光电流(小于短路电流)流过负载,并在负载上形成一定的输出电压(小于开路电压).图 9.17(a)显示出一个反向偏置的光电二极管,图 9.17(b)显示了该光电二极管没有光辐射情况下的少数载流子分布情况.

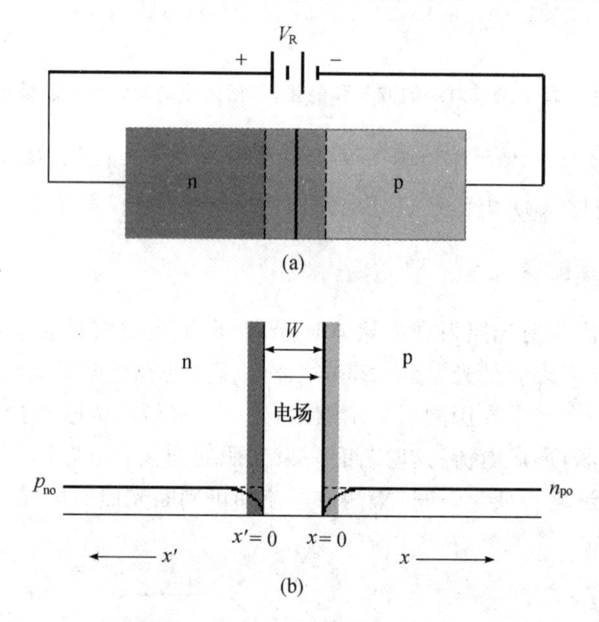

图 9.17 (a) 反向偏置的 pn 结;(b)反向偏置 pn 结中的少数载流子分布图

设定 G_L 为过剩载流子的产生率.已知空间电荷区内的电场能够很快地将产生的过剩载流子扫出耗尽层,那么电子进入到 n 型区,空穴进入到 p 型区.可以给出空间电荷区内产生的光生电流密度为:

$$J_{L1} = e\int G_L \mathrm{d}x \tag{9.6}$$

这里的积分范围是整个耗尽宽度.如果 G_L 在整个空间电荷区内为恒定值,则有:

$$J_{L1} = e\, G_L W \tag{9.7}$$

这里 W 为空间电荷区宽度.J_{L1} 的方向与 pn 反向电流方向相同,其对光子辐射的响应非常快,是一种灵敏的光生电流.光电二极管的响应速度是由载流子在空间电荷区中的输运过程决定.假设饱和漂移速度为 10^7 cm/s,耗尽层宽度为 2 μm,则载流子的输运时间 $\tau_t=20$ ps,已知理想调制频率的周期为 $2\tau_t$,则频率 $f=25$ GHz,该器件的频率范围远高于光电导.

二极管中的中性 n 型和 p 型区域也会产生过剩载流子,如果考虑到这部分过剩载流子的贡献,对于大尺寸二极管,总的稳态二极管光生电流密度为:

$$J_L = eG_LW + eG_LL_n + eG_LL_p = e(W + L_n + L_p)G_L \tag{9.8}$$

其中 L_n、L_p 为扩散长度.应该注意的是:光生电流与二极管反向偏置电流方向相同;公式 9.8 中的假设条件为:在整个器件中过剩载流子的产生是均匀的,二极管的尺寸足够长,其工作处于稳态工作条件.

光生电流中扩散电流分量的时间响应相对比较慢,因为这些电流是由于少数载流子扩散到耗尽区的结果,因此光生电流中的扩散分量被认为是主要的延迟电流.

在许多 pn 结结构中,大尺寸二极管的假设往往不成立,这需要修改光生电流的计算公式.另外,在 pn 结结构中,光子吸收也不是均匀的,这种非均匀吸收效应将在下面讨论.

1. PIN 光电二极管

在许多光电探测应用中,响应速度非常关键,而空间电荷区产生的光生电流由于具有响应速度快的特点,因此这些应用中,在空间电荷区内产生出更多的光生电流就显得特别重要.显然,尽可能地增加耗尽区宽度能够提高光电探测器的灵敏度,这就产生出了 PIN 光电二极管.

在 PIN 二极管结构中,n 型和 p 型区之间存在着一层本征半导体,中间层实际上是掺杂极轻的半导体,由于掺杂轻,近于本征半导体,所以称为 i 区.图 9.18(a)给出了该器件的示意图.本征区域的宽度 W 远大于 pn 结空间电荷区的宽度,如果在 PIN 二极管上外加一个反向偏置电压,整个本征区域都会成为空间电荷区.

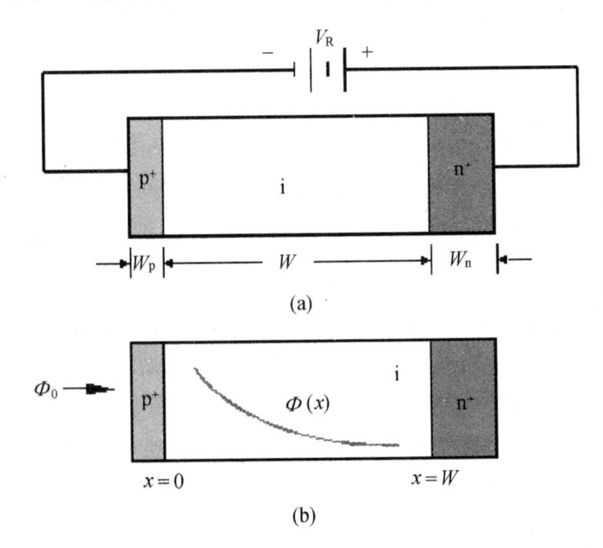

图 9.18　(a)反向偏置 PIN 光电二极管;(b)非均匀光吸收示意图

假设光子流量Φ_0入射进p^+区，且p^+区的宽度W_p非常小，则本征区域内光子流量随距离的函数为$\Phi(x) = \Phi_0 e^{-\alpha x}$，这里的$\alpha$为光子的吸收系数. 图 9.18(b)显示出了器件内的非均匀光吸收的情况. 本征区域内产生的光生电流可表示为：

$$J_L = e\int_0^w G_L \mathrm{d}x = e\int_0^w \Phi_0 \alpha e^{-\alpha x}\mathrm{d}x = e\Phi_0(1 - e^{-\alpha w}) \tag{9.9}$$

该方程的推导需要假设空间电荷区间内没有电子-空穴复合，且每吸收的一个光子都产生出一对电子-空穴.

2. 雪崩光电二极管

雪崩光电二极管非常类似于 pn 结或 PIN 二极管，其主要区别为雪崩二极管上施加的偏置电压足够高，具有引起碰撞电离的能力. 前面已经讨论了光子能够在空间电荷区内被电子吸收，从而产生电子-空穴对，随后电子(空穴)会在 pn 结内的内建电场的作用下进入 n 型(p 型)区内. 在雪崩光电二极管中，同样会出现上面的过程，不同的是产生的载流子会从电场中获得足够高的能量去碰撞其他的束缚电子形成新的电子-空穴对，即发生了电离碰撞，出现雪崩倍增效应. 因此雪崩光电二极管具有很大的电流增益.

该器件的工作过程如下：在高的反向偏压下，雪崩二极管中的耗尽区宽度变大，大部分外加电压会落在耗尽区内，最强的电场也出现在 pn 结内. 如果该区域内的电场高到足以使载流子能发生碰撞电离，这个区域就是“雪崩区”. 中间层 i 区是光的吸收区，入射光在 i 区内被吸收，激发产生电子-空穴对，并在 i 区弱电场的作用下，电子向 pn 结运动. 当它穿过 i 区到达 pn 结的强电场区时，就发生雪崩电离，光电流得到放大.

光吸收和碰撞电离产生的电子-空穴对会很快地被扫出空间电荷区，如果耗尽层的宽度为 10 μm，且耗尽区内的饱和速度为 10^7 cm/s，则载流子的输运时间为：

$$\tau_t = \frac{10^7}{10 \times 10^{-4}} = 100\,\mathrm{ps} \tag{9.10}$$

调制信号的周期为$2\tau_t$，那么其工作频率为：

$$f = \frac{1}{2\tau_t} = \frac{1}{200 \times 10^{-12}} = 5\,\mathrm{GHz} \tag{9.11}$$

如果雪崩光电二极管的电流增益为 20，则增益带宽乘积为 100 GHz. 因此雪崩光电二极管能够响应具有微波频率的入射光.

雪崩光电二极管可采用各种半导体材料制作，包括 Ge、Si 和Ⅲ-Ⅴ族化合物及其合金等. 由于 Ge 雪崩光电二极管在 1～1.6 μm 波段的量子效率高而得到广泛重视，硅雪崩光电二极管则在 0.6～1.0 μm 波长范围的性能特别好.

由于雪崩光电二极管的电场比较高，因此避免二极管击穿是设计和制备雪崩光电二极管的关键.

9.4.4 光电晶体管

如果光电探测器采用双极晶体管结构，则称之为光电晶体管. 由于光电晶体管具有晶体管放大的功能，因此具有很高的增益．图 9.19(a)显示了一个 npn 光电晶体管，该器件的基极-集电极 pn 结的面积非常大，实际器件大部分采用基区浮空结构，即基区没有引出电极，这是因为基区电流可由光信号产生，一般不需要由基极注入电流，而且采用基极浮空结构可消除基极电容，提高器件的响应速度．图 9.19(b)为该光电晶体管的原理图，在反向偏置的基极-集电极结中产生的光生电子和空穴分别被电场扫出空间电荷区，导致了光生电流 I_L．空穴进入 p 型基区，由于没有基区电极，空穴会在基区中积累令基区-发射极 pn 结正向偏置，这样电子会从发射极注入到基极，使得双极晶体管开始工作．

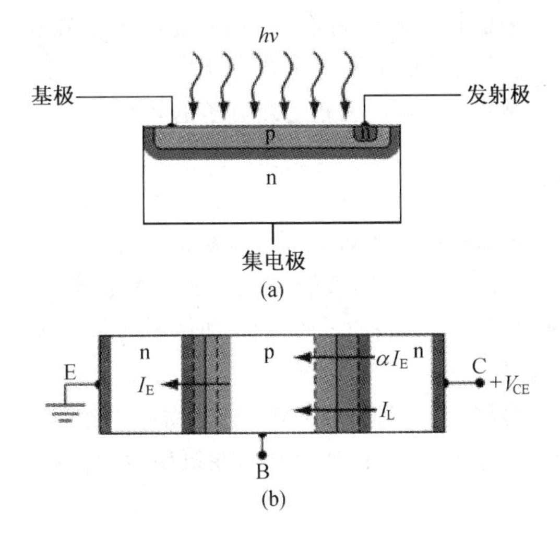

图 9.19　(a)双极型光电晶体管；(b)光电晶体管的原理图

从图 9.19(b)可以得到，

$$I_E = \alpha I_E + I_L \tag{9.12}$$

这里 I_L 为光生电流，α 为共基极电流增益．由于基极为开路状态，则有 $I_C = I_E$，因此公式(9.12)可写为：

$$I_C = \alpha I_C + I_L \tag{9.13}$$

求解上面公式，得到：

$$I_C = \frac{I_L}{1-\alpha} \tag{9.14}$$

将 α 转换为共发射极直流电流放大倍数 β，则公式(9.14)可写为

$$I_C = (1+\beta)I_L \tag{9.15}$$

公式(9.15)表明基极-集电极产生的光生电流被放大了$(1+\beta)$倍，即光电晶体管放大了光生电流．

光电晶体管也可以采用异质结结构．20 世纪 50 年代，肖克莱预言了异质结晶体管的优越特性．到 20 世纪 70 年代，随着异质结制备技术的日趋完善，异质结晶体管性能有了明显

的改进. 20 世纪 80 年代以来,由于长波段光纤通信系统对高灵敏、快速及低噪声接收器件的迫切需要,人们对异质结光电晶体管给予了极大的重视.

异质结光晶体管通常采用宽带隙发射区,具有独特的优点:基区和发射区之间的能带势垒阻止了空穴从基区进入到发射区,提高发射结的注入效率. 对于同质结晶体管,为了得到高的注入效率必须保证发射区的掺杂浓度远大于基区的掺杂浓度,这样同质结存在着基区电阻大、发射结电容大、频率特性差等缺点. 而异质结光电晶体管就不受此限制,由于存在着势垒差,其基区的掺杂浓度可以较重而发射区掺杂浓度也不必过高,这样基区电阻比较小,也减小了发射结电容,因而器件频率特性好,响应速度也比较快. 其次,发射区的禁带宽度比基区的禁带宽度宽,因此能量小于发射区禁带宽度的光子可以穿过发射区,在基区和收集区之间的结区域附近才被吸收,提高了光生载流子的效率.

9.4.5 电荷耦合器件

电荷耦合器件(Charge Coupled Device,简称 CCD)是 20 世纪 70 年代初由美国贝尔实验室的 W. S. Boyle 和 G. E. Smith 等人研制成功的一种新型半导体器件,与其他器件不同,这种器件的工作非常独特,即以电荷作为信号,利用电荷量作为传输信号,而其他器件则都是以电压或电流作为信号的.

从结构上讲,电荷耦合器件是一种金属(M)-氧化物(O)-半导体(S)结构的 MOS 器件. CCD 器件自问世以来,由于具有一些独特的性能,在摄像、信息处理和信息存储等方面得到了广泛的应用.

1. CCD 的结构及工作原理

CCD 器件采用 MOS 电容作为其基本结构,但它与 MOS 器件的工作原理不同. MOS 晶体管是利用栅极下的半导体表面形成的反型层(即沟道)进行工作,而 CCD 器件是利用栅极下使半导体表面形成的耗尽层(势阱)进行工作,是一种非稳态工作器件.

CCD 器件的工作机制是借助 MOS 电容形成深耗尽状态. 以 p 型硅衬底为例,对于 MOS 电容,栅上加正电压会在沟道中形成反型层,但这是一种稳态情况下的结果,其中反型层中的电子由耗尽层中产生的电子-空穴对来提供,而电子-空穴对的产生却需要一定时间. 当栅电极加上电压的瞬间,反型层还不能立刻形成,但为了维持电荷守恒,半导体中的电荷完全由耗尽层中的空间电荷组成,因此这时的耗尽区宽度往往很大,其宽度由栅压 V_G 决定,这时的半导体表面电势 V_S 也直接由 V_G 的大小决定. 此时的器件处于非平衡状态,随着耗尽层中产生的电子-空穴对增多,电子在半导体表面逐渐积累,最终形成反型层,则器件达到了热平衡状态,耗尽层宽度变小,表面电势也会钳位在一个固定值上. 因此在深耗尽状态下,器件的表面存在着一个深的电子势阱,会吸引电荷进入到该势阱中.

CCD 器件中的 MOS 电容正是利用深耗尽状态下形成的深势阱来储存光生载流子的,而且储存的电荷量与入射光子数成线性关系,即将入射光信号转换为电信号(电荷量). CCD 器件的感光部分通常由 MOS 电容的二维阵列组成,当具有不同明暗信息的图像信号入射到该阵列时，每个感光单元(MOS 电容)会存储入射到该单元的光流量，整个二维阵列将入射图像转换成一个具有有限像素的电荷图像. 这就是 CCD 器件成像的基本原理. 之后的工作就是如何将图像信号传输出去.

CCD 器件的基本结构如图 9.20(a)所示，首先在 p 型硅衬底片上生长 SiO_2 层，然后在 SiO_2 层上形成间隔排列电极，每个电极与其下方的氧化层和半导体构成了 MOS 电容结构，光线可以穿过电极进入到半导体中. 为了完成电荷图像的转移需要借助外加连续的时序脉冲电压，每个电极上可外加“高”和“低”两个电压值，通过不同电极上高低电压的不同组合可完成电荷转移功能，图 9.20 给出了三相 CCD 工作情况.

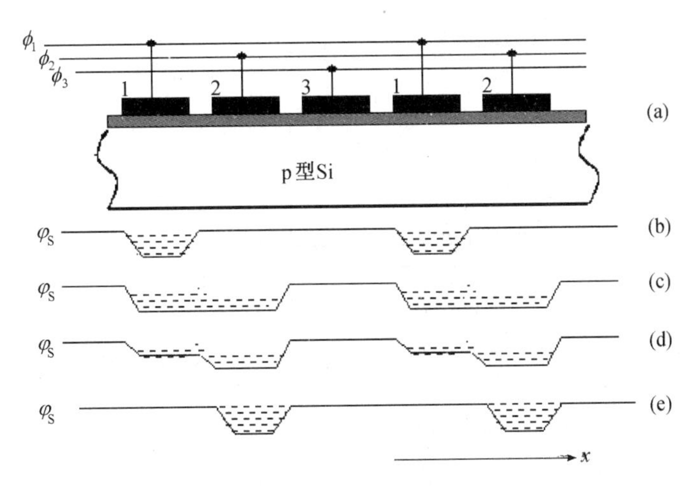

图 9.20　三相 CCD 电荷传输情况：(a)MOS 结构示意图；(b)～(e) 不同时序脉冲电压下表面电势分布和电荷转移情况

图 9.20(b)给出了 ϕ_1 为高电平、$\phi_2=\phi_3$ 为低电平条件下表面电势和电荷分布的情况. 此时标注为 1 的电极下出现深耗尽层，能够俘获入射光产生的电子，其俘获电荷量与光子数目成正比. 从图 9.20(c)到(e)，器件处于电荷转移状态. 在图 9.20(c)中，$\phi_1=\phi_2$ 为高电平，ϕ_3 为低电平，电极 1 下俘获的电子会流向电极 2 下的势阱中；在图 9.20(d)中，ϕ_1 从高电平降到低电平，ϕ_2 为高电平，ϕ_3 为低电平，电极 1 下的过剩电荷会逐步进入电极 2 下的势阱；图 9.20(e)中 ϕ_1 为低电平，ϕ_2 为高电平，ϕ_3 为低电平的电荷分布情况，显示出电极 1 下所有电荷全部进入到电极 2 的势阱中. 类似地重复上面的时钟信号，电极 2 下的电荷会进入到电极 3 中. 最后俘获的电荷会沿着图中的 x 方向直到 CCD 的输出端，完成电荷的转移过程.

这里给出的是三相电荷传输过程，实际的器件结构还会采用不同的电极结构和时钟脉冲序列，根据所加脉冲电压的相数分类，CCD 器件可有二相系统、三相和四相系统.

2. 电荷耦合摄像器件

电荷耦合摄像器件是一种集光电转换、信号存储、信号传输(自扫描)以及输出于一体的半导体非平衡功能器件，具有体积小、重量轻、电压低、功耗小、抗冲击、耐振动、抗电磁干扰、寿命长、图像畸变小、无残像等优点.

电荷耦合摄像器件可分为线阵和面阵两类,他们主要由信号输入、信号电荷转移和信号输出三部分组成.下面以面型帧转移摄像器件为例,介绍 CCD 器件的基本结构,如图 9.21 所示.

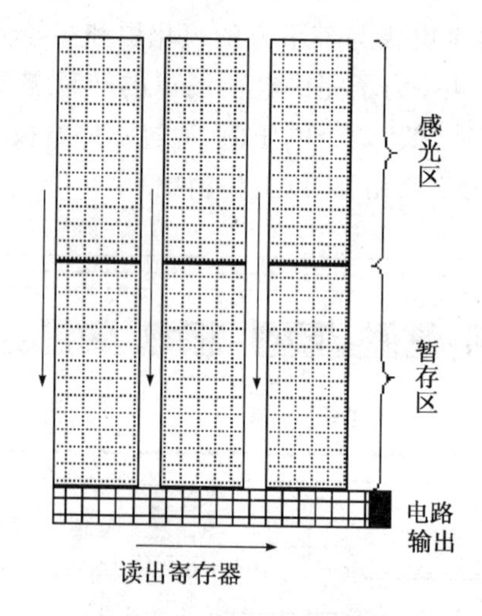

图 9.21 典型的 CCD 面型摄像器件的结构示意图

CCD 器件工作时,首先由光学系统把景物聚焦在器件的感光区,感光阵列存储了一个与光强成正比的电荷图像.随着时间的增加,积累电荷越来越多,这就是光电转换和存储过程.然后器件进入电荷转移过程,以一定方式给不同的栅极加时钟脉冲,使电荷按一定的顺序转移,先是电荷的垂直转移过程,电荷以列的方式进入暂存区,然后为电荷的水平转移过程,通过读出寄存器,将暂存区中的每行电荷从输出端输出,从而实现把图像转变为视频信号的过程.

CCD 器件的一个很大特点是输出的信号与入射光照度呈线性关系,因此非常适合用作摄像器件.另外 CCD 是非稳态工作器件,光生载流子可以存储在 MOS 电容的深耗尽层中.但在实际的工作过程中,由于热激发产生的少数载流子也会进入到深耗尽层中,因此即使没有光照和电注入,也存在不希望有的暗电流,该电流是评价 CCD 摄像器件的重要指标,尤其在整个摄像区域不均匀时更是如此.CCD 摄像器件是一种低噪声器件,因此可用于微光成像.CCD 摄像器件的噪声主要是由转移损失、SiO_2-Si 的界面态和预放器中的热噪声、信号电流中的杂散噪声及外加脉冲所引起.CCD 摄像器件的最高分辨率由水平和垂直方向的像素总数决定,另外分辨率还受到传输效率的影响,传输效率越高,分辨率也越高.

1970 年发明了第一个电荷耦合器件,由于该器件具有工艺简单、工作速度快、功耗低和集成度高等优点,得到了很大的发展.特别是在摄像传感器方面,CCD 器件已开始取得主导地位,它可以取代广播电视、安全控制、工业监控、传真发射、交通控制、电视电话、卡片阅读等装置中较为复杂的光导摄像管.CCD 器件也可用于微光摄像、测量、跟踪指导、粒子探测以及其他测量场合. 另外,目前已经采用 Ge 及其他红外敏感材料作为衬底材料,发展了 CCD 红外摄像阵列,这种红外 CCD 成像传感器主要应用于军事、地球资源勘察以及其他红外探测应用中.

9.5 半导体太阳能电池

与上面介绍的半导体光电器件不同,太阳能电池无需外加电压,可直接将光能转换成电能,并驱动负载工作. 太阳能电池的工作机理是光生伏特效应,即吸收光辐射而产生电动势. 1839 年贝克里尔(Becqürel)首次在液体中发现这种效应,他观察到插在电解液中两电极间的电压随光照强度变化的现象. 1876 年在固体硒中,弗里兹(Fritts)也观察到这种效应. 1954 年第一个实用的半导体硅 pn 结太阳能电池问世. 半导体太阳能电池的优点是效率高、寿命长、重量轻、性能可靠,维护简单、使用方便. 长期以来,半导体太阳能电池一直用作卫星和太空船的长期电源,也可用来为小电器(计算器)、热水器和照明等应用提供能源.

由于太阳能电池能够以较高的转换效率将几乎是取之不尽的太阳光能直接转换为电能,提供几乎是永久性的动力,而且还不会造成任何污染,因此它是地球上新型能源的最重要候选者. 但是目前太阳能电池的成本还较高,大规模的应用还受到一定限制. 但太阳能电池在空间、海洋以及地面应用中都得到了广泛的重视,特别是在卫星等领域中已经得到了广泛的应用.

9.5.1 光生伏特效应

图 9.22 显示了一个外接负载电阻的 pn 结电路. 即使没有外加电压,图中 pn 结空间电荷区依然存在一个内建电场. 入射光子进入到空间电荷区时,会产生电子-空穴对. 这些光生电子(空穴)会在内建电场的作用下进入到 n 型(p 型)区,形成光生电流 I_L,该电流与 pn 结反向偏置电流方向一致.

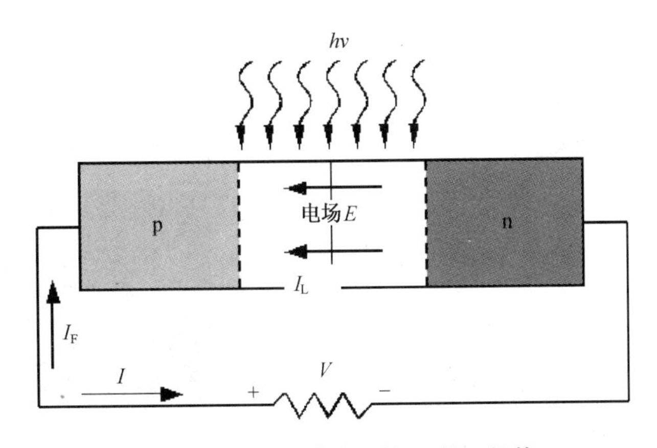

图 9.22 外接负载电阻的 pn 结二极管

光生电流会流过负载电阻，从而产生一个电压降，而该电压降反过来会令 pn 结正向偏置，导致一个正向电流 I_F，如图 9.22 所示. pn 结的反向总电流为：

$$I = I_L - I_F = I_L - I_S\left[\exp\left(\frac{eV}{kT}\right) - 1\right] \tag{9.16}$$

其中 I_S 为二极管的反向电流，这里采用了理想二极管的电流公式. 当二极管正向偏置时，二极管空间电荷区的内建电场下降，但不会出现电场变为零或方向反转的情况，光生电流一直与二极管反向电流的方向一致，太阳能电池的总电流也与光生电流的方向相同.

值得注意的是，图 9.22 中的电路存在着两种极限情况. 第一种是外接电路短路的情况，即 $R=0$，则电压 $V=0$. 此时的电流为短路电流：

$$I = I_{SC} = I_L \tag{9.17}$$

第二种极限情况为开路状态，即 $R\to\infty$. 电路的总电流为零，二极管两端的电压降为开路电压. 此时的光生电流与二极管正向电流相抵消，得到：

$$I = 0 = I_L - I_S\left[\exp\left(\frac{eV_{oc}}{kT}\right) - 1\right] \tag{9.18}$$

则开路电压 V_{oc} 为：

$$V_{oc} = V_t \ln\left(1 + \frac{I_L}{I_S}\right) \tag{9.19}$$

图 9.23 给出了由公式(9.16)计算得到的二极管电流 I 随二极管电压 V 的变化关系曲线.

现在来分析负载上的功率，

$$P = I \cdot V = I_L \cdot V - I_S\left[\exp\left(\frac{eV}{kT}\right) - 1\right] \cdot V \tag{9.20}$$

为了得到最大功率，可以令公式(9.20)的导数为零，即 $dP/dV=0$，根据该条件并利用迭代方法可以确定出对应于最大功率的 V_m 值，图 9.24 给出了最大功率时的矩形面积，I_m 为 $V=V_m$ 对应的电流.

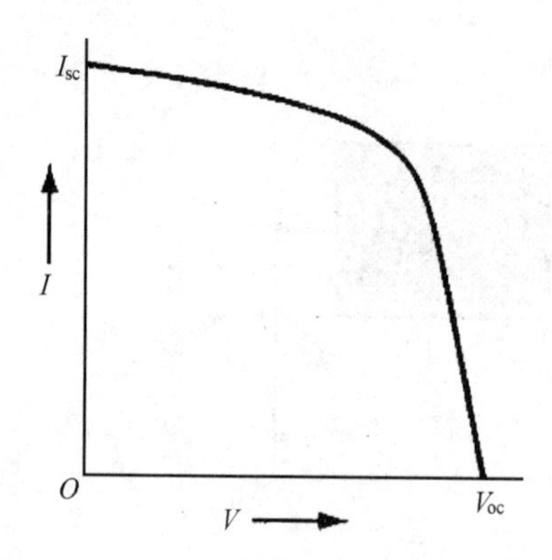

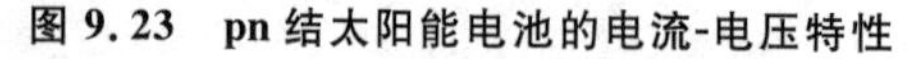
图 9.23　pn 结太阳能电池的电流-电压特性

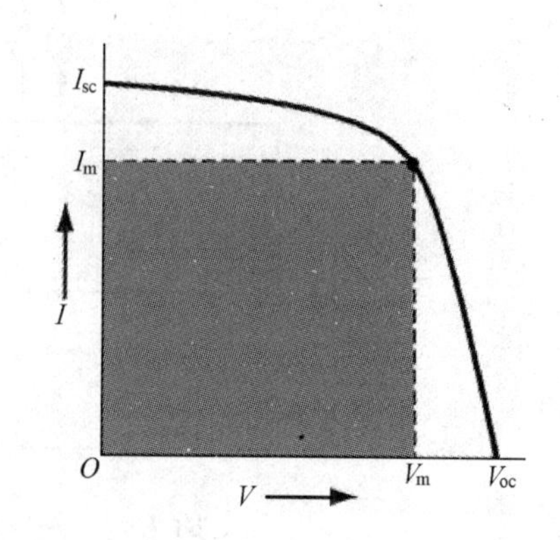

图 9.24　太阳能电池 *IV* 特性中对应的最大功率面积

9.5.2　光电转换效率

太阳能电池转换效率的定义为输出电能与入射光能的比率. 在最大功率输出的情况下，有：

$$\eta = \frac{P_m}{P_{in}} \times 100\% = \frac{I_m V_m}{P_{in}} \times 100\% \tag{9.21}$$

在太阳能电池的极限情况下，最大电流和电压分别为 I_{sc} 和 V_{oc}，则 $I_m V_m / I_{sc} V_{oc}$ 的比值为提取因子，是用来衡量太阳能电池中可用能量的参数. 典型的提取因子值在 0.7 到 0.8 之间.

当太阳光照射在太阳能电池上时，能量小于禁带宽度 E_g 的光子不能被吸收. 只有能量大于 E_g 的光子才可能对太阳能电池的输出功率有贡献，但其中依然有部分能量大于 E_g 的光子以热的形式被消耗掉. 首先定义光谱辐照度为单位波长单位面积的辐射能量，图 9.25 给出了太阳光谱辐照度的情况.

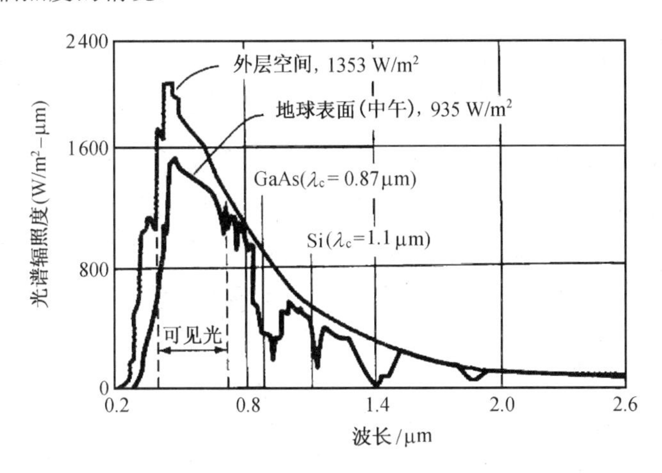

图 9.25　太阳的光谱辐照度

硅 pn 结太阳能电池的最大转换效率约为 28%，考虑到非理想因素，如串联电阻和半导体表面反射等，转换效率会降低，典型值通常在 10%～15%之间.

为了提高电池的输出能量，可利用一个大的光学透镜将太阳光聚焦到太阳能电池上，这样能够将入射光强提高到上百倍. 虽然短路电流可以随光强线性增加，但开路电压随光强只是略微增加. 图 9.26 给出了 300 K 温度时不同太阳光强下理想太阳能电池的转换效率. 从该图中可以看出转换效率只是随光强增加而略微提高. 那么采用光学透镜提高入射光强度的方法的主要优势是可以减少太阳能电池的面积，从而降低系统的整体费用.

已知半导体中光子的吸收系数与光子能量(或波长)有很大关系. 图 9.27 给出了不同半导体中吸收系数和入射光波长的关系. 而且随着吸收系数的增加，会有更多的光子在半导体表面附近被吸收，因此，在太阳能电池中过剩载流子均匀产生的假设是不成立的.

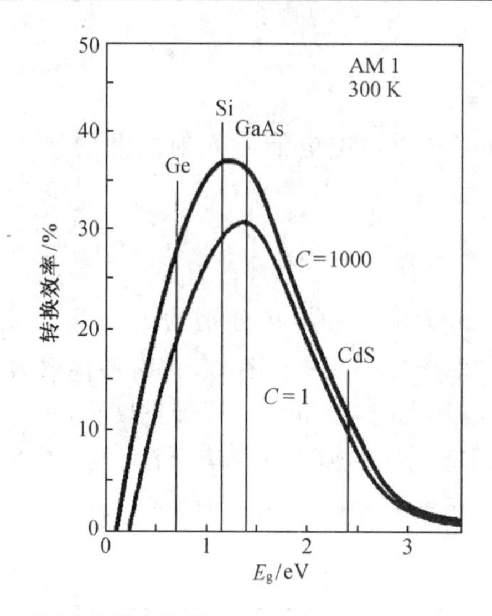

图 9.26　不同太阳光照强度下($C=1$ 和 $C=1000$),$T=300$ K 时太阳能电池的理想转换效率与禁带宽度的关系

目前的太阳能电池基本上都是采用大面积的 pn 结制造而成,其主要材料是硅、GaAs 等.衡量太阳能电池的一个重要指标是电池转换效率,室温下影响该效率的主要因素为:器件表面对太阳光的反射、pn 结漏电流和寄生串联电阻等.为了提高转换效率,可以采用异质结太阳能电池,它是由不同禁带宽度的半导体材料组成的,GaAs/AlGaAs 异质结太阳能电池的转换效率已经可以达到 24%以上.

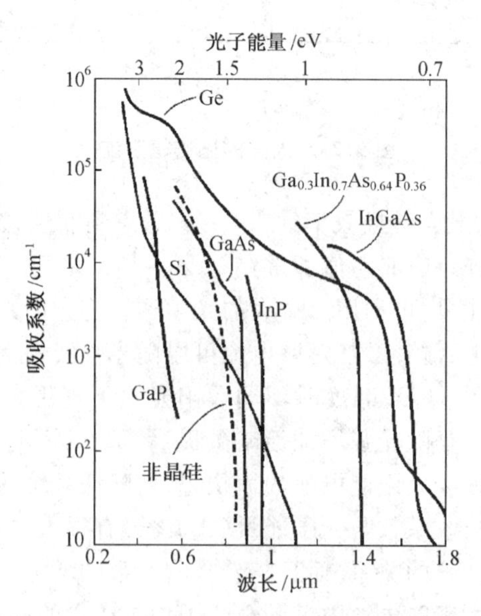

图 9.27　不同半导体中吸收系数和波长的关系

9.5.3　异质结和非晶硅太阳能电池

上面已经提到，两种不同禁带宽度的半导体可制成异质结太阳能电池. 图 9.28 给出了一个典型的异质 pn 结的能带图，当有光子入射时，由于能量小于 E_{gN} 的光子可以直接穿过宽禁带材料，其中能量大于 E_{gP} 的光子在窄禁带材料中被吸收，这时宽禁带材料起到透射窗口的作用，允许更多的光子进入到窄禁带材料中. 总体上看，耗尽层中和结附近一个扩散长度内产生的过剩载流子可以被电场收集，导致光生电流. 如果 E_{gN} 足够大，会有更多的高能光子在窄禁带半导体的空间电荷区中被吸收，因此相对于同质结太阳能电池来说，异质结太阳能电池具有更好的特性，特别是在短波长范围内.

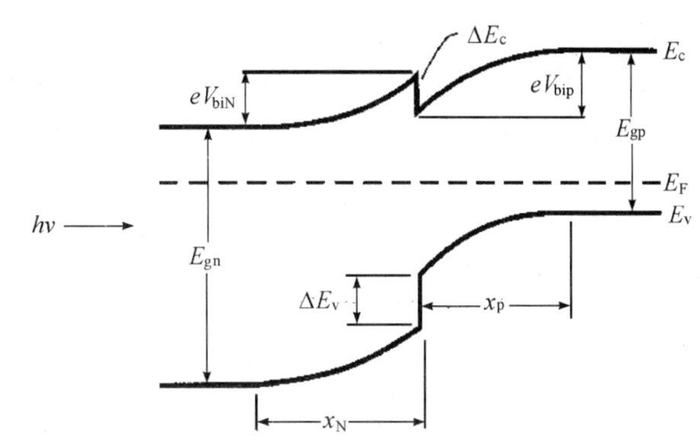

图 9.28　热平衡状态 pn 异质结的能带图

图 9.29 给出了另一种结构的异质结. 首先制备一个同质 pn 结，随后在上面生长一层宽禁带材料. 能量 $h\nu < E_{g1}$ 的光子可以穿过宽禁带半导体层，该层宽禁带半导体起到透射窗口的作用. 而 $E_{g2} < h\nu < E_{g1}$ 的光子可以在同质结中产生过剩载流子. 如果窄禁带材料的吸收系数较高，那么产生的所有过剩载流子几乎都会位于结附近一个扩散长度内，因此器件的转换效率非常高. 图 9.29 也给出了 $Al_xGa1_{1-x}As$ 的归一化光谱响应随摩尔比例 x 的变化关系.

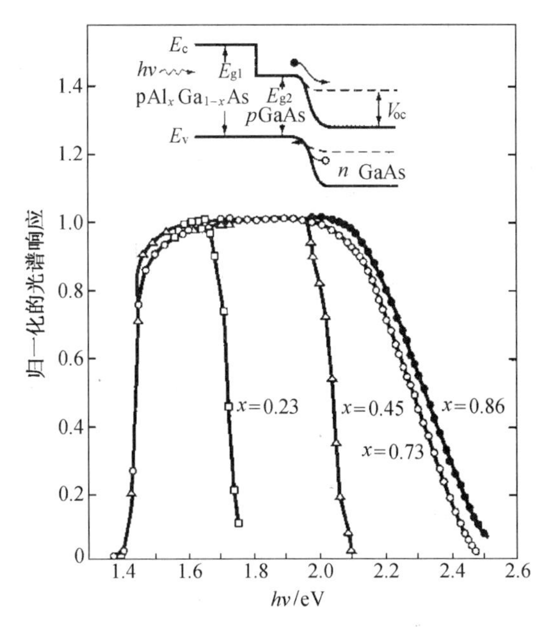

图 9.29　不同组分的 AlGaAs/GaAs 太阳能电池的归一化光谱响应情况

单晶体硅太阳能电池非常昂贵，而且由于制备工艺困难，其尺寸大小通常被限制在直径 15 厘米左右. 而太阳能驱动的系统通常需要面积非常大的太阳能电池阵列以产生出足够的能量. 非晶硅太阳能电池为制造大面积和相对便宜的太阳能电池系统提供了可能性.

如果采用 CVD 技术，当硅的淀积温度低于 600℃时，会形成非晶硅，并且与其衬底材料没有关系. 在非晶硅中，其原子有序距离非常短，在长程范围内表现为无序状态，观察不到晶体结构. 在非晶硅制备中需要加入氢以减少悬挂键，这样生成的材料通常称为氢化非晶硅.

非晶硅具有非常高的光吸收系数，因此大部分的太阳光在离表面 1 μm 范围内被吸收掉，这样只需很薄的非晶硅就可以制备出太阳能电池. 典型的非晶硅太阳能电池为一个 PIN 器件，如图 9.30 所示. 将非晶硅淀积在可透光的锡化铟氧化层上，其下还有一层玻璃作衬底. 如果采用铝作为背部接触，铝膜可以将穿透过器件的光子反射回器件中. n^+ 和 p^+ 区非常薄，而本征区的厚度可达到 0.5 到 1.0 μm 范围之间. 图 9.30 中给出了热平衡状态下器件的能带图，本征区域产生的过剩电子和空穴在电场的作用下相互分离，并导致光生电流.

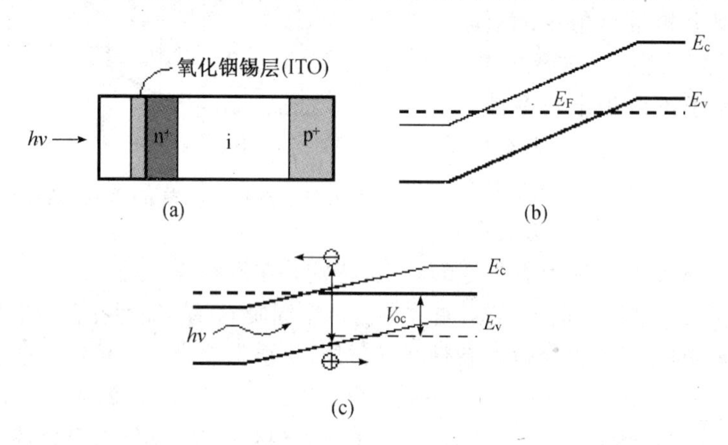

图 9.30　一个非晶硅 PIN 太阳能电池(a)器件横截面，(b)热平衡状态下的能带图，(c)光照下的能带图

虽然非晶硅的能量转换系数不如单晶硅高，但由于非晶硅太阳能电池具有制作工艺简单、成本低廉的优点，已引起了人们的普遍重视. 目前已经制备出大约 40 cm 宽、几米长的非晶硅太阳能电池，并且有些非晶硅太阳能电池还可以卷起来，使用非常方便. 因此利用非晶硅制作太阳能电池具有非常广阔的应用前景.

参考文献

[1] Sze, S. M. , "Physics of Semiconductor Devices", 2nd ed. , New York: Wiley, 1981.

[2] 施敏主编，刘晓彦，贾霖，康晋锋译."现代半导体器件物理". 北京科学出版社，2001.

[3] E. H. Nicollian, J. R. Brews, "MOS (metal oxide semiconductor) physics and technology", New York: Wiley, 1982.

[4] Robert F. Pierret, "Semiconductor device fundamentals", Reading, Mass: Addison-Wesley, 1996.

[5] Shyh Wang, "Fundamentals of semiconductor theory and device physics", Englewood Cliffs, N. J. : Prentice Hall, 1989.

[6] Dieter K. Schroder, "Semiconductor material and device characterization", 2nd ed. , New York : Wiley, 1998.

[7] Gerhard Lutz, "Semiconductor radiation detectors : device physics", Berlin; New York: Springer, 1999.

[8] David J. Roulston, "An introduction to the physics of semiconductor devices", New York:Oxford University Press, 1999.

[9] Michael Shur, "Physics of semiconductor devices", Englewood Cliffs, N. J. :Prentice Hall, 1990.

[10] Jasprit Singh, "Optoelectronics : an introduction to materials and devices", New York : McGraw-Hill, 1996.

[11] S. O. Kasap, "Optoelectronics and photonics : principles and practices", Beijing : Pub. House of Electronics Industry, 2003.

[12] Ajoy Ghatak and K. Thyagarajan, "Optical electronics", Cambridge : Cambridge University Press, 1989.

[13] Carlson, D. E. "Amorphous Silicon Solar Cells", IEEE Transactions on Electron Devices ED-24, 1977, pp. 449～53.

[14] MacMillan, H. F. , H. C. Hamaker, F. F. Virshup, and J. G. Werthen, "Multijunction Ⅲ-Ⅴ Solar Cells: Recent and Projected Results", Twentieth IEEE Photovoltaic Specialists Conference, 1988, pp. 38～43.

[15] Fedor T. Vasko, Alex V. Kuznetsov, "Electronic states and optical transitions in semiconductor heterostructures", New York : Springer, 1999.

[16] Gerold W. Neudeck, "The bipolar junction transistor", 2nd ed. , Reading, Mass. :Addison-Wesley, 1989.

第十章　微机电系统

10.1　微机电系统的基本概念

微电子技术的巨大成功在许多领域引发了一场微小型化革命,以加工微米/纳米结构和系统为目的的微米/纳米技术(Micro/Nano Technology)在此背景下应运而生.一方面人们利用物理化学方法将原子和分子组装起来,形成具有一定功能的微米/纳米结构;另一方面人们利用精细加工手段加工出微米/纳米级结构.前者导致了纳米生物学、纳米化学等边缘学科的产生,后者则在小型机械制造领域开始了一场新的革命,导致了微电子机械系统(Micro-Electro-Mechanical Systems,简称 MEMS)的出现.

MEMS 将电子系统和外部世界有机联系起来,它不仅可以感受运动、光、声、热、磁等自然界信号,将这些信号转换成电子系统可以认识的电信号,而且还可以通过电子系统控制这些信号.从广义上讲,MEMS 是指集微型传感器、微型执行器以及信号处理和控制电路、接口电路、通信和电源于一体的微型机电系统.MEMS 在航空、航天、汽车工业、生物学、医学、信息通信、环境监控、军事以及日常用品等领域都有着十分广阔的应用前景.

MEMS 主要包含微型传感器、执行器和相应的处理电路三部分,图 10.1 给出了一个典型的 MEMS 系统与外部世界相互作用的示意图.作为输入信号的自然界各种信息首先通过传感器转换成电信号,经过信号处理以后(模拟/数字)再通过微执行器对外部世界发生作用.传感器可以把能量从一种形式转化为另一种形式,从而将现实世界的信号(如热、运动等信号)转化为系统可以处理的信号(如电信号).执行器则根据信号处理电路发出的指令自动完成人们所需要的操作.信号处理器则可以进行信号转换、放大和计算等处理.图 10.2 为 Analog 公司研制的集成微加速度传感器和处理电路的芯片照片.

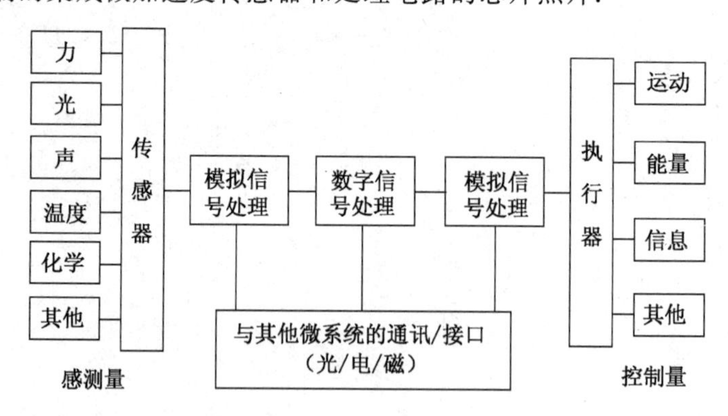

图 10.1　典型的 MEMS 系统与外部世界的相互作用示意图

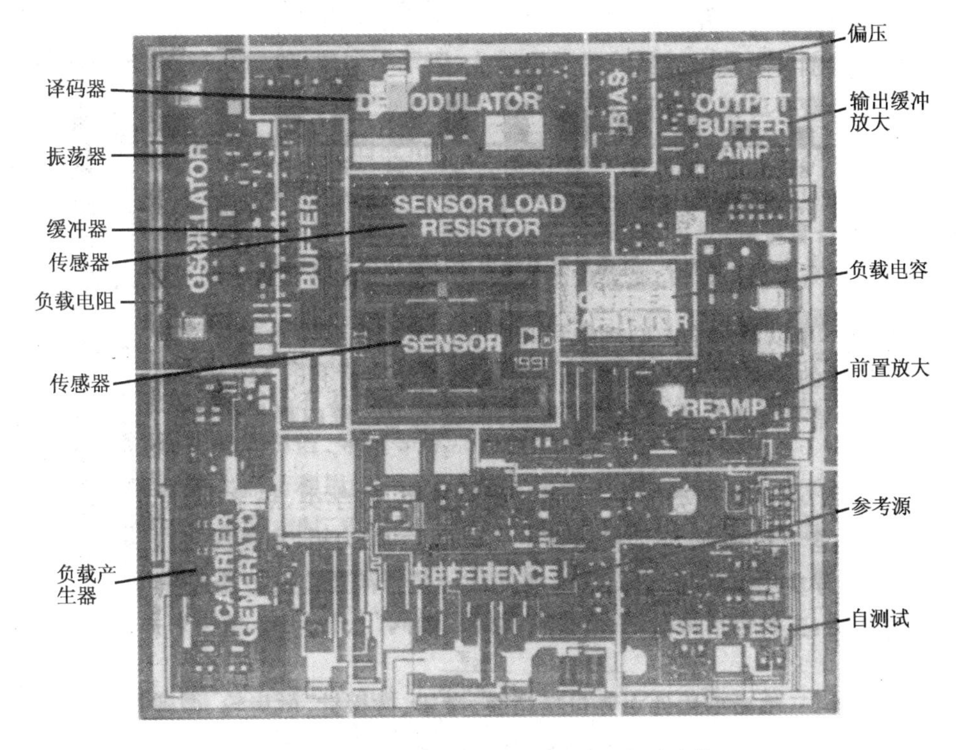

图 10.2　Analog 公司研制的集成了加速度传感器和处理电路的芯片照片

MEMS 技术的目标是通过系统的微型化、集成化来探索具有新原理、新功能的元件和系统. MEMS 技术开辟了一个全新的领域和产业. 它们不仅可以降低机电系统的成本，而且还可以完成许多大尺寸机电系统无法完成的任务. 例如尖端直径为 5 μm 的微型镊子可以夹起一个红细胞，可以在磁场中飞行的像蝴蝶大小的飞机等.

目前已经制造出了微型加速度计、微型陀螺、压力传感器、气体传感器、生物传感器等多种类型的 MEMS 产品，其中一些已经商品化. 图 10.3 给出了硅微机械电子系统市场的增长情况及其预测. 可见，其增长速度非常之快，并且目前正在处在加速发展时期.

MEMS 技术是一种典型的多学科交叉的前沿性研究领域，它几乎涉及到自然与工程科学的所有领域，如电子技术、机械技术、物理学、化学、生物医学、材料科学、能源科学等. 正因为如此，与 MEMS 技术有关的研究领域很多，其中主要有以下几部分：

(1) 理论基础：随着 MEMS 尺寸的缩小，有些宏观的物理特性发生了改变，很多原来的理论基础都会不太适用，需要考虑新的效应，如力的尺寸效应、微结构的表面效应、微观摩擦机理等，因此需要研究微动力学、微流体力学、微热力学、微摩擦学、微光学、微结构学等.

(2) 技术基础：为了制作各种 MEMS 系统，需要开发、研究许多新的设计、工艺加工（比如高深宽比多层微结构）、微装配工艺、微系统的测量等技术.

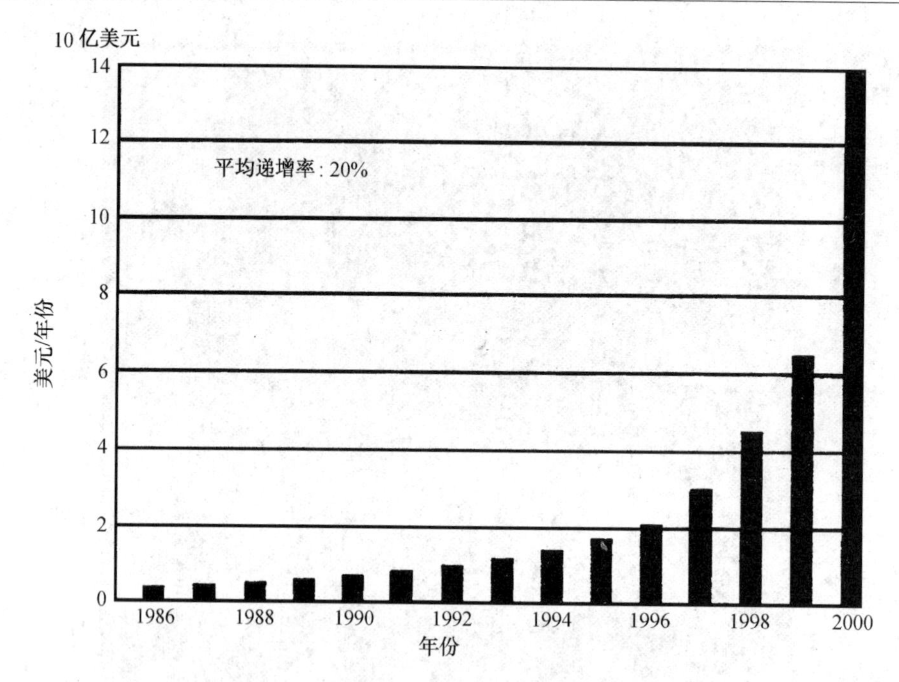

图 10.3 硅微机械传感器市场增长情况

(3) 应用研究:如何应用这些 MEMS 系统也是一门非常重要的学问.人们不仅要开发各种制造 MEMS 的技术,更重要的是如何将 MEMS 器件用于实际系统,并从中受益.目前可以预见的应用领域包括汽车、航空航天、信息通信、生物化学、医疗、自动控制、消费品及国防等.

微机电系统将微电子技术和精密机械加工技术融合在一起,实现了微电子与机械融为一体的系统.由于 MEMS 器件和系统具有体积小、重量轻、功耗低、成本低、可靠性高、性能优异、功能强大、可以批量生产等传统传感器无法比拟的优点,MEMS 在航空、航天、汽车、生物医学、环境监控、军事以及几乎人们接触到的所有领域中都有着十分广阔的应用前景.正因为如此,MEMS 器件的种类极为繁杂,几乎没有人可以列出所有的 MEMS 器件.根据目前的研究情况,除了进行信号处理的集成电路部件以外,微机电系统内部包含的单元主要有以下几大类:

(1) 微传感器:传感器种类很多,主要包括机械类、磁学类、热学类、化学类、生物学类等,每一类中又包含有很多种.例如机械类中又包括力学、力矩、加速度、速度、角速度(陀螺)、位置、流量传感器等,化学类中又包括气体成分、湿度、PH 值和离子浓度传感器等.

(2) 微执行器:主要包括微马达、微泵、微阀门、微开关、微喷射器、微扬声器、微谐振器等.

(3) 微型构件:三维微型构件主要包括微膜、微梁、微探针、微弹簧、微腔、微沟道、微锥体、微轴、微连杆等.

(4) 微机械光学器件:即利用MEMS技术制作的光学元件及器件,由于利用MEMS技术可以很方便地制作驱动装置,因此制作可动光学器件是自然而然的事. 目前制备出的微光学器件主要有微镜阵列、微光扫描器、微光阀、微斩光器、微干涉仪、微光开关、微可变光衰减器、微可变焦透镜、微外腔激光器(即微可调激光器)、微滤波器、微光栅、光编码器等.

(5) 真空微电子器件:它是微电子技术、MEMS技术和真空电子学发展的产物,它是一种基于真空电子输运器件的新技术,它采用已有的微细加工工艺在芯片上制造集成化的微型真空电子管或真空集成电路. 它主要由场致发射阵列阴极、阳极、两电极之间的绝缘层和真空微腔组成. 由于电子输运是在真空中进行的,因此具有极快的开关速度、非常好的抗辐照能力和极佳的温度特性. 目前研究较多的真空微电子器件主要包括场发射显示器、场发射照明器件、真空微电子毫米波器件、真空微电子传感器等.

(6) 电力电子器件:主要包括利用MEMS技术制作的垂直导电型MOS(VMOS)器件、V型槽垂直导电型MOS(VVMOS)器件等各类高压大电流器件.

下面将首先简单介绍几种典型的MEMS器件的原理、结构及其用途,使大家对MEMS有一个大概的认识,然后再介绍常用的MEMS加工工艺.

10.2 几种重要的MEMS器件

10.2.1 微加速度计(Micro-Accelerometer)

加速度计是应用十分广泛的惯性传感器件之一,它的理论基础实际上就是牛顿第二定律. 根据基本的物理原理,在一个系统内部,速度是无法直接测量的,但却可以测量其加速度. 如果初速度已知,就可以通过积分计算出线速度,进而可以计算出直线位移. 结合陀螺仪(下面将讨论),就可以对物体精确定位. 根据这一原理,人们很早就利用加速度计和陀螺进行轮船、飞机和航天器的导航. 近些年来,人们又把这项技术用于汽车的自动驾驶和导弹的制导. 汽车工业的迅速发展又给加速度计找到了新的应用领域. 汽车的防撞气囊(Air Bag)就是利用加速度计来控制的. 当汽车发生强烈撞击时,将产生很大的加速度($\approx 50g$),加速度计感受到该加速度,发出电信号给控制系统,使气囊迅速弹出,保护乘车人的安全. 另外,加速度计还可以感受汽车的颠簸,进而通过调节汽车的悬挂系统,使汽车更加平稳舒适. 由于汽车的产量非常大,这两种用途的加速度计有着广阔的市场. 目前已经有许多公司生产的硅微机械加速度计广泛用于高中档汽车上. 随着其成本的降低,在中低档汽车上也将被采用. 加速度计在汽车上的应用只是它的一个方面,除此之外,它还有着极其广泛的应用,例如安全保障系统、玩具、智能炮弹引信、导航等.

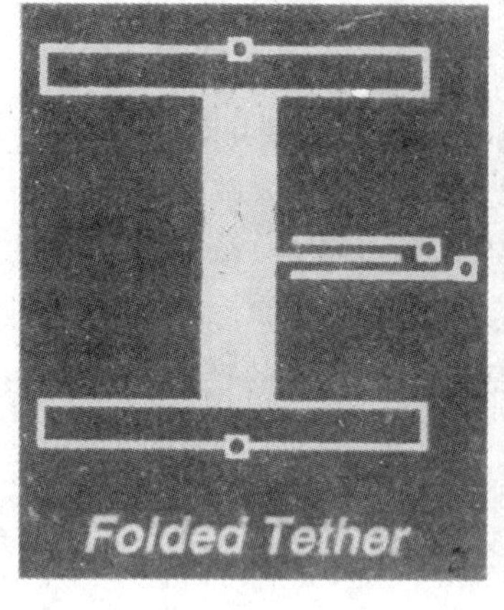

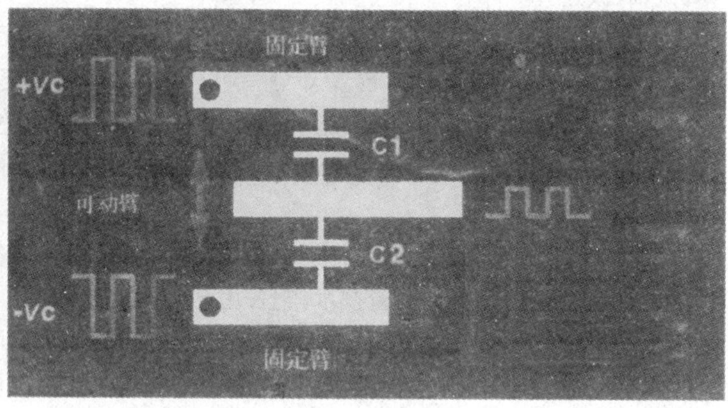

图 10.4　加速度计的原理图

绝大多数的加速度计都是利用图 10.4 所示的质量块-弹簧-阻尼器系统来感应加速度. 当整个系统感受到外界的加速度 a 时,质量块上相当于加载了大小为-ma 的力,拉动质量块沿加速度相反的方向运动,引起悬臂之间电容的变化. 运动的距离与输入信号、输出信号之间的关系为:

$$V_o = \frac{C_1 - C_2}{C_1 + C_2} V_c = \frac{\dfrac{\varepsilon_0 \varepsilon}{d - x} - \dfrac{\varepsilon_0 \varepsilon}{d + x}}{\dfrac{\varepsilon_0 \varepsilon}{d - x} + \dfrac{\varepsilon_0 \varepsilon}{d + x}} V_c = \frac{x}{d} V_c \tag{10.1}$$

其中 V_c 为输入信号,V_o 为输出信号,C_1、C_2 是固定臂和悬臂之间的电容,x 是悬臂的位移,d 是没有加速度时固定臂和悬臂之间的距离. 根据力学原理,质量块的运动学方程为:

$$kx = -ma \tag{10.2}$$

k 为阻尼系数,m 为质量块的质量. 这样可以得到加速度为:

$$a = \frac{kx}{m} = \frac{kdV_o}{mV_c} \tag{10.3}$$

因此通过测量输入信号、输出信号可以得到加速度.

以前的加速度计都是利用传统的机械加工方法制造的. 这种加速度计体积大,分量重,应用场合受到很大限制. MEMS 技术制造的微加速度计克服了这些缺点. 硅微加速度计可以利用体硅技术制造,也可以利用表面牺牲层技术制造. 利用体硅技术制造的加速度计的质量块比较大,精度较高,但由于加工技术与 IC 较难兼容,必须外加检测电路,因此成本较高,一般应用于军事或航天等相关领域. 而采用表面牺牲层技术制造的加速度计克服了这些不足,ADI 公司生产的 ADXL 系列产品便是一个成功的例子,它是一种全集成的电容检测加速度计,其原理如图 10.5 所示. 图 10.5(a)为静止时的情形,中间是悬浮质量块,上面的叉指作为中间极板,两端的细硅梁作为弹簧,在质量块两端各有一个定齿作为电容检测极板,静止时两侧电容相等. 当系统存在加速度时,质量块将产生与加速度方向相反的运动(见图10.5(b)),由于电容间隙的变化,使一侧电容变大,另一侧电容变小,通过检测差分电容的变化量,便可以测量出加速度. 在实际使用中,可以通过施加静电力进行反馈,提高线性度和加大检测范围. 芯片的机械部分如图 10.6 所示.

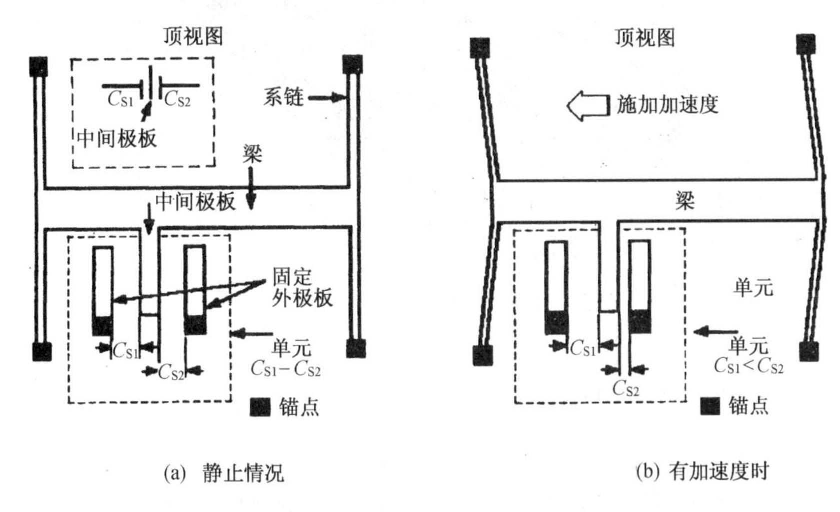

图 10.5　ADI 公司生产的表面加工加速度计原理示意图

图 10.6 所示的加速度计是一个横向加速度计,利用它可以检测平行于硅表面的某一个方向的加速度. 图 10.7 给出了一个垂直于衬底方向(Z 方向)的硅加速度计,利用它可以通过检测质量块与衬底电极之间的电容变化从而得到垂直于表面方向的纵向加速度. 将两个横向加速度计和一个纵向加速度计集成在一起,则可以得到三维加速度计.

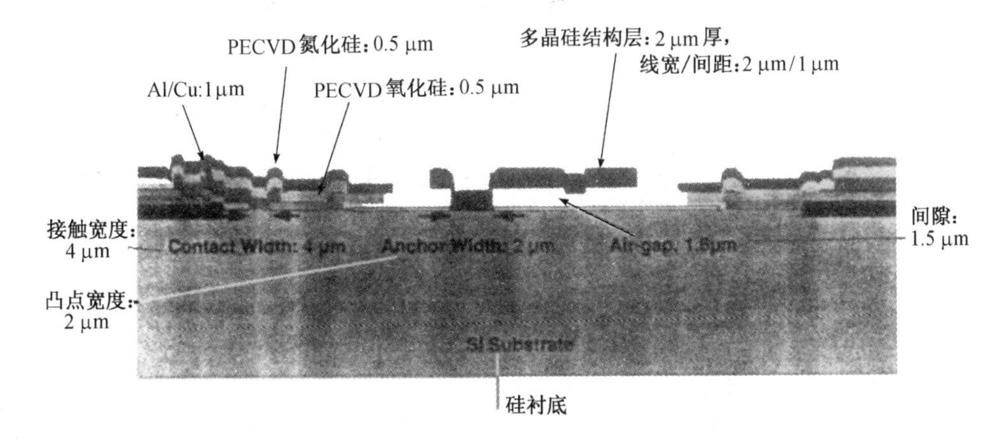

图 10.6　采用表面工艺得到的加速度计结构示意图

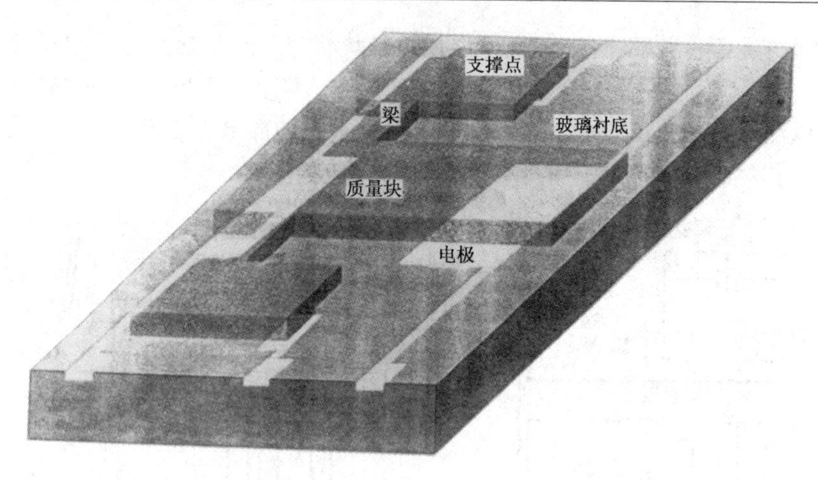

图 10.7 纵向(Z方向)硅加速度计的结构示意图

10.2.2 微陀螺(Micro-Gyroscope)

要确定一个物体的运动状态,除需要知道三个方向的线加速度外,还必须知道三个方向的角加速度,这就需要使用陀螺.陀螺除了与加速度计联合使用进行定位和导航外,还有一些独立的用途,比如安放在车轮中,在汽车刹车时感受其状态,防止打滑.

最初的陀螺是利用旋转物体的角动量守恒原理来测量角速度.由于用硅材料加工高速旋转的微结构比较困难,而且机械磨损会使寿命变短,因此这种原理的陀螺不适于在实际中应用.在 MEMS 技术中,一般采用振动式陀螺(Vibrating Gyro),主要包括振动弦式陀螺(Vibrating String Gyro)、音叉陀螺(Tuning Fork Gyro)和振动壳式陀螺(Vibrating Shell Gyro)等.这类陀螺利用的原理是一个振动体在感受垂直方向的转动时,将会受到科氏力的作用.

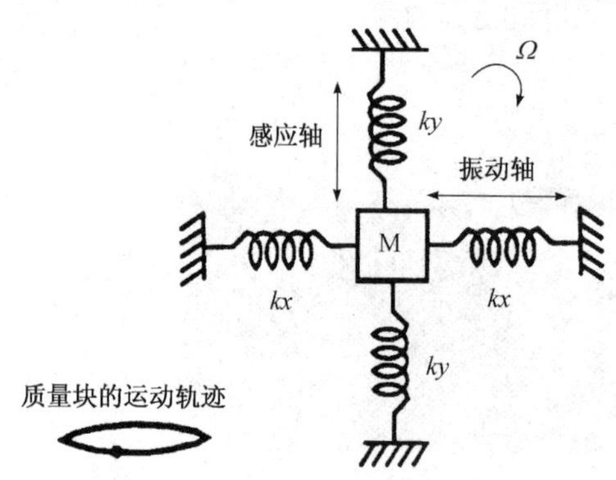

图 10.8 一维振动式陀螺的原理

图 10.8 表示了一个一维振动式陀螺的原理.该陀螺的振动方向和敏感方向轴在同一个平面内.在外界驱动下,质量块沿 x 轴振动,当系统受到垂直于平面方向的角速度时,由于科氏力的作用,质量块将沿 y 轴运动.两方向运动的合成将使质量块作椭圆运动.通过检测 y 方向的运动状况,可以求出角加速度的大小.假设质量块沿 x 方向的运动方程为:

$$x = A_x \sin\omega_x t \tag{10.4}$$

其中 A_x 为振幅,ω_x 为角频率.为了得到大的驱动振幅,应该取 ω_x 为系统沿 x 方向的谐振频率.在角速度 Ω 的作用下,质量块受到沿 y 方向的科氏力为:

$$F = 2mA_x\omega_x\Omega\cos\omega_x t \tag{10.5}$$

类似于加速度计,质量块沿 y 方向的运动方程为:

$$\frac{d^2y}{t^2} + \frac{\omega_y}{Q}\frac{dy}{dt} + {\omega_y}^2 y = \frac{F}{m} \tag{10.6}$$

其中,ω_y 为 y 方向的固有频率,Q 为品质因子.求解方程得到 y 方向的振幅为:

$$A_y = \frac{2\Omega A_x}{\omega_y\sqrt{\left[1-\left(\frac{\omega_x}{\omega_y}\right)^2\right]^2 + \frac{1}{Q^2}\left(\frac{\omega_x}{\omega_y}\right)^2}} \tag{10.7}$$

不难发现,为了得到更高的角速度敏感度,应该使驱动振幅和 Q 值尽可能地高,并使 x 方向和 y 方向的谐振频率尽量接近.

图 10.9 表示的是一个音叉陀螺的原理图.音叉的两个齿在音叉平面内作差模(反向)振动,当音叉感受到一个绕输入轴方向的角速度时,由于科氏力的作用,两个叉齿将垂直于轴作方向相反的运动,同时音叉的轴将受到一个扭转力矩.这样可以利用压阻或压电效应测量轴上的应力或检测两个叉齿对衬底的电容差求出角加速度.利用表面微机械工艺制成的陀螺一般都采用电容检测结构.图 10.10 给出了采用表面牺牲层工艺加工的音叉式陀螺的结构示意图.该陀螺带有两个谐振器结构,通过在谐振器上加载交变电压,驱动两个谐振器作沿 x 方向的差模振动.当有沿 y 方向的角速度输入时,两个谐振器将在科氏力的作用下产生沿 z 方向的反方向运动,通过检测谐振器与衬底上极板间的电容变化,即可解算出角加速度值.

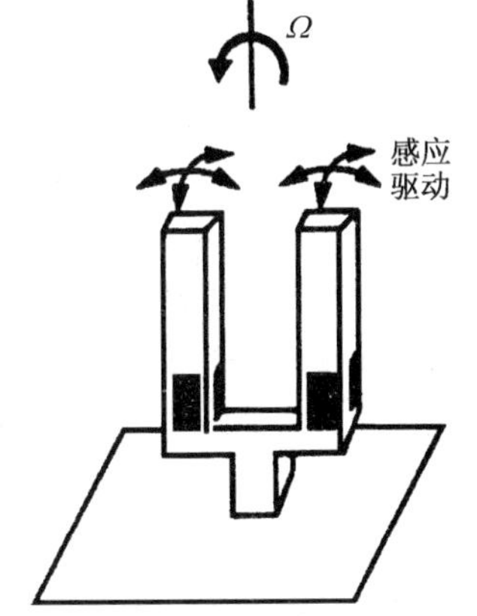

图 10.9　音叉式陀螺原理示意图

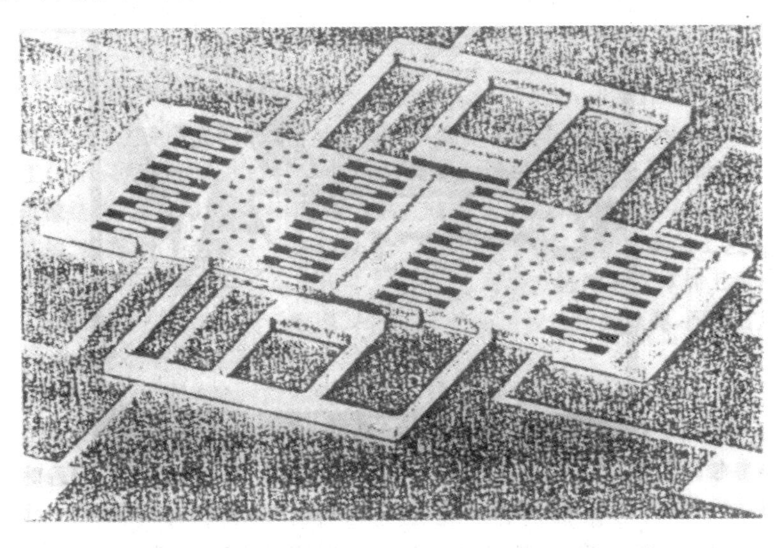

图 10.10　表面牺牲层工艺加工的音叉式陀螺结构示意图

10.2.3 MEMS光开关(MEMS Optical Switch)

MEMS光开关是一种通过静电、电磁或其他控制力使可动微镜发生机械运动,从而改变输入光的传播方向、实现开关功能的光器件. MEMS光开关本质上是一种全光开关,即它在路由及复原光传输信号时将始终保持信号的光形式,其性能也不依赖于传播光的波长、偏振性质、传输方向以及信号的传输速率、比特率、格式、协议、调制方式等,且在插损、扩展性上优于其他类型光开关,从而能相当好地满足光交叉连接的要求,最有可能成为光交叉连接用核心器件的主流. 应用MEMS光开关,可避免传统开关的光-电-光转换模式的不足,理论上可实现完全无阻碍的光交叉连接,即来自任何端口的光信号能够被无限制地连接到任何其他端口,还可实现光交叉连接的低插损(理想情况下为几个dB)、非常好的端口到端口的插损均匀性、低的偏振相关损耗(Polarization-Dependent Loss,简称PDL)以及好的串扰特性,还能够在整个工作波长范围内处理单模光纤中的光信号,特别是在1310纳米(nm)窗口,以及1530～1610 nm窗口中的C、L波段. 在全光网(All-Optical Network,简称AON)中,MEMS光开关及其阵列可用于构建:传输网交叉结点上的光交叉互连器(Optical Cross Connectors,简称OXC),光分插复用器(Optical Add/Drop Multipliers,简称OADM),长途传输网中的均衡器、发射功率限幅器,局域网中的监控保护开关、信道均衡器、增益均衡器,以及无源网中的调制器,等等. 在这些应用范围中,所需要的开关时间往往是在毫秒量级,这一技术要求是MEMS方法完全可以实现的. MEMS光开关不仅可用来建立与关断光交叉连接,还可用来进行网络修复. 有些MEMS光开关也可以具有锁存状态,即处于锁存的开关在没有能量供给时能够保持其状态,从而使得通过该开关的光交叉连接不受影响.

MEMS光开关阵列中单个开关部分的尺寸也使得MEMS方法具有格外的吸引力. 通常,一个MEMS光开关中微镜的直径只有半个毫米,大约是一个针头那么大. 假若微镜之间相距一个毫米的话,那么一个具有256个微镜的MEMS光开关阵列就能被制造在一个2.5厘米见方的硅片上. 也就是说,组成MEMS光开关阵列的一系列微镜的密度比一个电子开关中的等效元器件的密度高32倍. 又因为不需要对信号进行光电子转换处理,MEMS光开关的功耗将比电子开关的功耗减少100倍.

一般来讲,光交叉连接应用最感兴趣的MEMS光开关是自由空间三维微镜开关,这种MEMS光开关自身就能够为光交叉连接应用提供足够大的结构. 这种MEMS光开关的工作模式和规模是这样的:微镜在反馈控制系统的控制下,以模拟偏转方式构成光交叉连接,那么$2N$面微镜就可执行$N \times N$开关阵列的功能. 这种MEMS光开关的优点是,当把微镜排列成阵列形式时,没有什么困难就能进行结构扩展.

图10.11(a)显示了应用三维MEMS光开关阵列实现一种大规模光交叉连接的原理图. 如该图所示,可动微镜阵列与准直光纤阵列借助一面固定反射镜以形成无阻塞的交叉互联. 来自一根准直光纤的光线,经过一个透镜,进入自由空间,照射到镜阵中一个可绕相互垂直的两个转轴万向转动的微镜上. 该微镜将光线反射到固定反射镜,固定反射镜再将光线反

射到镜阵中另一个转动性能完全相同的微镜上.后者通过调整其转角,把光线传送到接收光纤中.虽然准直光纤阵列中的每一根光纤只能够向镜阵中对应的微镜输出光线,或只能够从镜阵中对应的微镜输入光线,但是,由于微镜的转角可以无限调节,因此,镜阵中被光线照射到的微镜可以将光线反射到镜阵中的任何微镜上,这样就实现了完全无阻塞的交叉连接.应用这种实现光交叉连接的结构原理,输入光纤到输出光纤的信号插损可低到0.7dB,并且该插损值与开关构造中光线的路径关系不大.图10.11(b)和(c)分别示出了一种三维空间万向转动微镜和一种三维MEMS光开关阵列.

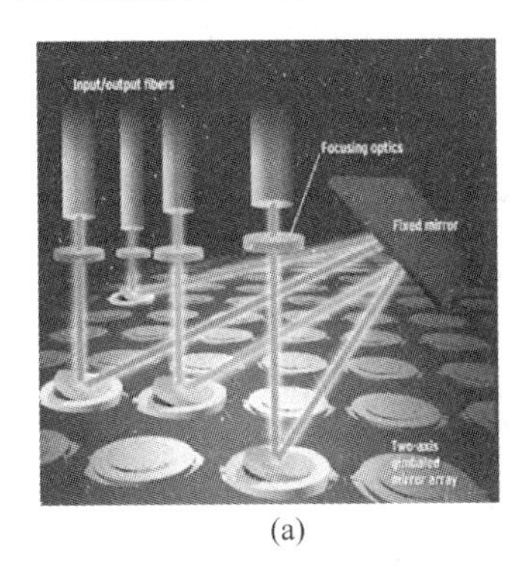

(a)

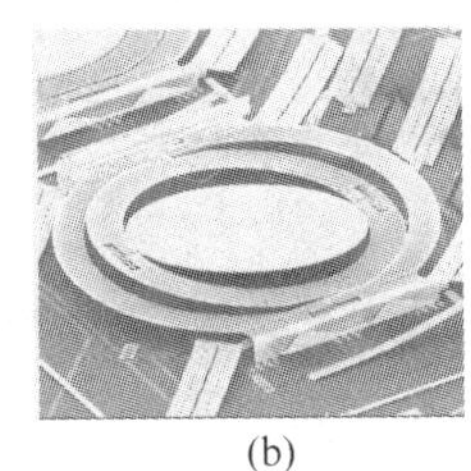

(b)

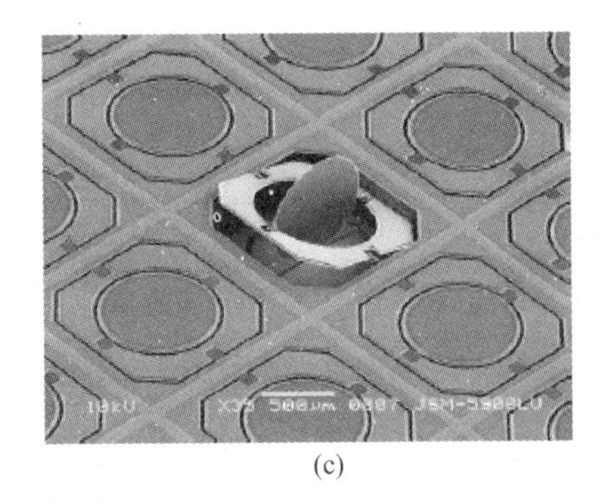

(c)

图10.11　(a)一种应用三维MEMS光开关阵列实现大规模光交叉连接的原理示意图;(b)一种三维空间万向转动微镜;(c)一种三维MEMS光开关阵列

美国朗讯(Lucent)公司于2000年7月推出的Wavestar Lambda路由器中第一次应用了一种阵列规模为256×256的MEMS光开关,它具有每秒10 Tbits以上的总开关能力,这是Internet中最繁忙阶段信息流量的10倍.该开关的256个输入输出通道中的每一个,能够支持320 Gb/s的速度,比目前的电子开关快128倍.这种开关可能会应用于不久将冉冉升起的Pbit级系统上.朗讯公司的这款应用了MEMS光开关技术的路由器,其路由交换速度比电交换设备快16倍,可节省25%的运营费用.

除了大规模MEMS光开关阵列外,光网络也用到具有2到32个端口的小规模MEMS光开关阵列.这些小规模MEMS光开关阵列主要用在光分叉复用器以及执行网络储存功能的线性系统中.由于通常将小规模MEMS光开关阵列中的微镜设计成在驱动下只有开和关两种状态,所以其实质上是一种两维数字式开关阵列,必须用N^2面微镜才能执行$N\times N$开关阵列的功能.除了阵列规模外,对小规模MEMS开关阵列的技术要求与大规模MEMS开关阵列的是相似的.

图10.12(a)和(b)分别显示了一种2×2 MEMS光开关的原理图和实际结构.如该图所示,这种光开关的主要结构是一个位于四条光纤槽之间的滑动垂直微镜,以滑动该微镜遮挡或不遮挡一条自由传播光线来实现开关功能.当把微镜滑动进四条光纤槽之间时,在两条互成90°的光纤之间实现交叉连接;当把微镜滑动出四条光纤槽之间时,在两条成一线的光纤

之间实现交叉连接.因为在这种 2×2 MEMS 光开关中不存在微透镜,所以把光纤端头尽量向一起靠近是绝对必要的,这可使光发散传播的自由空间路径尽量地短.所要求的光纤间的间隙为 50 μm 或更小.还必须注意,微镜两面都必须有非常高的反射率,同时,微镜也必须保持非常高的垂直度.第一代这种 2×2 MEMS 光开关的插损为 1.5～3 dB,但是其开关时间却非常快,达到 0.2 ms.如果在光纤端头加上微透镜,这种 2×2 MEMS 光开关可能具有非常好的光耦合性质,插损可达到 0.3 或 0.5 dB.另外,这种 2×2 MEMS 光开关的开关时间能够做到小于 50 μs.这些都是极具吸引力的开关性能.

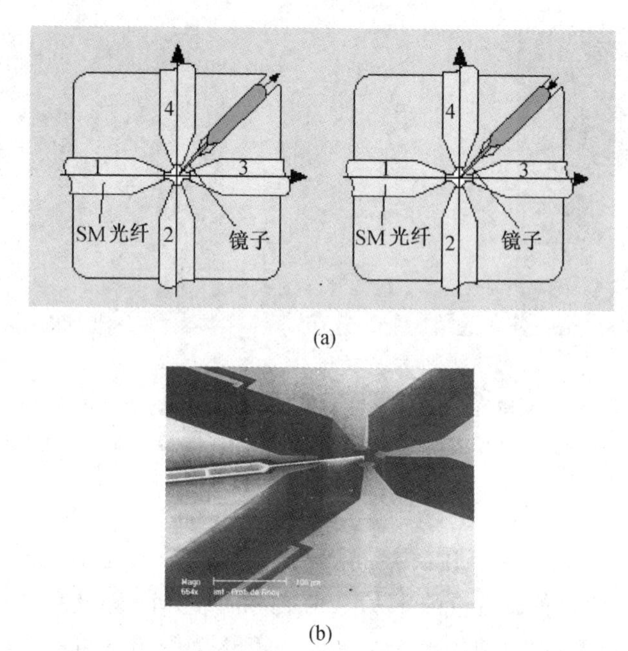

图 10.12 (a) 一种 2×2 MEMS 光开关的工作原理示意图;
(b) 这种 2×2 MEMS 光开关的实际结构

构建大规模 MEMS 光开关阵列的另一种方法是将一系列较小规模 MEMS 光开关阵列在多级互连系统中相互连接在一起.那么要构建一个 $N\times N$ 光开关阵列,就大约需要 $N^{1.5}$ 个 2×2 光开关阵列,这时互连相当复杂,插损也高,插损均匀性差.例如,用 32×32 分区结构构建一个 1 024×1 024 MEMS 光开关阵列,将需要 32 个 32×64 开关阵列、64 个 32×32 开关阵列以及 32 个 64×32 个终端开关阵列.也就是说,大体上总共需要 20 万单独的开关单元以及各种输出端口间的 4 000 个互连.相反,单级三维 MEMS 光开关方案就能够构建起这样大规模的光开关阵列,而且器件光学性能非常好,成本也低.所以,实现大规模光开关阵列,三维 MEMS 方法是一个更好的选择.

综上所述,作为光 MEMS 典型器件之一的 MEMS 光开关,比其他各类光开关具有体积小、透明、串扰小、通/断比高、插损比较小、开关速度可快于毫秒、可集成为大规模开关阵列、成本低、功耗低等明显的综合优点,具有很强的竞争力.它不仅能够对一个个波长进行处理,而且能够对与整个光纤相关的光能量进行处理,在不久的将来所处理的能量范围可达到300 mW 宽.另外,应用 MEMS 光开关技术还能较方便地实现光网络系统的高精度调整,如光纤的高精度定位,从而使系统的制造、使用成本得以控制.可以说,MEMS 光开关在未来全光网中的应用前景是非常广阔和光明的.

10.2.4 射频 MEMS 器件(RF MEMS)

近年来,军用、民用小型化移动射频装置已成为射频技术发展最为引人注目的方面.这些射频装置进一步的发展趋势是减小体积和重量,降低功耗(从而有利于延长电池使用时间),提高可靠性,以及实现多功能化.另外,现代无线通信和雷达等射频/微波系统的容量很大,用户带宽很窄,故射频装置需要采用频率选择性更好的滤波器件和极为稳定的本机振荡器.

为了满足这些要求,射频元件应该与有源芯片实现集成化,同时电容、电感、振荡器/滤波器等还应该具有足够高的品质因数(Q 值),传输结构、开关等,在阻抗匹配、插入损耗和隔离度等性能方面都应该得到极大的提高.而目前射频装置中各种无源元件和传输线的性能还不尽如人意,而且与有源芯片的集成较为困难.这些缺陷阻碍了射频系统的进一步发展.

MEMS 技术与射频(Radio Frequency,简称 RF)技术的结合——RF MEMS 技术为上述难题的解决提供了新的途径.RF MEMS 技术主要是利用新型的微机械加工工艺来制作各种高性能的射频无源元件、控制器件或者传输结构.已出现的 RF MEMS 器件包括电容器、电感、谐振器/滤波器、传输线(波导)、微型天线阵列、开关等.与传统的、基于半导体 pn 结特性(如开关或势垒电容)的射频/微波固态器件相比,RF MEMS 器件有着自己显著的特征:利用微机械加工工艺来制作可动的机械结构或者电特性好、损耗低的固定物理(机械)结构,通过这些结构来控制器件中的电磁场(波)边界条件(或者获得所需要的传输特性),从而保证更优良的射频性能和控制特性.

研究实践表明,RF MEMS 器件在 Q 值、传输损耗、隔离度、调节范围、非线性效应等方面有着传统器件难以比拟的优势.此外,虽然 RF MEMS 技术目前还主要针对无源器件,但是有人已经用它来取代传统的有源器件实现了新型的放大器.

1. 微机械电容

这种新型电容有固定式和可调式两类.固定电容有平面叉指式和金属-绝缘体-金属式(MIM)两种结构.通过深刻蚀技术的运用,已经可以制成单位面积上电容值达 100 nF/mm^2 的新型片上电容.

可调电容可以用于压控振荡器(Voltage Controlled Oscillator,简称 VCO)和可调谐滤波器.VCO 又是锁相环和频率合成器的重要组成部分.人们试图用传统 IC 工艺,包括改进的 MOS 工艺和双极工艺制作 LC VCO,然而性能(主要是 Q 值)一直难以达到要求.近年来,人们开始运用 MEMS 技术制作可调电容,其工艺以表面工艺为主.与传统的变容二极管相比,微机械可调电容没有静态电流,信号的损耗较小,有较大的 Q 值和更宽的调节范围,从而可以构成相噪声更小的 VCO.

2. 微机械电感

为了使振荡回路有足够大的 Q 值(至少满足 VCO 的要求),高 Q 值的电感器是必不可少的.

目前微机械电感研究的努力方向主要是将电感做成悬空结构以减少衬底造成的损耗,其较为成功的实例是 H. Jiang 等人提出的一种新颖的器件:在电感下面的衬底上制作出一个深空腔,并在空腔底面和侧壁上镀铜. 深的空腔可以大大减少硅衬底和电感之间的寄生电容和电磁耦合,从而增大了 Q 值和自激振荡频率. 空腔足够深时,电感在 Cu 屏蔽层上感应的涡流较小. 其结构如图 10.13 所示. 电感的骨架是多晶硅,以保证足够的机械强度. 多晶硅骨架和空腔同时制作完成后,通过选择性和共形的无电镀铜工艺同时在两者上镀铜,从而制作出整个电感结构. 这种电感的 Q 值和自谐振频率分别达到了 30 和 10 GHz.

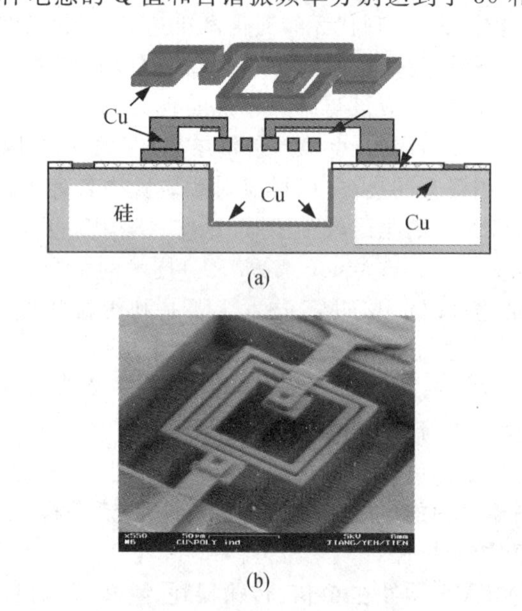

图 10.13 (a) 微机械电感结构示意图;(b) 微机械电感实例

3. 微机械式谐振器和滤波器

在频率参考信号振荡器和信道选择方面,石英晶体振荡器和声表面波器件等机械谐振元件仍然是无法取代的,但这些传统的元件往往体积较大,难以集成化. 因此,MEMS 技术的出现为这一问题的解决带来了希望.

早期的很多研究用薄膜技术来制作原理与宏观器件类似的谐振器,其中有的器件采用薄膜体声波模式的压电式结构. 这类谐振器的 Q 值达到 1 000 以上,谐振频率为 1.5~7.5 GHz,尺寸小于 400 μm×400 μm. 尽管这种元件有很好的性能,但在工艺和修调(trimming)方面比较困难. 这些滤波器目前适用于 UHF 和 S 波段等高频情况,在较低的频率下显得过厚和过于笨重.

20 世纪 80 年代中后期以来,由于多晶硅材料的性能控制和微机械加工方面取得了长足的进步，与IC兼容的微型机电谐振器重新开始受到重视．目前已有多种器件问世，工作频率从低频到甚高频，表面微机械工艺制作的、低频弯曲振动的多晶硅谐振器的Q值（真空中）达到了8万．用单晶硅制作的器件在70 MHz（VHF）的Q值也达到了2万．这种技术在频率方面的限制尚不清楚，但工作频率有可能到GHz．最新的结果是156 MHz，Q值达到9 400．这些滤波器可以采用弯曲振动模态和横向振动两种模态，往往采用梳齿状结构，易于与CMOS电路集成，构成振荡器，其实例如图10.14所示．

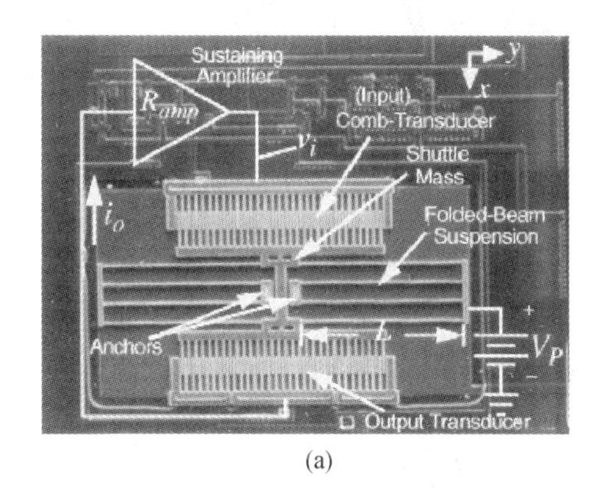

(a)

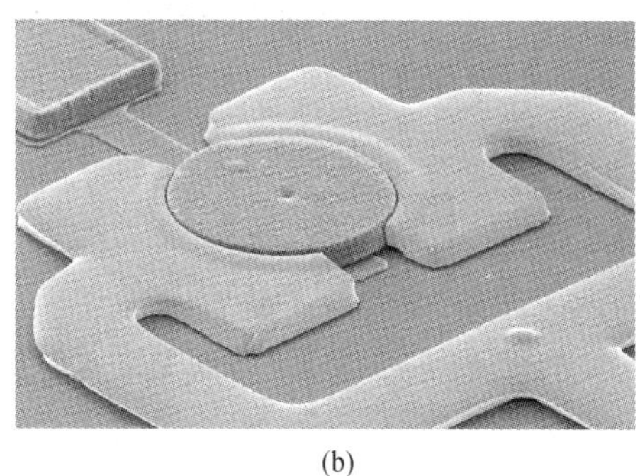

(b)

图10.14　(a)一种完全与CMOS电路集成的低频、高Q值振荡器，其频率为16.5 kHz，微谐振器所占尺寸为420×230 μm^2；(b)美国密歇根大学研制的新型多晶硅谐振器，其谐振频率已经高达156 MHz，Q值达到9 400，远远优于目前移动电话用的谐振器的水平，且可以实现片上集成

将多个谐振器通过弹性机械结构组合在一起，可以构成性能良好的滤波器，其性能可与目前一些最好的高Q值滤波器相比．

4．微机械传输线及谐振腔结构

平面化的微型传输线有多种形式，应用MEMS技术的目的在于除去传输线下方的高介电衬底，从而大大减小传播中的损耗、频散和非TEM模．方法之一是采用高阻硅衬底，通过体硅工艺制作悬空的膜片，在上面制作Au微带信号线．这种传输线的传播模几乎是TEM的，几乎无介电损耗，因此单模的带宽很大（DC-320 GHz）．方法之二是在信号线下方制作带屏蔽的空腔，以防止相邻信号线间的串扰．LIGA工艺具有可以在多种衬底上制作大深宽比金属结构的特点，这种技术可以用来制作需要高电磁耦合或大功率处理能力的微波结构．

在微波/毫米波波段，集总参数的LC以及机械式谐振器/滤波器不再适用，此时应采用微型波导、传输线和谐振腔结构．它们的应用实例是预选或图像抑制滤波器，它们的损耗直接影响接收电路的噪声特性和发射电路的辐射能力，因此要求损耗低、Q值高．目前已经用MEMS方法在teflon或石英等介电常数较小（ε_r＝2.2～4）的衬底上或悬空介电薄膜上制成封闭的谐振器，所达到的Q值为200～600（30 ～ 60 GHz），其缺点是与Si/GaAs集成电路不兼容，需要转换．

5. 微机械射频开关

微机械开关在射频系统中的应用包括：多波段通信系统中的天线收发和信号滤波通路选择，以及相控阵天线. 微机械开关与目前在射频系统中所用的电控开关（PIN 二极管或 GaAs FET）不同，它没有半导体 pn 结或金属半导体结，插入损耗很低（小于 0.8 dB，而 PIN 或 FET 的总是大于 1 dB），隔离性能很好，互调失真大大减小，功率负载能力也大大改善.

常见的开关结构有悬臂梁、空气桥和扭转摆三种，目前均采用静电驱动方式. 前两种结构又有串联（较低频率）和旁路（10～100 GHz）两种形式.

图 10.15 示出一种串联式悬臂梁开关的结构，它类似于 FET. 结构层由 Ni 电镀而成. 这种开关的平均寿命为 3×10^6 次循环，且通过的电流越大，寿命越短.

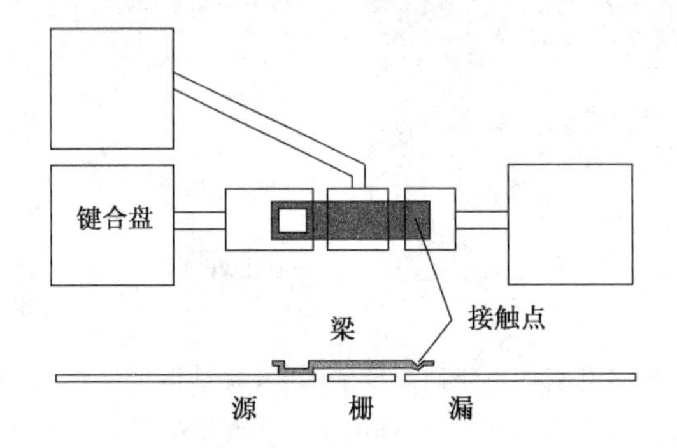

图 10.15　串联式悬臂梁开关的结构示意图

空气桥旁路开关结构如图 10.16 所示. 金属薄膜形成双端固定的“梁”，与下方的共面波导线的距离为 3～4 μm. 上下极板由电镀或蒸发的 Al 或 Au 构成. 对于微波/毫米波应用来说，开关闭合并不需要金属电极实际发生接触，极板间电容的一个很大的变化也可以实现开关动作. 因此，该开关在下电极板上留有电介质以防止极板吸合时的粘附. 这种开关也可以由串联和旁路（到地）两种形式. 旁路开关在导通状态（电容很小）时的插入损耗为 0.1 dB（10 GHz）；关断状态的隔离度为 −20～−25 dB（20、40 或 60 GHz）. 金属-金属串联式开关的隔离度很高——50～60 dB（1～4 GHz），插入损耗为 0.1 dB（金属实际接触）.

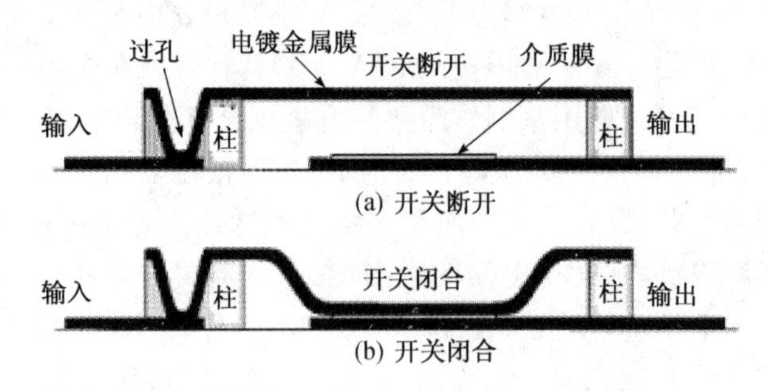

图 10.16　空气桥式（air-bridge）开关的结构示意图

目前微机械开关仍然存在一些问题，这些问题妨碍了它们的应用：(1) 开关速度慢，微机械开关的开关速度通常在 4～20 μs 的范围内，PIN 二极管或 FET 的开关速度通常在 1～40 ns 的范围内；(2) 驱动电压一般很高——10～60 V，而 PIN 二极管或 FET 的激励电压仅为 3～5 V；(3) 粘附和介质击穿问题；(4) 如何提高微机械开关的寿命，而且它们最终的寿命极限仍有待研究.

10.2.5　生物 MEMS(BioMEMS)

近年来，科学家们在 MEMS、纳米技术和分子生物学领域取得了无可争议的进展和突破，将这些技术结合起来形成功能更强大的系统成为目前人们科学探索的目标. 生物 MEMS(BioMEMS)将 MEMS 技术应用在生物、医学领域，研究适合于生物领域的微器件和微制造系统，是最具吸引力、最有应用前途的研究方向，特别是在寻找新基因、DNA 测序、疾病诊断、药物筛选等方面.

BioMEMS 的研究内容主要包括在生物体外(In vitro)进行生物医学诊断的微系统和在生物体内(In vivo)进行生物医学治疗的微系统. 微机械制造技术使 BioMEMS 具有微米甚至纳米量级的特征尺寸，而实现器件和系统的微型化，使生物医学的诊断和治疗可以快速、自动化、高通量、较小损伤的完成. BioMEMS 技术的批量生产能力更极大地降低了生物医学诊断和治疗的成本. 因此，BioMEMS 技术已成为 21 世纪科学研究和商品化的主要目标.

1. 生物体外微系统

生物体外 BioMEMS 研究在生物体外进行生物医学诊断和治疗的微系统，研究内容主要包括生物芯片、生物传感器及相关微流体系统，是一个较广的研究领域. 其中最具代表性的是生物芯片技术，该技术一经问世，就受到人们的广泛关注，是 DNA 测序、疾病诊断、药物开发等不可缺少的工具.

生物芯片主要是指通过微加工技术和微电子技术在固体芯片表面构建的微型生物化学分析系统，具有分析速度快、分析自动化、微型化、极高的样品并行处理能力和生产成本低等优点. 生物芯片主要分为两大类：阵列芯片(Chip Array)和芯片实验室(Lab-on-a-Chip). 阵列型芯片又包括基因芯片、蛋白芯片、组织芯片、细胞芯片等.

基因芯片是生物芯片技术中发展最成熟和最先实现商品化的产品，它是基于核酸探针互补杂交技术原理而研制的. 通过聚合酶链式反应(PCR)，将 DNA 分子扩增成千上万倍，通过荧光染色技术和芯片扫描系统，采集各反应点的荧光强弱和荧光位置，经相关软件分析所得图像，即可以获得有关生物信息. 蛋白芯片是检测蛋白质之间相互作用的芯片，主要基于抗原抗体特异性反应的原理，将多种蛋白质结合在固相基质上，检测疾病发生、发展过程中所分泌的一些具有特异性的蛋白成分. 组织芯片和细胞芯片技术是近年来基因芯片(DNA 芯片)技术的发展和延伸，它们将整个细胞或组织样本布置在载体表面，通过辨认与细胞或组织特异性成键配体，进行某一个或多个特定的基因，或与其相关的表达产物的研究.

芯片实验室是生物芯片技术发展的最终目标，由 Manz et al. 在 Transducers '89 会议上提出. 它将样品制备、生化反应以及检测分析的整个过程集成化形成微型分析系统. 它由加热器、微泵、微阀、微流量控制器、传感器和探测器等组成,进行由反应物到产物或由样品到分析的化学过程,并进行化学信息与电、光信号的转换. 这样的芯片分析系统集样品的注入、移动、混合、反应、分离、检测于一体,具有分析速度快、样品用量少、集成度高、自动化、便于携带等优点. 图10.17(a)为美国密执安大学研究的纳升级 DNA 分析芯片结构图,图 10.17(b)为一种芯片实验室实例.

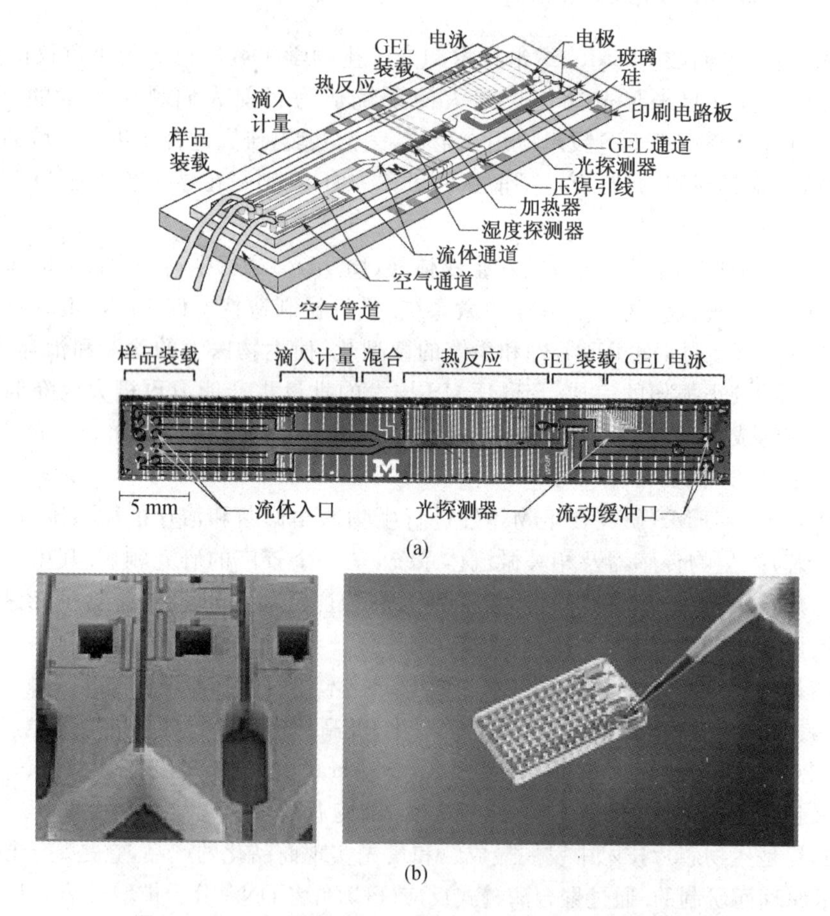

图 10.17 (a) 密执安大学研究的纳升级 DNA 分析芯片的结构示意图;(b) 一种芯片实验室实例

生物传感器是获取生物、医学信息的工具,通过接收器和换能器将生物信号转化为电学信号. 自 1962 年 Clark 发明酶电极传感器以来,电极型生物传感器取得了长足的进步,微生物传感器、免疫传感器、细胞传感器、组织切片传感器相继问世. 电极型生物传感器将生物敏感膜(酶、微生物、抗体、细胞、组织)设置在转换电极表面,通过酶促反应生成 O_2、NH_3、O_2、H_2,从而改变电极的电流或电压输出信号.

根据场效应晶体管的工作原理，利用 DNA 互补配对原理的 DNAFET 将单链的低核苷酸分子固定在 Si/SiO_2 表面作为栅极，被测单链 DNA 分子在栅电极表面发生杂化，如果场效应晶体管在恒漏电流模式下工作，互补链的杂化反应将使栅压变化．同理利用抗原/抗体间的特异结合可以实现免疫 FET(ImmunoFET)．

MEMS 技术的发展为提高生物传感器的灵敏度以及降低其成本、减小其尺寸等方面提供了广阔的空间．基于 MEMS 技术制备的生物传感器正逐步商品化，其中最具代表性的是微悬臂梁式生物传感器．所谓悬臂梁式生物传感器，就是在微悬臂梁的一个表面涂镀特殊的生物活性物质，那么当被测物质经扩散进入生物敏感层，就会在悬臂梁表面发生生化反应并产生机械响应，而悬臂梁的机械响应通过换能器被转换成电学信号记录下来．由于悬臂梁独特的结构和极小的几何尺寸，其对微弱力的变化非常敏感，甚至可以产生纳米量级的机械响应，因此能够以高分辨率探测微量、痕量生物分子．IBM 苏黎世实验室利用研制的悬臂梁生物传感器(见图 10.18)成功地检测了 12 链、16 链寡核苷酸分子．

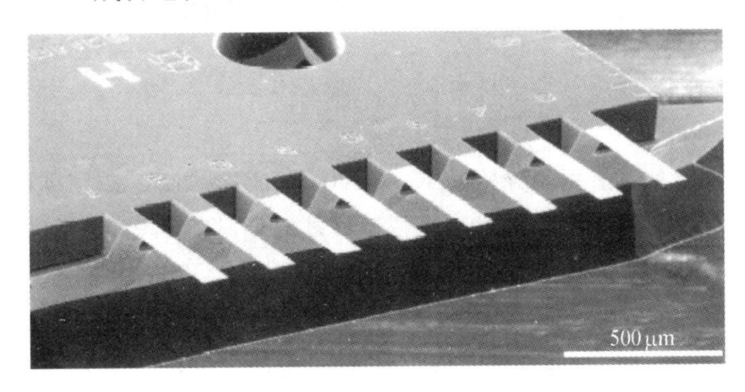

图 10.18　IBM 苏黎世实验室研制的微阵列悬臂梁

2．生物体内微系统

生物体内 BioMEMS 研究是在生物体内进行生物医学诊断和治疗的微系统，研究内容主要包括植入治疗微系统(Minimally Invasive Therapy)、微型给药系统(Drug Delivery Systems)、精密外科工具(Precision Surgical Tools)、植入微器件(Implantable Devices)、微型人工器官(Artificial Organ Systems)、微型成像器件(Imaging Devices)等．这些微系统中融入了关键的 MEMS 技术，如微传感器、微驱动器、微泵、微阀、微针等，是一个极具挑战性的研究方向．

在生物目标或环境需要受微米量级控制的条件下，微驱动器起着非常重要的作用．MEMS 技术集成微驱动器于微系统中，使微系统可以进行复杂的控制和操作．驱动方式包括压电、静电、磁、气、热、形状记忆合金等．微操纵器在驱动器的控制下可以操纵细胞、组织及其他生物目标．微型手术刀在微马达的驱动下可使手术位置被控制得非常精确，超声手术刀的应用可以容易、快速地切开生物组织．植入治疗微系统包括胸腔镜、内窥镜等，这些微系统通过触觉或视觉传感器、驱动器、人-机对话界面等实现人体内器官的诊断和治疗．给药微系统包括植入式给药微系统和注射式给药微系统，基于 MEMS 技术制备的微型给药系统可以精确控制药物的剂量,减小病人的疼痛,减小药物的毒副作用,提高治疗效果.图 10.19 示出了用 MEMS 技术制作的微针的实例.

图 10.19 用 MEMS 技术制作的微针

10.2.6 微马达

1988 年美国加州大学伯克利分校的 Rager Howe 成功研制了微型硅静电马达,引起了巨大轰动,从此,MEMS 研究工作进入一个快速发展时期.图 10.20 所示的微型马达是采用多晶硅表面牺牲层工艺制备、静电力驱动的,它的定子、转子和轴均为多晶硅材料.微型马达是一种微型执行器,可能的应用领域包括微型手术器械、微小飞行器等,其应用方式与传统的机械马达有相似之处.目前,微型马达在具体应用中的主要困难是输出力矩小、力矩输出困难且寿命较短.微型马达最成功的应用实例是德国采用 LIGA 技术制备的微型马达,它已经用于微型直升机样品.

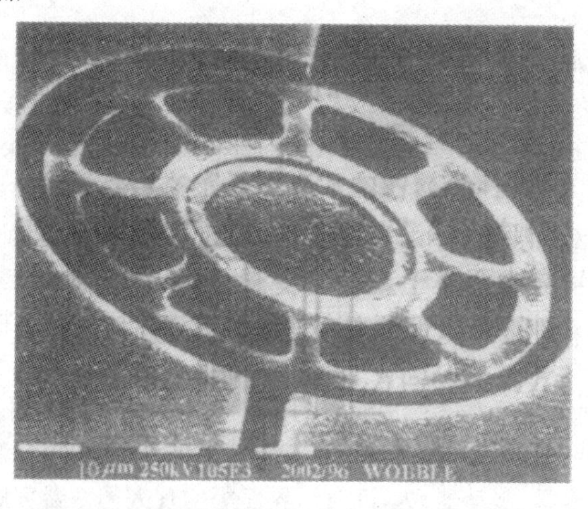

图 10.20 采用多晶硅表面牺牲层工艺制备的微型静电马达

硅微机械的种类多种多样，前面只是简单介绍了众多微机械产品中比较有代表性的几种.图 10.21～10.23 分别给出了微 Fresnel 透镜及二极管激光器、用于检测生物心脏细胞收缩力的多晶硅夹具和微型机器人臂的 SEM 照片.由于篇幅所限，在此就不一一详细介绍了，感兴趣的读者可以参阅有关资料.

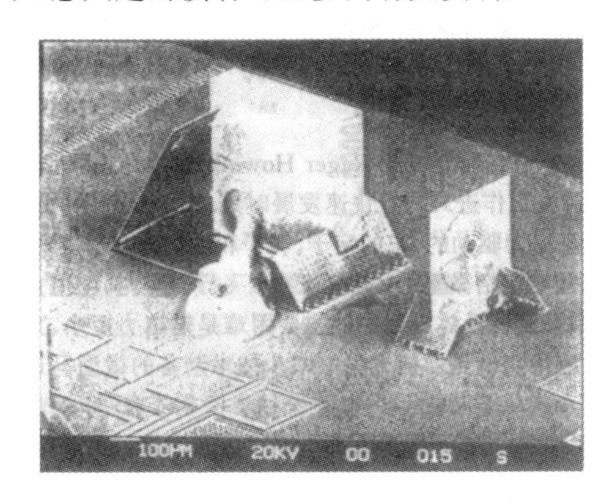

图 10.21 微 Fresnel 透镜及二极管激光器的 SEM 照片

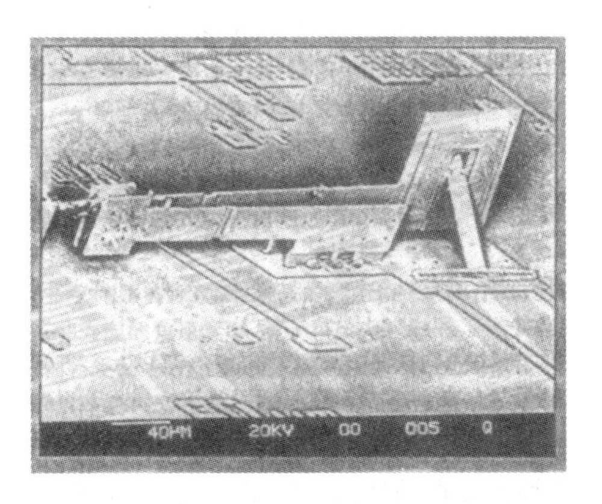

图 10.22 用于检测生物心脏细胞收缩力的多晶硅夹具的 SEM 照片

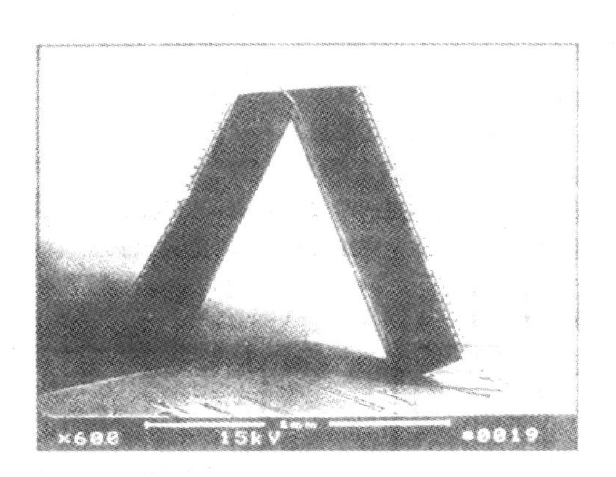

图 10.23 微型机器人臂的 SEM 照片，它可以在 3°的范围内自由运动

10.3 MEMS 加工工艺

制作 MEMS 器件的技术主要有三种.第一种是以日本为代表的利用传统机械加工手段，即利用大机器制造小机器，再利用小机器制造微机器的方法；第二种是以美国为代表的利用化学腐蚀或集成电路工艺技术对硅材料进行加工，形成硅基 MEMS 器件；第三种是以德国为代表的 LIGA(LIGA 是德文 Lithograpie——光刻、Galvanoformung——电铸和 Abformung——塑铸三个词的缩写)技术，它是利用 X 射线光刻技术，通过电铸成型和塑铸形成深层微结构的方

法.其中第二种方法与传统 IC 工艺兼容性较好,可以实现微机械和微电子的系统集成,而且该方法适合于批量生产,是目前 MEMS 的主流技术.由于利用 LIGA 技术可以加工各种金属、塑料和陶瓷等材料,而且利用该技术可以得到高深宽比的精细结构,它的加工深度可以达到几百微米,因此 LIGA 技术也是一种比较重要的 MEMS 加工技术.在本节中将主要讨论硅加工技术,同时也将简要介绍 LIGA 技术,至于第一种方法则不准备进行介绍了.

10.3.1 硅微机械加工工艺

硅微机械加工工艺有很多种,传统上往往将其分为体硅加工(bulk micromachining)工艺和表面硅加工(surface micromachinig)工艺两种.前者一般是对体硅进行三维加工,以衬底单晶硅片作为机械结构;后者则利用与集成电路工艺相似的平面加工手段,以硅(单晶或多晶)薄膜作为机械结构.然而,由于当前硅微机械加工工艺的飞速发展,不断有新的工艺方法出现,许多工艺方法既可以用于体加工和也可以用于表面加工,有些方法则兼具体加工和表面加工的特点,很难给予确切的分类.基于这一原因,我们并不准备采取这样的分类,而是对几种重要的 MEMS 加工工艺分别进行介绍.

1. 硅的化学腐蚀

硅的湿法化学腐蚀是最早用于微机械结构制造的加工方法.硅的化学腐蚀主要可分为各向同性腐蚀和各向异性腐蚀两种.各向同性腐蚀是指对硅材料各个晶面的腐蚀速率相等的腐蚀技术.由于一些腐蚀液对不同掺杂浓度的硅的腐蚀速率不同,如 HF(1):HNO_3(3):CH_3COOH(8)只腐蚀重掺杂硅而不腐蚀轻掺杂硅,这样就可以通过控制掺杂剖面和自停止腐蚀来实现微机械结构的加工.

更重要的腐蚀手段是各向异性腐蚀,它是指对硅的不同晶面腐蚀速率不同的腐蚀技术.

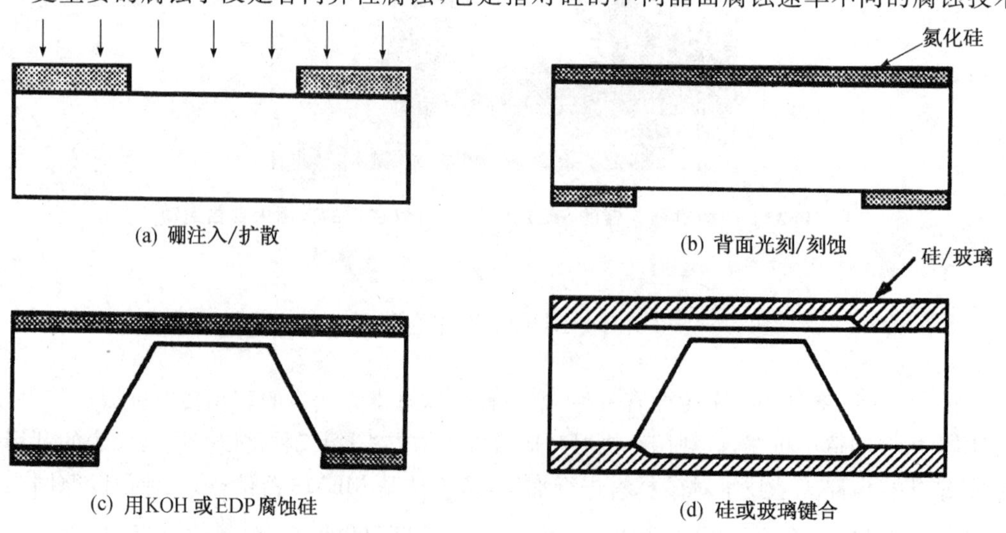

(a) 硼注入/扩散

(b) 背面光刻/刻蚀

(c) 用KOH或EDP腐蚀硅

(d) 硅或玻璃键合

图 10.24 利用各向异性化学腐蚀形成微结构的示意图

用于各向异性腐蚀的腐蚀液主要有 EPW 和 KOH 等. 同时，EPW 和 KOH 对浓硼掺杂的硅的腐蚀速率很慢. 因此可以利用各向异性腐蚀和浓度选择腐蚀的特点将硅片加工成所需的微机械结构. 图 10.24 是一个典型的采用各向异性腐蚀技术加工微结构的例子.

利用化学腐蚀得到的微机械结构的厚度可以达到整个硅片的厚度，具有较高的机械灵敏度，因而生产的产品多被用于灵敏度要求较高的军事和航天等领域. 该方法的主要缺点是：与集成电路工艺不兼容，难以与集成电路进行集成，且存在难以准确控制横向尺寸精度，器件尺寸较大.

2. 深槽刻蚀

为了克服湿法化学腐蚀的缺点，采用干法等离子体刻蚀技术已经成为微机械加工技术的主流. 随着集成电路工艺的发展，干法刻蚀高深宽比的硅槽已不再是难题. 图 10.25 给出了利用 STS 公司生产的 ICP(感应耦合等离子体)刻蚀设备刻蚀出的高深宽比的硅槽. 可以看出，得到的硅槽的侧壁垂直度相当高. 该技术现在已被广泛用于各种微机械结构的加工，如加速度计和陀螺等. 该方法与化学腐蚀相比可以更精确地控制结构尺寸，可以批量加工，而且得到的机械结构的厚度也比较大，保证了机械灵敏度. 但采用该方法一般仍需要用到与集成电路工艺不完全兼容的键合和减薄工艺.

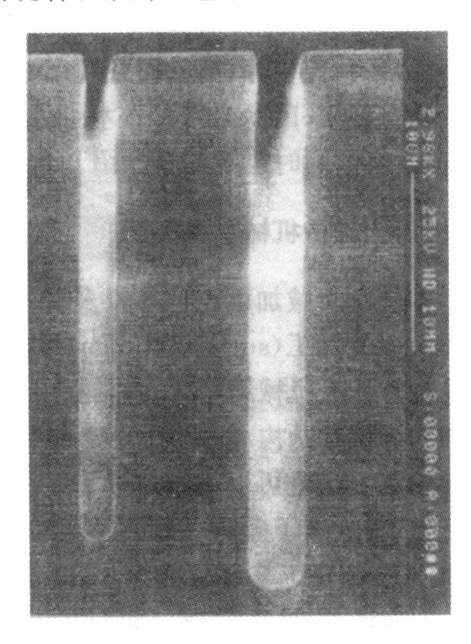

图 10.25　利用 STS 公司生产的 ICP 刻蚀设备刻出的高深宽比硅槽的 SEM 照片

图 10.26 给出了一种将深槽刻蚀和硅/玻璃键合技术相结合的体硅微机械加工工艺示意图. 其工艺步骤为：

(1) 在硅片上刻蚀出 2 μm 左右的浅槽，目的是使以后形成的机械结构可以悬浮起来；

(2) 将硅片与基片进行键合；

(3) 将硅片减薄到适当的厚度,并对表面进行适当处理;

(4) 光刻出需要的机械结构;

(5) 深槽刻蚀,形成机械结构.

3. 键合

键合是指不利用任何粘合剂,只通过化学键和物理作用将硅片与硅片、硅片与玻璃或其他材料紧密地结合起来的方法.键合虽然不是微机械结构加工的直接手段,却在微机械加工中有着重要地位.它往往与其他手段结合使用,它既可以对微结构进行支撑和保护,又可以实现机械结构之间或机械结构与电路之间的电学连接.从图 10.26 示的例子中可以看到键合使机械结构有了支撑和保护.

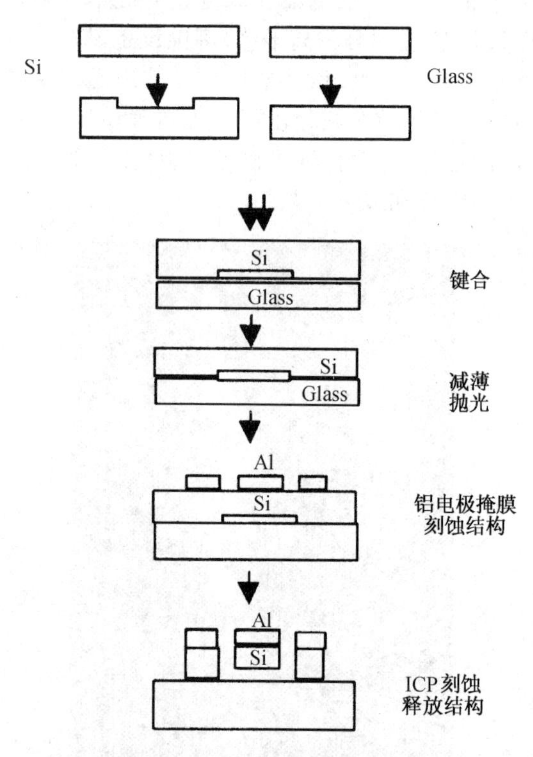

图 10.26　一种结合了深槽刻蚀和键合技术的微机械加工工艺

键合的主要方法有静电键合和热键合两种.静电键合适用于硅/玻璃之间的键合,其基本原理是通过外加电压使玻璃中的 Na^+ 离子向负极移动,使与玻璃临近的硅片表面形成空间电荷区,通过静电力使玻璃和硅片紧密接触进入原子尺度,形成化学键,实现键合.硅片与硅片之间的键合则不需要外加电压,而是通过直接键合实现.这种键合方式是将硅片表面经过一定的化学处理,使表面形成 OH^- 键,然后将两个硅片紧密贴合在一起,经高温退火后实现键合.

最近又发展了多种新的键合技术,硅化物键合、有机物键合等被不断被提出,并得到了一定的应用,这里就不一一介绍了.

4. 表面牺牲层工艺

人们一直在追求与集成电路工艺完全兼容的微机械加工工艺,表面牺牲层技术是其中比较理想的一种.表面牺牲层工艺的基本步骤如图 10.27 所示.首先在衬底上淀积牺牲层材料,并形成机械结构与衬底之间的连接孔(anchor),然后淀积作为机械结构的材料并光刻出所需的图形,最后利用湿法腐蚀去掉牺牲层.这样就形成了既有悬浮结构又与衬底相连接的微机械结构.

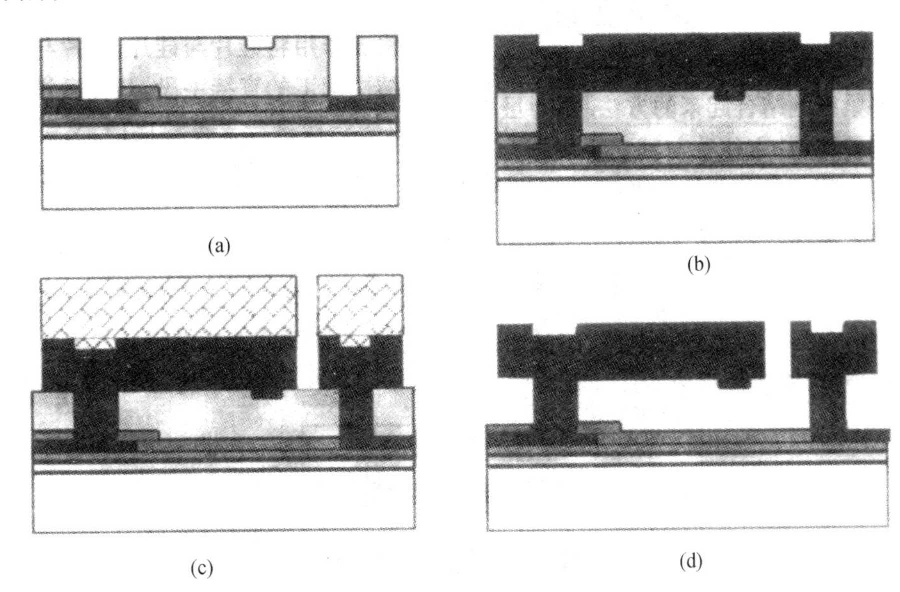

图 10.27　表面牺牲层工艺的基本步骤

由于表面牺牲层工艺与集成电路工艺均采用薄膜技术,较容易将微机械结构和集成电路集成在一起批量生产,产品成本远低于利用其他方法制造的 MEMS 产品,有着广阔的市场前景.但是,于淀积薄膜的厚度不能过厚,采用表面牺牲层工艺形成的机械结构的质量比较小;另外,如果利用电容作为检测量,其绝对值和变化量都较小,检测到的信号自然也就较弱,从而使得机械灵敏度较低.然而,由于微机械结构可以与电路集成于同一芯片内,信号传输路径很短,受到的噪声干扰也较小,这大大弥补了机械灵敏度低的缺点.除了实现集成化的方向外,表面牺牲层工艺发展的另一特点是多层化——由于机械结构的复杂性,仅采用单层结构往往不能制备出所需构件,多层化是其必然的发展趋势.虽然表面微机械加工工艺与集成电路加工工艺相近,但由于制作机械可动结构与电子器件的要求不同,所以表面牺牲层工艺仍具有特殊性,主要表现在多晶硅薄膜应力控制和防粘附等方面.

在表面牺牲层工艺中,多晶硅薄膜扮演着非常重要的角色.多晶硅是制备微机械结构的优选材料.这主要是由于多晶硅具有:① 可以与单晶硅比拟的良好的力学特性;② 是 IC 工艺中最常用的材料之一，加工技术成熟；③ 难溶于 HF，可以利用二氧化硅作牺牲层材料；④ 掺杂多晶硅具有良好的电学特性等优点. 有些机械结构不需要具有电学特性，也可以利用氮化硅等绝缘材料形成，还有某些特殊要求的机械结构需要用某些金属材料制造，此时多晶硅也可以用作牺牲层材料.

10.3.2 LIGA 加工工艺

LIGA 技术是采用深度 X 射线光刻、微电铸成型和塑料铸模等技术相结合的一种综合性加工技术，它是进行三维立体微细加工最有前途的方法之一，同时也是制作非硅材料微机电系统的首选工艺.

利用 LIGA 技术制作金属等各种材料微图形主要由三步关键工艺组成，即首先利用同步辐射 X 射线光刻技术光刻出所要求的图形，然后利用电铸方法制作出与光刻胶图形相反的金属模具，再利用微塑铸制备各种材料的微结构，具体的工艺步骤如图 10.28 所示.

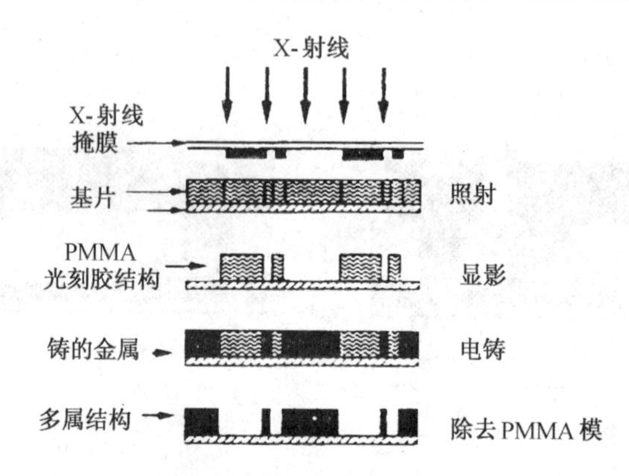

图 10.28 采用 LIGA 工艺进行加工的基本工艺步骤

由于 LIGA 技术中的光刻胶很厚，LIGA 工艺中的光刻需要采用同步辐射软 X 射线光源，其波长通常在 0.2～1 nm 之间. 这是因为该波长的软 X 射线具有分辨率高、焦深大、场区不受分辨率提高的限制、穿透能力强等优点，利用软 X 射线可以获得高深宽比的光刻胶图形. 采用该技术可以得到几百微米甚至 1 mm 厚的光刻胶图形，而宽度则可以小至零点几微米，这对于加工高深宽比的微机械和传感器结构具有很大的优势.

电铸与电镀类似，是 LIGA 工艺中重要的一环. 电铸实际上就是在显影后的光刻胶图形的间隙(没有光刻胶的区域)中沉积(电镀)各种金属，如镍、铜、金、铁镍合金等，以得到所需结构的金属等图形.

利用电铸可以制作出非常深而孔径又非常小的图形模具，然后再利用微塑铸工艺就可以批量制作出 MEMS 系统中要求的各种微组件，最后通过装配完成 MEMS 系统的制作.

利用 LIGA 技术可以制造出由各种金属、塑料和陶瓷零件组成的三维微机电系统，并且得到的器件结构具有深宽比大、结构精细、侧壁陡峭、表面光滑等特点，这些都是其他微加工工艺很难达到的.

LIGA 技术自 20 世纪 80 年代中期由德国开发出来以后得到了迅速发展,利用该技术已经开发和制造出了微齿轮、微马达、微加速度计、微射流计等. 图 10.29 给出了几种利用 LIGA 技术制备出的实例.

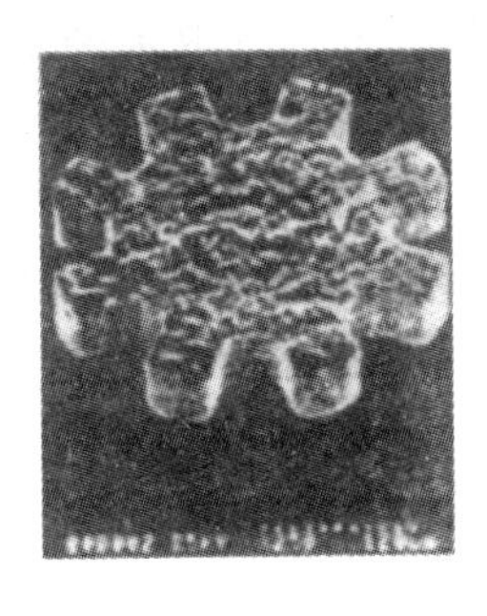

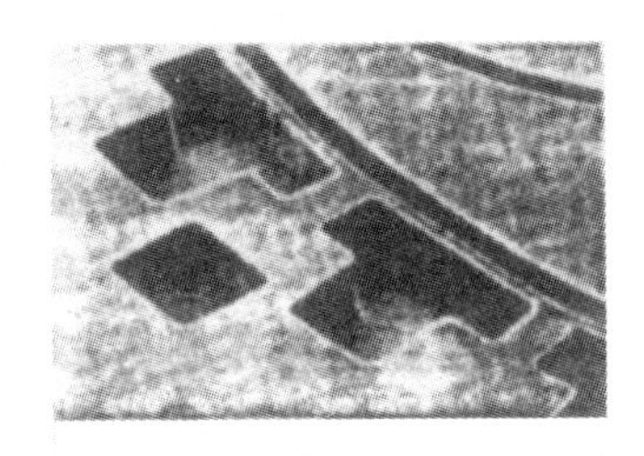

图 10.29　几种利用 LIGA 技术制备出的实例

LIGA 工艺虽然在三维加工制作微结构方面具有非常大的优势,但它需要昂贵的同步 X 射线源和制作工艺复杂的 X 射线掩模版,即便是美国、德国这样的发达国家也只有为数不多的同步 X 射线源,在我国更是只有两、三个单位具备该条件,因此 LIGA 工艺在近期内很难得到推广,为此人们开发了各种准 LIGA 工艺技术. 其中比较有代表性的一种准 LIGA 工艺将常规的紫外线光刻设备和掩模版用于厚光刻胶的光刻中,制作高深宽比的微金属结构. 利用这种方法虽不能达到 LIGA 工艺的水平,却也能满足 MEMS 制作中的许多要求.

准 LIGA 工艺除了光刻光源和掩模版之外基本与 LIGA 工艺相同,图 10.30 为典型的准 LIGA 工艺流程示意图.

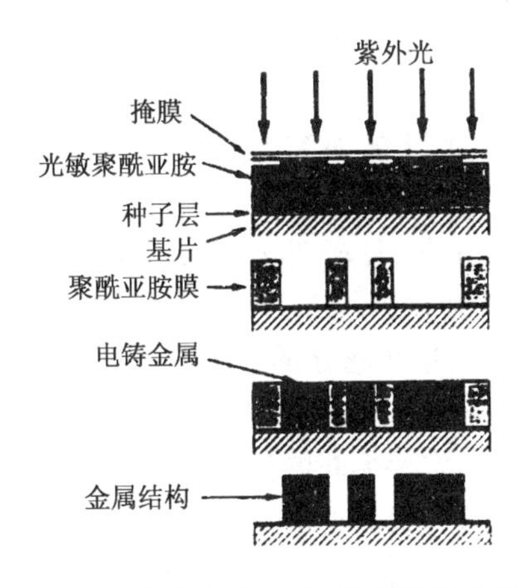

图 10.30　典型的准 LIGA 工艺流程示意图

首先在已经清洗干净的玻璃片或硅片上利用溅射等方法镀上一层厚度为 1～2 μm 的金

属层(如 Cu 等),该层将作为以后电铸时的导电层和牺牲层.

然后涂上光刻胶,利用远紫外光源进行光刻,通过显影得到需要的图形.为了实现较厚的结构,可以采用多次涂胶、软烘的方法进行.

制造出需要的图形之后便可以进行电铸工艺.将基片放入电镀液中并以基片上的金属层作为阴极进行电镀,这样,电镀液中的金属阳离子沉积在阴极的金属基底上生成金属层,并逐渐填满光刻出的微结构膜,制成金属结构.在电镀过程中,由于光刻胶是非导电体,在有光刻胶的地方不会电镀上金属.

电镀完成后,将基片放入光刻胶剥离液中去胶,再放入特定的溶液中(例如可以利用 $FeCl_3$ 溶液腐蚀 Cu)去掉作为牺牲层的第一层金属膜,便可以得到所需要微机械系统.

由于高密度等离子刻蚀技术的迅速发展,也可以采用干法刻蚀技术在硅片上刻蚀出高深宽比的硅槽,并利用硅片上的图形作为模具电镀各种金属,然后腐蚀硅片,得到进行塑铸的模具.

利用该工艺已经成功地研制出各种微齿轮、陀螺、电磁电机等系统.

10.4 MEMS 技术发展的趋势

根据 MEMS 发展的现状,人们对今后 MEMS 技术的发展进行了大量的预测,作为本章的小结,将大多数专家认为的 MEMS 技术在今后的主要发展趋势综合如下:

(1) 研究方向多样化:从历次大型 MEMS 国际会议(Transducer 和 MEMS Workshop)的论文来看,MEMS 技术的研究日益多样化. MEMS 技术涉及的领域主要包括惯性器件如加速度计与陀螺、AFM(原子力显微镜)、数据存储、三维微型结构的制作、微型阀门、泵和微型喷口、微流量器件、微型光学器件、各种执行器、微型机电器件 CAD 技术、各种制造工艺、封装键合、医用器件、实验表征器件、压力传感器、麦克风及声学器件、信息 MEMS 器件等诸多发展方向.内容涉及军事、民用等各个应用领域.

(2) 加工工艺多样化:传统的体硅加工工艺、表面牺牲层工艺、溶硅工艺、深槽刻蚀与键合工艺相结合、SCREAM 工艺、LIGA 加工工艺、厚胶与电镀相结合的金属牺牲层工艺、MAMOS(金属空气 MOSFET)工艺、体硅工艺与表面牺牲层工艺相结合等.具体的加工手段更是多种多样,在此就不一一列举了.

(3) 系统单片集成化:由于一般传感器的输出信号(电流或电压)很弱,若将它连接到外部电路,则寄生电容、电阻等的影响可能会掩盖有用的信号.因此,采用 MEMS 敏感元件外接处理电路的方法已不可能得到质量很高的传感器.只有把两者集成在一个芯片上,才能具有最好的性能.值得关注的是,除了表面牺牲层工艺外,追求体硅工艺与集成电路工艺的兼容,从而实现体硅 MEMS 器件与集成电路的单片集成,也成为 MEMS 技术发展的一个重要热点.图 10.2 所示的美国 ADI 公司生产的集成式加速度计就是基于表面工艺而将敏感器件与集成电路集成在同一个芯片上的.图 10.31 显示的是应用北京大学开发的体硅 MEMS 与集成电路集成工艺加工制造的微陀螺的局部,其中从图 10.31(a)可见与机械结构实现了单片集成的肖特基二极管区域,从图 10.31(b)可见将机械结构区域与集成电路区域进行隔离的二氧化硅填充.图 10.32 给出了美国 DARPA 预测的不同用途的 MEMS 器件中集成的晶体管和微机械部件的数目.

(a) 正面SEM照片

(b) 背面SEM照片

图 10.31　基于体硅 MEMS 与集成电路集成工艺制作的微陀螺的局部

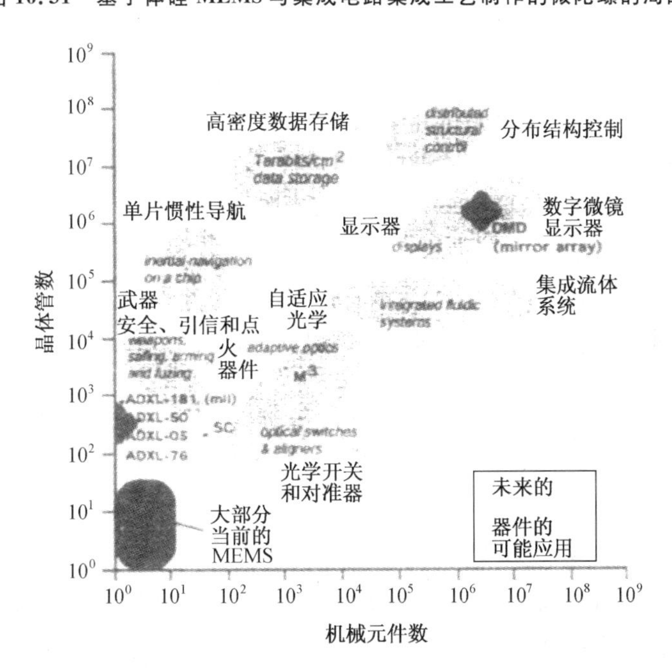

图 10.32　不同用途的 MEMS 器件中集成的晶体管和微机械部件的数目

(4) MEMS 器件芯片制造与封装统一考虑:MEMS 器件与集成电路芯片的主要不同在于,MEMS 器件芯片一般都有活动部件,比较脆弱,在封装前不利于运输. 所以 MEMS 器件芯片制造与封装应统一考虑. 封装技术是 MEMS 的一个重要研究领域,几乎每次 MEMS 国际会议都对封装技术进行专题讨论.

(5) 普通商业应用低性能 MEMS 器件与高性能特殊用途如航空、航天、军事用 MEMS 器件并存:例如加速度计的制造,既有大量的只要求精度为 0.5 g 以上,可广泛应用于汽车安全气囊等具有很高经济价值的中低档加速度计;也有要求精度为 10^{-8} g,可应用于航空航天等高科技领域的高精度加速度计. 对于陀螺,也是有些情况要求其精度为 0.1°/小时,有的则只要求 10 000°/小时.

10.5 纳机电系统

纳机电系统(Nano-Electromechanical Systems,简称 NEMS)是 20 世纪 90 年代末、21 世纪初提出的一个新概念. 可以这样来理解这个概念,即 NEMS 是特征尺寸在 1～100 纳米、以机电结合为主要特征,基于纳米级结构新效应的器件和系统. 从机电结合这一特征来讲,可以把 NEMS 技术看成是 MEMS 技术的发展. 但是,我们知道,MEMS 的特征尺寸一般在微米量级,其大多特性实际上还是基于宏观尺度下的物理基础,而 NEMS 的特征尺寸达到了纳米量级,一些新的效应如尺度效应、表面效应等凸显,解释其机电耦合特性等则需要发展和应用微观、介观物理. 也就是说,NEMS 的工作原理及表现效应等与 MEMS 有了甚至是根本性的不同. 因此,从更本质上说,NEMS 技术是纳米科技的一个重要组成部分和方向.

目前,世界各地在 NEMS 及其相关方面开展的研究工作主要有:

(1) 谐振式传感器,包括质量传感、磁强传感、惯性传感等;

(2) RF 谐振器、滤波器;

(3) 微探针热读写高密度存储、纳米磁柱高密度存储技术;

(4) 单分子、单 DNA 检测传感器以及 NEMS 生化分析系统(N-TAS);

(5) 生物电机;

(6) 利用微探针的生化检测、热探测技术;

(7) 热丝式红外传感器;

(8) 机械单电子器件;

(9) 硅基纳米制作、聚合物纳米制作、自组装.

在 NEMS 加工技术方面,发展了纳米级半导体加工、亚纳米 LIGA 加工、纳米压印以及"Top Down"微加工与纳米材料"Bottom Up"自组织生长相结合等技术.

在这些研究中,NEMS 技术呈现出一个重要的发展趋势,那就是与碳纳米管技术越来越密切地结合起来,目的是使碳纳米管作为 NEMS 特性表现结构的重要组成,利用碳纳米管的独特性质实现功能更强大的 NEMS.

虽然对 NEMS 技术研究的时间还不长,许多方面的工作还处于起步阶段,但是在有些方面所取得的进展已显示出 NEMS 技术美好的发展前景和广泛的应用潜能. 例如,美国 Stanford 大学和 IBM 加州存储器研发中心联合研究用 NEMS 热机械探针实现下一代存储器,最新实验结果显示了 100 GB/inch^2 以上的存储面密度、多次可擦除再写能力以及存储区定位技术;而 IBM 苏黎世研发中心一个包括诺贝尔奖获得者在内的研究小组则宣布已研发出了世界上第一个有 1 024 个纳探针的面阵列所组成的大规模集成 NEMS 超高密度存储器原型,演示了可电热式写入和读出的 30～100 GB/inch^2 的存储密度,以及通过探针并行工作实现的高存储速度,引起了世界的轰动,他们还宣布准备将这个毫米尺寸的海量存储器首先用于研发在移动无线通信中实现大容量动画播放的传输技术;其后,日本东北大学微纳机械风险事业国家实验室也公布了一种 32×32 探针阵列 NEMS 存储器雏形,利用了纳米孔径中制作的针尖阵列实现电热低温相变写入和电导脉冲读出的技术;现在,美国 HP 公司利用场发射型探针阵列与 inch-worm 微平台集成一体的技术,也正在研究超高密度存储器,还有韩国三星公司利用压电驱动的纳机电 Kelvin 探针对 PZT 电偶极子进行操作的技术,正在研究 200 GB/inch^2 以上面密度的存储器;等等. 总之,纳米探针阵列超高密度存储器被认为是最有可能在未来 10 年内实现实用化的 NEMS 技术产品,对信息技术的进一步突破和发展具有重要意义. 图 10.33(a)、(b)和(c)分别示出了电热式读写一体纳米探针的工作原理、NEMS 集成探针阵列存储器的结构以及 IBM 研制出的硅基 NEMS 32×32 集成探针阵列存储器芯片.

总的来说,NEMS 技术能够实现超高灵敏度(理论上提高 10^2 到 10^6 倍,例如原子波导陀螺的灵敏度预计将比当今最好的光纤陀螺的高 3 个数量级)的传感和探测、超高速(理论上固有频率可达 THz 量级)的计算和通信传输、超高密度(200 GB/inch^2 以上的面密度)的信息存储以及超高精细的执行和操纵(例如分子级捕捉)等多方面强大功能. 基于 NEMS 技术的全新概念的传感、计算、通信、存储、执行等器件具有超微型化、超高集成度、超高性能(能突破常规器件极限)、超低功耗(是目前的 10^{-2} 或更小)等优点. NEMS 技术的发展可以产生许多全新概念的应用. 如:

(1) NEMS 传感器将使一些原来无法检测的物理、化学或生物量能够被检测;

(2) RF NEMS 将能实现能耗更低、频率更高的高集成度通信;

(3) NEMS 存储器将具有真正海量的存储密度;

(4) NEMS 执行器将能进行分子级捕捉和操纵;等等.

由于 NEMS 技术将引发一些革命性的突破,所以它在航空、航天、信息、生物医学、环境等军用民用领域都将有着广阔的应用前景.

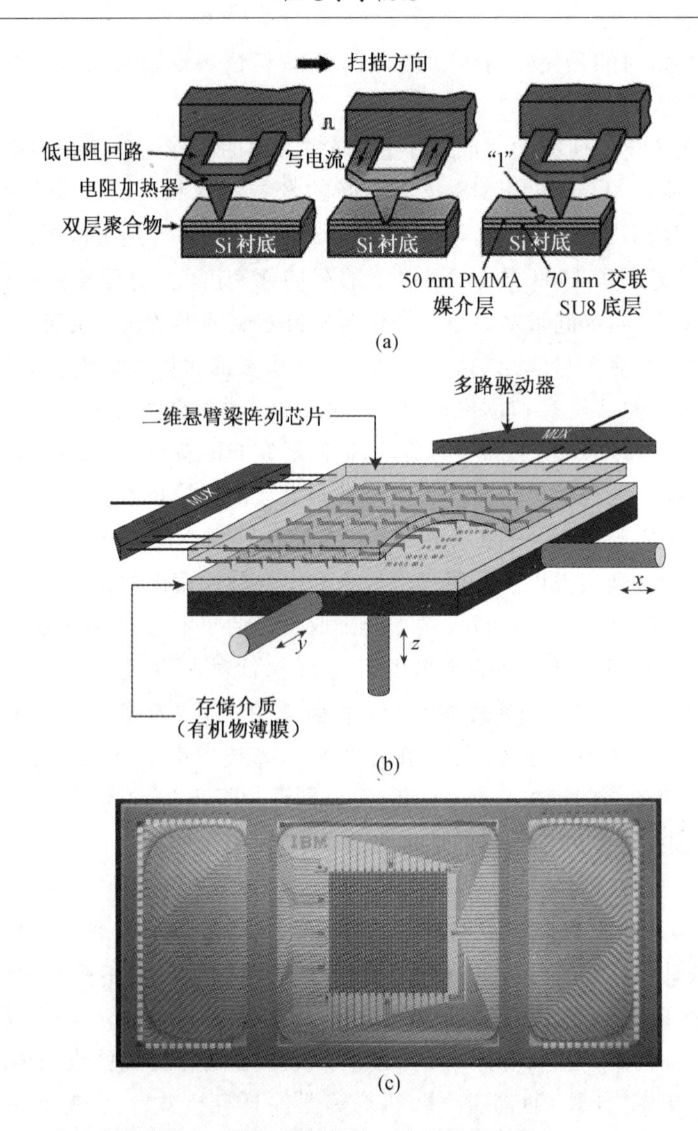

图 10.33 (a) 电热式读写一体纳米探针的工作原理示意图;
(b) NEMS 集成探针阵列存储器的结构示意图;
(c) IBM 研制出的硅基 NEMS 32×32 集成探针阵列存储器芯片

参 考 文 献

[1] S. M. Sze, Semiconductor Sensors, John Wiley & Sons, Inc., 1994.

[2] Ilene J. Busch-Vishniac, Electromechanical Sensors and Actuators, Springer, 1998.

[3] A. Lawrence, Modern Inertial Technology, Springer-Verlag, 1993.

[4] G. Timp, Nanotechnology, Springer, 1998.

[5] 黄庆安.硅微机械加工技术.科学出版社,1996.

[6] 张兴,郝一龙,李志宏,王阳元.电子科技导报.1999年第5期,pp.2～6.

[7] 王阳元,张兴.电子科技导报.1999年第1期(总第55期),pp.2～6.

[8] 周兆英,叶雄英,胡敏,尤政.仪器仪表学报增刊.1996年,第17卷,第1期,p.20.

[9] N. C. Tien, International Symposium on Computing and Microelectronics Technologies, Beijing, 1998, p.53.

[10] 王跃林,王亚强,喻浩,丁纯.微小卫星应用微小型技术学术讨论会.北京,1997,p.243.

[11] R. T. Howe, et al., IEEE Spectrum, June 1991, p.29.

[12] 微米/纳米技术文集,国防工业出版社,1994.

[13] M. France, et al., Sensors and Actuators A, Vol.46～47, p.17, 1995.

[14] W. Menz, et al., Proc. IEEE MEMS'91, p.69, 1991.

[15] 王阳元,武国英,郝一龙,张大成,肖志雄,李婷,张国炳,张锦文.硅基MEMS加工技术及其标准工艺研究.电子学报,2002年,第30卷,第11期,pp. 1～8.

[16] Hector J. de Los Santos, Introduction to Microelectromechanical (MEM) Microwave Systems, Artech House, London, 1999.

[17] ROOZEBOOM F., ELFRINK R., VERHOEVEN J., et al, High-value MOS capacitor arrays in ultradeep trenches in silicon, Microelectronic Engineering, (53):581～584, 2000.

[18] Clark, J. R.; Hsu Wan-Thai; Nguyen, C. T.-C., High-Q VHF micromechanical contour-mode disk resonators, San Francisco, Technical Digest of Electron Devices Meeting, 2000: 493～496.

[19] NGUYEN C. T. -C. and HOWE R. T., CMOS micromechanical resonator oscillator, Washington, DC, *Tech. Dig. IEEE Int. Electron Devices Meeting*, Dec. 5～8, 1993: 199～202.

[20] Dennis L. Polla, BioMEMS Application in Medicine. 2001 International Symposium on Micromechatronics and Human Science. Kanagawa, Japan, 2001. 9.

[21] Jack W. Judy. Biomedical Applications of MEMS. Measurement Science and Technology Conference, Anaheim, CA, USA, January, 2000, pp. 403～414.

[22] Abraham P. Lee. BioMEMS: bridging nano and micro to link diagnostics to trearment. NSF 2000 Workshop on Manufactueing of MEMS, Orlando, Florida, November, 2000.

[23] Jams Hone, "Nanoelectromechanical Systems (NEMS): Progress, Prospects, Ultimate Limits," TNT 2001, Segovia-Spain, Sep. 3～7, 2001.

[24] Yoon-Taek Jang, Chang-Hoon Choi, Byeong-Kwon Ju, Jin-Ho Ahn, Yun-Hi Lee, "Gated Field Emitter Using Carbon Nanotubes for Vacuum Microelectronic Devices," IEEE The Sixteenth International Annual Conference on Micro Electro Mechanical Systems (MEMS'03), Kyoto, Japan (Jan. 19-23), pp. 37～40, 2003.

[25] M. Despont, J. Brugger, U. Drechsler, U. Dürig, W. H? berle, M. Lutwyche, H. Rothuizen, R. Stutz, R. Widmer, H. Rohrer, G. Binnig and T. Vettiger, "VLSI-NEMS Chip for AFM Data Storage," Twelfth IEEE International Conference on Micro Electro Mechanical Systems (MEMS'99), Orlando, Florida, USA (Jan. 17-21, 1999), pp. 564～569, 1999.

第十一章　集成电路封装

11.1　概　　述

“封装”[1-4]这个电子信息系统上的专业技术名词,诞生时间并不很长.在真空电子管时代,将电子管等器件安装在管座上构成电路一般称为“组装或装配”,还没有封装这一概念.

集成电路封装的概念,主要是随着半导体器件和集成电路的出现而诞生的.由于必须认真考虑芯片细小、柔嫩且功能、规格较多,需要进行电路芯片的保护,要求同时实现与外电路可靠的电气连接并得到机械、绝缘方面的有效保护,由此封装技术应运而生.

从工艺过程看,狭义的封装是指:利用厚膜/薄膜技术及微细连接技术,将半导体器件或电路芯片,在框架或基板上布置、固定和连接,引出接线端子,并通过绝缘介质固定保护,构成一体化结构的工艺技术.

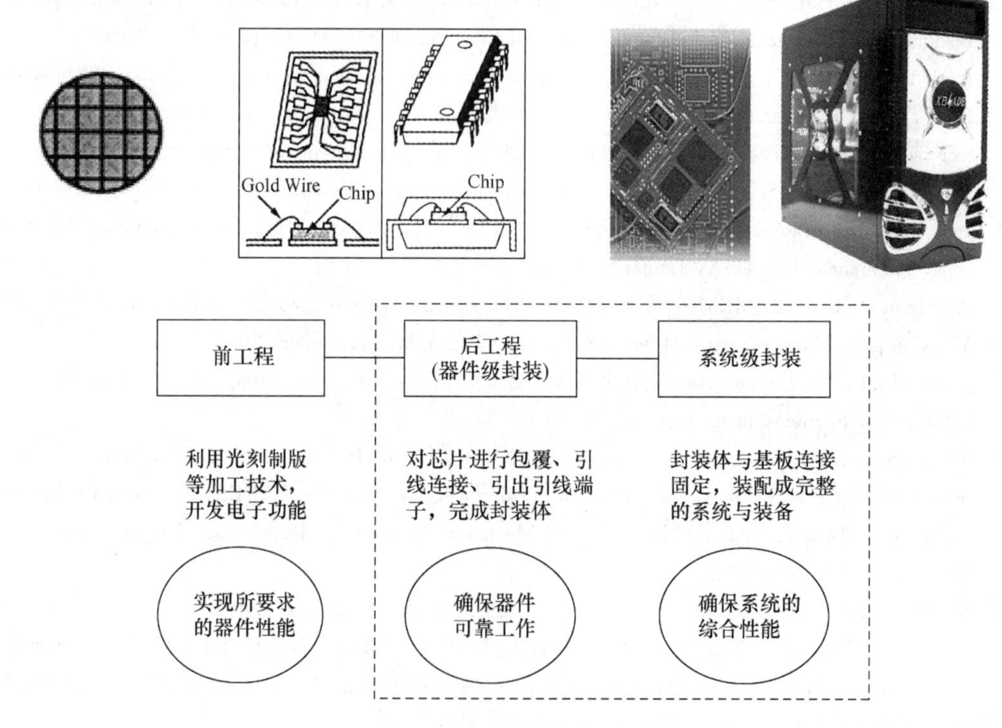

图 11.1　微电子制造的三个过程

从经济的角度看，集成电路封装要求以最低的成本，在最小影响微电子芯片电气性能的同时对这些芯片和元器件提供保护、供电、冷却，并提供与外部世界的电气和机械联系等.

从微电子技术链看，在芯片电路设计阶段完成后，就进入加工制造和应用开发等阶段.整个加工制造阶段可以大致分为三个过程，如图 11.1 所示.

图中的前两个过程属于半导体器件级的范畴，分别称为“前工程”和“后工程”.这里所谓的“前”、“后”是以硅圆片切分成芯片为分界点.电子封装则是虚线方框内的两个加工过程，即器件级封装和系统级封装两个部分.

前工程就是从整块硅圆片入手，经过多次重复的制膜、氧化、沉积、注入(掺杂扩散)和金属布线等工艺，包括照相制版和光刻等工序，制成电路或元器件，实现器件特性.

后工程则是从硅圆片切分好的一个个芯片入手，进行装片、固定、键合连接、包封、引出接线端子和打标检查等工序，完成作为器件、部件的封装体，以确保元器件的可靠性，并便于与外电路连接.

电子工程的系统级封装技术包括实装技术和基板技术，是指将封装好的器件与基板连接固定，装配成完整的系统或电子机器设备，以确保整个系统综合性能的工程.在一些高密度封装工程中，也可以将未完成器件级封装的裸芯片直接安装到基板上.

关于集成电路封装的分类方法，业界常常从所用封装材料、应用对象、封装形式等进行分类.从系统和应用的角度看，包括了芯片级封装(或称零级封装)、器件级封装(或称一级封

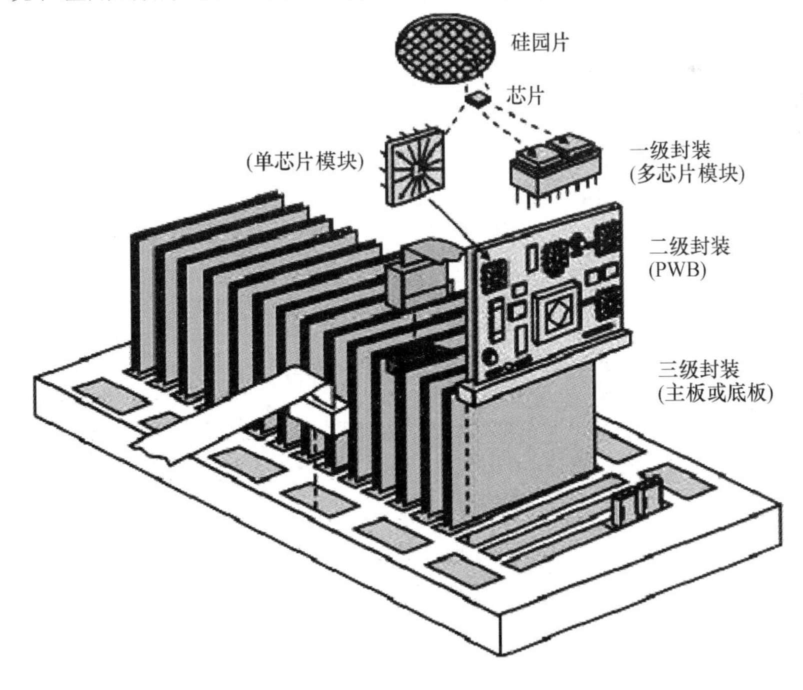

图 11.2　微电子封装中的多个封装层面

装)、板级封装(或称二级封装,也称实装)、母板级封装或系统级封装(或称三级封装)等多个层面. 图 11.2 示意了典型的微电子封装中的多个封装层面.

从广义的微电子封装技术看,由于大部分微电子产品都是由基于诸多封好的器件级产品和装配在电路板上的其他元件所组成的,所以,称之为板上系统(SOB)的产品仍然会是应用电子系统产品的主流技术;而新的技术模型,如三维集成封装系统(SiP),在功能密度要求高的场合将一显身手. SiP 与 SoC 类似,通过对多功能芯片的封装提供了所有所需的功能,这些功能包括模拟、数字、光、RF 和 MEMS.

11.1.1 微电子封装的发展历史

微电子封装的种类繁多,这主要是为满足各种各样应用需求,如图 11.3 所示.

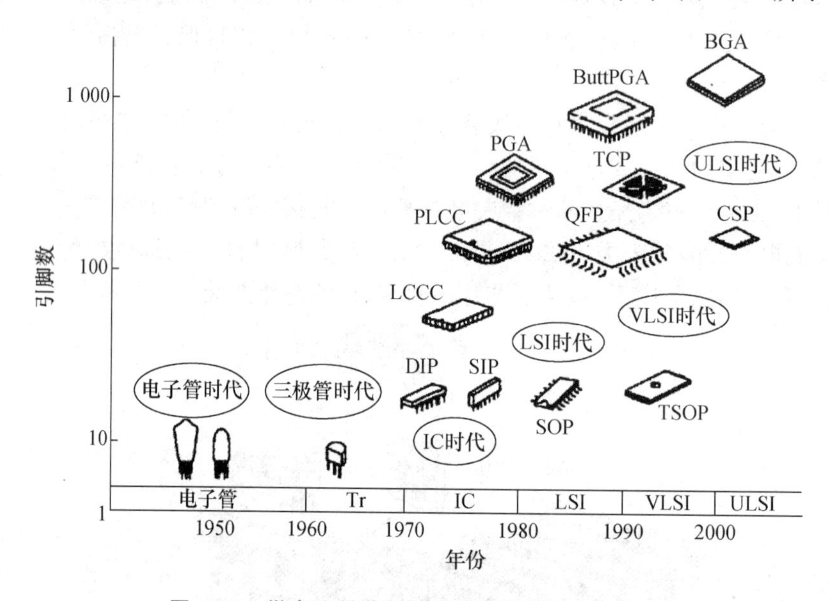

图 11.3 微电子封装的种类和特征随时间的变迁

从封装技术的发展历史看,一般可分为三个主要阶段:

第一阶段,在 20 世纪 70 年代前,以插装型封装为主. 包括最初的金属圆形封装,随后的陶瓷双列直插封装、陶瓷-玻璃双列直插封装和塑料双列直插封装. 尤其是塑料双列直插封装(DIP),由于性能优良、成本低廉又能大批量生产而成为主流产品.

第二阶段,20 世纪 70 年代后,以表面安装类型的四边引线封装为主. 表面安装技术(SMT)被称作电子封装领域的一场革命,得到迅猛发展. 与之相适应,一批适应表面安装技术的封装形式,如塑料有引线片式载体(PLCC)、塑料四边引线扁平封装(PQFP)、塑料小外形封装(PSOP)以及无引线四边扁平封装等封装形式应运而生,迅速发展. 由于封装密度高、引线节距小、成本低并适于表面安装,使塑料四边引线扁平封装成为这一时期的主导产品.

第三阶段,在20世纪90年代以后,以面阵列封装形式为主.20世纪90年代初,集成电路发展到了超大规模阶段,要求集成电路封装向更高密度和更高速度发展,因此集成电路封装从四边引线型向平面阵列型发展,发明了焊球阵列封装(BGA),并很快成为主流产品.后来又开发出了各种封装体积更小的芯片规模封装(CSP).也就是在同一时期,多芯片组件(MCM)蓬勃发展起来,这也被称为电子封装的一场革命.因基板材料的不同分为多层陶瓷基板MCM(MCM-C)、薄膜多层基板MCM(MCM-D)、塑料多层印制板MCM(MCM-L)和厚薄膜基板MCM(MCM-C/D).与此同时,由于电路密度和功能的需要,3D封装和系统集成封装也迅速发展起来.

总之,集成电路封装技术经历了两边引线到四边引线,再到面阵引线的封装密度逐步增加过程,目前正进入从平面封装到三维封装的发展阶段.

11.1.2 集成电路封装技术的地位和作用

集成电路封装技术的重要性体现在多个层次和多个方面上.首先,在微电子技术链中,设计、制造和封装已经形成了三足鼎立的局面.随着集成电路进入高频电路、高速电路、超大规模电路和系统级集成芯片时代,优秀的设计人员越来越需要制造技术和封装技术的知识来完成每一项设计任务;先进的加工工艺流程必须在封装方案确定后才能启动;而封装工程更是产品性能、体积、成本和可靠性的关键,封装技术常常是器件级和系统级产品的主要瓶颈.

封装技术作为信息产业的重要技术基础,在不同的产品中发挥着迥异的作用,主要包括:

(1) 从一个国家或地区的核心竞争力看,电子信息产业的竞争在某种意义上主要就是电子封装业的竞争.20世纪90年代,先进工业国家已经进入高密度封装时代.微电子产品已经融合到国民经济的各个领域,各类产品的大量使用和技术水平提升已经成为交通、通信、办公自动化、家电、医疗、航空航天和国防工业等现代工业技术进步的重要部分.

(2) 从市场角度看,封装技术国际市场已经高达千亿美元,每年大约600亿只集成电路和器件需要封装,并进行系统产品的构建;国内封装相关产值则超过了500亿人民币,几乎是整个半导体行业总产值的半壁江山.封装技术的应用主要包括半导体器件与IC电路封装、封装材料、无源元件、印刷电路板与陶瓷基板、热管理产品、电缆光缆、平板显示、光电子封装、RF封装、MEMS封装、打印设备、组装设备等产品.

随着半导体工艺的飞速发展,以大圆片、细线条为特征的半导体制造技术大大降低了各类芯片的造价.在市场化大批量生产阶段,每个芯片的平均成本已经降到了5美元以下,大量1美元产品已经成为市场竞争的基本目标.封装成本已经超过微电子产品成本的50%——在MEMS产品成本中则高达60%~90%.因此,各种封装元器件和系统级封装的成本已经被视为决定产品市场竞争能力的关键因素. 此外,标准化的封装,也使这些器件在批量化工程应用中成为现实.

(3) 从电子系统产品的技术性能看,产品的性能指标不仅取决于核心芯片的技术水平,更取决于系统中的整体技术水平,木桶原理得到很好的反映,涉及方方面面的封装技术正是相对短小的木板部分. 例如,CPU 芯片和 DSP 芯片已经达到几千兆赫兹的时钟频率,而互连部分、板级连线部分和与封装相关的部分仅允许百兆赫兹信号的传输. 因此,真正实现千兆赫兹信号处理的微系统必须依赖于相关封装技术的进步. 相对于设计业、制造业的成熟理论体系,微系统封装技术的发展则严重滞后于整个微系统发展,难于满足产业发展的需求.

(4) 从产品的整体集成水平看,随着芯片特征线条从深亚微米转向纳米量级,亿万个晶体管可被集成在平方毫米范围的芯片面积上. 决定系统体积的因素主要来自与封装有关的芯片封装、系统封装、电感电容、开关、继电器等无源元件,系统功能密度的提高为各级封装技术所制约.

(5) 从产品的可靠性与寿命看,随着设计技术的提高,诸多 IC 芯片的故障率已经降低到百万分之几的水平. 微系统内部的应力变化、芯片互连和基板级互连故障问题比芯片自身的故障问题严重得多,已经成为器件和系统失效的主要因素.

11.2 集成电路器件封装基础知识

通常,用户需要的不是娇嫩的芯片,而是经过封装后的器件. 人们一般谈的集成电路封装主要指的是对单个的电路或元器件芯片进行包封的器件级封装. 器件级封装也称单芯片封装(single chip package),一般都应该具备以下基本功能:

(1) 有效的机械支撑和隔离保护,避免震动、夹装等机械外力和灰尘、水汽、有害气体等周围环境对芯片的破坏;

(2) 可靠的电信号 I/O 传输,电源、地、工作电压等稳定可靠的供电保障;

(3) 有效的散热功能,把被封装器件工作时产生的热传递出去;

(4) 提供物理空间的过渡,使得精细的芯片可以应用到各种不同尺度的基板上;

(5) 在满足系统需求达到设计性能的同时,尽可能提供低成本封装方案.

为满足上述基本需求,在封装方案和封装材料选取时,希望具有良好的电性能、优秀的热导性能、密封性能、工艺简单和成本低廉等特点. 塑料封装、陶瓷封装和金属封装是三种常用集成电路封装方案,下面分别进行介绍[2,3,5].

11.2.1 塑料封装

塑料封装是指对半导体器件或电路芯片采用树脂等材料进行包封的一类封装,塑料封装一般被认为是非气密性封装.集成电路的塑料封装有上百种类型,图 11.4 展示了其中的代表品种.

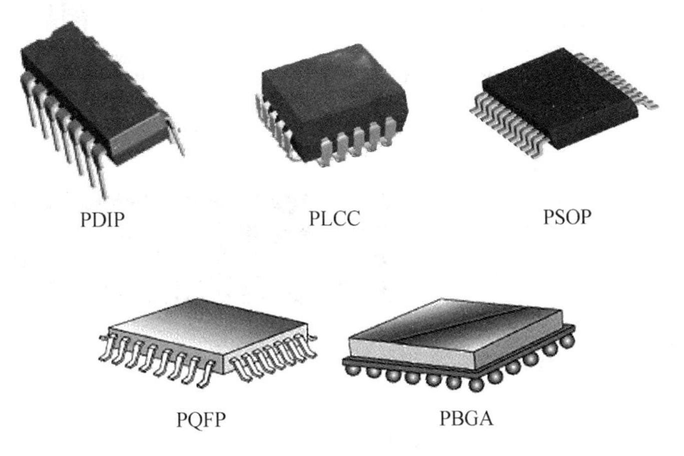

图 11.4 典型的塑料封装件

其中,PDIP:塑料双列直插封装(Plastic Double In-Line Package);PLCC:塑封无引线芯片载体(Plastic Leadless Chip Carrier);PSOP:塑料小尺寸封装(Plastic Small-Outlined Package);PQFP:四边引脚扁平塑料封装(Plastic Quad Flat Packaging);PBGA:(Plastic Ball Grid Array).

塑料封装的主要特点是工艺简单、成本低廉、便于自动化大生产.塑封产品约占 IC 封装市场的 95%,并且可靠性不断提高,在千兆赫兹以下的系统中大量使用.

目前工业界常用的塑封材料主要有三分之二左右的二氧化硅等填充料、18%环氧树脂、外加固化剂、耦合剂、脱模剂、阻燃剂、着色剂等.各种配料成分主要取决于应用中热膨胀系数、介电常数、密封性、吸湿性、强韧性等参数的要求和提高强度、降低成本等因素的考虑.

1. 基本工艺流程和基本工序

一般所说的塑料封装,如无特别的说明,都是指转移成型封装.如图 11.5 所示,主要工艺包括硅片减薄、切片、芯片在引线框架上的贴装、引线键合、转移成型、后固化、去飞边毛刺、上焊锡、切筋打弯、打码、测试等多道工序.

有时也将塑料封装工序分成前、后道二部分,即用塑封料包封前的工艺步骤称为装配或前道工序,其后的工艺步骤称为后道工序.封装前的准备工作包括芯片加工、模具的制备和框架引线的制作等.

塑料封装中引线键合和模注是两个关键的工艺,分别介绍如下.

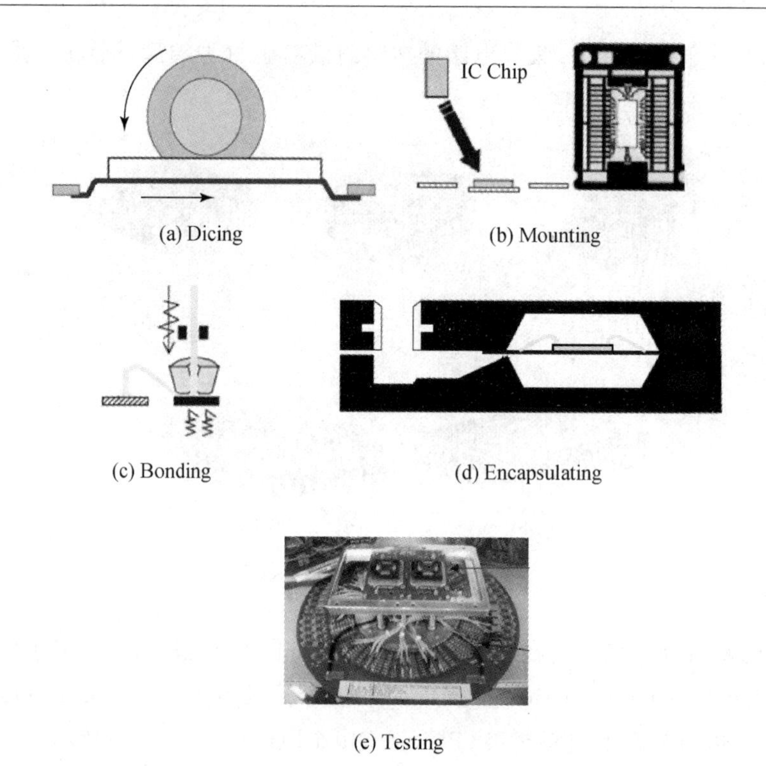

(a) Dicing (b) Mounting

(c) Bonding (d) Encapsulating

(e) Testing

图 11.5 典型的塑封工艺流程

2. 引线键合

引线键合是将芯片电极面朝上粘贴在封装基座或基板上后,用金丝、铝丝或铜丝将芯片电极与引线框架或布线板电路上对应的电极键合连接的工艺技术.

引线键合技术又称作线焊技术和引线连接,这种基本的互连技术在各种封装中应用非常广泛.根据键合装置的自动化程度高低分为手动、半自动和全自动三类;根据其键合工艺特点则分为超声键合、热压键合和热超声键合,这三种键合方式各有特点,也有各自适用的产品.

(1) 超声键合

目前,通过铝丝进行引线键合大多采用超声键合法.超声键合采用超声波发生器产生的能量,通过磁致伸缩换能器,在超高频磁场感应下,迅速伸缩而产生弹性振动,经过变幅杆传给劈刀,使劈刀相应振动;同时,在劈刀上施加一定的压力.于是,劈刀就在这两种力的共同作用下使铝丝和焊区两个纯净的金属面紧密接触,达到原子间的"键合",从而形成牢固的焊接.超声键合使金属丝与铝电极在常温下直接键合.由于键合工具头呈楔形,故又称楔压焊.

(2) 热压键合

热压键合是通过加热和加压力,使焊区金属发生塑性形变,同时破坏金属焊区界面上的氧化层,使压焊的金属丝与焊区金属接触面的原子达到原子的引力范围,进而通过原子间吸引力,达到“键合”的目的.此外,金属界面不平整,通过加热加压可使两金属相互镶嵌.但这种焊接使金属丝形变过大而受损,影响焊接键合质量,限制了热压焊的使用.

(3) 热超声键合

热超声键合也叫做金丝球焊.热压键合和热超声键合的原理基本相同,区别在于热压键合采用加热加压;而热超声键合采用加热加压加超声,其原理与工艺过程如图 11.6 所示.

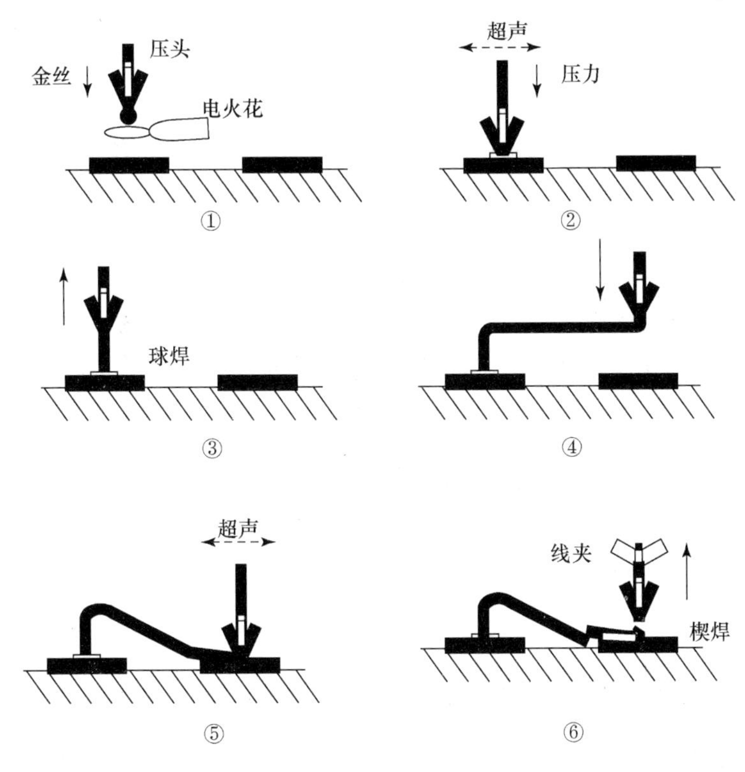

图 11.6　热超声键合工艺过程

工艺过程主要有：① 用高压电火花使金属丝端部熔成球;② 在芯片焊区上加热加压加超声,使接触面产生塑性形变并破坏界面的氧化膜,使其活性化;③ 通过接触使两金属间扩散结合而完成球焊,即形成第一焊点;④ 通过精细而复杂的三维控制将焊头移动至封装底座引线的内引出端或基板上的焊区;⑤ 加热加压加超声进行第二个点的焊接;⑥ 完成楔焊,形成第二焊点,从而完成一根线的连接.⑦ 重复前面①～⑥过程,进行第二根、第三根……线的连接.这种工艺中两焊点明显的区别是：第一焊点要使金属丝端部熔成球形,而第二焊点不必在金属丝端部熔成球形,是利用劈刀的特定形状施加压力以拉断金属丝.由于热超声键合可降低热压温度,提高键合强度,有利于器件可靠性等优点,热超声键合已取代了热压键合和超声键合，成为引线键合的主流键合方式. 目前，生产线上约 90% 的键合机都是采用热超声键合工艺的全自动金丝球引线键合机，简称金丝球焊机.

为保证引线焊接点的精度、焊接质量和长期可靠性，必须关注引线键合的三个关键工艺参数：一是精密的温度控制，要求室温≈400℃，精度好于1℃；二是对芯片、引线框架和封装基板的精确定位；三是驱动超声波换能器、线夹、电子打火的电流、电压、频率、振幅、键合压力、时间等参数的合理设置.

引线键合以技术成熟、工艺简单、成本低廉、适用性强而在电子工程的互连中占重要地位，目前大部分微系统封装都采用引线键合连接. 引线键合技术为适应和满足不断涌现的半导体新工艺和新材料而发展.

虽然业界关于引线键合技术不久即将过时的预测已经存在十多年了，但这种技术不仅没有消失，还依然作为主流互连技术活跃在低端到高端的各种封装形式，并与微电子系统技术的进步同步，不断向前发展.

3. 传递模注

传递模注是热固性塑料的一种成型方式，模注时先将原料在加热室加热软化，然后压入已被加热的模腔内固化成型. 由于其技术价格便宜，适于大批量生产，是目前半导体产业中最常用的封装形式. 传递模注按设备不同有三种形式：活板式，罐式，柱塞式.

传递模注对塑料的要求是：在未达到固化温度前，塑料应具有较大的流动性，达到固化温度后，又须具有较快的固化速率. 能符合这种要求的有酚醛、三聚氰胺甲醛和环氧树脂等.

传递模注封装过程如图 11.7 所示.

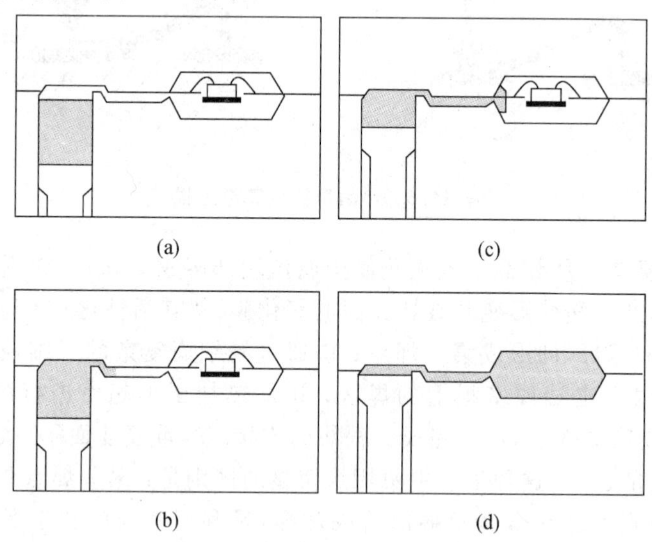

图 11.7 传递模注封装过程

封装过程简述如下：

(1) 加压粉末状树脂，打模成型，制成塑封料饼；封装前，用高频预热机给料饼预热；

(2) 预热后的料饼投入模具的料筒内；

(3) 如图 11.7(a)～(d)所示，模具注射头给料饼施加压力，树脂由料筒经流道，通过浇口分配器进入浇口，最后填充到型腔中；

(4) 待封装树脂基本上填满每个型腔之后注射头加压力，在加压状态下保持数分钟，树脂在模具内发生充分的交联固化反应，硬化成型；

(5) 打开模具，取出封装好的集成电路制品；切除流道、浇口等不必要的树脂部分.

到此阶段树脂聚合仍不充分，特性也不稳定，要在 160～180℃ 经数小时的高温加热，使聚合反应完成. 最后要处理外部引脚，去除溢出的树脂，经过电镀焊料或电镀锡等处理以改善引脚的耐蚀性及微互连时焊料与它的浸润性.

传递模注具有以下优点：

(1) 制品废边少，可减少后续加工量；

(2) 能加工带有精细或易碎嵌件和穿孔的制品，并能保持嵌件和孔眼位置的正确；

(3) 制品性能均匀，尺寸准确，质量高；

(4) 模具的磨损较小.

缺点主要有：模具的制造成本较压缩模高、塑料损耗大、纤维增强塑料因纤维定向而产生各向异性等.

11.2.2 金属封装

金属封装[6-8]是采用金属作为壳体或底座，芯片直接或通过基板安装在外壳或底座上的一种电子封装形式. 该种封装的信号和电源引线大多采用玻璃-金属密封工艺或者金属陶瓷密封工艺.

金属封装具有良好的散热能力和电磁场屏蔽，因而常应用于高可靠性要求和定制的专用气密封装. 主要应用的模件、电路和器件包括多芯片微波模块和混合电路，分立器件封装、专用集成电路封装、光电器件封装、大功率器件、特殊器件封装等.

金属封装精度高，尺寸严格；适合批量生产，价格相对低；性能优良，应用面广；可靠性高，可以实现大腔体多芯片封装等.

金属封装形式多样、加工灵活，可以和某些部件(如混合集成的 A/D 或 D/A 转换器)融合为一体，适合于低 I/O 数的单芯片和多芯片的用途，也适合于 MEMS、射频、微波、光电、声表面波和大功率器件，可以满足小批量、高可靠性的要求. 此外，为解决封装的散热问题，各类封装也大多使用金属作为热沉和散热片. 图 11.8 是一些金属封装的典型例子.

金属封装一般要求先分别制备金属封装盖板和金属封装壳体. 壳体上要制作气密的电极以提供电源供电和电信号的输入输出，采用玻璃绝缘子的电极制作方案被广泛采用. 一般在壳体的待封接面上还要用用低温金属制作焊框.经芯片减薄、划片后的功能芯片也采用前述的粘片、键合方法贴装在封装壳体并完成电连接,随后的工序就是封盖.

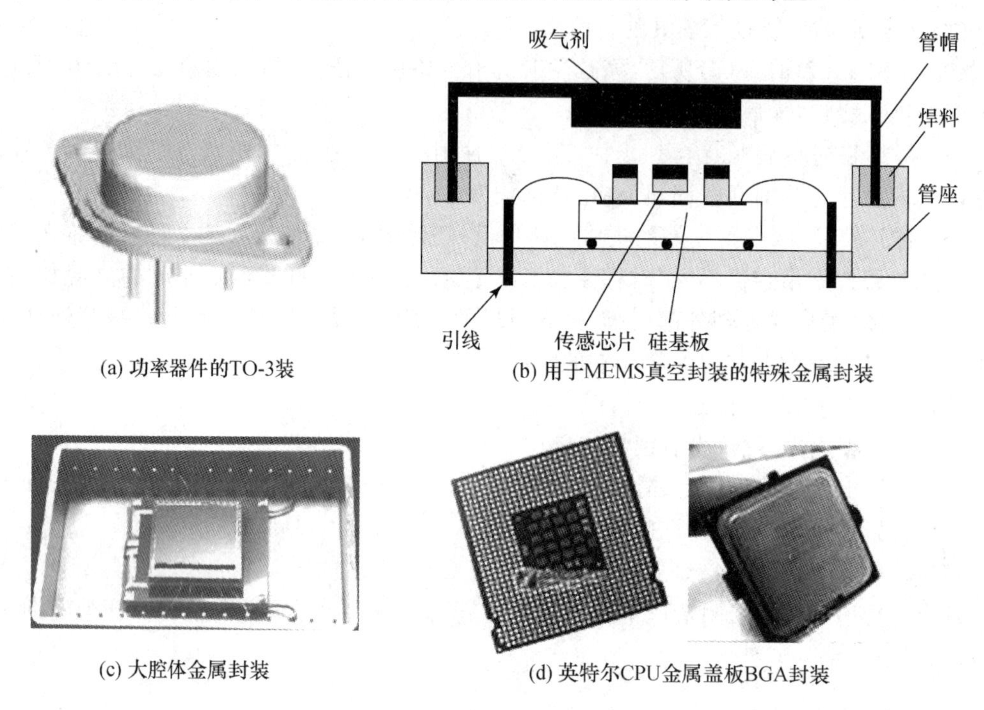

(a) 功率器件的TO-3装

(b) 用于MEMS真空封装的特殊金属封装

(c) 大腔体金属封装

(d) 英特尔CPU金属盖板BGA封装

图 11.8　典型金属封装实例

金属封装需要特别注意的是在最后的装配前,需进行烘烤,将金属中的气泡或者湿气驱赶出来,从而与腐蚀相关的失效的发生会大大减少.在装配过程中,温度不能始终维持高温,而是要按照一定的降温曲线配合各个阶段的工艺,减少后工艺步骤对先前的工艺的影响.

封盖工艺是金属封装比较特殊的一道工艺.封盖过程要注意的是,封装盖板和壳体的封接面上不可以出现任何空隙或没有精确对准,因为这两个原因会引起器件的密封问题.此外,为减少水汽等有害成分,封盖工艺一般在氮气等干燥保护气下进行.常见的封盖工艺有:平行封焊、储能焊、激光封焊和低温焊料焊接等.

平行封焊是一种可靠性较高的电阻焊封帽方式,其工作原理如图 11.9 所示.在封焊时,电极轮滚动前移,并施加一定的压力,同时以脉冲方式供电.由于在电极与盖板、盖板与焊框间存在接触电阻,焊接脉冲电流将在这些电阻处产生焦耳热,使盖板和焊框间局部形成熔融状态,凝固后形成焊点.焊接电流、焊接速度和焊接压力等工作参数的变化以及众多其他因素影响着封装质量.在实际工作中,只有经过不断的探索与努力,综合考虑各种因素,才能提高封装成品率.该种封装工艺温升较低、不使用焊料、对器件性能影响较小、焊接强度和封装气密性高.

平行缝焊是一种可靠性较好的封帽方式，大量使用于气密性要求严的封装中. 平行缝焊与储能焊相比，在封焊过程中管壳及基板受到的机械应力小，不会使基板产生开裂；与锡封焊工艺相比，平行缝焊工艺的水汽含量可以控制在很低的水平，而且还克服了锡焊封盖造成电路污染或产生多余物等缺陷. 此外，平行封焊焊接温度低，可适应温度敏感器件的焊接等.

平行封焊的盖板等材料，对封装中气密性以及气密性成品率有重要影响. 高质量的平行缝焊盖板必须具备：① 热膨胀系数与底座焊环的相同、与瓷体的相近；② 焊接熔点温度要尽可能低；③ 耐腐蚀性能优良；④ 尺寸误差小；⑤ 平整、光洁、毛刺小、玷污少等特性.

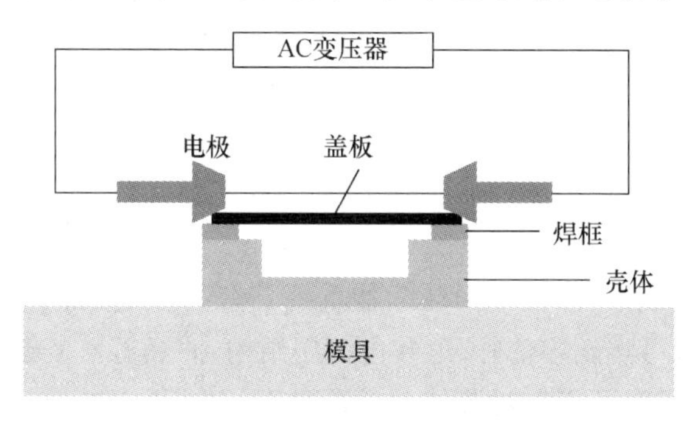

图 11.9　平行封焊工作原理

金属封装材料应具备的要求有：① 与芯片或陶瓷基板匹配的低热膨胀系数，减少或避免热应力的产生；② 非常好的导热性，提供热耗散；③ 非常好的导电性，减少传输延迟；④ 良好的EMI/RFI 屏蔽能力；⑤ 较低的密度，足够的强度和硬度，良好的加工或成型性能；⑥ 可镀覆性、可焊性和耐蚀性，易实现与芯片、盖板、印刷板的可靠结合、密封和环境的保护；⑦ 较低的成本.

金属材料的选择对金属封装的质量和可靠性有着直接的影响，常用的材料主要有：Al、Cu、Mo、W、钢、可伐合金以及 CuW (10/90)、Silvar™(Ni-Fe 合金)、CuMo (15/85)、和 CuW (15/85). 它们都有很好的导热能力，并且具有比硅材料高的热膨胀系数. 目前用量最大的底座材料是氧化铝陶瓷和可伐合金，与陶瓷膨胀系数相匹配的金属焊环是可伐合金或 4J42 铁镍合金. 可伐的熔点温度 1 460℃，为降低焊接熔点，可以在盖板上镀上镍磷合金，可实现低至 880℃的焊接温度，这比电镀镍熔点 1450℃左右要低不少. 盖板设计一般要求四周边缘薄中间厚. 边缘焊接处的厚度一般为 0.1 mm 左右，如果太厚，焊接的能量不足以使之熔化，不能形成牢固的焊接. 中间部分加厚主要是为了加强盖板的机械强度，防止变形.

Au-Sn 是常用的键合焊料，特别是在有着相近的热膨胀系数的两种材料键合时会有很好的效果. 如果将 Au-Sn 作为热膨胀系数失配甚大的两种材料间的焊料，则会在多次热循环试验后出现疲劳失效. 而且 Au-Sn 焊料是易碎的，通常只能承受很小的应力.

除了 Cu/W 和 Cu/Mo 以外，传统金属封装材料都是单一金属或合金，它们都有某些不足，难以满足现代封装技术的发展. 近年来新开发了很多种金属基复合材料(MMC)，它们是以 Mg、Al、Cu、Ti 等金属或金属间化合物为基体，以颗粒、晶须、短纤维或连续纤维为增强体的一种复合材料.与传统金属封装材料相比，他们主要有以下优点：

(1) 可以通过改变增强体种类、体积分数、排列方式或改变基体合金，改变材料的热物理性能，满足封装热耗散的要求，甚至简化封装的设计；

(2) 材料制造灵活，成本不断降低，特别是可直接成形，避免了昂贵的加工费用和加工造成的材料损耗；

(3) 特别研制的低密度、高性能金属基复合材料非常适合航空航天用途.

随着电子封装朝着高性能、低成本、低密度和集成化方向发展，对金属封装材料提出越来越高的要求，金属基复合材料将为此发挥着越来越重要的作用，因此，对金属基复合材料的研究和使用将是今后的重点和热点之一.

11.2.3 陶瓷封装

采用陶瓷材料作为封装体，陶瓷封装的特点主要有：① 气密性好，封装体的可靠性高；② 具有优秀的电性能，可实现多信号、地和电源层结构，并具有对复杂的器件进行一体化封装的能力；③ 导热性能好，可降低封装体热管理体积限制和成本；④ 烧结装配时尺寸精度差、介电系数高，价格比塑料封装昂贵；⑤ 热膨胀系数一般为 $6\sim7\times10^{-6}/℃$.

陶瓷封装的种类繁多，包括金属陶瓷封装和一般陶瓷封装两大类.图 11.10 示出了典型陶瓷封装样品.上排左到右的代表品种为：陶瓷双列直插封装(Ceramic Double In-line Package，简称 CDIP)；陶瓷针栅阵列封装(Ceramic Pin Grid Array，简称 CPGA)；无引线芯片载体(Leadless Chip Carrier，简称 LCC).

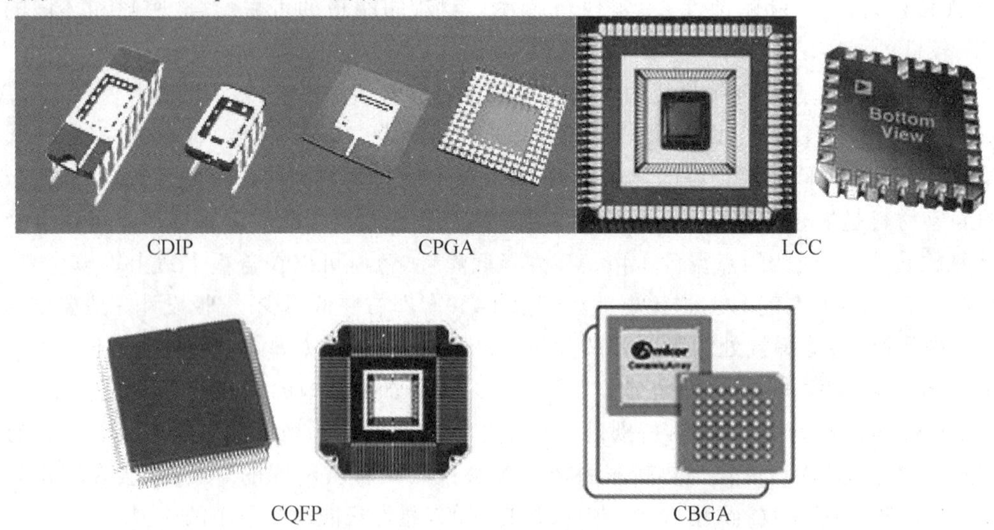

图 11.10 陶瓷封装样品

面阵陶瓷封装产品的开发进展较快，出现了多种形式的封装方案，如：CPGA、倒装焊型陶瓷球栅阵列（Flip-Chip Ceramic Ball Grid Array，简称 FC-CB-GA），倒装焊型陶瓷柱栅阵列（flip-chip ceramic column grid array，简称 FC-CCGA），陶瓷芯片级封装（ceramic chip scale package，简称 C-CSP）.

陶瓷封装在航空航天、军事及许多大型计算机方面都有广泛的应用，在高端封装市场的占有率逐年提高.

随着陶瓷流延技术的发展，使得陶瓷封装在外形、功能方面的灵活性有了较大的发展. 如 IBM 的陶瓷基板技术已经达到 100 多层布线，可以将无源器件如电阻、电容、电感等都集成在陶瓷基板上，从而实现高密度封装. 国内越来越多的高端 ASIC 电路、SOC 产品，开始采用陶瓷 BGA、LGA 封装，引腿数超过了 1 000 个.

陶瓷封装的工艺一般分为叠层陶瓷工艺和压制陶瓷工艺两种. 叠层陶瓷工艺采用未烧制的“生”氧化铝等组成的带料（green tape），该生瓷料就如“饺子皮”一样能够切割制孔和导体图形化. 单个层之间可以相互对准，然后在静压环境下层压成为封装体，最后经过高温烧结成或共烧成一体化的互连结构. 最近研究与应用的一个热点称为低温共烧陶瓷（LTCC），烧结温度为 900 度左右. LTCC 工艺能够通过通孔将芯片上的焊盘与引线、焊盘、或管脚相连的金属化进行三维布线. 简化的工艺过程为：生瓷片底板成型—金属化、电镀形成电极—瓷片叠层—烧结.

压制陶瓷工艺是在 1963 年由 IBM 公司首次开发的，封装体由压制陶瓷体、硼硅酸盐玻璃和导线框架三明治结构组成. 压制陶瓷封装通常包含三部分结构：基底、盖子、引线框架. 制作基底和盖子的工艺方法是：① 将陶瓷粉压制成想要的形状，② 高温烧结，③ 将玻璃印刷在基底和盖子上，④ 再烧结，⑤ 在封装过程中，将另外制作的引脚框架嵌入到基底玻璃中. 通过在基底和引脚结合体上熔化盖板玻璃可实现气密性密封. 这种密封方法也称作玻璃熔封封装. 由于压制陶瓷封装的工艺能够全部实现自动化，因此其成本低于多层类陶瓷封装.

目前，代客加工服务的陶瓷封装的工艺分为两个阶段：第一阶段要根据用户需求，联合设计并由管壳生产商制作管壳和盖板；第二阶段是形成封装体的过程，包括：粘片—键合—加强固定（如果必要的话）—封盖. 其中，封盖工艺一般采用平行封焊等，与金属封装采用的封盖工艺相同.

11.3 微电子二级封装

微电子二级封装也称板级封装或模组组装，要求将一个或多个封装件装配到基板上形成一个功能模块.

二级封装技术是伴随着器件封装的发展而不断演变的. 同时，它又决定了器件封装的可能形式和发展方向. 在 20 世纪 70 年代前，插装为模组组装的主要形式，模组组装采用的是通孔插装，即在印刷板上钻插装孔，将封装件插入以后用波峰焊进行焊接固定. 20 世纪 80 年代是表面贴装技术(SMT)飞速发展时期，大大促进了电子装备的小型化和高密度化. SMT 将传统的电子元器件压缩成为原体积的十分之一左右，从而实现了电子产品组装的高密度、高可靠、小型化、低成本，成为电子信息化产业的基础. 总体来说 SMT 由 SMD、贴装技术、贴装设备三个部分组成. 由于 SMD 的组装密度高，使现有的电子产品、系统在体积上缩小 40%～60%，重量上减轻 60%～80%，成本上降低 30%～50%，同时加之 SMD 的可靠性高和高频特性好等特点，所以 SMT 表面贴装工艺技术及其设备的选择和配置成为电子产品、系统质量保证的关键.

SMT 是用自动组装设备将片式化、微型化的无引线、短引线表面贴装元器件直接贴、焊到印刷电路板(Print Circuit Board，简称 PCB)等布线基板表面特定位置的一种电子组装技术，是将分散的元器件集成为部件、组件的重要技术环节.

与传统的 THT 技术不同，SMT 无需在印刷电路板上钻插装孔，只需将表面贴装元器件贴、焊到印刷电路板表面设计位置上，采用包括点胶，焊膏印刷，贴片，焊接，清洗，在线和功能测试在内的一整套完整工艺联装技术. 具体地说，就是用一定的工具将粘接剂或焊膏印涂到基板焊盘上，然后把表面贴装元器件引脚对准焊盘贴装，经过焊接工艺，建立机械和电气连接.

11.3.1 SMT 工艺流程

典型的双面混合 SMT 组装工艺过程见图 11.11，关键工艺有：

(1) 丝印：其作用是将焊膏或贴片胶漏印到 PCB 的焊盘上，为元器件的焊接做准备. 所

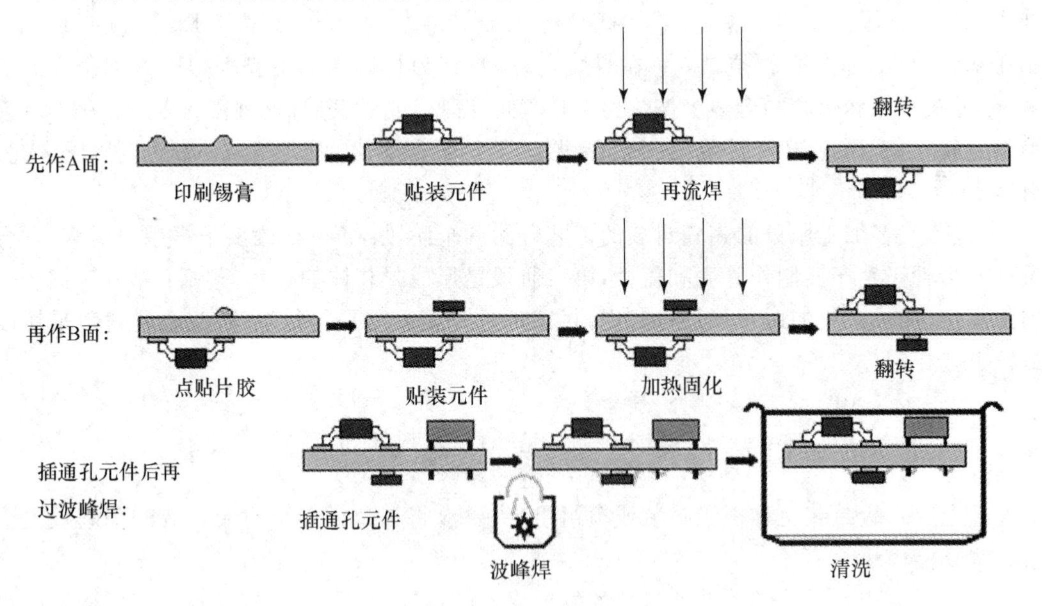

图 11.11 SMT 工艺流程

用设备为丝网印刷机，位于SMT生产线的最前端.

（2）点胶：它是将胶水滴到PCB的指定位置上，其主要作用是将元器件固定到PCB板上.所用设备为点胶机，位于SMT生产线的最前端或检测设备的后面.

（3）贴装：其作用是将表面组装元器件准确安装到PCB的指定位置上.所用设备为贴片机，位于SMT生产线中丝印机的后面.

（4）固化：其作用是将贴片胶融化，从而使表面组装元器件与PCB板牢固粘接在一起.所用设备为固化炉，位于SMT生产线中贴片机的后面.

（5）回流焊接：其作用是将焊膏融化，使表面组装元器件与PCB板牢固粘接在一起.所用设备为回流焊炉，位于SMT生产线中贴片机的后面.

（6）清洗：其作用是将组装好的PCB板上面的对人体有害的焊接残留物如助焊剂等除去.所用设备为清洗机，位置可以不固定，可以在线，也可不在线.

（7）检测：其作用是对组装好的PCB板进行焊接质量和装配质量的检测.所用设备有放大镜、显微镜、在线测试仪（ICT）、飞针测试仪、自动光学检测（AOI）、X-RAY检测系统、功能测试仪等.根据检测的需要，可以配置在生产线合适的地方.

（8）返修：其作用是对检测出现故障的PCB板进行返工.所用工具为烙铁、返修工作站等.配置在生产线中任意位置.

11.3.2　多芯片模块（MCM）

早期的混合集成电路技术只是将个别的半导体元件与R、C、L无源元件搭载在基板上.后来人们开始在基板上搭载多个更先进的IC芯片及多个无源元件，这就是MCM的出现.

如图11.12所示，MCM是在高密度多层互连极板上，采用微焊接、封装工艺将构成电

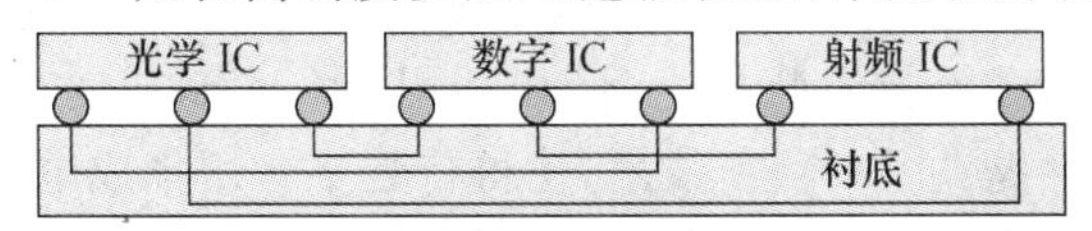

(a) MCM原理示意图

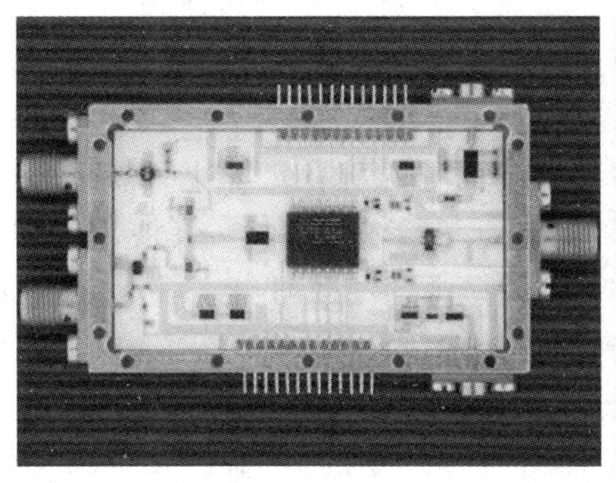

(b) 陶瓷基板MCM

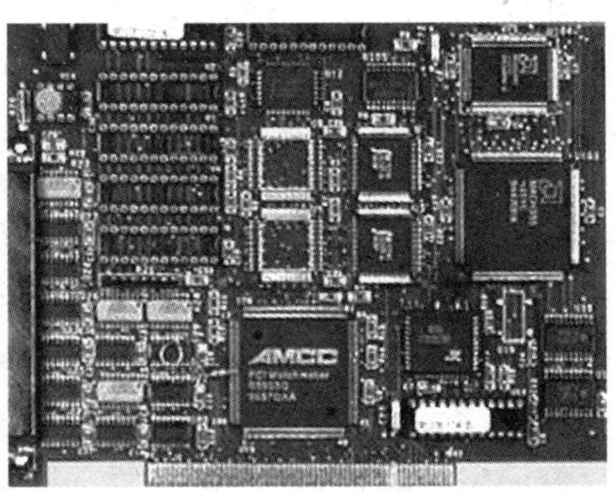

(c) 有机基板MCM

图11.12　MCM原理与实物样品图

子电路的各种微型元器件(IC 裸芯片及片式元器件)组装起来,形成高密度、高性能、高可靠性的微电子产品(包括组件、部件、子系统、系统). 它是为适应现代电子系统短、小、轻、薄和高速、高性能、高可靠性、低成本的发展方向而在 PCB 和 SMT 的基础上发展起来的新一代微电子封装与组装技术,是实现系统集成的有力手段.

根据多层互连基板的结构和工艺技术的不同,MCM 大体上可分为三类: MCM-L、MCM-C 和 MCM-D.

MCM-L 是采用多层印制电路板做成的 MCM,制造工艺较成熟,生产成本较低,但因芯片的安装方式和基板的结构所限,高密度布线困难,因此电性能较差,主要用于 30 MHz 以下的产品. MCM-C 是采用高密度多层布线陶瓷基板制成的 MCM,结构和制造工艺都与先进 IC 几乎相似. 其优点是布线层数多,布线密度、封装效率和性能均较高,主要用于工作频率 30～50 MHz 的高可靠性产品. 它的制造过程可分为高温共烧陶瓷法 HTCC 和低温共烧陶瓷法 LTCC. 由于低温下可采用 Ag、Au、Cu 等金属和一些特殊的非传导性的材料. 近年来,低温共烧法占主导地位. MCM-D 是采用薄膜多层布线基板制成的 MCM,其基体材料又分为 MCM-D/C(陶瓷基体薄膜多层布线基板的 MCM)、MCM-D/M(金属基体薄膜多层布线基板的 MCM)、MCM-D/Si(硅基薄膜多层布线基板的 MCM)等三种,MCM-D 的组装密度很高,主要用于高性能产品.

MCM 在组装密度、封装效率、信号传输速度、电性能以及可靠性等方面独具优势,是目前能最大限度地提高集成度,制作高速电子系统,实现整机小型化、多功能化、高可靠性、高性能的最有效途径. MCM 早在 80 年代初期就曾以多种形式存在,但由于成本昂贵,大都只用于军事、航天及大型计算机上. 随着技术的进步及成本的降低,MCM 在计算机、通信、雷达、数据处理、汽车行业、工业设备、仪器与医疗等电子系统产品上得到越来越广泛的应用,已成为最有发展前途的高级微组装技术. 例如利用 MCM 制成的微波和毫米波 SOP,为集成不同材料系统的部件提供了一项新技术,使得将数字专用集成电路、射频集成电路和微机电器件封装在一起成为可能. 3D-MCM 是为适应军事宇航、卫星、计算机、通信的迫切需求而迅速发展的高新技术,具有降低功耗、减轻重量、缩小体积、减弱噪声、降低成本等优点. 电子整机系统向小型化、高性能化、多功能化、高可靠和低成本发展已成为目前的主要趋势,从而对系统集成的要求也越来越迫切.

通常所说的多芯片组件都是指二维的(2D-MCM),它的所有元器件都布置在一个平面上,不过它的基板内互连线的布置已是三维. 随着微电子技术的进一步发展,芯片的集成度大幅度提高,对封装的要求也越严格,2D-MCM 的缺点也逐渐暴露出来. 目前,2D-MCM 组装效率最高可达 85%,接近二维组装所能达到的最大理论极限,已成为混合集成电路持续发展的障碍. 为了改变这种状况,三维多芯片组件(3D-MCM)应运而生,其最高组装密度可达 200%. 3D-MCM 是指元器件除了在 x-y 平面上展开以外,还在垂直方向(z 方向)上排列. 互连带宽是电子产品的一个主要性能指标,特别存储器带宽往往是影响计算机和通信系统性能的重要因素. 降低延迟时间和增大总线宽度是增大信号宽度的重要方法,3D-MCM

正好具有实现此特性的突出优点.

3D-MCM 虽然具有以上所述的优点，但仍然有一些困难需要克服. 封装密度的增加，必然导致单位基板面积上的发热量增大，因此散热是关键问题. 一般采用如金刚石或化学气相淀积金刚石薄膜、水冷或强制空冷、导热粘胶或散热通孔等方法. 另外，作为一项新技术，3D-MCM 还需进一步完善，更新设备，开发新的软件.

11.4　先进封装技术

微电子封装技术的发展方向就是小型化、高密度、多功能和低成本. 总体来说，它有三大趋势：① 高密度器件封装趋于芯片尺寸大小，并以二维互连方式与 PCB 相连接. ② 一、二级封装合并为一，将芯片直接装在高密度基板上. ③ 封装的集成化，即将几个芯片封装在一个模块内，集成可以沿平面方向或沿高度方向进行.

近年来，国际封装研究热点主要包括：超越摩尔发展战略、零级封装、3D 集成、基板中内埋有源/无源元件、高功率模件、多引脚倒装技术、RF-ID 封装、微系统集成技术、MEMS 封装、生物电子/汽车电子/光电子/有机电子/印制电子器件和系统的封装，以及与上述封装相关的新材料新工艺、互连、电/热/机械设计与模拟、组装、测试与可靠性等[3,9,10].

11.4.1　BGA 和 CSP

当 SMT 在 20 世纪 80 年代大量普及的时候，作为最高密度封装方式的 QFP 在其引脚节距达到 0.4 mm 时似乎遇到了 SMT 技术的极限. 主要原因是模板开孔的精度，焊浆印刷的精度，及器件放置的精度不能保证在引脚节距小于 0.4 mm 时仍然有大规模生产所需要的成品率.

BGA——球状引脚栅格阵列封装技术，是一种高密度表面装配封装技术. 在封装的底部，引脚都成球状并排列成一个类似于格子的图案，由此命名为 BGA，图 11.13 所示为 IBM 和 Amkor 采用这一技术的 BGA 封装典型例子. BGA 封装的典型结构如图 11.14 所示.

图 11.13　典型的 BGA 封装

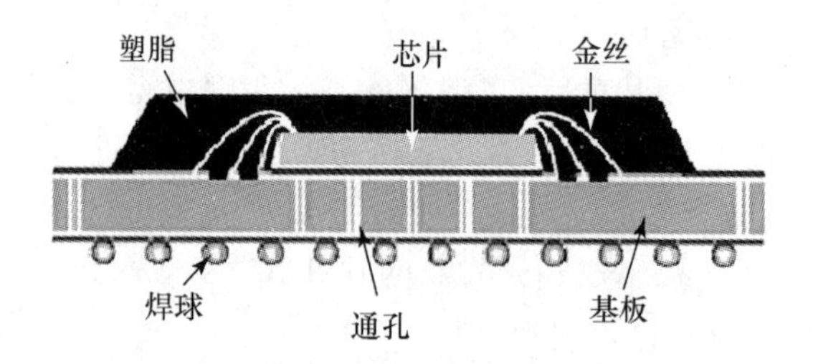

图 11.14　典型的 BGA 封装的结构示意图

BGA 正在迅速成为集成电路与印刷板互连的最普遍的方式之一. BGA 最为引人注意的基本特点是对于 IO 数量超过 200 的 IO 仍可以利用现有的 SMT 工艺. 虽然 BGA 焊接的时间温度曲线与标准的曲线相同,但在使用时还必须了解这些封装的特殊性能. 这一点特别重要,因为与大多传统的 SMT 器件不同,BGA 焊接点位于器件的下方,介于器件体与 PCB 之间. 因此,结构中的内部材料对接点的影响要比大多数传统封装形式大得多. 因为,传统封装形式的引线沿器件体四周排列,至少可以部分暴露于加热环境中. 这就要求在回流焊工艺参数的设定过程中,必须以 BGA 焊接点的温度测量值为参考点.

BGA 的兴起和发展尽管解决了 QFP 面临的困难,但它仍然不能满足电子产品向更加小型、更多功能、更高可靠性对电路组件的要求,也不能满足硅集成技术发展对进一步提高封装效率和进一步接近芯片本征传输速率的要求,所以先进封装界就开始开发一种接近芯片尺寸的超小型封装,叫芯片尺寸封装,也就是 CSP.

CSP 的含义是封装尺寸与裸芯片相同或封装尺寸比裸芯片稍大. 日本电子工业协会对 CSP 的规定是芯片面积与封装尺寸面积之比大于 80%. CSP 与 BGA 结构基本一样,只是锡球直径和球中心距缩小了、更薄了,这样在相同封装尺寸时可有更多的 I/O 数,使组装密度进一步提高,可以说 CSP 是缩小了的 BGA.

CSP 比 QFP 和 BGA 提供了更短的互连,改善了电气性能和热性能,提高了可靠性,所以使它得以迅速推广应用. 1997 年开始进入实用化的初级阶段,并逐渐成为高 I/O 端子数 IC 封装的主流. 在日本主要用于超高密度和超小型化的消费类电子产品领域,包括移动电话、调制解调器、便携式电脑、PDA、超小型录像机、数码相机等产品;在美国主要用于高档电子产品领域的 MCM 中作为直接芯片组装的 KDG(确认好的器件)的替代品,以及存储器件,特别是 I/O 端子数在 2 000 以上的高性能电子产品中.

BGA 的节距通常为 1.0 mm、1.27 mm 或 1.5 mm. CSP 的节距则多为 1.0 mm、0.75 mm 和 0.5 mm. 今后 CSP 的节距目标是 0.3 mm. 主要原因有: ① 与 QFP 在 80 年代末遇到的情况一样,当 CSP 的节距为 0.3 mm 时,SMT 的成品率受到影响;② 与 QFP 不同的是,由于 CSP 的焊点成二维分布,在 PCB 上需要把内部焊点的信号引出来. 当节距为 0.3 mm 时,这几乎是不可能做到的. 因为,目前成熟的 PCB 技术能够提供的线宽/间距为 0.1 mm/0.1 mm. 一些公司可以提供线宽/间距为 0.075 mm/0.075 mm. 即使这样,要把节距为 0.3 mm 的 CSP 的内部焊点的信号引出来也是不可能的.因此,BGA/CSP 节距的进一步缩小倚赖于 PCB 技术的进一步发展.

在低成本的 PCB 技术能够提供的线宽/间距足以支持更小的 CSP 节距之前,BGA/CSP 的重点发展将是寻求更低成本的制造方法,更好电性能、散热性能和可靠性等.近几年,各种类型的 CSP 的出现,就充分反映了这一趋势.如从刚性基板 CSP、柔性基板 CSP、引线框架型 CSP、微小模塑型 CSP、焊区阵列 CSP、微型 BGA、凸点芯片载体(BCC)、QFn 型 CSP、芯片迭层型 CSP 到晶圆级 CSP 等.晶圆级 CSP 的全部或大部分工艺步骤是在已完成前工序的硅晶圆上完成的,最后将晶圆直接切割成分离的独立器件.它独特的优点是:① 封装加工效率高,可以多个晶圆同时加工;② 具有倒装芯片封装的优点,即轻、薄、短、小;③ 与前工序相比,只是增加了引脚重新布线(RDL)和凸点制作两个工序,其余全部是传统工艺;④ 减少了传统封装中的多次测试.因此世界上各大型 IC 封装公司纷纷投入这类 CSP 的研究、开发和生产.

11.4.2　倒装键合(Flip Chip)技术

倒装键合是指在裸芯片电极上形成连接用凸点,将芯片电极面朝下经钎焊或其他工艺将凸点和封装基板互连的一种方法,其基本原理为芯片与基板间互连用凸点代替传统的引线键合.由于 I/O 端可以按面阵式排布,满足了大规模和超大规模集成电路对 I/O 数的需求,因此其组装密度最高.

在所有芯片直接装配到 PCB 上的技术中,倒装芯片是使用最广泛,也最有代表性的技术.

IBM 大型计算机的应用在很大程度上推动了倒装芯片技术的发展.自 20 世纪 60 年代末以来,IBM 已在陶瓷印刷板上处理了数以百万的倒装芯片.70 年代初,美国汽车工业也开始大规模在陶瓷上使用 Flip Chip.在 80 年代,倒装芯片也开始被日本大公司如日立、日电和富士通所使用.从 90 年代起,LCD 上的驱动电路封装就一直是以倒装芯片为主要方式.

在倒装芯片的使用中,芯片可以是装配在高密度的 FR4 基板上,或在柔性板,陶瓷印刷板,或玻璃上.无论何种情况,目前主要的研发重点都集中在如何进一步减小节距和提高互连的可靠性.

芯片倒置互连这一小小的变化引起了微电子封装方面一系列变革,成为高密度封装研究的方向:它使 BGA 封装得以进一步推广、CSP 技术得以快速发展;推进了 C4 (控坍塌芯片互连,焊点一般不超过 100 μm) 在高频 MCM 中的应用.

倒装焊封装技术具有精度高、形成的混合集成芯片占用体积小、输入输出密度高、互连线短、引线寄生参数小等优点.在采用回流焊接的倒装焊技术中,利用焊料熔融后液态焊料的表面张力可产生的自对准效应,可以实现精度非常高的无源对准.因此,倒装焊被认为是高密度芯片/芯片互连的首选混合集成技术.

倒装焊封装技术包含两方面的内容:凸点制作和倒装装配.

凸点制作的第一步是对芯片上的接触层进行钝化.其目的是当倒装焊采用回流焊的方式时,为防止基板或芯片的电极材料和熔化后的凸点材料发生化学反应而遭到腐蚀,造成断路;或防止因凸点材料与电极的融合性不好而造成的易裂易断等其他失效机制.钝化层的材料和种类将根据电极和凸点的材料以及焊接温度来决定,对于一般的硅基CMOS工艺的铝质电极和常用的PbSn或无铅(如Sn-Cu-Ag)焊料来说,常用的钝化金属层材料有镍、金、钛钨合金等[15],如图11.15所示.

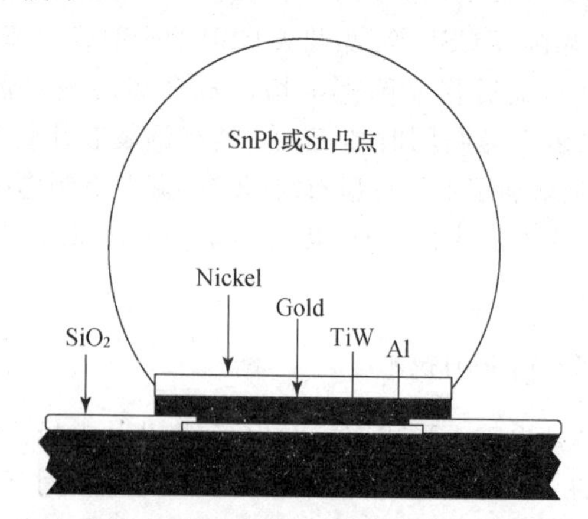

图11.15 倒装焊凸点及钝化金属层结构示意图

凸点制作是倒装焊中工艺最复杂的一个步骤,制作方法和材料也各不相同.对于金属材料的凸点制作来说,根据凸点材料熔点的高低大致可以划分为低熔点凸点材料和高熔点材料.铅、锡、铟等低熔点材料具有焊接温度低,焊点的可塑性好,容易匹配所焊接的两种基材的热膨胀系数等优点,因此成为较为广泛采用的凸点材料.

倒装装配是在专用的倒装焊设备中,将已做好凸点的芯片与基板上的对应部分键合在一起.对于低熔点的凸点,一般采用回流焊的办法,即在对准以后加热,使焊料融化,冷却后形成牢固的电气机械互连.通常在对准之前还需要在凸点上涂敷助焊剂.

片间注入是在已做好凸点焊接的芯片与基板之间注入树脂,填充连接凸点以外的空间,以增强焊点的可靠性.

11.4.3 芯片级封装与3D集成

前面讨论的器件级封装都是先对圆片减薄、切片,将各芯片逐个进行封装成为器件的;而圆片级封装(Wafer Level Package,简称WLP)则是一次可以同时封装整个圆片上的所有芯片.圆片级封装又称为零级封装或圆片级封装,大大提高了集成电路前后道工序协作的效益,是目前先进封装研究中的一个热点,图11.16是一种典型的集成电路圆片级封装示意.

同其他封装一样,WLP必须为芯片提供导热和电气通道,还要为芯片提供合适的机械和环境保护.同样重要的是WLP还必须与标准的SMT兼容.

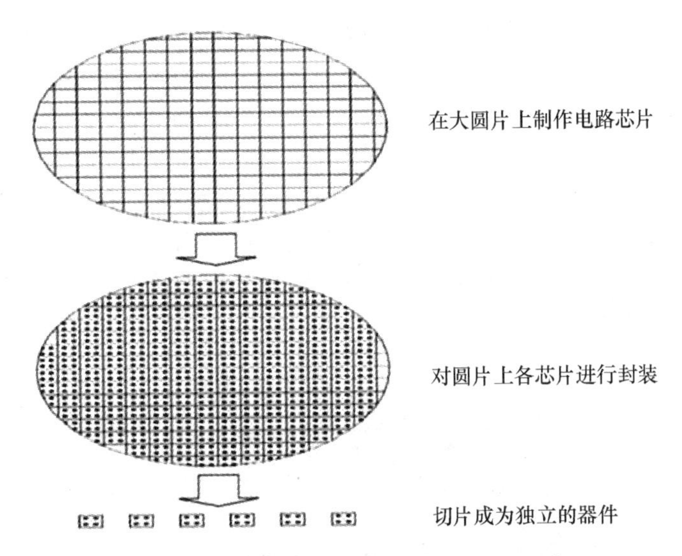

图 11.16　集成电路圆片级封装工艺过程示意图

Atmel、富士通、日立、Micro、国家半导体、日本电气、菲利普、ST 微电子、德州仪器等厂商推出了不同形式的 WLP 产品，基本工艺类型也有多种. WLP 所涉及的关键技术除了前工序所必需的钝化技术、金属淀积技术、光刻技术、蚀刻技术等以外，还包括重新布线(RDL)技术和凸点制作技术. 通常芯片上的引出端焊盘是排在芯片周边的方形铝层，为了使 WLP 适应 SMT 二级封装较宽的焊盘节距，需将这些焊盘重新分布，使这些焊盘由芯片周边排列改为芯片有源面上阵列排布，这就需要 RDL 技术. 另外将方形铝焊盘改为易于与焊料粘接的圆形铜焊盘，重新布线中溅射的 UBM 应有足够的数百微米厚度，以便使焊料凸点连接时有足够的强度，也可以用电镀加厚 Cu 层. 制作焊料凸点目前以电镀法最为广泛，其次是焊膏印刷法，也可以采用化学镀法、蒸发法和置球法等方法获得.

随着便携式电子系统复杂性的增加，对 VLSI 集成电路的低功率、轻型及小型封装的生产技术提出了越来越高的要求. 同样，许多航空和军事应用也正在朝该方向发展. 为满足这些要求，现在产生了许多新的 3D 封装技术，将裸芯片、封装器件或模块沿 Z 轴叠层在一起[10,11]. 这样，在小型化方面就可取得极大的改进. 同时，由于 Z 方向互连长度缩短，可明显减小连线电阻、寄生电容和电感，因而系统性能可大幅度提高.

3D 封装主要有三种类型：一种是在各类基板内或多层布线介质层中“埋置”R、C 或 IC 等元器件，最上层再贴装 SMC 和 SMD 来实现立体封装，这种结构称为埋置型 3D 封装；第二种是在硅圆片规模集成后的有源基板上再实行多层布线，最上层再贴装表贴元器件，从而构成立体封装，这种结构称为有源基板型 3D 封装；第三种是在 2D 封装的基础上，把多个裸芯片、封装芯片、多芯片组件甚至晶圆进行叠层互连，构成立体封装，这种结构称作叠层型 3D 封装. 在这些 3D 封装类型中，发展最快的是叠层裸芯片封装. 原因有两个. 一是巨大的手机和其他消费类产品市场的驱动，要求在增加功能的同时减薄封装厚度；二是它所用的工艺基本上与传统的工艺相容，经过改进很快能批量生产并投入市场.

目前有多种基于堆叠(Package on Package，简称 PoP)方法的 3D 集成封装，如图 11.17 所示. 主要包括：以芯片内功能层为基础的、逐层内建连接的片上 3D 集成，由芯片到芯片堆叠所形成的 3D 叠层封装、或封装器件在封装器件上堆叠所形成的 3D 叠层封装，以及通过贯穿硅的通孔技术(Through Silicon Vias，TSV)实现裸片到裸片互连的 3D SiP 等. 在所有的 3D 封装技术中，TSV 能实现最短路径互连. 作为三维系统封装的关键技术之一，TSV SiP 通用技术路线如图 11.18 所示.

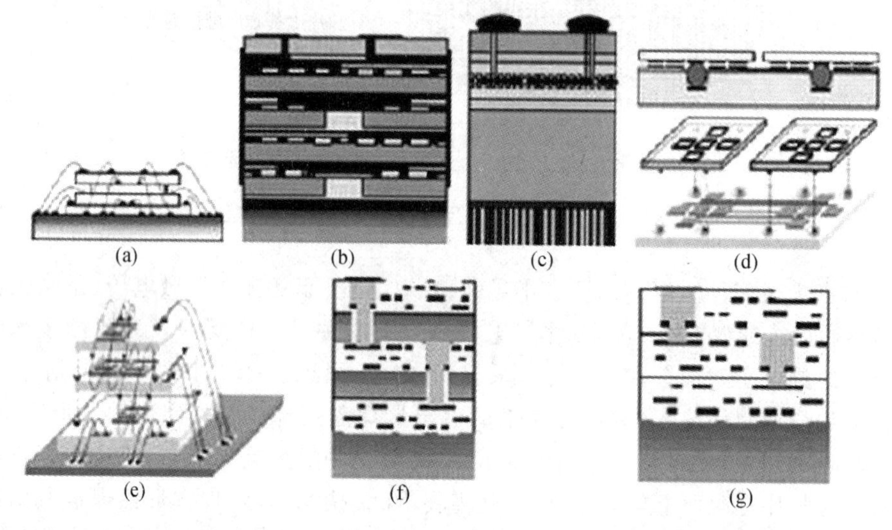

图 11.17　基于堆叠方法的 3D 集成实现方式

3D 叠层芯片封装所涉及的关键技术有：① 晶圆减薄技术，由于手机等产品要求封装厚度越来越薄，目前封装厚度要求在 1.2mm 以下甚至 1.0mm，而叠层芯片数为 10 层以上. 因此要求芯片必须减薄. 晶圆减薄的常用方法有机械研磨、化学刻蚀、等离子刻蚀或它们的组合. 目前，批量加工的大圆片可减薄到 80～100 μm，50～30 μm 的实验室减薄成果也有报道；② 低弧度引线键合，因为芯片厚度小于 150 μm，所以键合弧度高必须小于 150 μm. 目前采用 25 μm 金丝的正常键合弧高为 125 μm，而用反向引线键合优化工艺后可以达到 75 μm 以下的弧高. 与此同时，反向引线键合技术要增加一个打弯工艺以保证不同键合层的间隙；③ 悬梁上的引线键合技术，悬梁越长，键合时芯片变形越大，必须优化设计和工艺；④ 晶圆凸点制作技术；⑤ 键合引线无摆动模塑技术. 由于键合引线密度更高，长度更长，形状更复杂，增加了短路的可能性. 使用低粘度的模塑料和降低模塑料的转移速度有助于减小键合引线的摆动. 目前已发明了键合引线无摆动模塑技术；⑥ 基于 DRIE 和激光刻蚀的 TSV 直径可以达到 50～100 μm，今后有望达到 5 μm 水平.

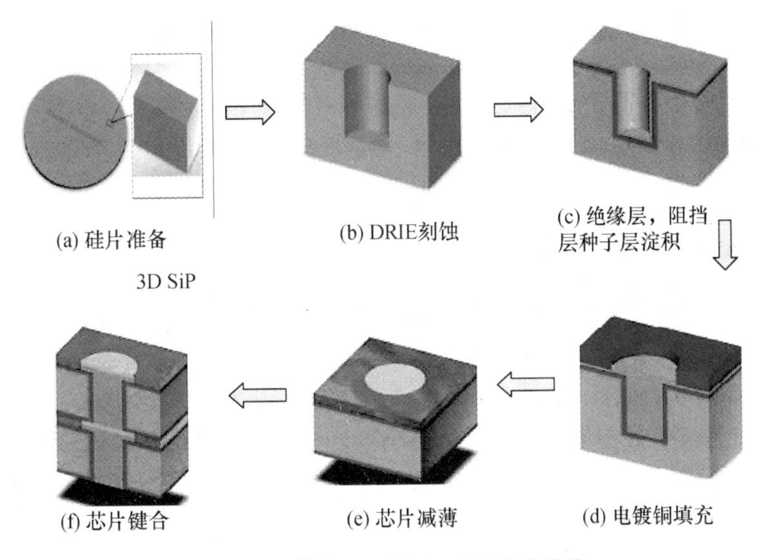

图 11.18　基于 TSV 的 3D SiP 技术路线

11.4.4　系统封装(SiP)

实现电子整机系统的功能，通常有两个途径. 一种是片上系统，简称 SoC. 即在单一的芯片上实现电子整机系统的功能；另一种是系统封装，简称 SiP. 即通过封装来实现整机系统的功能. 从学术上讲，这是两条技术路线，就像单片集成电路和混合集成电路一样，各有各的优势，各有各的应用市场. 在技术上和应用上都是相互补充的关系，SoC 应主要用于应用周期较长的高性能产品，而 SiP 主要用于应用周期较短的消费类产品.

如图 11.19 所示，系统封装是使用成熟的组装和互连技术，把各种集成电路如 CMOS 电路、GaAs 电路、SiGe 电路或者光电子器件、MEMS 器件以及各类无源元件如电容、电感等集成到一个封装体内，实现整机系统的功能. 主要的优点包括：① 采用现有商用元器件，制造成本较低；② 产品进入市场的周期短；③ 无论设计和工艺，有较大的灵活性；④ 把不同

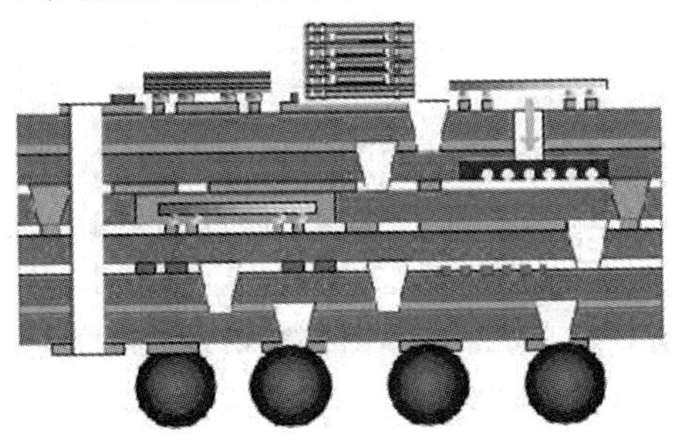

图 11.19　ITRS 提出的 SiP 概念

类型的电路和元件集成在一起，相对容易实现.美国佐治亚理工学院PRC研究开发的单级集成模块(Single Integrated Module,SLIM)，就是系统封装的典型代表.该项目完成后，在封装效率、性能和可靠性方面提高了10倍，尺寸和成本则有较大下降.预期2010年可达到的目标包括：布线密度达到6000cm/cm^2、热密度达到100W/cm^2、元件密度达到5000cm/cm^2、I/O密度达到3000cm/cm^2.

11.4.5 MEMS与RF微系统封装

最近20年，MEMS加工技术在多领域、多用途方面进步明显.广义上讲，一个微型系统包括微电子机械系统、信号转换和处理单元以及电气机械封装等.过去几年，MEMS技术的迅速发展使其在汽车、医疗、通信及其他消费类电子中获得了广泛的应用.据预计，将来的MEMS市场的增长将更快.但是普遍认为MEMS产品继续发展的瓶颈主要是其封装技术.如同其他半导体器件一样，MEMS器件也需要专用的封装来提供环境保护、电信号连接、机械支撑和散热.

MEMS封装需要让精细的传感芯片或执行元件与工作媒体直接接触，而这些媒体对芯片材料常常是非常有害的.还有许多MEMS的使用要求封装内是惰性气体或真空.另外，几乎所有的微系统封装都包含了复杂而微小的三维结构.目前许多单芯片陶瓷、模塑、芯片尺寸、晶圆级封装都已成功用于MEMS，而MEMS多芯片封装和三维封装技术都在开发之中.

近几年无线通信市场发生了爆炸性的增长，使得毫米波的应用急速增加，包括LMDS(28GHz)，WLAN(60GHz)和汽车防撞雷达(77GHz)等.这些技术的发展急需低成本、小型化和大体积的毫米波封装.在目前情况下，限制这些无线零部件使用频率的原因，往往不在集成电路芯片的本身，而在于其封装的寄生参数.这些寄生参数，包括物理的、分布的和电磁场的等方面，严重损害了器件的频率响应，破坏了信号的完整性.封装成了限制传输速度发挥的真正祸根.工作频率越高，封装的这种影响越大.

11.4.6 宽禁带半导体高温电子封装

以高温半导体材料——SiC、GaN、A1N和半导体金刚石为代表的宽禁带半导体的研究越来越引人注目，被人们誉为是继Si、GaAs和InP之后的第三代半导体材料.在高温、高功率、高频电子领域和短波长光电领域具有广阔的应用前景.这类器件大都工作在高温等恶劣环境之中，他们需要特殊的封装.过去人们对高温器件的封装注意很少，但随着高温电子的不断发展，人们越来越发现封装的重要性.如GaN高温器件，其工作温度可达600℃以上，常规的电子封装材料如玻璃环氧电路板，镀铜线和铅锡焊料等已完全不能适用，甚至标准的氧化铝陶瓷封装也不能用于300℃以上，迫切需要新的封装材料和技术.

高温电子封装的关键并非寻找能够在高温下生存的材料，而是寻找与装配技术相容的材料.如热导率、热膨胀系数、氧化性和扩散等因素已成为高温电子的关键，并且在材料选择中起重要作用.目前最理想的高温封装材料是氮化铝材料,但还需解决与之相适应的高温金属化和气密性封接等问题.

11.4.7　绿色封装技术

很多人认为高技术产业是绿色产业,可是事实并不是这样的.在材料的使用上,根据有关数据统计,只有7%的加工原材料使用在最终产品上,80%的产品在头次使用后就被丢弃,99%的原料在使用后的6周内被丢弃.而与此相对应的是,80%的生产成本是由设计者决定.因此,我们在研究微系统及其封装技术的同时,一味地研究技术是没有意义的,我们还是不能不关注其对环境和资源的影响.并不是所有暂时能给人们生活带来便利的技术都是对的,或许应该说能够持续发展的技术和产业才是真正使人类受益的.

而且,人们在充分享受高科技带来的方便舒适之余,也随之产生了大量的现代垃圾——"电子垃圾".据统计,电子垃圾的增长速度比生活垃圾要快三倍.电子垃圾也是我们在新世纪不得不面对的一个严重的社会问题.

电子垃圾,也称电子废物,已成为世界上增长最快的垃圾,成了新的公害,其范围包括所有的废旧电子产品,如大小家用电器、IT设备、通信设备、电视及音响设备、照明设备、监控设备、电子玩具和电动工具等.由于残酷的竞争,全世界数量惊人的电子垃圾中,有80%出口到亚洲,这其中又有90%进入中国.这样算来,我国每年要容纳全世界70%的电子垃圾,而我国每年也产生数以亿计的废旧电器.对中国而言,有效地处置电子垃圾以保护生态环境,已是迫在眉睫.

电子垃圾中主要的有害物质:铅、汞、镉、六价铬、多溴联苯和多溴联苯醚等6种有害物质.这些人们曾经的宠儿被随意地丢弃或者被不正确地回收,它们造成的环境危害并不亚于常规的垃圾.电子垃圾处理不当,会产生非常严重的环境污染.尤其是不加任何处理的掩埋、焚烧或者丢弃,其产生的有害物质都将对土壤、空气、水源造成极大的污染.

并且,由于信息技术发展的速度越来越快,产品的淘汰速度也随之加速.以往3～5年才更新的产品,现在可能不会超过18个月.最新的统计数据说明,我国高端手机更换周期是6个多月.

面对电子垃圾的种种危害,环保人士要求制造商在设计产品的时候就要考虑到如何回收才不会对环境造成影响.欧盟法令规定,含有铅等有害金属的电子产品从2006年7月1日起将不得在欧盟内市场上销售.我国出台了相应的法规并已经正式执行,因此在选择工艺材料时,必须考虑可持续发展问题.

Sn-Pb焊料用于金属间连接已经有很长的历史了,它的应用可追溯到2000年以前.随之发展起来的这种焊料及其合金具有很多优点,铅基焊料,尤其是共晶和亚共晶的Sn-Pb焊料,被广泛的应用于当代的电子电路组装中.然而,由于铅的毒性而带来的环保以及对人类健康方面的忧虑,限制铅基焊料的应用的立法都加速了寻找无铅焊料作为替代品而用于电子产品制造中.

目前，工业界已开发出几种与 Sn-Pb 焊料类似性能的无铅焊料．其中的一种锡银铜焊．在研究领域，多种无铅金属焊料和纳米材料的开发也取得了很大的进步[16]．Sn、Sn-Ag、Sn-Ag-Cu 纳金属焊料有望在降低焊接温度、提高焊料的可焊性以及匹配热膨胀系数等方面发挥重要作用．

参 考 文 献

[1] John Lau. C. P. Wong. John L. Prince，Wataru Nakayama. Electronic Packaging：Design，Materials，Process and Reliability. New York：McGraw Hill，1998.

[2] 田民波．电子封装工程．清华大学出版社，2003.

[3] 金玉丰，王志平，陈兢．微系统封装技术概论．科学出版社，2006.

[4] Rao R. Tummala 著．微系统封装基础．黄庆安，唐洁影译．南京：东南大学出版社，2004.

[5] John Lau，S. W. Ricky Lee. Chip Scale Package：Design，Materials，Process，Reliability，and Application，McGraw-Hill，New York，1999.

[6] 侯正军，陈玉华．平行缝焊．电子与封装，第 4 卷，第 2 期，2004. 3.

[7] 刘艳，曹坤等．平行缝焊工艺及成品率影响因素．电子与封装，第 6 卷，第 3 期，2006. 3.

[8] 宁利华，赵桂林等．平行缝焊用盖板可靠性研究．电子与封装，第 5 卷，第 10 期，2005. 10.

[9] John H. Lau. Ball grid array technology. McGraw-Hill，Inc.，New York，1995.

[10] 高尚通．先进封装技术的发展与机遇，http://www.cicmag.com/Ebook/0610/09.pdf.

[11] Min Miao，Yufeng Jin，Hongguang Liao，Liwei Zhao，Yunhui Zhu，Xin Sun，and Yunxia Guo，"Research on Deep RIE-based Through-Si-Via Micromachining for 3-D System-in-package Integration" Proceedings of the 4th Annual IEEE International Conference on Nano/Micro Engineered and Molecular Systems(IEEE-NEMS09)，Jan.，2009，Shenzhen，China.

[12] T. R. Hsu. *MEMS Packaging*. London：INSPEC，2004.

G. Q. Zhang，F. van Roosmalen，M. Graef，The Paradigm of "More than Moore"，*Proceedings of 6th International Conference on Electronics Packaging Technology*，Shenzhen，China，Aug. 30 to Sep. 2nd，2005.

[13] Roy Yu. "High Density 3D Integration"，2008 *International Conference on Electronic Packaging Technology & High Density Packaging* (*ICEPT-HDP* 2008)，July 28～31，2008，Shanghai，China.

[14] William Chen，etc. 3D system integration-where is it heading towards? US，Europe or Asia?. 10th Electronics Packaging Technology Conference，9～12 Dec.，2008，Singapore.

[15] 裴为华，邓晖，陈弘达．现代微光电子封装中的倒装焊技术．微纳电子技术，2003，40(7)：231～234.

[16] Johan LIU. Recent development of nano-solder paste for electronic interconnect application. 10th Electronics Packaging Technology Conference，9～12 Dec.，2008，Singapore.

第十二章　微电子技术发展的规律和趋势

作为本书的总结，本章将简要讨论集成电路发展过程中的一些重要定律、今后微电子技术发展趋势和展望等.

12.1　微电子技术发展的一些基本规律

12.1.1　摩尔定律

微电子技术无论是从其发展速度和对人类社会生产和生活的影响，都可以说是科学技术史上空前的，是其他任何产业所无法比拟的.

近 30 年来，以微电子技术作为支撑的微电子产业的平均发展速度约保持在 15%以上，近几年来发展则更为迅速，其中 1994 年的增长率为 25%，销售额达到 1 097 亿美元，并首次突破 1 000 亿美元大关，现在，微电子产业的全球销售额已经高达 2 000 亿美元，已经成为整个信息产业的基础.

MOS 集成电路已经成为微电子产业的核心，而存储器和微处理器又是 MOS 集成电路中最具代表性的两大典型产品，它们的发展水平通常标志着整个微电子技术的发展水平. 自 20 世纪 60 年代以来，集成电路的发展一直遵循 1965 年 Intel 公司的创始人之一 Gordon E. Moore 预言的集成电路产业的发展规律：即集成电路的集成度每 3 年增长 4 倍，特征尺寸每 3 年缩小$\sqrt{2}$倍. 这就是著名的摩尔定律，该定律最先发表在 1965 年 4 月的 Electronics Magazine 杂志上. 自从该定律发表以来，集成电路产业基本上是按该定律预言的速度持续发展的.

40 多年来，为了提高电子集成系统的性能，降低成本，器件的特征尺寸不断缩小，制作工艺的加工精度不断提高，同时硅片的面积也在不断增大. 集成电路芯片的特征尺寸已经从 1978 年的 10 μm 发展到现在的 32 nm；集成度从 1971 年的单片 1K DRAM 发展到现在的 4G DRAM；硅片的直径尺寸也逐渐由 2 英寸、3 英寸、4 英寸、6 英寸、8 英寸过渡到 12 英寸. 图 12.1给出了集成电路技术的标志性产品 DRAM 及其特征尺寸的发展历程和趋势，图 12.2 给出了 CPU 的发展历程和趋势. 表 12.1 则给出了今后一段时间微电子技术发展的趋势.

表 12.1　微电子技术发展现状和趋势预测

生产时间/年	2007	2008	2009	2010	2011	2012	2013	2014	2015	2016	2017	2018	2019	2020	2021	2022
DRAM 半节距/nm	65	57	50	45	40	36	32	28	25	22	20	18	16	14	12	10
MPU 半节距/nm	68	59	52	45	40	36	32	28	25	22	20	18	16	14	13	11
MPU 栅长/nm	42	37	34	30	27	24	22	18	17	15	13	12	10.5	9.4	8.4	7.5
MPU 沟长/nm	25	22	20	18	16	14	13	11	10	9	8	7	6.3	5.6	5.0	4.5

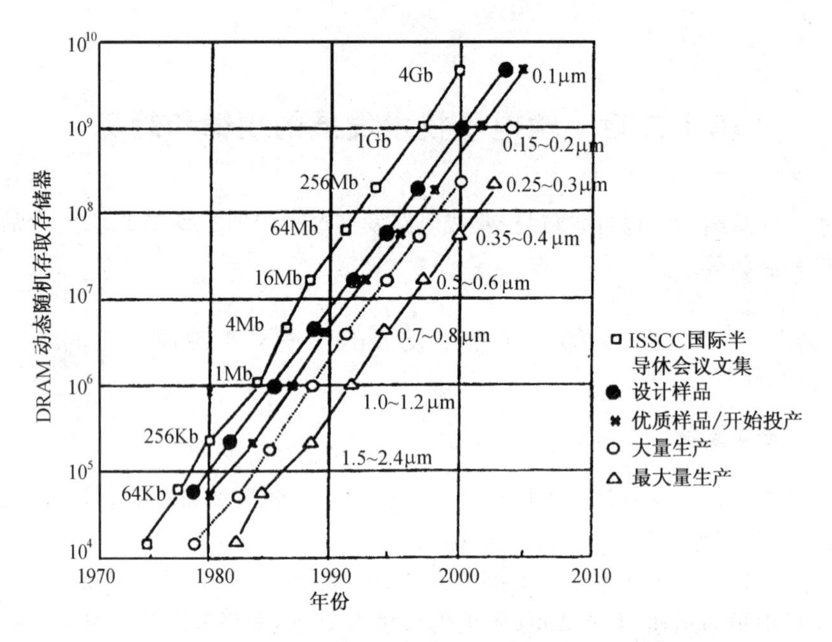

图 12.1　微电子技术和 DRAM 的发展历程和趋势

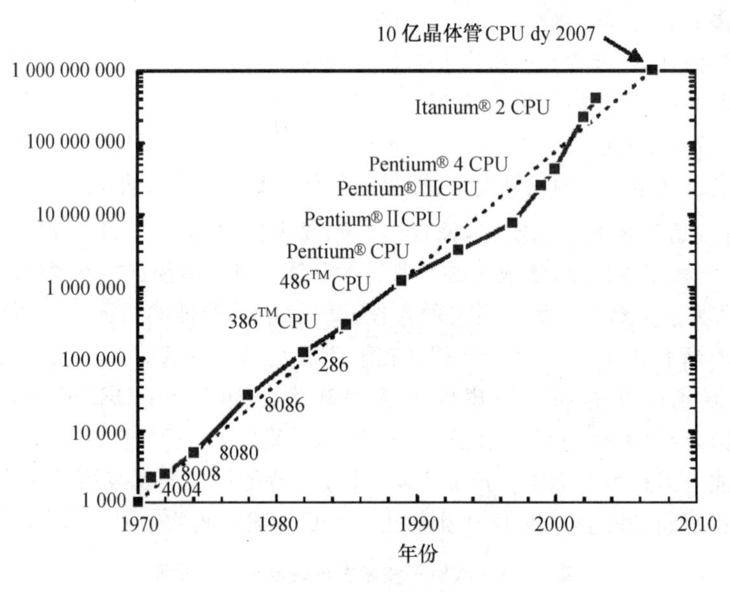

图 12.2　CPU 的发展历程

12.1.2　按比例缩小定律

按比例缩小(Scaling-down)定律是 1974 年由 Dennard 提出的,该论文发表在 1974 年第 9 期的 IEEE Journal of Solid-State Circuits 杂志上. 他的基本指导思想是：在 MOS 器件内部电场不变的条件下，通过按比例缩小器件的纵向、横向尺寸，以增加跨导和减少负载电容，由此提高集成电路的性能. 同时电源电压也要与器件尺寸缩小相同的倍数. 这种维持器件内部电场不变的按比例缩小定律叫做恒定电场规律，简称 CE 律. 按 CE 律按比例缩小后器件的参数如表 12.2 所示.

表 12.2　按比例缩小规律

参数	CE(恒场)律	CV(恒压)律	QCE(准恒场)律
器件尺寸 L、W、t_{ox} 等	$1/\kappa$	$1/\kappa$	$1/\kappa$
电源电压	$1/\kappa$	1	λ/κ
掺杂浓度	κ	κ^2	$\lambda\kappa$
阈值电压	$1/\kappa$	1	λ/κ
电流	$1/\kappa$	κ	λ^2/κ
负载电容	$1/\kappa$	$1/\kappa$	$1/\kappa$
电场强度	1	κ	λ
门延迟时间	$1/\kappa$	$1/\kappa^2$	$1/\lambda\kappa$
功耗	$1/\kappa^2$	κ	λ^3/κ^2
功耗密度	1	κ^3	λ^3
功耗延迟积	$1/\kappa^3$	$1/\kappa$	λ^2/κ^3
栅电容	κ	κ	κ
面积	$1/\kappa^2$	$1/\kappa^2$	$1/\kappa^2$
集成密度	κ^2	κ^2	κ^2

器件的结构尺寸、电源电压、阈值电压等按 CE 律缩小 κ 倍以后，根据器件的漏源电流方程：

$$I_{ds} = C_{ox}\mu_s \frac{W}{L}[(V_{GS} - V_{TH})V_{DS} - \alpha V_{DS}^2] \tag{12.1}$$

$$C_{ox} = \frac{\varepsilon_0 \varepsilon_{ox}}{t_{ox}} \tag{12.2}$$

由于 V_{DS}、$(V_{GS}-V_{TH})$、W、L、t_{ox} 均缩小了 κ 倍，C_{ox} 增大了 κ 倍，因此，I_{DS} 缩小 κ 倍. 门延迟时间 t_{pd} 为：

$$t_{pd} \propto \frac{V_{DS}C_L}{I_{DS}}, \tag{12.3}$$

$$C_L = WLC_{ox}, \tag{12.4}$$

其中 V_{DS}、I_{DS}、C_L 均缩小了 κ 倍，所以 t_{pd} 也缩小了 κ 倍. 标志集成电路性能的功耗延迟积 $P_W \cdot t_{pd}$ 则缩小了 κ^3 倍.

同时，W、L 的缩小使晶体管的面积缩小了 κ^2 倍，因此在相同芯片面积上集成的晶体管数目即集成密度将提高 κ^2 倍.

按比例缩小定律是实现超大规模集成电路迅速发展的基点.几十年来集成电路工艺技术和器件物理的研究和开发都是围绕这个基点进行的.正是由于器件在按比例缩小技术方面的不断进步和巨大成功,集成电路才有了今天的辉煌成就.但是,简单的恒定电场定律也存在较大的问题,其中主要的有:(1) 阈值电压不可能缩得太小,因为阈值电压降低会引起电路的抗干扰能力减弱,泄漏电流增加,不利于动态节点电平的保持,而且还会引起静态功耗增加.(2) 源漏耗尽区宽度不可能按比例缩小.(3) 电源电压标准的改变会带来很大的不便,一般的电源电压会在相当长的一个时期内保持稳定,最近提出的片内限压器是解决该问题的一种良好途径.即集成电路外面仍然使用5V电源电压,但可以通过片内限压器使施加在内部电路上的电压小于5V.

为了克服CE律中存在的问题,有人提出了恒定电压按比例缩小规律(简称CV律),即保持电源电压 V_{DD} 和阈值电压 V_{th} 不变,对其他参数进行按比例缩小.按CV律按比例缩小后的参数如表12.2中的第二列所示.可以看出器件尺寸按CV律缩小后对电路性能的提高远不如CE律,其速度功耗积只降低了 κ 倍.而且采用CV律会使沟道内的电场大大增强,由此带来了一系列的问题,这些问题将对电路的可靠性造成较大的影响.另外,由于功耗密度增加了 κ^3 倍,还会造成器件散热困难以及金属连线的电迁移等问题.CV律一般只适用于沟道长度大于1 μm 的器件,它不适用于沟道长度较短的器件.

在集成电路技术中,实际采用的按比例缩小规律通常是CE律和CV律的折中.为了维持标准的5V电源电压,在很长一段时间内通常采用CV律进行按比例缩小.然而随着器件尺寸的进一步缩小,例如进入到亚微米领域以后,由于强电场、高功耗以及功耗密度等引起的各种问题限制了按CV律进一步缩小的规则,电源电压必须降低.同时又为了不使阈值电压太低而影响电路的性能,实际上电源电压降低的比例通常小于器件尺寸的缩小比例,也就是说,在集成电路发展过程中实际采用的是不完全按比例缩小的规则.通常,器件尺寸将缩小 κ 倍,而电源电压则只变为原来的 λ/κ 倍,一般地,我们称该规律为准恒定电场按比例缩小规则,缩写为QCE律.QCE律的结果也列入表12.2中,同时表12.3给出了几种典型工艺的参数.

表12.3 几种典型工艺的参数

特征尺寸/μm	0.5	0.35	0.25	0.18	0.13	0.09	0.065	0.045
电源电压/V	3.3	3.3	2.5	1.8	1.2	1.0	1.0	1.0
栅氧厚度/nm	90	65	45	32	23	16	11	8
结深/μm	0.1	0.08	0.06	0.04	0.03	0.02	0.015	0.01
阈值电压/V	0.6	0.5	0.45	0.4	0.3	0.2	0.13	0.1

根据按比例缩小定律,集成电路的速度等参数飞速提高,但实际上,由于各种寄生效应不能按比例缩小,因此集成电路性能也不能按比例提高,集成电路性能提高的程度往往小于

按比例缩小定律预计的结果.影响集成电路性能提高的主要因素有：(1) 互连金属在整个集成电路中所占的芯片面积越来越大，有的甚至高达80%以上，互连线的电阻和寄生电容对电路性能的影响不能随着器件尺寸的缩小而降低，相反互连线的影响反而变得越来越严重，因此需要开发新型的互连金属和互连绝缘介质材料.(2) 由于小尺寸器件内部电场的增强，载流子速度会达到饱和，使电路性能下降.(3) 随着器件尺寸的缩小，漏源寄生串联电阻迅速增大，对电路性能造成严重的负面影响.(4) 电源电压降低，寄生结电容增大，影响电路的速度.(5) 由于寄生结电容的分压，使真正施加在器件上的电压进一步降低，也会影响电路的速度.

12.2　微电子技术发展的一些趋势和展望

在本书的第一章中曾经讲到，微电子技术是目前世界上发展最快的技术之一，正是由于它发展得太快，因此预测它发展的趋势也就更加困难.在科学发展史上，有很多预测失误的例子.例如在1900年，著名物理学家开尔文在总结19世纪物理学所取得的成就时认为在已经基本建成的物理学大厦中，后辈物理学家只要做一些零碎的修补和装修工作就行了，但实际情况是，1905年爱因斯坦提出了量子论和相对论，从而使物理学的发展进入了一个与原来的以牛顿的绝对时空观为代表的经典物理学完全不同的新领域.

在微电子学领域，也曾经出现过完全错误的预测，例如在集成电路刚刚发明的时候，曾经有人预测集成电路的前景不会太好，当时的理由有两条：第一，当时的电路是由分立元器件组成的，这样在组成电路时可以对其中的每一个晶体管都进行最优化设计，从而可以得到高性能的电路；但在集成电路中，由于其中所有器件的工艺要兼容等问题，不可能使所有器件的性能都达到最佳化，因此断言集成电路的性能不如分离器件组成电路的性能.第二，当时制作晶体管的成品率约在90%左右，即使今后的成品率提高到99%，甚至99.9%，但如果集成电路的集成度为1万个晶体管，则集成电路的成品率为$(99.9\%)^{10000}\approx4.5\times10^{-5}$，即约等于0.当然，现在看来这个预测是十分可笑的，因为随着集成度的提高，集成电路所能完成的工作是原来的分离器件组成的电路所无法完成的，即两者已经发生了质的变化；另外，由于器件特征尺寸的缩小，其成品率也不适用于原来的计算方法.

即使有这些错误预言的先例，我们依然要对今后微电子技术的发展趋势进行预测和分析，我们预测今后发展的趋势是为了确定今天的研究方向，不做科学的预测，就没有办法确定今天努力的方向；因此只有在充分分析影响微电子技术发展的各种因素的基础上，才能确定今天进行微电子科学技术研究的重点发展方向.基于这个目的，即使我们的预测可能不是很准确，但我们仍然要进行预测，以期望我们的预测能够对大家选择今后的研究领域有一定的帮助.

12.2.1　21世纪初仍将以硅基CMOS电路为主流

微电子技术发展的目标是不断提高集成系统的性能及性能价格比，因此便要求提高芯片的集成度，这是不断缩小半导体器件特征尺寸的动力源泉．以MOS技术为例，沟道长度缩小可以提高集成电路的速度；同时缩小沟道长度和宽度还减小了器件尺寸，提高了集成度，从而在同样大小的芯片上可以集成更多数目的晶体管，甚至可以将结构更加复杂、性能更加完善的电子系统集成在一个芯片上；同时，随着集成度的提高，系统的速度和可靠性也大大提高，价格大幅度下降．由于片内信号的延迟总小于芯片间的信号延迟，这样在器件尺寸缩小后，即使器件本身的性能没有提高，整个集成系统的性能却得到了很大提高．

自50多年前发明晶体管以来，为了提高电子系统的性能，降低成本，微电子器件的特征尺寸不断缩小，加工精度不断提高，同时硅片的面积不断增大．自1958年集成电路发明以来，集成电路芯片的发展基本上遵循了Intel公司创始人之一的Gordon E. Moore 1965年预言的摩尔定律，即每隔3年集成度增加4倍，特征尺寸缩小$\sqrt{2}$倍．在这期间，虽然有很多人预测这种发展趋势将减缓，但是微电子产业30多年来发展的状况证实了Moore的预言．而且根据我们的预测，微电子技术的这种发展趋势还将继续下去，这是其他任何产业都无法与之比拟的．

现在，0.25 μm的CMOS工艺技术已进入大生产，利用该技术可制作256 Mb的DRAM和600MHz的微处理器芯片，每片上集成的晶体管数在10^8～10^9量级．10 nm的器件已在实验室中制备成功，研究工作已进入亚45 nm技术阶段，相应的栅氧化层厚度只有2.0～1.0 nm．预计到2010年，特征尺寸为45 nm的256G DRAM产品将投入批量生产．

然而随着器件特征尺寸的不断缩小，将逐渐逼近其物理“极限”，研究微电子技术发展中的限制问题已变得愈发迫切和重要．20世纪70年代初，人们曾经预测MOS器件特征尺寸的“限制”为0.25 μm，后来又预测为0.18 μm、0.1 μm……，然而所有这些预测一次次都被实践所突破．目前人们已制作出特征尺寸为10 nm、仍能在室温下正常工作的MOSFET．硅微电子技术发展的“极限”究竟在哪里？究竟由哪些因素决定？能否突破目前认为的所谓“极限”乃是当前微电子技术发展中的重大研究课题．

最初对于硅微电子技术限制问题的研究主要集中在半导体器件尺寸缩小的限制上，但当微电子技术进入亚0.1 μm后，对限制的探讨不再仅仅局限于器件，应对集成系统作整体考虑，研究整个集成系统进一步发展的限制问题．而且对于限制问题的探讨并不仅仅是对微电子技术前景的预测，更重要的则是通过对限制问题的研究寻求解决微电子技术发展中所遇到挑战的途径，实现突破，推动微电子技术的进一步发展．

目前国际上对限制问题的研究力度很大但却并不成熟，很多国家的大学、研究机构以及各大半导体公司等都在寻找突破该限制的途径，世界各国的研究水平尚处于同一水平域上．该问题的突破对于科学家来说是一种挑战，对于一个国家，一个民族来说则是一种难得的发展机遇．中国作为一个发展中的社会主义大国，在展望科学技术的发展时，应该对微电子技术中面临的重大挑战和历史机遇给予足够的重视．寻找突破现有“限制”的理论和技术．一旦抓住了微电子领域这一重大机遇，则有可能实现我国微电子技术的飞跃，缩短差距，赶上国际先进水平，实现后来居上；相反一旦错过机遇则无疑会拉大差距，在国际竞争中处于不利的地位.

21世纪,至少是21世纪上半叶,微电子技术仍将以硅技术为主流.尽管微电子学在化合物和其他新材料方面的研究取得了很大进展,但还远不具备替代硅基工艺的条件.截止到目前还看不到能够替代微电子的新技术出现,而根据科学技术的发展规律,一种新技术从诞生到成为主流技术一般需要20～30年的时间,硅集成电路技术自1947年发明晶体管到60年代末发展成为产业也经历了20多年的时间.另外,全世界数以万亿美元计的设备和技术投入,已使硅基工艺形成了非常强大的产业能力;同时,长期的科研投入使人们对硅及其衍生物各种属性的了解达到十分深入,十分透彻的地步,成为自然界100多种元素之最,这是非常宝贵的知识积累.产业能力和知识积累决定了硅基工艺起码将在今后30～50年内仍起骨干作用,人们不会轻易放弃.

目前很多人认为当微电子技术的特征尺寸在2010年达到0.07～0.05 μm的"极限"之后,即认为是硅技术时代的结束,这实际上是一种很错误的观点.且不说微电子技术除了以特征尺寸为代表的加工工艺技术之外,还有落后于工艺加工技术水平的设计技术、系统结构等方面需要进一步的大力发展,这些技术的发展必将使微电子产业继续高速增长.很多著名的微电子学家预测,微电子产业将于2030年左右步入像汽车工业、航空工业这样的比较成熟的朝阳工业领域.即使微电子产业步入像汽车、航空等成熟工业领域,它仍将保持快速发展趋势,就像汽车、航空工业已经发展了100多年仍极具发展潜力一样,毫无疑问,以硅为基础的微电子产业至少在未来几十年中仍会保持目前的高速发展趋势.

12.2.2　集成系统是21世纪初微电子技术发展的重点

在集成电路(IC)发展初期,电路设计都从器件的物理版图设计入手,后来出现了集成电路单元库(Cell-Lib),使得集成电路设计从器件级进入逻辑级,这样的设计思路使大批电路和逻辑设计师可以直接参与集成电路设计,极大地推动了IC产业的发展.但集成电路仅仅是一种半成品,它只有装入整机系统才能发挥它的作用.IC芯片是通过印刷电路板(PCB)等技术实现整机系统的.尽管IC的速度可以很高、功耗可以很小,但由于PCB板中IC芯片之间的连线延时、PCB板可靠性以及重量等因素的限制,整机系统的性能受到了很大的限制.随着系统向高速度、低功耗、低电压和多媒体、网络化、移动化的发展,系统对电路的要求越来越高,传统集成电路设计技术已无法满足性能日益提高的整机系统的要求.同时,由于IC设计与工艺技术水平的提高,集成电路规模越来越大,复杂程度越来越高,已经可以将整个系统集成为一个芯片.目前已经可以在一个芯片上集成10^8～10^9个晶体管,而且随着微电子制造技术的发展,21世纪的微电子技术将从目前的3G时代逐步发展到3T时代(即存储容量由G位发展到T位、集成电路器件的速度由GHz发展到THz、数据传输速率由Gbps发展到Tbps;注:1G=10^9,1T=10^{12},bps为每秒传输数据的位数).

正是在需求牵引和技术推动的双重作用下,出现了将整个系统集成在一个或几个微电子芯片上的集成系统(Integrated System,简称IS)或系统芯片(System on Chip,简称SOC)

概念.

集成系统(IS)与集成电路(IC)的设计思想是不同的,它是微电子设计领域的一场革命,它和集成电路的关系与当时集成电路与分立元器件的关系类似,它对微电子技术的推动作用将不亚于自20世纪50年代末快速发展起来的集成电路技术.

IS是从整个系统的角度出发,把处理机制、模型算法、芯片结构、各层次电路直至器件的设计紧密结合起来,在单个(或少数几个)芯片上完成整个系统的功能,集成系统设计必须是从系统行为级开始的自顶向下(Top-Down)的设计. 很多研究表明,与IC组成的系统相比,由于IS设计能够综合并全盘考虑整个系统的各种情况,可以在同样的工艺技术条件下实现更高性能的系统指标. 例如若采用IS方法和0.35 μm工艺设计系统芯片,在相同的系统复杂度和处理速率下,能够相当于采用0.1 μm工艺制作的IC所实现的同样系统的性能;还有,与采用常规IC方法设计的芯片相比,采用IS设计方法完成同样功能所需要的晶体管数目约可以降低1～2个数量级.

系统设计与物理设计的界面是功能模块和子系统,而不是传统意义上的单元库. 对于电路功能模块,特别是子系统,不同的设计可能会有十分悬殊的差别,因此那些芯片面积最小、运行速度最快、功率消耗最低、工艺容差最大的设计将具有很大的IP(Intellectual Property)价值,将被系统设计师认可,并被集成系统"复用"(reuse). 实现集成系统的关键之一是建立功能模块和子系统IP库,这种IP库与传统的单元库是不同的,它的知识含量更高,规模更大,CPU、运算器、存储器、驱动器、放大器等都可以是IP模块.

集成系统依靠的是非常宽阔的背景,一个人或几个人包打天下的可能性已经很小. 如果说在IP模块设计中更多体现的是包括电路、器件、物理、工艺甚至分子、原子等物理背景的话,那么系统级的设计将更多地体现包括功能、行为、算法、架构甚至思路、构想等系统背景.

微电子技术从IC向IS转变不仅是一种概念上的突破,同时也是信息技术发展的必然结果,它必将导致又一次以微电子技术为基础的信息技术革命. 目前,IS技术已经绽露头角,21世纪将是IS技术真正快速发展的时期.

12.2.3 微电子与其他学科的结合诞生新的技术增长点

微电子技术的强大生命力在于它可以低成本、大批量地生产出具有高可靠性和高精度的微电子结构模块. 这种技术与其他学科相结合,会诞生出一系列崭新的学科和重大的经济增长点,作为与微电子技术成功结合的典型例子便是MEMS(微机电系统)技术和DNA生物芯片等. 前者是微电子技术与机械、光学等领域的技术结合而诞生的,后者则是与生物工程技术结合的产物.

微电子机械系统是微电子技术的拓宽和延伸,它将微电子技术和精密机械加工技术相互融合,实现了微电子与机械融为一体的系统. MEMS将电子系统和外部世界联系起来,它不仅可以感受运动、光、声、热、磁等自然界的外部信号,把这些信号转换成电子系统可以认识的电信号,而且还可以通过电子系统控制这些信号,发出指令并完成该指令. 从广义上讲,

MEMS是指集微型传感器、微型执行器、信号处理和控制电路、接口电路、通信系统以及电源于一体的微型机电系统. MEMS技术是一种典型的多学科交叉的前沿性研究学科,它几乎涉及到自然及工程科学的所有领域,如电子技术、机械技术、光学、物理学、化学、生物医学、材料科学、能源科学等.

MEMS开辟了一个全新的技术领域和产业. 它们不仅可以降低机电系统的成本,而且还可以完成许多大尺寸机电系统所不能完成的任务. 正是由于MEMS器件和系统具有体积小、重量轻、功耗低、成本低、可靠性高、性能优异及功能强大等传统传感器无法比拟的优点,MEMS在航空、航天、汽车、生物医学、环境监控、军事以及几乎人们接触到的所有领域中都有着十分广阔的应用前景. 例如微惯性传感器及其组成的微型惯性测量组合能应用于制导、卫星控制、汽车自动驾驶、汽车防撞气囊、汽车防抱死系统(ABS)、稳定控制和玩具;微流量系统和微分析仪可用于微推进、伤员救护;同时MEMS系统还可以用于医疗、高密度存储和显示、光谱分析、信息采集等. 现在已经成功地制造出了尖端直径为5 μm的可以夹起一个红细胞的微型镊子,可以在磁场中飞行的像蝴蝶大小的飞机等.

微电子与生物技术紧密结合的以DNA(脱氧核糖核酸)芯片等为代表的生物工程芯片将是21世纪微电子领域的另一个热点和新的经济增长点. 它以生物科学为基础,利用生物体、生物组织或细胞等的特点和功能,设计构建具有预期性状的新物种或新品系,并与工程技术相结合进行加工生产. 它是生命科学与技术科学相结合的产物,具有附加值高、资源占用少等一系列特点,正日益受到广泛关注. 目前最有代表性的生物芯片是DNA芯片.

采用微电子加工技术,可以在指甲盖大小的硅片上制作出包含有多达10万种DNA基因片段的芯片. 利用这种芯片可以在极快的时间内检测或发现遗传基因的变化等情况,这无疑对遗传学研究、疾病诊断、疾病治疗和预防、转基因工程等具有极其重要的作用.

DNA芯片的基本思想是通过施加电场等措施使一些特殊的物质能够反映出某种基因的特性从而起到检测基因的目的. 目前Stanford和Affymetrix公司的研究人员已经利用微电子技术在硅片或玻璃片上制作出了DNA芯片. Stanford和Affymetrix公司制作的DNA芯片是通过在玻璃片上刻蚀出非常小的沟槽,然后在沟槽中覆盖一层DNA纤维. 不同的DNA纤维图案分别表示不同的DNA基因片段,该芯片共包括6 000余种DNA基因片段. DNA是生物学中最重要的一种物质,它包含有大量的生物遗传信息,DNA芯片的作用非常巨大,其应用领域也非常广泛. 它不仅可以用于基因学研究、生物医学等,而且随着DNA芯片的发展还将形成微电子生物信息系统,这样该技术将广泛应用到农业、工业和环境保护等人类生活的各个方面,那时,生物芯片有可能像今天的IC芯片一样无处不在.

12.2.4　近几年将有重大发展的一些关键技术

毫无疑义,微电子技术在今后一段时间仍将高速发展,从技术角度看,近几年将得到快速发展的技术主要包括以下几个方面.

1. 超微细线条光刻技术

随着集成电路技术的飞速发展,作为衡量半导体工业水平标准的特征尺寸已经从微米量级变为亚微米、超深微米甚至亚 0.1 μm. 2002 年,基于 0.13 μm 的技术已经在商用逻辑芯片中投入使用,预计到 2016 年,微电子电路的特征尺寸将达到 22 nm,时钟频率将达到 100 GHz,集成度将达到 100 亿个晶体管. 在追求这一目标的过程中,必然会遇到很多问题,其中最重要的一个就是光刻问题. 为此,人们开发了很多新的光刻技术.

从目前的发展情况看,在深亚微米的工艺技术中,有两种光刻技术的发展前景非常好,即:甚远紫外线(EUV)和电子束 Stepper.

(1) 甚远紫外线(EUV): 由于人们发现了金属 Mo 和 Si 组成的多层膜结构对 13 nm 的 EUV 光有较高的反射系数,因此,13 nm EUV 反射式光刻系统被认为是最有希望在亚 0.1 μm 技术中成为主流的曝光工具. 该技术一被提出,就引起了 IBM、AT&T、Ultratech Stepper、Tropel 等公司的重视,而且该研究工作得到美国 DARPA 和工业界的资助. EUV 是目前认为最有发展前景的亚 0.1 μm 光刻技术之一.

(2) 电子束 Stepper 光刻: 一般的电子束光刻系统采用的都是电子束直写方式,由于电子束的直径很小,而集成电路的圆片又很大(目前已达到 8~12 英寸),利用这种方法光刻的分辨率虽然很高,但效率却很低,很难适用于大规模的批量化生产. 最近,Lucent Technologies 公司研制了投影电子束光刻系统 Scalpel. Scalpel 使用的是一种由低分子量的氮化硅薄膜和高分子量的钨栅层共同组成的散射掩模版. 当高能电子(100 keV)均匀地照射在掩模版上时,经过低分子量氮化硅膜的电子没有受到散射,相反,经过高分子量钨栅的电子则发生散射,偏移几个毫微度. 然后所有的电子再经过一个聚焦透镜改变方向后投影到一个孔上,此孔只允许那些没有经过散射的电子通过,这些电子经过第二个透镜后照射到硅片上,重现出散射掩模版上由低分子量材料组成的图案. 由于小孔阻挡了散射电子的通过,所以在硅片表面可以获得高反差的图像. 这种散射掩模与其他系统相比的主要优点是不会吸收电子,从而不会因为受热而使图像变形. 电子束 Stepper 的研制成功为电子束光刻技术用于批量生产提供了可能.

2. 铜互连和低 κ 互连绝缘介质

金属互连在整个集成电路芯片中所占的面积越来越大,金属互连问题也就自然成了今后集成电路发展的关键. 在 VLSI 电路中,铝和铝合金基本上可以满足这些要求,但当进入 ULSI 之后,芯片面积迅速增大,集成密度进一步提高,器件特征尺寸已经进入深亚微米领域,所有这些都要求金属连线的宽度减少、连线层数增加. 随着连线宽度的减小不仅会引起连线电阻增加,电路的互连延迟时间增大,而且还会导致电流密度增加,引起电迁移和应力迁移,严重影响电路的可靠性.

由于铝抗电迁移和应力迁移的能力较差,电阻率也较高,铝互连线已经不能满足甚大规模集成电路发展的需要. 与铝相比,Cu 具有电阻率低(室温)、抗电迁移和应力迁移特性好等优点. Cu 的电阻率为 1.6 μΩ·cm,仅为铝的 60%;Cu 在 275℃的条件下测得的电引起的离子漂移速度分别为 Au 和 Al 的 1/14 和 1/65,Cu 发生电迁移的电流密度上限为 5×10^6 A/cm^2,而

Al 的上限为 2×10^5 A/cm^2;另外 Cu 的应力特性也远好于 Al. 因此 Cu 是一种比较理想的互连材料.

但 Cu 作为互连材料也存在很大的缺点:由于 Cu 是间隙杂质,它即使在很低的温度下也可以迅速地在硅和 SiO_2 中扩散,而在器件制备过程中,Cu 扩散进入 Si 或 SiO_2 中会使器件性能变坏,甚至失效,因此必须严格防止 Cu 污染;当 Cu 淀积到硅片上经过 200℃ 30 分钟的退火后会形成高阻的铜硅化物;另外,Cu 与 SiO_2 的粘附性较差,所有这些都限制了 Cu 互连线的广泛应用. 为了解决这些问题,必须寻找一种能够阻止 Cu 向硅或 SiO_2 中扩散的扩散阻挡层将 Cu 连线包起来. 目前不同公司采用的阻挡材料各不相同,相对来讲,采用较多的阻挡材料主要有 TiN、WN_x、Ti、W 等.

目前,Cu 互连技术已经逐步走向实用,Motorola 和 IBM 已于 1998 年初分别独立地宣布了他们各自的六层铜互连工艺,现在已经得到广泛采用.

随着互连金属层数的增加,互连金属线之间的寄生线间电容迅速增大,互连介质材料对集成电路性能的影响也变得越来越严重. 为了减少寄生连线电容和串扰,在前几代集成电路工艺中广泛采用的介电常数为 4 左右的溅射氧化硅和氮化硅介质层已不能适应深亚微米集成电路工艺的要求,在今后的 Cu 多层互连工艺中必须开发新的低 κ 介质材料. 现在各大公司正在研制介电常数为 1.5 左右、机械、热学特性适用于半导体工艺特别是铜连线镶嵌工艺的绝缘介质材料. 美国 TI 公司在 1997 年的 IEDM 会议上宣布,他们已经研制成功了一种可变介电常数的半导体材料 Xerogel,并已用于铜互连工艺. Xerogel 不是一种特别的聚合物,而是一种多孔二氧化硅,气孔率越高,介电常数越低. TI 的研究人员已经将介电常数为 1.8、气孔率为 75%的 Xerogel 用于多层铜连线之间的介质层. 采用该技术可以使铜连线的电阻率比铝降低 30%,电容降低 14%. 另外,以 Polyimide 为代表的有机聚合物也很有可能成为下一代多层互连理想的低 κ 介质材料.

3. 高 κ 栅绝缘介质

MOSFET 的栅绝缘介质层要求具有缺陷和缺陷态密度低、漏电流小、抗击穿强度大和稳定性好,与 Si 具有良好的界面特性和低的界面态密度等. SiO_2 是性能非常理想的 MOSFET 栅绝缘介质,但随着器件特征尺寸的缩小,特别是特征尺寸进入到深亚微米尺度范围时,必须用新的栅绝缘介质材料如 SiN_xO_y 等替代 SiO_2,以取得(性能)优异的器件特性. 其主要原因是,当进入到深亚微米尺度后,通常采用双掺杂栅结构,即 nMOS 器件的多晶硅栅采用 n^+(磷或砷)注入,pMOS 器件的多晶硅栅采用 B^+(硼)注入掺杂. 但在双掺杂结构中,p^+ 多晶硅栅中的 B^+ 离子很容易穿过 SiO_2 进入沟道,引起器件性能的退化. 研究发现,在 SiO_2 中注氮或采用氮氧化硅,可以较好解决 B^+ 离子在 SiO_2 中的扩散问题,同时氮氧化硅的介电常数也较 SiO_2 大,可以提高栅绝缘介质层的有效厚度. 目前的一些研究显示,氮氧化硅介质层对氮含量的要求很高,含量过低起不到有效阻止 B^+ 离子扩散的作用,而含量过高又会降低沟道中载流子的活性. 采用 SiN_xO_y 替代 SiO_2 作为新的栅绝缘介质材料,是微电子技术进一步发展的方向,但仍有大量工作需要细致深入的研究.

随着器件尺寸的进一步缩小，特别是进入到亚 0.1 微米尺度范围内时，为保证栅对沟道仍有很好的控制，如果仍然采用 SiO_2 作为栅绝缘介质层，其厚度将小于 3 nm. 因此，栅电极与沟道间的直接隧穿将变得非常严重，由此带来了栅对沟道控制的减弱和器件功耗的增加，这是微电子技术进一步发展的限制性因素之一. 克服这种限制的有效方法是采用高介电常数 κ 的新型绝缘介质材料，在保证对沟道有相同控制能力的条件下(即相同的有效厚度)，可增加栅介质层的物理厚度，由此减小栅电极与沟道间的直接隧穿电流. 目前研究较多的具有高介电常数的新型绝缘介质材料主要有：HfO_2、$LaAlO_3$、Ta_2O_5、TiO_2、$(Sr,Ba)TiO_3$、$Pb(Zr,Ti)O_3$(PZT)、$SrBi_2Ta_2O_9$、Sn-Zr-Ti-O 等系统.

寻找高性能高介电常数绝缘介质材料将是今后微电子技术的一个研究热点，目前世界上各大公司均投入了很大的力量从事这方面的研究.

4. SOI 技术

SOI(Silicon-On-Insulator，绝缘衬底上的硅)是一种非常有发展前途的技术，图 12.3 给出了 CMOS/SOI 和体硅 CMOS 器件的结构示意图. SOI 特有的结构可以实现集成电路中元器件的绝缘隔离，彻底消除了体硅 CMOS 电路中的寄生闩锁效应，同时采用这种材料制作的集成电路还具有寄生电容小、集成密度高、速度高、工艺简单、短沟道效应小、特别适合于低压低功耗和极短沟道 CMOS 集成电路等优势，很多微电子学家认为 SOI 技术将成为特征尺寸在 0.1 μm、电源电压在 1 V 左右集成电路的主流技术. 最近 IBM 报道了他们采用

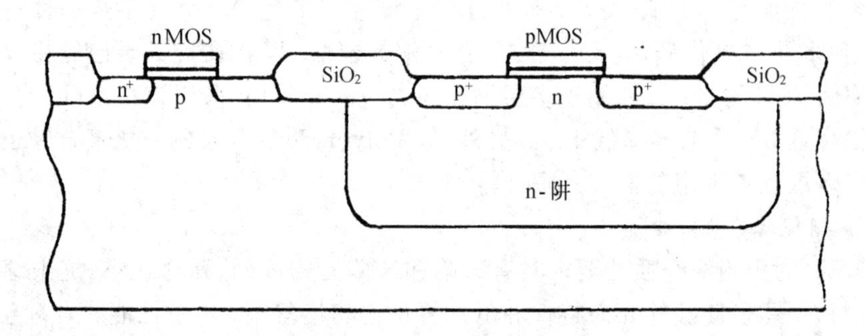

(a) 体硅 CMOS 器件的横断面结构

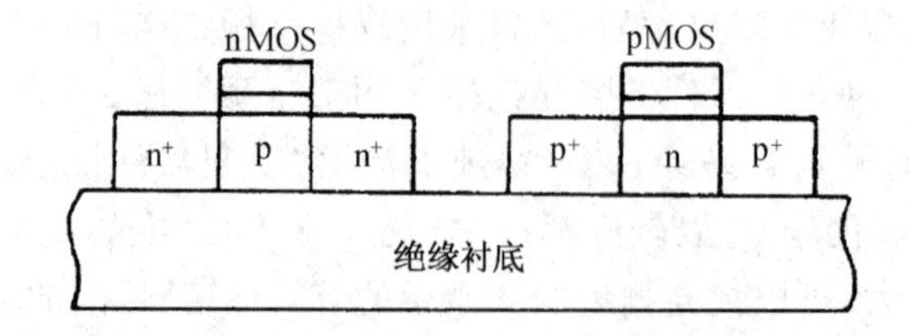

(b) CMOS/SOI 器件的横断面结构

图 12.3　CMOS/SOI 和体硅 CMOS 器件的结构示意图

SOI 技术后，可以使采用同样工艺的普通 CMOS 电路的速度提高 35%.

SOI 技术的优势是不容置疑的，但它为什么一直没有走向大规模的工业化生产呢？究其原因是多种多样的，其中最重要的一条是 SOI 的材料问题. 如果没有大批量高性能的材料作为保证，任何一家工厂都不可能将该技术应用于大规模批量化生产. 随着 Smart Cut SOI 材料的出现，使人们可以得到表面硅层质量能够与体硅材料相比拟的、可以大批量生产的 SOI 材料，为 SOI 技术走向实用奠定了基础. 目前已经有日本、法国、美国等几家公司开始生产 Smart Cut SOI 材料，并且已经有 12 英寸 Smart Cut SOI 材料问世. 除此之外，CMOS/SOI 器件的衬底浮置效应、硅膜均匀性等问题也是限制 SOI 器件走向大规模批量化生产的限制因素. 但随着 CMOS/SOI 技术的进步，SOI 集成电路的应用范围越来越广是可以肯定的.

5. GeSi、GaN 等新型器件技术

由于Ⅲ-Ⅴ族氮化物半导体如 GaN、AlN、InN 及其合金体系具有带隙宽、极高的热稳定性和化学稳定性、较高的热导率(热导率 1.3 W/K・cm)等特点，采用 GaN 材料制作的器件具有可以在高温(工作温度可以大于 300℃)和恶劣条件下工作的能力. 同时，GaN 材料还具有很高的电子饱和速度，约比 GaAs 和 Si 分别高出 3～5 倍，因此 GaN 器件还将在响应速度和功率方面有重大改进. GaN 基高温电子器件在需要高温大功率和抗环境恶劣器件的航空、航天、石油、化工、机械电子以及导弹、潜艇等军事领域具有极大的需求，它是一种非常有发展前景的半导体材料.

1994 年以来，美国 APA 光学公司连续报道采用低压 MOCVD 技术制备 GaN/AlGaN 异质结构 FET，工作温度达到 300℃. 当栅长为 0.23 μm、栅宽为 100 μm、源漏间距为 1.75 μm、温度在 25～300℃时，单位零栅跨导 G_{m0} 分别为 55 mS/mm 和 26 mS/mm. 实际上，通过晶体质量改进及器件结构和工艺的优化，器件性能将会有大幅度提高.

在 Si 双极晶体管工艺基础上通过引入 GeSi/Si 异质结构制作异质结晶体管(GeSi/Si HBT)可以获得速度性能更好的器件. GeSi/Si 异质结构材料是近年来受到广泛重视的材料. 它的出现使得在化合物半导体异质结器件研制中广泛应用的能带工程概念同样可用于 Si 基器件. 这为以杂质工程为基础的 Si 基器件的进一步发展提供了可能. GeSi/Si HBT 是将能带工程引入 Si 基器件最成功的例子. 通过将常规 BJT 基区用 GeSi 合金应变层代替，可以使常规器件发射结注入效率与基区电阻和穿通之间的矛盾得以很好解决，同时通过组分渐变可在基区形成漂移场，进而减小电子在基区的渡越时间. 1993 年，这种器件的特征频率已超过 100 GHz，充分显示了能带工程的巨大作用. 据报道，IBM 和 NEC 等数家大公司凭借它们在 Si 双极高速电路研究和开发方面的雄厚基础，已研制出可实际应用的中小规模 GeSi/Si HBT 集成电路产品.

除此之外，SiC、GaAs 等器件技术也将会有比较好的发展.

综上所述，21 世纪初的微电子技术仍将保持目前的高速度持续发展，并且仍将以硅基材料为主. 首先，通过对硅基 CMOS 器件物理“限制”研究的不断深入和工艺技术的革新，将有可能突破现在提出的所谓物理"限制".另一方面,随着微电子技术应用领域的不断扩展,集成电路设计技术将迅速发展,在现有加工工艺条件下(如 0.13 μm~45 nm 工艺),集成电路(IC)将向集成系统(IS)发展,即在一个芯片上将信息的采集、传输、存储、处理、执行等功能集成在一起,真正实现系统芯片.第三,21 世纪的微电子技术还将广泛地与其他学科相结合,从而诞生出一系列的新兴学科,前面讨论的 MEMS 技术和 DNA 生物芯片便是其中两个很好的例子.

因此可以肯定,21 世纪的微电子技术仍将蓬勃发展,我们必须抓住这个机遇,使我国能够在 21 世纪的前几十年便进入到微电子技术的世界先进行列.

参考文献

[1] 王阳元.王阳元文集.北京:北京大学出版社,1998.

[2] 王阳元主编. 集成电路工业全书. 北京:电子工业出版社,1993.

[3] 纪念晶体管发明 50 周年报告会文集. 北京:1997 年 12 月 23 日.

[4] S. M. Sze, Modern Semiconductor Device Physics, John Wiley & Sons, 1998.

[5] C. Y. Chang and S. M. Sze, ULSI Technology, The McGraw-Hill Companies, Inc., 1995.

[6] 徐葭生.MOS 数字大规模及超大规模集成电路.北京:清华大学出版社,1990.

[7] 王阳元,张兴.电子科技导报.1999 年第一期,pp.2~6.

[8] 张兴,郝一龙,李志宏,王阳元.电子科技导报.1999 年第五期,pp.2~6.

[9] 王阳元,韩汝琦,刘晓彦,康晋锋.硅微电子技术物理极限的挑战.世界科技研究与发展,1998.20(3):39~48.

[10] Bob Schaller, The Origin, Nature and Implications of "Moore's Law", http://www.advtech.microsoft.com/research/barc/gray/moore.law.html. 1996.

[11] Nizuki Ono, Masanobu Saito, et al., A 40nm Gate Length n-MOSFET, IEEE Transcations on Electron Device. 1995.42(10):1822.

[12] Nicholas Wade, Where Computers and Biology Meet: Making a DNA Chip, New York Times, April 8, 1997.

[13] 甘学温.数字 CMOS VLSI 分析与设计基础.北京:北京大学出版社,1999.

附录A 微电子学领域大事记

1.	1833年	法拉第发现硫化银(AgS)电阻率的负温度系数,是目前所知对物质半导体特性的最早发现
2.	1853年	生长出硅晶体
3.	1874年	德国的布劳恩(Braun)硫化物的电导率与所加电压的方向有关,即半导体的整流作用
4.	1905年	发明第一个PbS点接触检波器
5.	1905年	发明金属-锗点接触检波器
6.	1905年	发明第一个PbS点接触检波器
7.	1906年	美国的皮卡(Pickard)发明第一个固态电子组件:无线电波侦测器
8.	1920年	硒(Se)整流器出现
9.	1929年	布洛赫(Bloch)提出能带理论
10.	1935年	英国申请绝缘栅场效应晶体管专利
11.	1939年	肖特基(Schottky)发表关于势垒的论文
12.	1939年	提炼出纯硅
13.	1940年	发明金属-硅点接触检波器
14.	1942年	贝特(Bethe)较为完整地提出整流理论
15.	1947年12月23日	Bell实验室的W. Shockley、J. Bardeen和W. Brattain发明晶体管,并利用该晶体管制作了一个语音放大器
16.	1950年	W. Shockley成功地制造出结型晶体管
17.	1951年	美国西方电气公司发明场效应晶体管
18.	1952年5月	G. W. A. Dummer在美国工程师协会举办的一次座谈会上第一次提出了关于集成电路的设想
19.	1954年	TI公司作出第一个硅晶体管
20.	1955年	Bell实验室提出氧化物掩蔽扩散技术
21.	1956年	提出扩散结工艺
22.	1957年	提出光刻技术
23.	1957年	日本发明隧道二极管
24.	1958年	仙童(FairChild)公司发展了平面工艺
25.	1958年	江崎(L. Esaki)发明了隧道二极管
26.	1958年	德克萨斯仪器公司的Kilby研制出世界上第一块集成电路,并于1959年3月公布了该成果
27.	1958年	提出了采用pn进行器件隔离的专利

28.	1959 年	诺依斯(R. Noyce)研制成功了第一块利用平面工艺的集成电路
29.	1959 年	发明硅平面晶体管
30.	1959 年	发明 RTL 电路
31.	1959 年	提出了在氧化层上蒸发铝进行连线的专利
32.	1960 年	发明 MOS 晶体管和硅外延平面晶体管
33.	1960 年	发明 DTL 电路
34.	1961 年	发明 ECL 电路
35.	1961 年	RCA 公司发明化学气相淀积技术
36.	1962 年	约瑟夫逊(B. D. Josephson)提出了超导隧道结
37.	1962 年	美国 RCA 公司研制出 MOS 场效应晶体管
38.	1963 年	美国 Sylvania 公司发明 TTL 电路
39.	1963 年 12 月	第一块商品化的集成电路-助听器电路诞生
40.	1963 年	F. M. Wanlass 和 C. T. Sah 首次提出了 CMOS 技术
41.	1965 年	G. Moore 提出著名的摩尔定律
42.	1965 年	Motorola 公司发明树脂双列直插式封装
43.	1966 年	RCA 公司研制出 CMOS 集成电路和第一块门阵列电路(50 个门)
44.	1967 年	发明 STTL 电路
45.	1968 年	诺依斯(R. Noyce)和摩尔(G. Moore)成立 Intel 公司
46.	1968 年	Bell 实验室研制出硅栅 MOS 电路
47.	1969 年	IBM 的迪纳(R. H. Dennard)发明 DRAM
48.	1969 年	Intel 公司推出 1024 位(1K)随机存储器(RAM),标志着大规模集成电路出现
49.	1969 年	研制出 E/D MOS 电路
50.	1970 年	Bell 实验室发明 CCD
51.	1971 年	Intel 公司推出 1024 位(1K)动态随机存储器(DRAM),标志着大规模集成电路出现
52.	1971 年 11 月 15 日	Intel 公司推出第一个微处理器 4004,它采用 MOS 技术,内含 2250 个 MOS 晶体管,采用 8 μm pMOS 工艺,字长 4 位,主频 108 kHz
53.	1972 年	美国 IBM、荷兰 Philips 同时提出 I^2L 电路
54.	1972 年 4 月 1 日	Intel 公司研制出 8 位微处理器 8008,内含 3500 个晶体管,采用 8 μm 工艺,主频 108 kHz
55.	1973 年	TI 公司研制出 LSTTL 电路
56.	1974 年	Dennard 提出等比例缩小定律
57.	1974 年	Motorola 公司研制出 8 位微处理器 6800,采用 6 μm nMOS 工艺,内含约 5400 个晶体管;Zilog 公司研制出 8 位微处理器 Z80,采用 4 μm nMOS 工艺,内含约 9000 个晶体管
58.	1974 年	4K DRAM
59.	1974 年	RCA 公司推出第一个 CMOS 微处理器 1802

60.	1974年4月1日	Intel公司研制出8位微处理器8080,采用6μm nMOS工艺,内含约4500个晶体管,主频2 MHz
61.	1976年	Intel公司研制出8位微处理器8085,采用5μm nMOS工艺,内含约9000个晶体管
62.	1976年	推出16K DRAM和4K SRAM
63.	1976年	4K双极SRAM
64.	1976年	16K DRAM,4K SRAM
65.	1977年	HARRIS公司推出1K位CMOS熔丝PROM
66.	1978年	采用2μm工艺,集成元件数达10万个的64K DRAM研制成功,标志着集成电路进入了超大规模集成电路时代
67.	1978年6月8日	Intel公司研制出16位微处理器8086,采用3μm nMOS工艺,内含约29000个晶体管,主频50 MHz
68.	1979年	Zilog公司研制出16位微处理器Z8000,采用4μm nMOS工艺,内含约17500个晶体管
69.	1980年	Motorola公司研制出16位微处理器68000,采用3μm nMOS工艺,内含约68000个晶体管
70.	1980年	Intel公司研制出32位微处理器Iapx432,集成电路进入VLSI时代
71.	1980年代初	C. Mead和L. Conway提出了λ设计规则
72.	1981年	256K DRAM,64K CMOS SRAM
73.	1982年2月1日	Intel公司推出80286 CPU芯片,主频8~12 MHz,13.4万个晶体管,采用2.0~1.5μm nMOS工艺
74.	1983年	Intel公司研制出CMOS 16位微处理器80C86
75.	1983年	Motorola公司推出32位68020 CPU芯片,19.5万个晶体管,采用2μm CMOS工艺
76.	1984年	日本宣布推出1M DRAM和256K SRAM
77.	1985年10月17日	Intel公司推出32位80386 CPU芯片,主频16~33 MHz,27.5万个晶体管,采用1.5~1.0μm CMOS工艺
78.	1986年	16M DRAM研制成功
79.	1987年	Motorola公司推出32位68030 CPU芯片,30万个晶体管,采用1.1μm CMOS工艺
80.	1989年	Motorola公司推出32位68040 CPU芯片,120万个晶体管,采用1.0~0.6μm CMOS工艺
81.	1989年	1M位随机存储器(RAM)进入市场
82.	1989年4月10日	Intel公司推出32位80486 CPU芯片,主频25~50 MHz,120万个晶体管,采用1.0~0.6μm CMOS工艺
83.	1991年	64M DRAM研制成功
84.	1991年4月22日	Intel公司推出80586奔腾CPU芯片,主频60~166 MHz,310万个晶体管,采用0.8μm工艺

85.	1992年	64M位随机存储器(RAM)问世
86.	1995年	1G DRAM研制成功
87.	1995年11月1日	Intel公司推出64位高能奔腾MMX CPU芯片,主频150～200 MHz,550万个晶体管,采用0.6 μm工艺
88.	1997年5月7日	Intel公司推出64位奔腾Ⅱ CPU芯片,主频233～453 MHz,750万个晶体管,采用0.35～0.25 μm工艺
89.	1999年3月	Intel公司推出64位奔腾Ⅲ CPU芯片,主频450 MHz,采用0.25 μm工艺
90.	2001年	Intel公司推出64位奔腾4 CPU芯片,主频1 GHz,采用0.13 μm工艺
91.	2001年	1G DRAM诞生
92.	2004年	Samsung公司开发出4G位70纳米工艺的DRAM
93.	2004年	Intel公司推出主频3.4 GHz的64位奔腾4 CPU芯片,采用90纳米制造工艺
94.	2006年	Intel公司推出酷睿2双核处理器,包含2.9亿个晶体管,采用65纳米制造工艺
95.	2006年	Intel公司推出酷睿2四核处理器,包含5.8亿个晶体管,采用65纳米制造工艺
96.	2008年	Intel公司推出超低功耗凌动处理器,采用45纳米high-k工艺

附录 B 微电子学常用缩略语

ADC	Analog to Digital Converter	模数转换器
ALU	Arithmetic Logic Unit	算术逻辑单元
AMLCD	Active Matrix Liquid Crystal Display	有源矩阵液晶显示
APCVD	Atmosphere Pressure Chemical Vapor Deposition	常压化学气相淀积
ASIC	Application Specific Integrated Circuit	专用集成电路
BIST	Built-in Self Test	内建自测试
BSIM	Berkeley Short-channel IGFET Model	伯克莱短沟道绝缘栅场效应晶体管模型
CAD	Computer Aided Design	计算机辅助设计
CAE	Computer Aided Engineering	计算机辅助工程
CAI	Computer Aided Instruction	计算机辅助教学
CAM	Computer Aided Manufacture	计算机辅助制造
CAT	Computer Aided Test	计算机辅助测试
CCD	Charge Coupled Device	电荷耦合器件
CDI	Collector Diffused Isolation Process	集电极扩散隔离工艺
CIF	Common Intermediate Format	共用中间格式
CIMS	Computer Integrated Manufacturing System	计算机集成制造系统
CISC	Complex Instruction Set Computer	复杂指令系统计算机
CMOS	Complementary Metal-Oxide-Semiconductor	互补 MOS
CPU	Center Processor Unit	中央处理器
CTD	Charge Transfer Device	电荷转移器件
CVD	Chemical Vapor Deposition	化学气相淀积
DAC	Digital to Analog Converter	数模转换器
DI	Dielectric Isolation	介质隔离
DIBL	Drain Induced Barrier Lowering	漏引起的势垒降低
DIP	Dual In-Line Package	双列直插封装
DLTS	Deep Level Transient Spectrometer	深能级瞬态谱仪
DNA	Deoxyribonucleic Acid	脱氧核糖核酸
DRAM	Dynamic Random Access Memory	动态随机存储器

DRC	Design Rule Check	设计规则检查
DSP	Digital Signal Processor	数字信号处理器
DTL	Diode-Transistor Logic	二极管-晶体管逻辑
E^2PROM	Electrically Erasable Programmable Read Only Memory	电可擦编程只读存储器
ECL	Emitter Coupled Logic	发射极耦合逻辑
ECR	Electron Cyclotron Resonance	电子回旋共振
EDA	Electrical Design Automation	电子设计自动化
ENIAC	Electronic Numerical Integrator and Computer	电子数值积分器和计算器(第一台计算机的名字)
EPROM	Erasable Programmable Read Only Memory	可擦编程只读存储器
ERC	Electric Rules Check	电学规则检查
ESD	Electro-Static Discharge	静电放电
EUV	Extreme Ultraviolet	超紫外
FET	Field Effect Transistor	场效应晶体管
FPGA	Field Programmable Gate Array	现场可编程门阵列
GAL	General Array Logic	通用阵列逻辑
GDP	Gross Domestic Production	国内生产总值
GNP	Gross National Production	国民生产总值
GPS	Global Positioning System	全球定位系统
GSI	Gigantic Scale Integrated Circuit	巨大规模集成电路
HBT	Heterojunction Bipolar Transistor	异质结双极晶体管
HDL	Hardware Description Language	硬件描述语言
HEMT	High Electron Mobility Transistor	高电子迁移率晶体管
HIC	Hybrid Integrated Circuit	混合集成电路
HSPICE	High Performance SPICE	高性能 SPICE
HTL	High Threshold Logic	高阈值逻辑
I^2L	Integrated Injection Logic	集成注入逻辑
IC	Integrated Circuit	集成电路
IEEE	Institute of Electrical and Electronics Engineers	美国电气与电子学协会
IGFET	Insulated Gate FET	绝缘栅场效应晶体管
IS	Integrated System	集成系统
LDD	Low Doped Drain	轻掺杂漏

LIGA	Lithograpie-Galvanoformung-Abformung	LIGA
LOCOS	Local Oxidation of Silicon	硅的局域氧化
LPCVD	Low Pressure Chemical Vapor Deposition	低压化学气相淀积
LPE	Liquid Phase Epitaxy	液相外延
LSI	Large Scale Integrated Circuit	大规模集成电路
MBE	Molecular Beam Epitaxy	分子束外延
MCM	Multi-Chip Module	多芯片组件
MCU	Micro-Controller Unit	微控制器单元
MEMS	Micro-Electro-Mechanical System	微机电系统
MIMIC	Microwave and Millimeter Monolithic IC	微波毫米波单片集成电路
MISFET	Metal-Insulator-Semiconductor FET	金属绝缘层半导体场效应晶体管
MMIC	Microwave Monolithic IC	微波单片集成电路
MOCVD	Metal Organic Chemical Vapor Deposition	金属有机化合物化学气相淀积
MODEM	Data Modulator and Demodulator	数据调制解调器
MOS	Metal-Oxide-Semiconductor	金属氧化物半导体
MOSFET	Metal-Oxide-Semiconductor Field Effect Transistor	金属氧化物半导体场效应晶体管
MOSIS	MOS Implementation System	MOS 集成电路制造执行系统
MSI	Medium Scale Integrated Circuit	中规模集成电路
PAL	Programmable Array Logic	可编程阵列逻辑
PC	Personal Computer	个人计算机
PECVD	Plasma Enhanced CVD	等离子增强化学气相淀积
PECVD	Plasma Enhanced Chemical Vapor Deposition	等离子增强化学气相淀积
PGA	Pin Grid Array	插针阵列
PIC	Power IC	功率集成电路
PLA	Programmable Logic Array	可编程逻辑阵列
PLD	Programmable Logic Device	可编程逻辑器件
PLL	Phase Locked Loop	锁相环
PROM	Programmable ROM	可编程只读存储器
PROM	Programmable Read Only Memory	可编程只读存储器
PVD	Physical Vapor Deposition	物理气相淀积
QFP	Quarters Flat Package	四边引线扁平封装
R&D	Research and Development	研究与开发

RAM	Random Access Memory	随机存储器
RIE	Reactive Ion Etching	反应离子刻蚀
RISC	Reduction Instruction Set Computer	精简指令系统计算机
ROM	Read Only Memory	只读存储器
RTL	Resistor Transistor Logic	电阻晶体管逻辑
SASILICIDE	Self-Alignment SILICIDE	自对准硅化物
SBC	Standard Buried Collector Process	标准隐埋集电极隔离工艺
SEM	Scanning Electron Microscope	扫描电子显微镜
SEMI	Semiconductor Equipment and Material Internatioal	半导体设备与材料国际组织
SIA	Semiconductor Industry Association of USA	美国半导体工业协会
SOC	System On Chip	系统芯片
SOG	Spin On Glass	旋涂二氧化硅
SOI	Silicon On Insulator	绝缘衬底上的硅
SOP	Small Outline Package	小外形封装
SOS	Silicon On Sapphire	蓝宝石上的硅
SPE	Solid Phase Epitaxy	固相外延
SPICE	Simulation Program with Integrated Circuits Emphasis	伯克莱大学电路模拟软件
SRAM	Static Random Access Memory	静态随机存储器
SSI	Small Scale Integrated Circuit	小规模集成电路
STTL	Schockty TTL	肖特基 TTL
SUPREM	Stanford University Process Engineering Model	斯坦福大学工艺工程模型
SV	Silicon Valley	硅谷
TEM	Transmission Electron Microscope	透射电子显微镜
TFT	Thin-Film Transistor	薄膜晶体管
TTL	Transistor-Transistor Logic	晶体管-晶体管逻辑
ULSI	Ultra Large Scale Integrated Circuit	特大规模集成电路
VCO	Voltage Controlled Oscillator	压控振荡器
VHDL	VLSI Hardware Description Language	VLSI 硬件描述语言
VHSI	Very High Speed Integrated Circuit	超高速集成电路
VLSI	Very Large Scale Integrated Circuit	超大规模集成电路
VPE	Vapor Phase Epitaxy	气相外延